한번에 끝내주기!

택시운전
자격시험 총정리문제

대구 **경북** **강원**

대한민국 대표브랜드 | 국가자격 시험문제 전문출판 | 에듀크라운 국가자격시험문제 전문출판 | 최고의 적중률!! 최고의 합격률!! 크라운출판사 자동차운전면허서적사업부 http://www.crownbook.com

택시운전 자격증을
취득하기 전에

택시운전 자격증을 취득하여 취업에 영광이 있으시기를 기원합니다.

여러분들이 취득하려는 택시운전 자격증은 제 1종 및 2종 보통 이상의 운전면허를 소지하고 1년 이상의 운전경험이 있어야만 취득이 가능합니다. 또한 계속해서 얼마나 운전을 안전하게 운행했는지 등의 결격사항이 없어야 택시운전 자격증을 취득할 수 있습니다.

다수의 승객을 승차시키고 영업운전을 해야 하는 택시 여객자동차는 사람의 생명을 가장 소중하게 생각해야 하는 일이기 때문에 반드시 안전하고 신속하게 목적지까지 운송해야 하는 사명감이 있습니다. 따라서 택시운전 자격증을 취득하려고 하면, 법령지식, 차량지식, 운전기술 및 매너 등 그에 따른 운전전문가로서 타의 모범이 되는 운전자여야만 합니다.

이 택시운전 자격시험 문제집은 여러분들이 가장 빠른 시간내에 이 자격증을 쉽게 취득할 수 있게 시험에 출제되는 항목에 맞춰서 법규 요약 및 출제 문제를 이해하기 쉽게 요약·수록하였으며, 출제 문제에 해설을 달아 정답을 찾을 수 있게 하였습니다. 또한 택시운송사업 발전과 국민의 교통편의 증진을 위한 정책으로 「택시운송사업의 발전에 관한 법규」가 제정되면서 택시운전 자격시험에 이 분야도 모두 수록했습니다.

끝으로 이 시험에 누구나 쉽게 합격할 수 있도록 최선의 노력을 기울여 만들었으니 빠른 시일 내에 자격증을 취득하여 가장 모범적인 운전자로서 친절한 서비스와 행복을 제공하는 운전자가 되어 국위선양과 함께 신나는 교통문화질서 정착에 앞장서 주시기를 바랍니다. 감사합니다.

– 엮은이 씀 –

택시운전 자격증 시험문제
차례

택시운전 자격시험 안내 ·· 5

제1편
교통 및 여객자동차운수사업 법규

- 제1장 여객자동차 운수사업 법령 및 택시운송사업의 발전에 관한 법규 ········ 7
- 제2장 도로교통법령 ·· 16
- 제3장 교통사고처리특례법령 ·· 32
  - ▶ 출제 예상 문제 ◀ ·· 37

제2편
안전 운행

- 제1장 자동차 관리 ·· 66
- 제2장 자동차 응급조치 요령 ·· 70
- 제3장 자동차의 구조 및 특성 ·· 72
- 제4장 자동차검사 및 보험 ··· 75
- 제5장 안전운전의 기술 ·· 79
  - ▶ 출제 예상 문제 ◀ ·· 90

제3편
운송서비스

- 제1장 여객운수종사자의 기본자세 ··· 112
- 제2장 운송사업자 및 운수종사자 준수사항 ·· 116
- 제3장 운수종사자의 기본 소양 ·· 118
  - ▶ 출제 예상 문제 ◀ ·· 122

제4편
시(도) 내 주요지리

- ※ 대구광역시 주요지리 요점정리 ·· 131
  - ▶ 출제 예상 문제 ◀ ·· 137
- ※ 경상북도 주요지리 요점정리 ·· 140
  - ▶ 출제 예상 문제 ◀ ·· 148
- ※ 강원도 주요지리 요점정리 ··· 151
  - ▶ 출제 예상 문제 ◀ ·· 161

택시운전 자격시험 안내

01. 자격 취득 절차
① 응시 조건/시험 일정 확인 → ② 시험 접수 → ③ 시험 응시
※합격 시 → ④ 자격증 교부, ※불합격 시 → ① 응시 조건/시험 일정 확인

02. 응시 자격안내
1) 1종 및 제2종 ('08.06.22부) 보통 운전면허 이상 소지자
2) 시험 접수일 현재 연령이 만 20세 이상인 자
3) 운전경력이 1년 이상인 자(2종 소형, 원동기 면허보유기간은 제외)
   *운전면허 보유기간 기준이며 취소 및 정지기간은 제외
4) 택시운전 자격 취소 처분을 받은 지 1년 이상 경과한 자(택시운전자격이 취소된 날로부터 1년이 지나지 아니한 자는 운전자격시험에 응시할 수 없음. 단, 정기적성검사 미필로 인한 면허 취소 제외)
5) 여객자동차운수사업법 제 24조 제3항 및 제4항에 해당하지 않는 자
6) 운전적성정밀검사 (한국교통안전공단 시행) 적합 판정자

여객자동차운수사업법 제24조 제3항 및 제4항

③ 여객자동차운송사업의 운전자격을 취득하려는 사람이 다음 각 호의 어느 하나에 해당하는 경우 제1항에 따른 자격을 취득할 수 없다.
  1. 다음 각 목의 어느 하나에 해당하는 죄를 범하여 금고(禁錮) 이상의 실형을 선고받고 그 집행이 끝나거나(집행이 끝난 것으로 보는 경우를 포함한다) 면제된 날부터 2년이 지나지 아니한 사람
    ㉮ 「특정강력범죄의 처벌에 관한 특례법」 제2조제1항 각 호에 따른 죄
    ㉯ 「특정범죄 가중처벌 등에 관한 법률」 제5조의2부터 제5조의5까지, 제5조의8, 제5조의9 및 제11조에 따른 죄
    ㉰ 「마약류 관리에 관한 법률」에 따른 죄
    ㉱ 「형법」 제332조(제329조부터 제331조까지의 상습범으로 한정한다), 제341조에 따른 죄 또는 그 각 미수죄, 제363조에 따른 죄
  2. 제1호 각 목의 어느 하나에 해당하는 죄를 범하여 금고 이상의 형의 집행유예를 선고받고 그 집행유예기간 중에 있는 사람
  3. 제2항에 따른 자격시험일 전 5년간 다음 각 목의 어느 하나에 해당하는 사람
    ㉮ 「도로교통법」 제93조제1항제1호부터 제4호까지에 해당하여 운전면허가 취소된 사람
    ㉯ 「도로교통법」 제43조를 위반하여 운전면허를 받지 아니하거나 운전면허의 효력이 정지된 상태로 같은 법 제2조제21호에 따른 자동차 등을 운전하여 벌금형 이상의 형을 선고받거나 같은 법 제93조제1항제19호에 따라 운전면허가 취소된 사람
    ㉰ 운전 중 고의 또는 과실로 3명 이상이 사망(사고발생일부터 30일 이내에 사망한 경우를 포함한다)하거나 20명 이상의 사상자가 발생한 교통사고를 일으켜 「도로교통법」 제93조제1항제10호에 따라 운전면허가 취소된 사람
  4. 제2항에 따른 자격시험일 전 3년간 「도로교통법」 제93조제1항제5호 및 제5호의2에 해당하여 운전면허가 취소된 사람
④ 구역 여객자동차운수사업 중 대통령령으로 정하는 여객자동차운송사업의 운전자격을 취득하려는 사람이 다음 각 호의 어느 하나에 해당하는 경우 제3항에도 불구하고 제1항에 따른 자격을 취득할 수 없다. 〈개정 2012. 12. 18., 2016. 12. 2.〉
  1. 다음 각 목의 어느 하나에 해당하는 죄를 범하여 금고 이상의 실형을 선고받고 그 집행이 끝나거나(집행이 끝난 것으로 보는 경우를 포함한다) 면제된 날부터 최대 20년의 범위에서 범죄의 종류·죄질, 형기의 장단 및 재범위험성 등을 고려하여 대통령령으로 정하는 기간이 지나지 아니한 사람
    ㉮ 제3항제1호 각 목에 따른 죄
    ㉯ 「성폭력범죄의 처벌 등에 관한 특례법」 제2조제1항제2호부터 제4호까지, 제3조부터 제9조까지 및 제15조(제13조의 미수범은 제외한다)에 따른 죄
    ㉰ 「아동·청소년의 성보호에 관한 법률」 제2조제2호에 따른 죄
  2. 제1호에 따른 죄를 범하여 금고 이상의 형의 집행유예를 선고받고 그 집행유예기간 중에 있는 사람

03. 시험 접수 및 시험 응시안내
1) 시험 접수
   ① 인터넷 접수 (신청 조회〉택시운전〉예약접수〉원서접수)
     *인터넷 접수 시, 사진은 그림파일 JPG 로 스캔하여 등록
   ② 방문접수 : 전국 19개 시험장
     *현장 방문접수 시 응시 인원 마감 등으로 시험 접수가 불가할 수 있으니 인터넷으로 시험 접수 현황을 확인하고 방문
   ③ 시험응시 수수료 : 11,500원
   ④ 시험응시 준비물 : 운전면허증, 6개월 이내 촬영한 3.5 x 4.5cm 컬러사진 (미제출자에 한함)
2) 시험 응시
   ① 각 지역 본부 시험장 (시험시작 20분 전까지 입실)
   ② 시험 과목 (4과목, 회차별 70문제)
     1회차 : 09:20 ~ 10:30
     2회차 : 11:00 ~ 12:10
     3회차 : 14:00 ~ 15:10
     4회차 : 16:00 ~ 17:10
     *지역 본부에 따라 시험 횟수가 변경될 수 있음

04. 합격 기준 및 합격 발표
1) 합격기준 : 총점 100점 중 60점 (총 70문제 중 42문제)이상 획득 시 합격
2) 합격 발표 : 시험 종료 후 시험 시행 장소에서 합격자 발표

05. 자격증 발급
1) 신청 대상 및 기간 : 택시운전자격 필기시험에 합격한 사람으로서, 합격자 발표일로부터 30일 이내
2) 자격증 신청 방법 : 인터넷·방문 신청
   ① 인터넷 신청 : 신청일로부터 5~10일 이내 수령 가능 (토·일요일, 공휴일 제외)
   ② 방문 발급 : 한국교통안전공단 전국 19개 시험장 및 7개 검사소 방문·교부 장소
3) 준비물
   ① 운전면허증
   ② 택시운전 자격증 발급신청서 1부 (인터넷의 경우 생략)
   ③ 자격증 교부 수수료 : 10,000원 (인터넷의 경우 우편료를 포함하여 온라인 결제)
   ④ 운전경력증명서(전체기간)

06. 시험 과목 및 출제 기준

구 분	과 목	출제 범위	문항수	비고
교통 및 여객자동차 운수사업 법규 (20문항)	여객자동차 운수사업 법령 및 택시운송사업의 발전에 관한 법규	목적 및 정의	20	객관식 70문항
		여객자동차운수사업법, 택시운송사업의 발전에 관한 법규 등		
		운수종사자의 자격요건 및 운전자격의 관리		
		보칙 및 벌칙		
	도로교통법령	총칙		
		보행자의 통행방법		
		차마의 통행방법		
		운전자 및 고용주 등의 의무		
		교통안전교육		
		운전면허		
		범칙행위 및 범칙금액		
		안전표지(총칙)		
	교통사고처리특례법령	특례의 적용		
		중대 교통사고 유형 및 대처법		
		교통사고 처리의 이해		
안전운행 (20문항)	안전운전의 기술	인지판단의 기술	20	
		안전운전의 5가지 기본 기술		
		방어운전의 기본 기술		
		시가지 도로에서의 안전운전		
		지방 도로에서의 안전운전		
		고속도로에서의 안전 운전		
		야간, 악천후 시의 운전		
		경제운전		
		기본 운행 수칙		
		계절별 안전운전		
	자동차의 구조 및 특성	동력전달장치		
		현가장치		
		조향장치		
		제동장치		
	자동차 관리	자동차 점검		
		주행 전후 안전수칙		
		자동차 관리요령		
		LPG 자동차		
		운행 시 자동차 조작 요령		
	자동차 응급조치 요령	상황별 응급조치		
		장치별 응급조치		
	자동차 검사 및 보험	자동차 검사		
		자동차 보험 및 공제		
운송서비스 (20문항)	여객운수종사자의 기본자세	서비스의 개념과 특징	20	
		승객만족		
		승객을 위한 행동 예절		
	운송사업자 및 운수종사자 준수사항	운송사업자 준수사항		
		운수종사자 준수사항		
	운수종사자가 알아야 할 응급처치 방법 등	운전예절		
		운전자 상식		
		응급처치방법		
지리 (16개 지역 중 1개 지역 선택 후 응시) (10문항)	시(도)내 주요지리	주요 관공서 및 공공건물 위치	10	
		주요 기차역, 고속도로 등 교통시설		
		공원 및 문화유적지		
		유원지 및 위락시설		
		주요 호텔 및 관광 명소 등		

01 교통 및 여객자동차 운수사업 법규 요점정리

제1장 여객자동차 운수사업법규 및 택시운송사업의 발전에 관한 법규

제1절 목적 및 정의

01. 목적 (법 제1조)
① 여객자동차 운수사업에 관한 질서 확립
② 여객의 원활한 운송
③ 여객자동차 운수사업의 종합적인 발달 도모
④ 공공복리 증진

02. 정의 (법 제2조)

1 자동차 (제1호)
자동차관리법 제3조(자동차의 종류)에 따른 승용자동차, 승합자동차를 말한다.

2 여객자동차운수사업 (제2호)
여객자동차운송사업, 자동차대여사업, 여객자동차터미널사업 및 여객자동차운송플랫폼사업을 말한다.

3 여객자동차운송사업 (제3호)
다른 사람의 수요에 응하여 자동차를 사용하여 유상으로 여객을 운송하는 사업을 말한다.

4 여객자동차운송플랫폼사업 (제7호)
여객의 운송과 관련한 다른 사람의 수요에 응하여 이동 통신 단말 장치, 인터넷 홈페이지 등에서 사용되는 응용 프로그램(운송플랫폼)을 제공하는 사업을 말한다.

5 관할관청 (규칙 제2조제1호)
관할이 정해지는 국토교통부장관, 대도시권광역교통위원회나 특별시장·광역시장·특별자치시장·도지사 또는 특별자치도지사를 말한다.

6 정류소 (규칙 제2조제2호)
여객이 승차 또는 하차할 수 있도록 노선 사이에 설치한 장소를 말한다.

7 택시 승차대 (규칙 제2조제3호)
택시운송사업용 자동차에 승객을 승차·하차시키거나 승객을 태우기 위하여 대기하는 장소 또는 구역을 말한다.

제2절 법규 주요내용

01. 택시운송사업의 구분 (시행령 제3조)

1 일반택시운송사업
운행 계통을 정하지 아니하고 사업구역에서 1개의 운송 계약에 따라 자동차를 사용하여 여객을 운송하는 사업. 이 경우 경형·소형·중형·대형·모범형 및 고급형으로 구분

2 개인택시운송사업
운행 계통을 정하지 아니하고 사업구역에서 1개의 운송 계약에 따라 자동차 1대를 사업자가 직접 운전(질병 등 국토교통부령이 정하는 사유가 있는 경우를 제외)하여 여객을 운송하는 사업. 이 경우 경형·소형·중형·대형·모범형 및 고급형으로 구분

02. 택시운송사업의 구분 (규칙 제9조제1항)

경형	• 배기량 1,000cc 미만의 승용 자동차(승차 정원 5인승 이하의 것만 해당한다)를 사용하는 택시운송사업 • 길이 3.6m 이하이면서 너비 1.6m 이하인 승용 자동차(승차 정원 5인승 이하의 것만 해당한다)를 사용하는 택시운송사업
소형	• 배기량 1,600cc 미만의 승용 자동차(승차 정원 5인승 이하의 것만 해당한다)를 사용하는 택시운송사업 • 길이 4.7m 이하이거나 너비 1.7m 이하인 승용 자동차(승차 정원 5인승 이하의 것만 해당한다)를 사용하는 택시운송사업
중형	• 배기량 1,600cc 이상의 승용 자동차(승차 정원 5인승 이하의 것만 해당한다)를 사용하는 택시운송사업 • 길이 4.7m 초과이면서 너비 1.7m를 초과하는 승용 자동차(승차 정원 5인승 이하의 것만 해당한다)를 사용하는 택시운송사업
대형	• 배기량 2,000cc 이상의 승용 자동차(승차 정원 6인승 이상 10인승 이하의 것만 해당한다)를 사용하는 택시운송사업 • 배기량 2,000cc 이상이고 승차 정원 13인승 이하인 승합자동차를 사용하는 택시운송사업(광역시의 군이 아닌 군 지역의 택시운송사업에는 해당하지 않음)
모범형	배기량 1,900cc 이상의 승용 자동차(승차 정원 5인승 이하의 것만 해당한다)를 사용하는 택시운송사업
고급형	배기량 2,800cc 이상의 승용 자동차를 사용하는 택시운송사업

03. 택시운송사업의 사업구역 (규칙 제10조)

1 택시운송사업의 사업구역은 특별시·광역시·특별자치시·특별자치도 또는 시·군 단위로 한다. 다만, 대형 택시운송사업과 고급형 택시운송사업의 사업구역은 특별시·광역시·도 단위로 한다. (제1항)

2 택시운송사업자가 다음의 어느 하나에 해당하는 경우에는 해당 사업구역에서 하는 영업으로 본다. (제7항)
① 해당 사업구역에서 승객을 태우고 사업구역 밖으로 운행하는 영업

② 해당 사업구역에서 승객을 태우고 사업구역 밖으로 운행한 후 해당 사업구역으로 돌아오는 도중에 사업구역 밖에서 승객을 태우고 해당 사업구역에서 내리는 일시적인 영업
③ 주요 교통 시설이 소속 사업구역과 인접하여 소속 사업구역에서 승차한 여객을 그 주요 교통 시설에 하차시킨 경우에는 주요 교통 시설 사업 시행자가 여객자동차운송사업의 사업구역을 표시한 승차대를 이용하여 소속 사업구역으로 가는 여객을 운송하는 영업

※ 사업구역과 인접한 주요 교통 시설 및 범위(규칙 제13조)
① 고속철도 역의 경계선을 기준으로 10킬로미터
② 국제 정기편 운항이 이루어지는 공항의 경계선을 기준으로 50킬로미터
③ 여객이용시설이 설치된 무역항의 경계선을 기준으로 50킬로미터
④ 복합환승센터의 경계선을 기준으로 10킬로미터

04. 택시운송사업의 사업구역 지정·변경 등 (법 제3조의2, 형법 제3조의 3)

1 사업구역심의위원회의 기능(법 제3조의2)
여객자동차운송사업의 사업구역 지정·변경에 관한 사항은 국토교통부장관 소속 사업구역 심의위원회에서 심의한다.

2 사업구역심의위원회의 구성(영 제3조의3)
사업구역심의위원회의 위원은 다음의 사람 중, 전문 분야와 성별을 고려하여 국토교통부장관이 임명하거나 위촉한다. 임기는 2년이며 한 차례에 한정하여 연임이 가능하다.
① 국토교통부에서 택시운송사업 관련 업무를 담당하는 4급 이상 공무원
② 특별시·광역시·특별자치시·도 또는 특별자치도(이하 "시·도"라 한다)에서 택시운송사업 관련 업무를 담당하는 4급 이상 공무원
③ 택시운송사업에 5년 이상 종사한 사람
④ 그 밖에 택시운송사업 분야에 관한 학식과 경험이 풍부한 사람

3 사업구역심의위원회가 사업구역 지정·변경을 심의할 때 고려할 사항 (법 제3조의2제2항)
① 지역 주민의 교통 편의 증진에 관한 사항
② 지역 간 교통량(출근·퇴근 시간대의 교통 수요 포함)에 관한 사항
③ 사업구역 간 운송 사업자(여객자동차운송사업의 면허를 받거나 등록을 한 자)의 균형적인 발전에 관한 사항
④ 운송 사업자 간 과도한 경쟁 유발 여부에 관한 사항
⑤ 사업구역별 요금·요율에 관한 사항
⑥ 운송 사업자 및 운수 종사자(자격을 갖추고 운전 업무에 종사하고 있는 자)의 매출 및 소득 수준에 관한 사항
⑦ 사업구역별 총량에 관한 사항

05. 여객자동차운송사업의 결격사유(법 제6조)

다음에 해당하는 자는 여객자동차운수사업의 면허를 받거나 등록을 할 수 없다. 법인의 경우 그 임원 중에 해당하는 자가 있는 경우에도 또한 같다.
① 피성년후견인
② 파산선고를 받고 복권되지 않은 자
③ 이 법을 위반하여 징역 이상의 실형을 선고받고 그 집행이 끝나거나 (집행이 끝난 것으로 보는 경우 포함) 면제된 날부터 2년이 지나지 않은 자
④ 이 법을 위반하여 징역 이상의 형의 집행 유예를 선고받고 그 집행 유예 기간 중에 있는 자
⑤ 여객자동차운송사업의 면허나 등록이 취소된 후 그 취소일부터 2년이 지나지 않은 자. 다만, '피성년후견인' 또는 '파산선고를 받고 복권되지 아니한 자'에 해당하여 면허나 등록이 취소된 경우는 제외한다.

06. 개인택시운송사업의 면허 신청(규칙 제18조)

개인택시운송사업의 면허를 받으려는 자는 관할관청이 공고하는 기간 내에 다음의 각 서류를 관할관청에 제출해야 한다.
① 개인택시운송사업 면허신청서
② 건강진단서
③ 택시운전자격증 사본
④ 그 밖에 관할관청이 필요하다고 인정하여 공고하는 서류

07. 사업의 상속 신고(규칙 제37조)

여객자동차운송사업의 상속 신고를 하려는 자는 다음의 각 서류를 관할관청에 제출하여야 한다.
① 여객자동차운송사업 상속 신고서
② 피상속인이 사망하였음을 증명할 수 있는 서류
③ 피상속인과의 관계를 증명할 수 있는 서류
④ 신고인과 같은 순위의 다른 상속인이 있는 경우에는 그 상속인의 동의서

08. 자동차 표시(법 제17조)

운송사업자는 여객자동차운송사업에 사용되는 자동차의 바깥쪽에 다음 사항을 표시하여야 한다.

1 표시 대상 : 택시운송사업용 자동차(규칙 제39조)
※ 대형(승합자동차를 사용하는 경우로 한정) 및 고급형 택시운송사업용 자동차는 제외한다. (제1항)
① 자동차의 종류(경형, 소형, 중형, 대형, 모범)
② 관할관청(특별시·광역시·특별자치시 및 특별자치도는 제외)
③ 운송가맹사업자 상호(운송가맹점으로 가입한 개인택시운송사업자만 해당)
④ 그 밖에 시·도지사가 정하는 사항

2 표시 방법(제2항)
표시는 외부에서 알아보기 쉽도록 차체 면에 인쇄하는 등 항구적인 방법으로 표시하여야 하며, 구체적인 표시 방법 및 위치 등은 관할관청이 정한다.

09. 교통사고 시 조치

1 사업용 자동차의 고장, 교통사고 또는 천재지변으로 인해 다음 상황 발생 시 조치 사항(법 제19조제1항)
① 사상자가 발생하는 경우 : 신속히 유류품을 관리할 것
② 사업용 자동차의 운행을 재개할 수 없는 경우 : 대체 운송 수단을 확보하여 여객에게 제공하는 등 필요한 조치를 할 것. 다만, 여객이 동의하는 경우는 그러하지 아니하다.
③ 국토교통부령으로 정하는 바에 따른 조치(규칙 제41조제1항)
  ㉠ 신속한 응급수송수단의 마련
  ㉡ 가족이나 그 밖의 연고자에 대한 신속한 통지
  ㉢ 유류품의 보관
  ㉣ 목적지까지 여객을 운송하기 위한 대체운송수단의 확보와 여객에 대한 편의 제공
  ㉤ 그 밖에 사상자의 보호 등 필요한 조치

2 중대한 교통사고(법 제19조제2항, 영 제11조)
① 전복 사고
② 화재가 발생한 사고
③ 사망자가 2명 이상, 사망자 1명과 중상자 3명 이상, 중상자 6명 이상의 사람이 죽거나 다친 사고

3 중대한 교통사고 발생 시 조치 사항 (규칙 제41조제2항)

24시간 이내에 사고의 일시·장소 및 피해 사항 등 사고의 개략적인 상황을 관할 시·도지사에게 보고한 후 72시간 이내에 사고보고서를 작성하여 관할 시·도지사에게 제출하여야 한다. 다만, 개인택시운송사업자의 경우에는 개략적인 상황 보고를 생략할 수 있다.

10. 운송사업자의 준수사항
(법 제21조, 영 제12조, 12조의4, 44조의3)

① 일반택시 운송사업자는 운수종사자가 이용자에게 받은 운송수입금의 전액에 대하여 다음의 각 사항을 준수하여야 한다. 다만 군(광역시의 군은 제외)지역의 일반택시운송사업자는 제외한다.
　1) 1일 근무시간동안 택시요금미터(운송수입금 관리를 위하여 설치한 확인 장치를 포함)에 기록된 운송수입금의 전액을 운수종사자의 근무종료 당일 수납할 것.
　2) 일정금액의 운송수입금 기준액을 정하여 수납하지 않을 것.
　3) 차량운행에 필요한 제반경비(주유비, 세차비, 차량수리비, 사고처리비 등을 포함)를 운수종사자에게 운송수입금이나 그 밖의 금전으로 충당하지 않을 것.
　4) 운송수입금 확인기능을 갖춘 운송기록출력장치를 갖추고 운송수입금 자료를 보관(보관기간은 1년)할 것.
　5) 운송수입금 수납 및 운송기록을 허위로 작성하지 않을 것.

② 법에 따른 운수종사자의 요건을 갖춘 자만 운전업무에 종사하게 하여야 한다.

③ 여객이 착용하는 좌석안전띠가 정상적으로 작동할 수 있는 상태(여객이 6세 미만의 유아인 경우에는 유아보호용 장구를 장착할 수 있는 상태를 포함)를 유지하여야 한다.

④ 운송사업자는 운수종사자에게 여객의 좌석안전띠 착용에 관한 교육을 하여야 한다.

⑤ 운수종사자의 음주 여부 확인 및 기록(영 제12조의4)
　1) 운송사업자는 운수종사자의 음주여부를 확인하는 경우에는 국토교통부장관이 정하여 고시하는 성능을 갖춘 호흡측정기를 사용하여 확인해야 한다.
　2) 운수종사자의 음주여부를 확인한 경우에는 해당 운수종사자의 성명, 측정일시 및 측정결과를 전자적 파일이나 서면으로 기록하여 3년 동안 보관, 관리하여야 한다.

11. 운수종사자의 준수사항 (법 제26조제1항)

1 운수종사자는 다음의 어느 하나에 해당하는 행위를 하여서는 아니 된다.
① 정당한 사유 없이 여객의 승차를 거부하거나 여객을 중도에서 내리게 하는 행위. (구역 여객자동차운송사업 중 일반택시운송사업 및 개인택시운송사업은 제외)
② 부당한 운임 또는 요금을 받는 행위 (구역 여객자동차운송사업 중 일반택시운송사업 및 개인택시운송사업은 제외)
③ 일정한 장소에 오랜 시간 정차하여 여객을 유치하는 행위
④ 문을 완전히 닫지 아니한 상태에서 자동차를 출발시키거나 운행하는 행위
⑤ 여객이 승하차하기 전에 자동차를 출발시키거나 승하차할 여객이 있는데도 정차하지 아니하고 정류소를 지나치는 행위
⑥ 안내방송을 하지 아니하는 행위(국토교통부령으로 정하는 자동차 안내방송 시설이 설치되어 있는 경우만 해당)
⑦ 여객자동차운송사업용 자동차 안에서 흡연하는 행위
⑧ 휴식시간을 준수하지 아니하고 운행하는 행위
⑨ 운전 중에 방송 등 영상물을 수신하거나 재생하는 장치(휴대전화 등 운전자가 휴대하는 것을 포함)를 이용하여 영상물 등을 시청하는 행위. 다만, 다음 각 목의 어느 하나에 해당하는 경우에는 그러하지 아니하다.
　가. 지리안내 영상 또는 교통정보안내 영상
　나. 국가비상사태·재난상황 등 긴급한 상황을 안내하는 영상
　다. 운전 시 자동차의 좌우 또는 전후방을 볼 수 있도록 도움을 주는 영상
⑩ 택시요금미터를 임의로 조작 또는 훼손하는 행위
⑪ 그 밖에 안전운행과 여객의 편의를 위하여 운수종사자가 지키도록 국토교통부령으로 정하는 사항을 위반하는 행위

2 운송사업자의 운수종사자는 운송수입금의 전액에 대하여 다음의 각 사항을 준수하여야 한다. (법 제21조제1항제1호, 제2호)
① 1일 근무 시간 동안 택시요금미터에 기록된 운송 수입금의 전액을 운수 종사자의 근무 종료 당일 운송 사업자에게 수납할 것
② 일정 금액의 운송 수입금 기준액을 정하여 수납하지 않을 것

3 운수종사자는 차량의 출발 전에 여객이 좌석안전띠를 착용하도록 음성방송이나 말로 안내하여야 한다. (규칙 제58조의2)

12. 여객자동차운송사업의 운전업무 종사자격

1 여객자동차운송사업의 운전업무에 종사하려는 사람이 갖추어야 할 항목(규칙 제49조제1항)
① 사업용 자동차를 운전하기에 적합한 운전면허를 보유하고 있을 것
② 20세 이상으로서 해당 자동차 운전경력이 1년 이상일 것
③ 국토교통부장관이 정하는 운전 적성에 대한 정밀검사 기준에 맞을 것
④ ①~③의 요건을 갖춘 사람은 운전자격시험에 합격한 후 자격을 취득하거나 교통안전체험교육을 이수하고 자격을 취득할 것 (실시 기관 : 한국교통안전공단)
⑤ 시험의 실시, 교육의 이수 및 자격의 취득 등에 필요한 사항은 국토교통부령으로 정한다.

2 여객자동차운송사업의 운전자격을 취득할 수 없는 사람(법 제24조)
① 다음의 어느 하나에 해당하는 죄를 범하여 금고 이상의 실형을 선고받고 그 집행이 끝나거나 (집행이 끝난 것으로 보는 경우를 포함) 면제된 날부터 2년이 지나지 아니한 사람
　㉠ 살인, 약취·유인 및 인신매매, 강간과 추행죄, 성폭력 범죄, 아동·청소년의 성보호 관련 죄, 강도죄, 범죄 단체 등 조직
　㉡ 약취·유인, 도주차량운전자, 상습강도·절도죄, 강도상해, 보복범죄, 위험운전 치사상
　㉢ 마약류 관리에 관한 법률에 따른 죄, 형법에 따른 상습죄 또는 그 각 미수죄
② ①의 어느 하나에 해당하는 죄를 범하여 금고 이상의 형의 집행유예를 선고받고 그 집행 유예 기간 중에 있는 사람
③ 자격시험일 전 5년간 다음에 해당하여 운전면허가 취소된 사람
　㉠ 음주운전 또는 정당한 음주 측정 불응 금지 위반
　㉡ 약물 복용 후 운전 금지 위반
　㉢ 운전 중 고의 또는 과실로 3명 이상이 사망(사고 발생일부터 30일 이내에 사망한 경우를 포함)하거나 20명 이상의 사상자가 발생한 교통사고를 일으킨 사람
④ 자격시험일 전 3년간 음주운전, 공동 위험 행위 및 난폭운전에 해당하여 운전면허 정지처분을 받은 사람

3 일반택시운송사업 또는 개인택시운송사업의 운전자격을 취득할 수 없는 사람(영 제16조)

① 다음의 죄를 범하여 금고 이상의 실형을 선고받고 그 집행이 끝나거나 (집행이 끝난 것으로 보는 경우를 포함) 면제된 날부터 20년의 범위에서 대통령령으로 정하는 기간이 지나지 아니한 사람
  ㉠ 위 2의 ①에 따른 죄(예시 : 살인죄, 도주차량운전자의 가중처벌)
  ㉡ 성폭력 범죄의 처벌 등에 관한 특례법 제2조제1항제2호(추행 등 약취·유인죄)부터 제4호(강도강간)까지, 제3조(특수강도강간 등)부터 제9조(강간 등 살인·치사)까지 및 제15조(미수범 제외)에 따른 죄
  ㉢ 아동·청소년의 성보호에 관한 법률 제2조제2호(아동·청소년대상 성범죄)에 따른 죄
② 죄를 범하여 금고 이상의 형의 집행유예를 선고받고 그 집행유예기간 중에 있는 사람

4 운전적성정밀검사의 대상(규칙 제49조제3항)

① 신규 검사(제1호)
  ㉠ 신규로 여객자동차운송사업용 자동차를 운전하려는 자
  ㉡ 여객자동차운송사업용 자동차 또는 화물자동차운송사업용 자동차의 운전 업무에 종사하다가 퇴직한 자로서 신규 검사를 받은 날부터 3년이 지난 후 재취업하려는 자. 다만, 재취업일까지 무사고로 운전한 자는 제외한다.
  ㉢ 신규 검사의 적합 판정을 받은 자로서 운전적성정밀검사를 받은 날부터 3년 이내에 취업하지 아니한 자. 다만, 신규 검사를 받은 날부터 취업일까지 무사고로 운전한 사람은 제외한다.
② 특별 검사(제2호)
  ㉠ 중상 이상의 사상 사고를 일으킨 자
  ㉡ 과거 1년간 도로교통법 시행규칙에 따른 운전면허 행정 처분 기준에 따라 계산한 누산점수가 81점 이상인 자
  ㉢ 질병, 과로, 그 밖의 사유로 안전 운전을 할 수 없다고 인정되는 자인지 알기 위하여 운송사업자가 신청한 자
③ 자격 유지 검사(제3호)
  ㉠ 65세 이상 70세 미만인 사람 (자격 유지 검사의 적합 판정을 받고 3년이 지나지 아니한 사람은 제외)
  ㉡ 70세 이상인 사람 (자격 유지 검사의 적합판정을 받고 1년이 지나지 아니한 사람은 제외)
  ※ 자격유지검사는 검사 대상이 된 날부터 3개월 이내에 받아야 한다. (규칙 제49조제7항)

13. 택시운전자격의 취득(규칙 제50조)

일반택시운송사업, 개인택시운송사업 및 수요응답형 여객자동차운송사업(승용자동차를 사용하는 경우만 해당)의 운전업무에 종사할 수 있는 자격을 취득하려는 자는 한국교통안전공단이 시행하는 시험에 합격하여야 한다.

1 자격시험의 실시 방법 및 시험 과목 등(규칙 제52조)
① 실시방법 : 필기시험
② 시험과목 : 교통 및 운수관련 법규, 안전운행 요령, 운송서비스 및 지리에 관한 사항
③ 합격자 결정 : 필기시험 총점의 6할 이상을 얻을 것

2 자격시험의 응시(규칙 제53조)
① 자격시험에 응시하려는 사람은 택시운전자격시험 응시원서에 다음의 서류를 첨부하여 한국교통안전공단에 제출하여야 한다.

  ㉠ 운전면허증
  ㉡ 운전경력증명서
② 택시운전자격이 취소된 날부터 1년이 지나지 아니한 자는 운전자격시험에 응시할 수 없다. 다만, 정기 적성검사를 받지 아니하였다는 이유로 운전면허가 취소되어 운전자격이 취소된 경우에는 그러하지 아니하다.

3 자격시험의 특례(규칙 제54조)
① 한국교통안전공단은 다음에 해당하는 자에 대하여는 필기시험의 과목 중 안전운행 요령 및 운송서비스의 과목에 관한 시험을 면제할 수 있다.
  ㉠ 택시운전자격을 취득한 자가 택시운전자격증명을 발급한 일반택시운송사업조합의 관할구역 밖의 지역에서 택시운전업무에 종사하려고 운전자격시험에 다시 응시하는 자는 교통 및 운수 관련 법규 과목도 면제(필기 시험 과목 중 "지리에 관한 사항"만 응시하면 된다)
  ㉡ 운전자격시험일부터 계산하여 과거 4년간 사업용 자동차를 3년 이상 무사고로 운전한 자
  ㉢ 무사고 운전자 또는 유공 운전자의 표시장을 받은 자
② 필기시험의 일부를 면제받으려는 자는 응시원서에 이를 증명할 수 있는 서류를 첨부하여 한국교통안전공단에 제출하여야 한다.

4 택시운전자격의 등록 등(규칙 제55조)
① 한국교통안전공단은 운전자격시험을 실시한 날부터 15일 이내에 한국교통안전공단의 인터넷 홈페이지에 합격자를 공고하여야 한다.
② 운전자격 시험에 합격한 사람은 합격자 발표일 또는 수료일부터 30일 이내에 운전자격증 발급신청서에 사진 1장을 첨부하여 한국교통안전공단에 운전자격증의 발급을 신청해야 한다.
③ 발급신청서를 받은 한국교통안전공단은 택시운전자격 등록대장에 그 사실을 적은 후 택시운전자격증을 발급하여야 한다.

5 운전자격증명의 발급 등(규칙 제55조의2)
① 운송사업자 또는 운수종사자는 운전업무 종사자격을 증명하는 증표(운전자격증명)의 발급을 신청하려면, 운전자 발급 신청서에 사진 1장을 첨부하여 한국안전교통공단, 일반택시운송사업조합 또는 개인택시운송사업조합에 제출하여야 한다.
② 신청을 받은 운전자격증명 발급 기관은 신청인에게 운전자격증명을 발급하여야 한다.

14. 택시운전자격의 게시 및 관리(규칙 제57조)

① 여객자동차운송사업의 운수종사자는 운전업무 종사자격을 증명하는 증표를 발급받아 해당 사업용 자동차 안에 항상 게시하여야 한다. (법 제24조의2제1항)
② 운전자격증명을 게시할 때는 승객이 쉽게 볼 수 있는 위치에 항상 게시하여야 한다. (규칙 제57조제1항)
③ 택시운전자격증은 취득한 해당 시·도에서만 재발급할 수 있다.
④ 운수종사자가 퇴직하는 경우에는 본인의 운전자격증명을 운송사업자에게 반납하여야 하며, 운송사업자는 지체 없이 해당 운전자격증명 발급 기관에 그 운전자격증명을 제출하여야 한다. (규칙 제57조제2항)

15. 택시운전자격의 취소 등의 처분 기준 (규칙 제59조)

1 일반 기준 (규칙 별표5 제1호)

① 위반 행위가 둘 이상인 경우로서 그에 해당하는 각각의 처분 기준이 다른 경우에는 그 중 무거운 처분 기준에 따른다. 다만, 둘 이상의 처분 기준이 모두 자격정지인 경우에는 각 처분 기준을 합산한 기간을 넘지 아니하는 범위에서 무거운 처분 기준의 2분의 1 범위에서 가중할 수 있다. 이 경우 그 가중한 기간을 합산한 기간은 6개월을 초과할 수 없다.

② 위반 행위의 횟수에 따른 행정 처분의 기준은 최근 1년간 같은 위반 행위로 행정 처분을 받은 경우에 적용한다. 이 경우 행정 처분기준의 적용은 같은 위반 행위에 대한 행정 처분일과 그 처분 후의 위반 행위가 다시 적발된 날을 기준으로 한다.

③ 처분관할관청은 자격정지 처분을 받은 사람이 다음의 어느 하나에 해당하는 경우에는 ① 및 ②에 따른 처분을 2분의 1 범위에서 늘리거나 줄일 수 있다. 이 경우 늘리는 경우에도 그 늘리는 기간은 6개월을 초과할 수 없다.

가중 사유	㉠ 위반 행위가 사소한 부주의나 오류가 아닌 고의나 중대한 과실에 의한 것으로 인정되는 경우 ㉡ 위반의 내용 정도가 중대하여 이용객에게 미치는 피해가 크다고 인정되는 경우
감경 사유	㉠ 위반 행위가 고의나 중대한 과실이 아닌 사소한 부주의나 오류로 인한 것으로 인정되는 경우 ㉡ 위반의 내용 정도가 경미하여 이용객에게 미치는 피해가 적다고 인정되는 경우 ㉢ 위반 행위를 한 사람이 처음 해당 위반 행위를 한 경우로서 최근 5년 이상 해당 여객자동차운송사업의 모범적인 운수종사자로 근무한 사실이 인정되는 경우 ㉣ 그 밖에 여객자동차운수사업에 대한 정부 정책상 필요하다고 인정되는 경우

④ 처분관할관청은 자격정지 처분을 받은 사람이 정당한 사유 없이 기일 내에 운전 자격증을 반납하지 아니할 때에는 해당 처분을 2분의 1의 범위에서 가중하여 처분하고, 가중 처분을 받은 사람이 기일 내에 운전 자격증을 반납하지 아니할 때에는 자격취소 처분을 한다.

2 개별 기준 (규칙 별표5 제2호 나목)

위반 행위	처분기준	
	1차 위반	2차 이상 위반
택시운전자격의 결격사유에 해당하게 된 경우	자격 취소	-
부정한 방법으로 택시운전자격을 취득한 경우	자격 취소	-
일반택시운송사업 또는 개인택시운송사업의 운전자격을 취득할 수 없는 경우에 해당하게 된 경우	자격 취소	-
다음의 행위로 과태료 처분을 받은 사람이 1년 이내에 같은 위반 행위를 한 경우 ㉠ 정당한 이유 없이 여객의 승차를 거부하거나 여객을 중도에서 내리게 하는 행위 ㉡ 신고하지 않거나 미터기에 의하지 않은 부당한 요금을 요구하거나 받는 행위 ㉢ 일정한 장소에서 장시간 정차하여 여객을 유치하는 행위 [참고] 위의 위반행위로 1년간 3회의 처분을 받은 사람이 같은 위반 행위 시 자격 취소	자격정지 10일	자격정지 20일
운송수입금 납입 의무를 위반하여 운송수입금 전액을 내지 아니하여 과태료 처분을 받은 사람이 그 과태료 처분을 받은 날부터 1년 이내에 같은 위반 행위를 세 번 한 경우	자격정지 20일	자격정지 20일
운송수입금 전액을 내지 아니하여 과태료 처분을 받은 사람이 그 과태료 처분을 받은 날부터 1년 이내에 같은 위반 행위를 네 번 이상 한 경우	자격정지 50일	자격정지 50일
다음의 금지행위 중 어느 하나에 해당하는 행위로 과태료 처분을 받은 사람이 1년 이내에 같은 위반행위를 한 경우 ㉠ 정당한 이유 없이 여객을 중도에서 내리게 하는 행위 ㉡ 신고한 운임 또는 요금이 아닌 부당한 운임 또는 요금을 받거나 요구하는 행위 ㉢ 일정한 장소에서 장시간 정차하거나 배회하면서 여객을 유치하는 행위 ㉣ 여객의 요구에도 불구하고 영수증 발급 또는 신용카드 결제에 응하지 않은 행위 [참고] 위의 위반행위로 1년간 3회의 처분을 받은 사람이 같은 위반 행위 시 자격 취소	자격정지 10일 자격정지 10일 자격정지 10일 자격정지 10일	자격정지 20일 자격정지 20일 자격정지 20일 자격정지 10일
중대한 교통사고로 다음의 어느 하나에 해당하는 수의 사상자를 발생하게 한 경우 ㉠ 사망자 2명 이상 ㉡ 사망자 1명 및 중상자 3명 이상 ㉢ 중상자 6명 이상	자격정지 60일 자격정지 50일 자격정지 40일	자격정지 60일 자격정지 50일 자격정지 40일
교통사고와 관련하여 거짓이나 그 밖의 부정한 방법으로 보험금을 청구하여 금고 이상의 형을 선고받고 그 형이 확정된 경우	자격 취소	-
운전업무와 관련하여 다음의 어느 하나에 해당하는 부정 또는 비위 사실이 있는 경우 ㉠ 택시운전자격증을 타인에게 대여한 경우 ㉡ 개인택시운송사업자가 불법으로 타인으로 하여금 대리운전을 하게 한 경우	자격취소 자격정지 30일	- 자격정지 30일
택시운전자격정지의 처분 기간 중에 택시운송사업 또는 플랫폼운송사업을 위한 운전 업무에 종사한 경우	자격 취소	-
도로교통법 위반으로 사업용 자동차를 운전할 수 있는 운전면허가 취소된 경우	자격 취소	-
정당한 사유 없이 교육 과정을 마치지 않은 경우	자격정지 5일	자격정지 5일

16. 운수종사자의 교육 등 (법 제25조)

1 운수종사자의 교육

① 운수종사자는 운전업무를 시작하기 전에 교육을 받아야 한다.

② 운송사업자는 운수종사자가 교육을 받는 데에 필요한 조치를 하여야 하며, 그 교육을 받지 아니한 운수종사자를 운전업무에 종사하게 하여서는 아니 된다.

③ 시·도지사는 교육을 효율적으로 실시하기 위하여 필요하면 특별시·광역시·특별자치시·도·특별자치도(이하 "시·도")의 조례로 정하는 연수기관을 직접 설립하여 운영하거나 지정할 수 있으며, 그 운영에 필요한 비용을 지원할 수 있다.

④ 운수종사자의 교육은 운수종사자 연수기관, 한국교통안전공단, 연합회 또는 조합(이하 "교육실시기관")이 한다.

⑤ 운송사업자는 운수종사자에 대한 교육계획의 수립, 교육의 시행 및 일상의 교육훈련업무를 위하여 종업원 중에서 교육훈련 담당자를 선임하여야 한다.(자동차 면허 대수가 20대 미만인 운송사업자의 경우 예외)

⑥ 교육실시기관은 매년 11월 말까지 조합과 협의하여 다음 해의 교육계획을 수립하여 시·도지사 및 조합에 보고하거나 통보하여야 하며, 그 해의 교육결과를 다음 해 1월 말까지 시·도지사 및 조합에 보고하거나 통보하여야 한다.

2 교육의 종류 및 교육 대상자 (규칙 제58조 별표4의3)

구 분	내 용	교육시간	주 기
신규교육	새로 채용한 운수종사자 (사업용자동차를 운전하다가 퇴직한 후 2년 이내에 다시 채용된 사람은 제외)	16	
보수교육	무사고·무벌점 기간이 5년 이상 10년 미만인 운수종사자	4	격년
	무사고·무벌점 기간이 5년 미만인 운수종사자		매년
	법령 위반 운수종사자	8	수시
수시교육	국제 행사 등에 대비한 서비스 및 교통안전 증진 등을 위하여 국토교통부장관 또는 시·도지사가 교육을 받을 필요가 있다고 인정하는 운수종사자	4	필요 시

① 무사고·무벌점이란 도로교통법에 따른 교통사고와 같은 법에 따른 교통법규 위반 사실이 모두 없는 것을 말한다.
② 보수 교육 대상자 선정을 위한 무사고·무벌점 기간은 전년도 10월 말을 기준으로 산정한다.
③ 법령 위반 운수종사자는 운수종사자 준수 사항을 위반하여 과태료 처분을 받은 자(개인택시운송사업자는 과징금 또는 사업정지 처분을 받은 경우를 포함)와 특별 검사 대상이 된 자를 말한다.
④ 법령 위반 운수종사자(특별검사 대상이 된 자는 제외)에 대한 보수 교육은 해당 운수종사자가 과태료, 과징금 또는 사업정지 처분을 받은 날부터 3개월 이내에 실시하여야 한다.
⑤ 새로 채용된 운수종사자가 교통안전법 시행규칙에 따른 심화 교육 과정을 이수한 경우에는 신규 교육을 면제한다.
⑥ 해당 연도의 신규 교육 또는 수시 교육을 이수한 운수종사자(법령 위반 운수종사자는 제외)는 해당 연도의 보수 교육을 면제한다.

17. 보칙 및 벌칙

1 사업용 자동차의 차령 (영 제40조 별표2)

① 여객자동차 운수사업에 사용되는 자동차는 자동차의 종류와 여객자동차 운수사업의 종류에 따라 **차령 및 운행거리를 넘기지 못한다.** 다만, 시·도지사는 해당 시·도의 여객자동차 운수사업용 자동차의 운행여건 등을 고려하여 **안전성 요건이 충족되는 경우에는 2년의 범위에서 차령을 연장할 수 있다.** (법 제84조 제1항)
② 여객자동차 운수사업의 면허, 허가, 등록, 증차 또는 대폐차(代廢車: 차령이 만료되거나 운행거리를 초과한 차량 등을 다른 차량으로 대체하는 것)에 충당되는 자동차는 자동차의 종류와 여객자동차 운수사업의 종류에 따라 3년을 넘지 아니하는 범위에서 **차량충당연한 이내로 하여야 한다.** (법 제84조 제2항)
* 대통령령으로 정하는 **차량충당연한** (영 제40조 제4,5항)
1) **차량충당연한** : 승용자동차는 1년, 승합자동차는 3년
2) 차량충당연한의 기산일
  ㉠ 제작년도에 등록된 자동차 : 최초의 신규등록일
  ㉡ 제작년도에 등록되지 않은 자동차 : 제작년도의 말일
③ 여객자동차 운수사업에 사용되는 자동차(외국인만 운송할 것을 조건으로 일반택시운송사업의 한정면허를 받아 운행하는 자동차는 제외)의 운행연한(차령)과 그 연장요건은 다음과 같다.

차종	사업의 구분		차령
승용 자동차	여객자동차 운송사업용	개인 택시	경형·소형	5년
			배기량 2,400cc 미만	7년
			배기량 2,400cc 이상	9년
			환경친화적자동차 (환경친화적 자동차의 개발 및 보급 촉진에 관한 법률에 따른 자동차)	
		일반 택시	경형·소형	3년 6개월
			배기량 2,400cc 미만	4년
			배기량 2,400cc 이상	6년
			환경친화적자동차	
	자동차 대여사업용	경형·소형·중형		5년
		대형		8년
	특수여객자동차 운송사업용	경형·소형·중형		6년
		대형		10년
	플랫폼 운송사업용	배기량 2,400cc 미만		4년
		배기량 2,400cc 이상		6년
		환경친화적자동차		
승합 자동차	특수여객자동차운송사업용 또는 전세버스 운송사업용			11년
	그 밖의 사업용			9년
특수 자동차	자동차 대여 사업용	캠핑용 자동차		9년

2 과징금 (영 제46조 별표5) (단위: 만원)

국토교통부장관, 시·도지사 또는 시장·군수·구청장은 여객자동차 운수사업자의 **사업규모, 사업지역의 특수성, 운전자 과실의 정도와 위반행위의 내용 및 횟수** 등을 고려하여 과징금 액수의 2분의 1의 범위에서 가중하거나 경감할 수 있다. 다만, 가중하는 경우에도 과징금의 총액은 5천만 원을 초과할 수 없다.

구 분	위 반 내 용	위반 횟수	과징금 액수 일반택시	과징금 액수 개인택시
면허 또는 등록 등	면허·허가를 받거나 등록한 업종의 범위를 벗어나 사업을 한 경우	1차 2차 3차 이상	180 360 540	180 360 540
	면허를 받은 사업구역 외의 행정구역에서 사업을 한 경우	1차 2차 3차 이상	40 80 160	40 80 160
	면허·허가를 받거나 등록한 차고를 이용하지 않고 차고지가 아닌 곳에서 밤샘 주차를 한 경우	1차 2차	10 15	10 15
	신고를 하지 않거나 거짓으로 신고를 하고 개인택시를 대리운전하게 한 경우	1차 2차	– –	120 240
운임 및 요금	운임 및 요금에 대한 신고 또는 변경 신고를 하지 않고 운송을 개시한 경우	1차 2차 3차 이상	40 80 160	20 40 80
	미터기를 부착하지 않거나 사용하지 않고 여객을 운송한 경우(구간 운임제 시행 지역은 제외)	1차 2차 3차 이상	40 80 160	40 80 160
차령 초과	차령 또는 운행 거리를 초과하여 운행한 경우	1차 2차	180 360	180 360
자동차의 표시	1년에 3회 이상 사업용 자동차의 표시를 하지 않은 경우		10	10

	위반행위		1차	2차
운전자의 자격요건 등	택시운송사업자가 차내에 운전자 격증명을 항상 게시하지 않은 경우		10	10
	자동차 안에 게시해야 할 사항을 게시하지 않은 경우	1차 2차	20 40	20 40
	운수종사자의 자격요건을 갖추지 않은 사람을 운전업무에 종사하게 한 경우	1차 2차	360 720	360 720
	운수종사자의 교육에 필요한 조치를 하지 않은 경우	1차 2차 3차 이상	30 60 90	
운송 시설 및 여객의 안전 확보	정류소에서 주차 또는 정차 질서를 문란하게 한 경우	1차 2차	20 40	20 40
	속도제한장치 또는 운행기록계가 장착된 운송사업용 자동차를 해당 장치 또는 기기가 정상적으로 작동되지 않은 상태에서 운행한 경우	1차 2차 3차 이상	60 120 180	60 120 180
	차실에 냉방·난방 장치를 설치하여야 할 자동차에 이를 설치하지 않고 여객을 운송한 경우	1차 2차 3차 이상	60 120 180	60 120 180
	차량 정비, 운전자의 과로 방지 및 정기적인 차량 운행 금지 등 안전 수송을 위한 명령을 위반하여 운행한 경우	1차 2차	20 40	20 40
	그 밖의 설비 기준에 적합하지 않은 자동차를 이용하여 운송한 경우	1차 2차	20 30	20 30

3 과태료 부과기준(영 제49조 별표6)

(단위 : 만원)

① 하나의 행위가 둘 이상의 위반행위에 해당하는 경우에는 그 중 무거운 과태료의 부과기준에 따른다.
② 위반행위의 횟수에 따른 과태료의 가중된 부과기준은 최근 1년간 같은 위반행위로 과태료 부과처분을 받은 날과 그 처분 후 다시 같은 위반행위를 하여 적발된 날을 기준으로 한다.
③ 과태료 부과권자는 다음의 어느 하나에 해당하는 경우에는 과태료 금액의 2분의 1의 범위에서 그 금액을 줄일 수 있다.
  1) 위반행위자가 다음 중 어느 하나에 해당하는 경우
    ㉠ 국민기초생활수급자
    ㉡ 한부모가족 보호자
    ㉢ 장애정도가 심한 장애인
    ㉣ 1~3급 국가유공자
    ㉤ 미성년자
  2) 위반행위가 사소한 부주의나 오류로 인한 것으로 인정되는 경우
  3) 위반행위자가 법 위반상태를 시정하거나 해소하기 위하여 노력한 것으로 인정되는 경우
  4) 그 밖에 위반행위의 정도, 위반행위의 동기와 그 결과 등을 고려하여 줄일 필요가 있다고 인정되는 경우
④ 과태료 부과권자는 다음의 어느 하나에 해당하는 경우에는 과태료 금액의 2분의 1의 범위에서 늘릴 수 있다. 다만, 과태료 상한(1천만 원)을 넘을 수 없다.
  1) 위반의 내용·정도가 중대하여 이용객 등에게 미치는 피해가 크다고 인정되는 경우
  2) 최근 1년간 같은 위반행위로 과태료 부과처분을 3회를 초과하여 받은 경우
  3) 그 밖에 위반행위의 정도, 위반행위의 동기와 그 결과 등을 고려하여 늘릴 필요가 있다고 인정되는 경우

위반행위	처분기준		
	1회	2회	3회 이상
사고 시의 조치를 하지 않은 경우	50	75	100
운수종사자 취업 현황을 알리지 않거나 거짓으로 알린 경우			
정당한 사유 없이 검사 또는 질문에 불응하거나 이를 방해 또는 기피한 경우			
운수종사자의 요건을 갖추지 않고 여객자동차운송사업 또는 플랫폼운송사업의 운전 업무에 종사한 경우	50	50	50
중대한 교통사고 발생에 따른 보고를 하지 않거나 거짓 보고를 한 경우	20	30	50
여객이 착용하는 좌석 안전띠가 정상적으로 작동될 수 있는 상태를 유지하지 않은 경우			
운수종사자에게 여객의 좌석 안전띠 착용에 관한 교육을 실시하지 않은 경우			
교통안전 정보의 제공을 거부하거나 거짓 정보를 제공한 경우			
정당한 사유 없이 여객을 중도에서 내리게 하는 경우	20	20	20
부당한 운임 또는 요금을 받거나 요구하는 경우			
일정한 장소에 오랜 시간 정차하거나 배회하면서 여객을 유치하는 경우			
여객의 요구에도 불구하고 영수증 발급 또는 신용카드 결제에 응하지 않는 경우	20	20	20
문을 완전히 닫지 않은 상태 또는 여객이 승하차하기 전에 자동차를 출발시키는 경우			
사업용 자동차의 표시를 하지 않은 경우	10	15	20
자동차 안에서 흡연하는 경우	10	10	10
차량의 출발 전에 여객이 좌석 안전띠를 착용하도록 안내하지 않은 경우	3	5	10

제3절 택시운송사업의 발전에 관한 법규

01. 목적 및 정의

1 목적(법 제1조)
택시운송사업의 발전에 관한 사항을 규정함으로써
① 택시운송사업의 건전한 발전을 도모
② 택시운수종사자의 복지 증진
③ 국민의 교통편의 제고에 이바지

2 정의(법 제2조)
① 택시운송사업
여객자동차 운수사업법에 따른 구역 여객자동차운송사업 중,
  ㉠ 일반택시 운송사업 : 운행 계통을 정하지 않고 국토교통부령으로 정하는 사업구역에서 1개의 운송 계약에 따라 국토교통부령으로 정하는 자동차를 사용하여 여객을 운송하는 사업
  ㉡ 개인택시 운송사업 : 운행 계통을 정하지 않고 국토교통부령으로 정하는 사업구역에서 1개의 운송 계약에 따라 국토교통부령으로 정하는 자동차 1대를 사업자가 직접 운전(사업자의 질병 등의 사유가 있는 경우는 제외)하여 여객을 운송하는 사업
② 택시운송사업면허 : 택시운송사업을 경영하기 위하여 여객자동차 운수사업법에 따라 받은 면허
③ 택시운송사업자 : 택시운송사업면허를 받아 택시운송사업을 경영하는 자

④ 택시운수종사자 : 여객자동차운수사업법에 따른 운전 업무 종사 자격을 갖추고 택시운송사업의 운전 업무에 종사하는 사람
⑤ 택시공영차고지 : 택시운송사업에 제공되는 차고지로서 특별시장·광역시장·특별자치시장·도지사·특별자치도지사(이하 시·도지사) 또는 시장·군수·구청장 (자치구의 구청장)이 설치한 것
⑥ 택시공동차고지 : 택시운송사업에 제공되는 차고지로서 2인 이상의 일반택시 운송사업자가 공동으로 설치 또는 임차하거나 조합 또는 연합회가 설치 또는 임차한 차고지

3 국가 등의 책무(법 제3조)
국가 및 지방자치단체는 택시운송사업의 발전과 국민의 교통편의 증진을 위한 정책을 수립하고 시행하여야 한다.

02. 택시정책심의위원회

1 설치 목적 및 소속(법 제5조)
택시운송사업의 중요 정책 등에 관한 사항의 심의를 위하여 국토교통부장관 소속으로 위원회를 둔다.

2 심의 사항(법 제5조제2항)
① 택시운송사업의 면허 제도에 관한 중요 사항
② 사업구역별 택시 총량에 관한 사항
③ 사업구역 조정 정책에 관한 사항
④ 택시운수종사자의 근로 여건 개선에 관한 중요 사항
⑤ 택시운송사업의 서비스 향상에 관한 중요 사항
⑥ 이 법 또는 다른 법률에서 위원회의 심의를 거치도록 한 사항
⑦ 그 밖에 택시운송사업에 관한 중요한 사항으로서 위원장이 회의에 부치는 사항

3 위원회의 구성 : 위원장 1명을 포함한 10명 이내의 위원으로 구성 (법 제5조제3항)

4 위원의 위촉(영 제2조제1항)
① 택시운송사업에 5년 이상 종사한 사람
② 교통관련 업무에 공무원으로 2년 이상 근무한 경력이 있는 사람
③ 택시운송사업 분야에 관한 학식과 경험이 풍부한 사람
위의 어느 하나에 해당하는 사람 중, 전문 분야와 성별 등을 고려하여 국토교통부장관이 위촉

5 위원의 임기 : 2년(영 제2조제3항)

03. 택시운송사업 발전 기본 계획의 수립

1 국토교통부장관은 택시운송사업을 체계적으로 육성·지원하고 국민의 교통편의 증진을 위하여 관계 중앙행정기관의 장 및 시·도지사의 의견을 들어 5년 단위의 택시운송 사업 발전 기본 계획을 5년 마다 수립하여야 한다. (법 제6조제1항)

2 택시운송사업 발전 기본 계획에 포함될 사항(법 제2항)
① 택시운송사업 정책의 기본 방향에 관한 사항
② 택시운송사업의 여건 및 전망에 관한 사항
③ 택시운송사업면허 제도의 개선에 관한 사항
④ 택시운송사업의 구조 조정 등 수급 조절에 관한 사항
⑤ 택시운수종사자의 근로 여건 개선에 관한 사항
⑥ 택시운송사업의 경쟁력 향상에 관한 사항
⑦ 택시운송사업의 관리 역량 강화에 관한 사항
⑧ 택시운송사업의 서비스 개선 및 안전성 확보에 관한 사항
⑨ 그 밖에 택시운송사업의 육성 및 발전에 관하여 대통령령으로 정하는 사항

: 대통령령으로 정하는 사항(영 제5조제2항)
㉠ 택시운송사업에 사용되는 자동차 (이하 택시) 수급 실태 및 이용 수요의 특성에 관한 사항
㉡ 차고지 및 택시 승차대 등 택시 관련 시설의 개선 계획
㉢ 기본 계획의 연차별 집행 계획
㉣ 택시운송사업의 재정 지원에 관한 사항
㉤ 택시운송사업의 위반 실태 점검과 지도 단속에 관한 사항
㉥ 택시운송사업 관련 연구·개발을 위한 전문 기구 설치에 관한 사항

04. 재정 지원(법 제7조)

1 시·도의 지원(제1항)
특별시·광역시·특별자치시·도·특별자치도(이하 시·도)는 택시운송사업의 발전을 위하여 택시운송사업자 또는 택시운수종사자 단체에 다음의 어느 하나에 해당하는 사업에 대하여 조례로 정하는 바에 따라 필요한 자금의 전부 또는 일부를 보조 또는 융자할 수 있다.
① 택시운송사업자에 대한 지원(제1호, 제5호)
㉠ 합병, 분할, 분할 합병, 양도·양수 등을 통한 구조 조정 또는 경영 개선 사업
㉡ 사업구역별 택시 총량을 초과한 차량의 감차 사업
㉢ 택시의 환경 친화적 자동차의 개발 및 보급 촉진에 관한 법률에 따른 친환경 택시로의 대체 사업
㉣ 택시운송사업의 서비스 향상을 위한 시설·장비의 확충·개선·운영 사업
㉤ 서비스 교육 등 택시운수종사자에게 실시하는 교육 및 연수 사업
㉥ 그 밖에 택시운송사업의 발전을 위해 국토교통부령으로 정하는 사업

> **국토교통부령으로 정하는 재정 지원 대상 사업의 범위(규칙 제7조)**
> ㉮ 택시운수종사자의 근로여건 개선 사업
> ㉯ 택시운송사업자의 경영개선 및 연구 개발 사업
> ㉰ 택시운수종사자의 교육 및 연수 사업
> ㉱ 택시의 고급화 및 낡은 택시의 교체 사업
> ㉲ 그 밖에 택시운송사업의 육성 및 발전을 위해 국토교통부장관이 필요하다고 인정하는 사업

② 택시운수종사자 단체에 대한 지원
: 서비스 교육 등 택시운수종사자에게 실시하는 교육 및 연수 사업

2 국가의 지원(법 제7조제2항)
국가는 다음의 어느 하나에 해당하는 자금의 전부 또는 일부를 시·도에 지원할 수 있다.
① 시·도가 택시운송사업자 또는 택시운수종사자 단체(이하 택시운송사업자등)에 보조한 자금(시설·장비의 운영 사업에 보조한 자금은 제외)
② 택시공영차고지 설치에 필요한 자금

3 보조금의 사용 규칙(법 제8조)
① 보조를 받은 택시운송사업자등은 그 자금을 보조받은 목적 외의 용도로 사용하지 못한다.
② 국토교통부장관 또는 시·도지사는 보조를 받은 택시운송사업자등이 그 자금을 적정하게 사용하도록 감독하여야 한다.
③ 국토교통부장관 또는 시·도지사는 택시운송사업자등이 거짓이나 그 밖의 부정한 방법으로 보조금을 교부받거나 목적 외의 용도로 사용한 경우 택시운송사업자 등에게 보조금의 반환을 명하여야 한다.
④ 국토교통부장관은 택시운송사업자등이 보조금 반환명령을 받고도 반환하지 아니하는 경우 국세 또는 지방세 체납처분의 예에 따라 이를 징수하여야 한다.

05. 신규 택시운송사업 면허의 제한 등 (법 제10조)

1 다음의 각 사업구역에서는 여객자동차운수사업법에도 불구하고 누구든지 신규 택시운송사업 면허를 받을 수 없다. (제1항)
① 사업구역별 택시 총량을 산정하지 아니한 사업구역
② 국토교통부장관이 사업구역별 택시 총량의 재산정을 요구한 사업구역
③ 고시된 사업구역별 택시 총량보다 해당 사업구역 내의 택시의 대수가 많은 사업구역. 다만, 해당 사업구역이 연도별 감차 규모를 초과하여 감차 실적을 달성한 경우 그 초과분의 범위에서 관할 지방자치단체의 조례로 정하는 바에 따라 신규 택시운송사업 면허를 받을 수 있다.

2 **1**의 사업구역에서 여객자동차운수사업법에 따라 일반택시운송사업자가 사업 계획을 변경하고자 하는 경우 증차를 수반하는 사업 계획의 변경은 할 수 없다. (제2항)

06. 운송비용 전가 금지 등 (법 제12조)

1 군(광역시의 군은 제외한다) 지역을 제외한 사업구역의 일반택시운송사업자는 택시의 구입 및 운행에 드는 비용 중 다음의 각 비용을 택시운수종사자에게 부담시켜서는 아니 된다. (제1항)
① 택시 구입비 (신규 차량을 택시운수종사자에게 배차하면서 추가 징수하는 비용 포함)
② 유류비   ③ 세차비
④ 택시운송사업자가 차량 내부에 붙이는 장비의 설치비 및 운영비
⑤ 그 밖에 택시의 구입 및 운행에 드는 비용으로서 대통령령으로 정하는 비용 : 대통령령으로 정하는 비용 - 사고로 인한 차량 수리비, 보험료 증가분 등 교통사고 처리에 드는 비용(해당 교통사고가 음주 등 택시운수종사자의 고의·중과실로 인하여 발생한 것인 경우는 제외)을 말한다.(영 제19조제2항)

2 택시운송사업자는 소속 택시운수종사자가 아닌 사람(형식상의 근로계약에도 불구하고 실질적으로는 소속 택시운수종사자가 아닌 사람을 포함)에게 택시를 제공하여서는 아니 된다. (제2항)

3 택시운송사업자는 택시운수종사자가 안전하고 편리한 서비스를 제공할 수 있도록 택시운수종사자의 장시간 근로 방지를 위하여 노력하여야 한다. (제3항)

4 시·도지사는 1년에 2회 이상 택시운송사업자가 위 2,3의 사항을 준수하고 있는지를 조사하고, 1개월 이내에 그 조사내용과 조치 결과를 국토교통부장관에게 보고하여야 한다. (제4항)

07. 택시 운행 정보의 관리 등 (법 제13조)

1 국토교통부장관 또는 시·도지사는 택시 정책을 효율적으로 수행하기 위하여 운행 기록 장치와 택시요금미터를 활용하여 국토교통부령으로 정하는 정보를 수집·관리하는 택시운행정보관리시스템을 구축·운영할 수 있다. (제1항)
① 국토교통부령으로 정하는 정보(규칙 제10조)
  ㉠ 운행 기록 장치에 기록된 정보(주행거리, 속도, 위치 정보 분당 회전수, 브레이크 신호, 가속도)
  ㉡ 택시요금미터에 기록된 정보 (승차 일시와 거리, 영업거리, 요금 정보 등)

2 국토교통부장관 또는 시·도지사는 택시운행정보관리시스템을 구축·운영하기 위한 정보를 수집·이용할 수 있다. (제2항)

3 택시운행정보관리시스템으로 처리된 전산 자료는 교통사고 예방 등 공공의 목적을 위하여 국토교통부령으로 정하는 바에 따라 공동 이용할 수 있다. (규칙 제11조)

① 전산자료의 공동 이용 – 국토교통부장관 또는 시·도지사는 택시운행정보관리시스템으로 처리된 전체 자료를 택시운송사업자, 여객자동차운수사업자 조합 및 연합회와 공동 이용할 수 있다.

08. 택시운수종사자 복지 기금의 설치 (법 제15조)

1 목적(제1항)
택시운송사업자 단체 또는 택시운수종사자 단체가 택시운수종사자의 근로 여건 개선 등을 위하여, 택시운수종사자가 복지기금(이하 "기금")을 설치할 수 있다.

2 기금의 수입 재원(제2항)
① 출연금 (개인·단체·법인으로부터의 출연금에 한정)
② 복지 기금 운용 수익금
③ 액화석유가스를 연료로 사용하는 차량을 판매하여 발생한 수입 중 일부로서 택시운송사업자가 조성하는 수입금
④ 그 밖에 대통령령으로 정하는 수입금 : 택시 표시 등 이용 광고 사업에 따라 발생하는 광고 수입 중 택시운송사업자가 조성하는 수입금

3 기금의 용도(제3항)
① 택시운수종사자의 건강 검진 등 건강 관리 서비스 지원
② 택시운수종사자 자녀에 대한 장학 사업
③ 기금의 관리·운용에 필요한 경비
④ 그 밖에 택시운수종사자의 복지 향상을 위하여 필요한 사업으로서 국토교통부장관이 정하는 사업
⑤ 국토교통부장관 또는 시·도지사는 기금이 적정하게 사용될 수 있도록 감독하여야 한다.

09. 택시운수종사자의 준수사항 등 (법 제16조)

1 택시운수종사자는 다음의 어느 하나에 해당하는 행위를 하여서는 아니 된다. (제1항)
① 정당한 사유 없이 여객의 승차를 거부하거나 여객을 중도에서 내리게 하는 행위
② 부당한 운임 또는 요금을 받는 행위
③ 여객을 합승하도록 하는 행위
④ 여객의 요구에도 불구하고 영수증 발급 또는 신용 카드 결제에 응하지 않는 행위 (영수증발급기 및 신용카드결제기가 설치되어 있는 경우에 한정)

※ 여객의 안전·보호조치 이행 등 국토교통부령으로 정하는 기준을 충족한 경우 (규칙 제11조의2)
① 합승을 신청한 여객의 본인 여부를 확인하고 합승을 중개하는 기능
② 탑승하는 시점·위치 및 탑승 가능한 좌석 정보를 탑승 전에 여객에게 알리는 기능
③ 동성(同姓) 간의 합승만을 중개하는 기능(경형, 소형 및 중형 택시운송사업에 사용되는 자동차의 경우만 해당)
④ 자동차 안에서 불쾌감을 유발하는 신체 접촉 등 여객의 신변 안전에 위해를 미칠 수 있는 위험상황 발생 시 그 사실을 고객센터 또는 경찰에 신고하는 방법을 탑승 전에 알리는 기능

2 국토교통부장관은 택시운수종사자가 **1**의 각 사항을 위반하면 여객자동차운수사업법에 따른 운전업무종사자격을 취소하거나 6개월 이내의 기간을 정하여 그 자격의 효력을 정지시킬 수 있다. (제2항)

위반행위	처분기준		
	1차 위반	2차 위반	3차 위반
정당한 사유 없이 여객의 승차를 거부하거나 여객을 중도에서 내리게 하는 행위	경고	자격정지 30일	자격취소
부당한 운임 또는 요금을 받는 행위	경고		
여객을 합승하도록 하는 행위	경고		
여객의 요구에도 불구하고 영수증 발급 또는 신용 카드 결제에 응하지 않는 행위	경고	자격정지 10일	자격정지 20일

10. 과태료 (법 제23조, 영 제25조, 별표3)

① 운송비용 전가 금지 조항에 해당하는 비용을 택시운수종사자에게 전가시킨 자에게는 1천만 원 이하의 과태료를 부과한다.
② 다음 각 호의 어느 하나에 해당하는 자에게는 1백만 원 이하의 과태료를 부과한다.
  ㉠ 택시운수종사자 준수사항을 위반한 자
  ㉡ 보조금의 사용내역 등에 관한 보고나 서류제출을 하지 않거나 거짓으로 한 자
  ㉢ 택시운송사업자등의 장부·서류, 그 밖의 물건에 관한 검사를 정당한 사유 없이 거부·방해 또는 기피한 자
③ ①과 ②에 따른 과태료는 대통령령으로 정하는 바에 따라 국토교통부장관이 부과·징수한다.

위반행위	과태료 금액 (만원)		
	1회 위반	2회 위반	3회 위반 이상
운송비용 전가 금지 조항에 해당하는 비용을 택시운수종사자에게 전가시킨 경우	500	1,000	1,000
택시운수종사자 준수사항을 위반한 경우	20	40	60
보조금의 사용내역 등에 관한 보고를 하지 않거나 거짓으로 한 경우	25	50	50
보조금의 사용내역 등에 관한 서류 제출을 하지 않거나 거짓 서류를 제출한 경우	50	75	100
택시운송사업자등의 장부·서류, 그 밖의 물건에 관한 검사를 정당한 사유 없이 거부·방해 또는 기피한 경우	50	75	100

제2장 도로교통법령

제1절 법의 목적 및 용어

01. 목적 (법 제1조)

도로에서 일어나는 교통상의
① 위험과 장해를 방지하고 제거하여
② 안전하고 원활한 교통을 확보

02. 용어의 정의 (법 제2조)

1 도로 (제1호)
① 도로법에 따른 도로
② 유료도로법에 따른 유료도로
③ 농어촌도로정비법에 따른 농어촌 도로
④ 그 밖에 현실적으로 불특정 다수의 사람 또는 차마가 통행할 수 있도록 공개된 장소로서 안전하고 원활한 교통을 확보할 필요가 있는 장소

2 자동차 전용 도로 (제2호)
자동차만 다닐 수 있도록 설치된 도로

3 고속도로 (제3호)
자동차의 고속 운행에만 사용하기 위하여 지정된 도로

4 차도(車道) (제4호)
연석선 (차도와 보도를 구분하는 돌 등으로 이어진 선), 안전표지 또는 그와 비슷한 인공 구조물을 이용하여 경계를 표시하여 모든 차가 통행할 수 있도록 설치된 도로의 부분

5 중앙선 (제5호)
차마의 통행 방향을 명확하게 구분하기 위하여 도로에 황색 실선이나 황색 점선 등의 안전표지로 표시한 선 또는 중앙 분리대나 울타리 등으로 설치한 시설물 (다만, 가변차로가 설치된 경우에는 신호기가 지시하는 진행 방향의 가장 왼쪽에 있는 황색 점선)

6 차로 (제6호)
차마가 한 줄로 도로의 정하여진 부분을 통행하도록 차선으로 구분한 차도의 부분

7 차선 (제7호)
차로와 차로를 구분하기 위하여 그 경계지점을 안전표지로 표시한 선

8 자전거 도로 (제8호)
안전표지, 위험 방지용 울타리나 그와 비슷한 인공 구조물로 경계를 표시하여 자전거 및 개인형 이동 장치가 통행할 수 있도록 설치된 자전거 전용도로, 자전거 보행자 겸용도로, 자전거 전용차로, 자전거 우선 도로를 말한다.

9 자전거 횡단도 (제9호)
자전거가 일반도로를 횡단할 수 있도록 안전표지로 표시한 도로의 부분

10 보도(步道) (제10호)
연석선, 안전표지나 그와 비슷한 인공 구조물로 경계를 표시하여 보행자 (유모차, 보행보조용 의자차, 수동 휠체어, 전동 휠체어, 의료용 스쿠터, 노약자용 보행기 등 행정안전부령으로 정하는 기구·장치를 이용하여 통행하는 사람 및 실외 이동 로봇을 포함)가 통행할 수 있도록 한 도로의 부분

11 길 가장자리 구역 (제11호)
보도와 차도가 구분되지 아니한 도로에서 보행자의 안전을 확보하기 위하여 안전표지 등으로 경계를 표시한 도로의 가장자리 부분

12 횡단보도 (제12호)
보행자가 도로를 횡단할 수 있도록 안전표지로 표시한 도로의 부분

13 교차로 (제13호)
십자로, T자로나 그 밖에 둘 이상의 도로(보도와 차도가 구분되어 있는 도로에서는 차도)가 교차하는 부분

13-1 회전교차로 (제13의2)
교차로 중 차마가 원형의 교통섬(차마의 안전하고 원활한 교통처리나 보행자 도로횡단의 안전을 확보하기 위하여 교차로 또는 차도의 분기점 등에 설치하는 섬 모양의 시설)을 중심으로 반시계방향으로 통행하도록 한 원형의 도로를 말한다.

14 안전지대 (제14호)
도로를 횡단하는 보행자나 통행하는 차마의 안전을 위하여 안전표지나 이와 비슷한 인공 구조물로 표시한 도로의 부분

15 신호기 (제15호)
문자·기호 또는 등화를 사용하여 진행·정지·방향 전환·주의 등의 신호를 표시하기 위하여 사람이나 전기의 힘으로 조작하는 장치

16 안전표지 (제16호)
교통안전에 필요한 주의·규제·지시 등을 표시하는 표지판이나 도로의 바닥에 표시하는 기호·문자 또는 선 등

17 차마 (제17호)
차와 우마를 말한다.
① 차
  ㉠ 자동차   ㉡ 건설기계
  ㉢ 원동기 장치 자전거   ㉣ 자전거

ⓗ 사람 또는 가축의 힘이나 그 밖의 동력으로 도로에서 운전되는 것 (단, 철길이나 가설된 선을 이용하여 운전되는 것 유모차, 보행보조용 의자차, 노약자용 보행기, 실외 이동 로봇 등 행정안전부령으로 정하는 기구·장치를 제외)

② 우마 – 교통이나 운수에 사용되는 가축

17-1 노면전차(제17의2)
도시철도법에 따른 노면전차로서 도로에서 궤도를 이용하여 운행되는 차를 말한다.

18 자동차(제18호)
철길이나 가설된 선을 이용하지 아니하고 원동기를 사용하여 운전되는 차 (견인되는 자동차도 자동차의 일부)로 본다.

① 자동차관리법에 따른 다음의 자동차 (원동기 장치 자전거 제외)
  ㉠ 승용 자동차
  ㉡ 승합자동차
  ㉢ 화물 자동차
  ㉣ 특수 자동차
  ㉤ 이륜자동차

② 건설기계관리법에 따른 다음의 건설 기계
  ㉠ 덤프 트럭
  ㉡ 아스팔트 살포기
  ㉢ 노상 안정기
  ㉣ 콘크리트 믹서 트럭
  ㉤ 콘크리트 펌프
  ㉥ 천공기(트럭 적재식)
  ㉦ 콘크리트 믹서 트레일러
  ㉧ 아스팔트 콘크리트 재생기
  ㉨ 도로 보수 트럭
  ㉩ 3톤 미만의 지게차

19 원동기 장치 자전거(제19호)
① 자동차관리법에 따른 이륜자동차 가운데 배기량 125cc 이하(전기를 동력으로 하는 경우에는 최고 정격 출력 11kw 이하)의 이륜자동차
② 그 밖에 배기량 125cc 이하 (전기를 동력으로 하는 경우에는 최고 정격 출력 11kw 이하)의 원동기를 단 차(전기 자전거 및 실외 이동 로봇은 제외)

20 자전거(제20호)
사람의 힘으로 페달, 손 페달을 사용하여 움직이는 구동 장치와 조향 장치, 제동 장치가 있는 바퀴가 둘 이상인 차(자전거) 및 전기 자전거를 말한다.

21 자동차 등(제21호)
자동차와 원동기 장치 자전거

22 긴급 자동차(제22호)
다음의 자동차로서 그 본래의 긴급한 용도로 사용되고 있는 자동차
① 소방차
② 구급차
③ 혈액 공급 차량
④ 그 밖에 대통령령으로 정하는 자동차

23 어린이 통학 버스(제23호)
다음의 시설 가운데 어린이(13세 미만인 사람)를 교육 대상으로 하는 시설에서 어린이의 통학 등에 이용되는 자동차와 여객자동차운수사업법에 따른 여객자동차운송사업의 한정 면허를 받아 어린이를 여객 대상으로 하여 운행되는 운송사업용 자동차
① 유아교육법에 따른 유치원, 초·중등교육법에 따른 초등학교 및 특수학교
② 영유아보육법에 따른 어린이 집
③ 학원의 설립·운영 및 과외 교습에 관한 법률에 따라 설립된 학원
④ 체육시설의 설치·이용에 관한 법률에 따라 설립된 체육 시설

24 주차(제24호)
운전자가 승객을 기다리거나 화물을 싣거나 차가 고장 나거나 그 밖의 사유로 차를 계속 정지 상태에 두는 것 또는 운전자가 차에서 떠나서 즉시 그 차를 운전할 수 없는 상태에 두는 것

25 정차(제25호)
운전자가 5분을 초과하지 아니하고 차를 정지시키는 것으로서 주차 외의 정지 상태

26 운전(제26호)
도로(주취 운전, 과로 운전, 교통사고 및 교통사고 발생 시 조치 불이행, 경찰 공무원의 음주 측정 거부 등에 한하여 도로 외의 곳을 포함)에서 차마 또는 노면 전차를 그 본래의 사용 방법에 따라 사용하는 것 (조종 또는 자율주행시스템을 사용하는 것을 포함)

27 초보 운전자(제27호)
처음 운전면허를 받은 날(2년이 지나기 전에 운전면허의 취소 처분을 받은 경우에는 그 후 다시 운전면허를 받은 날)부터 2년이 지나지 아니한 사람을 말한다. 이 경우 원동기 장치 자전거 면허만 받은 사람이 원동기 장치자전거 면허 외의 운전면허를 받은 경우에는 처음 운전면허를 받은 것으로 본다.

28 서행(제28호)
운전자가 차 또는 노면전차를 즉시 정지시킬 수 있는 정도의 느린 속도로 진행하는 것

29 앞지르기(제29호)
차 또는 노면전차의 운전자가 앞서가는 다른 차 또는 노면전차의 옆을 지나서 그 차의 앞으로 나가는 것

30 일시정지(제30호)
차 또는 노면전차의 운전자가 그 차 또는 노면전차의 바퀴를 일시적으로 완전히 정지시키는 것

31 보행자 전용도로(제31호)
보행자만 다닐 수 있도록 안전표지나 그와 비슷한 인공 구조물로 표시한 도로

31-1 보행자 우선 도로(제31의2)
차도와 보도가 분리되지 아니한 도로에서 보행자 안전과 편의를 보장하기 위하여 보행자 통행이 차마 통행에 우선하도록 지정된 도로를 말한다.

※ 시·도 경찰청장이나 경찰서장은 보행자 우선 도로에서 보행자를 보호하기 위하여 필요하다고 인정하는 경우에는 차마의 통행 속도를 시속 20km 이내로 제한 가능 (법 제28조의2)

32 모범 운전자(제33호)
무사고 운전자 또는 유공 운전자 표시장을 받거나 2년 이상 사업용 자동차 운전에 종사하면서 교통사고를 일으킨 전력이 없는 사람으로서 경찰청장이 정하는 바에 따라 선발되어 교통안전 봉사 활동에 종사하는 사람

제2절 교통안전시설(법 제4조)

01. 교통신호기

1 신호 또는 지시에 따를 의무(법 제5조)

도로를 통행하는 보행자와 차마 또는 노면전차의 운전자는 교통 안전 시설이 표시하는 신호 또는 지시와 교통정리를 하는 경찰 공무원(의무경찰을 포함) 또는 경찰 보조자(자치 경찰 공무원 및 경찰 공무원을 보조하는 사람)의 신호나 지시를 따라야 한다.

> 경찰 공무원을 보조하는 사람의 범위(영 제6조)
> ① 모범 운전자
> ② 군사 훈련 및 작전에 동원되는 부대의 이동을 유도하는 군사 경찰
> ③ 본래의 긴급한 용도로 운행하는 소방차·구급차를 유도하는 소방 공무원

2 신호의 종류와 의미(규칙 제6조제2항, 별표2)

구분		신호의 종류	신호의 뜻
차량 신호등	원형 등화	녹색의 등화	㉠ 차마는 직진 또는 우회전할 수 있다. ㉡ 비보호좌회전표지 또는 비보호좌회전표시가 있는 곳에서는 좌회전할 수 있다.
		황색의 등화	㉠ 차마는 정지선이 있거나 횡단보도가 있을 때는 그 직전이나 교차로의 직전에 정지하여야 하며, 이미 교차로에 차마의 일부라도 진입한 경우에는 신속히 교차로 밖으로 진행하여야 한다. ㉡ 차마는 우회전할 수 있고 우회전하는 경우에는 보행자의 횡단을 방해하지 못한다.
		적색의 등화	㉠ 차마는 정지선, 횡단보도 및 교차로의 직전에서 정지하여야 한다. ㉡ 차마는 우회전하려는 경우 정지선, 횡단보도 및 교차로의 직전에서 정지한 후 신호에 따라 진행하는 다른 차마의 교통을 방해하지 않고 우회전할 수 있다. ㉢ ㉡항에도 불구하고 차마는 우회전 삼색등이 적색의 등화인 경우 우회전할 수 없다.
		황색 등화의 점멸	차마는 다른 교통 또는 안전표지의 표시에 주의하면서 진행할 수 있다.
		적색 등화의 점멸	차마는 정지선이나 횡단보도가 있을 때에는 그 직전이나 교차로의 직전에 일시정지한 후 다른 교통에 주의하면서 진행할 수 있다.
	화살표 등화	녹색 화살표의 등화	차마는 화살표시 방향으로 진행할 수 있다.
		황색 화살표의 등화	화살표시 방향으로 진행하려는 차마는 정지선이 있거나 횡단보도가 있을 때는 그 직전이나 교차로의 직전에 정지하여야 하며, 이미 교차로에 차마의 일부라도 진입한 경우에는 신속히 교차로 밖으로 진행하여야 한다.
		적색 화살표의 등화	화살표시 방향으로 진행하려는 차마는 정지선, 횡단보도 및 교차로의 직전에서 정지해야 한다.
		황색 화살표 등화의 점멸	차마는 다른 교통 또는 안전표지의 표시에 주의하면서 화살표시 방향으로 진행할 수 있다.
		적색 화살표 등화의 점멸	차마는 정지선이나 횡단보도가 있을 때에는 그 직전이나 교차로의 직전에 일시정지 한 후 다른 교통에 주의하면서 화살표시 방향으로 진행할 수 있다.
	사각형 등화	녹색 화살표의 등화 (하향)	차마는 화살표로 지정한 차로로 진행할 수 있다.
		적색 ×표 표시의 등화	차마는 ×표가 있는 차로로 진행할 수 없다.
		적색×표 표시 등화의 점멸	차마는 ×표가 있는 차로로 진입할 수 없고, 이미 차마의 일부라도 진입한 경우에는 신속히 그 차로 밖으로 진로를 변경하여야 한다.
보행 신호등		녹색의 등화	보행자는 횡단보도를 횡단할 수 있다.
		녹색 등화의 점멸	보행자는 횡단을 시작하여서는 아니 되고, 횡단하고 있는 보행자는 신속하게 횡단을 완료하거나 그 횡단을 중지하고 보도로 되돌아와야 한다.
		적색의 등화	보행자는 횡단보도를 횡단하여서는 아니 된다.
자전거 신호등	자전거 주행 신호등	녹색의 등화	자전거 등은 직진 또는 우회전할 수 있다.
		황색의 등화	㉠ 자전거 등은 정지선이 있거나 횡단보도가 있을 때에는 그 직전이나 교차로의 직전에 정지해야 하며, 이미 교차로에 차마의 일부라도 진입한 경우에는 신속히 교차로 밖으로 진행해야 한다. ㉡ 자전거 등은 우회전할 수 있고 우회전하는 경우에는 보행자의 횡단을 방해하지 못한다.
		적색의 등화	㉠ 자전거 등은 정지선, 횡단보도 및 교차로의 직전에서 정지해야 한다. ㉡ 자전거 등은 우회전하려는 경우 정지선, 횡단보도 및 교차로의 직전에서 정지한 후 신호에 따라 진행하는 다른 차마의 교통을 방해하지 않고 우회전할 수 있다. ㉢ ㉡항에도 불구하고 자전거 등은 우회전 삼색등이 적색의 등화인 경우 우회전할 수 없다.
		황색 등화의 점멸	자전거 등은 다른 교통 또는 안전표지의 표시에 주의하면서 진행할 수 있다.
		적색 등화의 점멸	자전거 등은 정지선이나 횡단보도가 있는 때에는 그 직전이나 교차로의 직전에 일시정지한 후 다른 교통에 주의하면서 진행할 수 있다.
	자전거 횡단 신호등	녹색의 등화	자전거 등은 자전거횡단도를 횡단할 수 있다.
		녹색 등화의 점멸	자전거 등은 횡단을 시작해서는 안 되고, 횡단하고 있는 자전거 등은 신속하게 횡단을 종료하거나 그 횡단을 중지하고 진행하던 차도 또는 자전거 도로로 되돌아와야 한다.
		적색의 등화	자전거 등은 자전거횡단보도를 횡단해서는 안 된다.
버스 신호등		녹색의 등화	버스 전용차로에 차마는 직진할 수 있다.
		황색의 등화	버스 전용차로에 있는 차마는 정지선이 있거나 횡단보도가 있을 때에는 그 직전이나 교차로의 직전에 정지하여야 하며, 이미 교차로에 차마의 일부라도 진입한 경우에는 신속히 교차로 밖으로 진행하여야 한다.
		적색의 등화	버스 전용차로에 있는 차마는 정지선, 횡단보도 및 교차로의 직전에서 정지하여야 한다.
		황색 등화의 점멸	버스 전용차로에 있는 차마는 다른 교통 또는 안전표지의 표시에 주의하면서 진행할 수 있다.
		적색 등화의 점멸	버스 전용차로에 있는 차마는 정지선이나 횡단보도가 있을 때에는 그 직전이나 교차로의 직전에 일시정지한 후 다른 교통에 주의하면서 진행할 수 있다.

〈비고〉
1. 자전거를 주행하는 경우 자전거 주행 신호등이 설치되지 않은 장소에서는 차량 신호등의 지시에 따른다.
2. 자전거횡단도에 자전거 횡단 신호등이 설치되지 않은 경우 자전거는 보행 신호등의 지시에 따른다. 이 경우 보행 신호등 란의 "보행자"는 "자전거 등"으로 본다.
3. 우회전하려는 차마는 우회전 삼색등이 있는 경우 다른 신호등에도 불구하고 이에 따라야 한다.

3 신호기의 신호와 수신호가 다른 때(법 제5조제2항)

도로를 통행하는 보행자, 차마 또는 노면전차의 운전자는 교통안전시설이 표시하는 신호 또는 지시와 교통정리를 하는 경찰 공무원 또는 경찰 보조자(이하 경찰 공무원 등)의 신호 또는 지시가 서로 다른 경우에는 경찰 공무원 등의 신호 또는 지시에 따라야 한다.

02. 교통안전 표지의 종류(규칙 제8조)

1 주의 표지
도로 상태가 위험하거나 도로 또는 그 부근에 위험물이 있는 경우에 필요한 안전 조치를 할 수 있도록 이를 도로 사용자에게 알리는 표지

2 규제 표지
도로 교통의 안전을 위하여 각종 제한·금지 등의 규제를 하는 경우에 이를 도로 사용자에게 알리는 표지

3 지시 표지
도로의 통행 방법·통행 구분 등 도로 교통의 안전을 위하여 필요한 지시를 하는 경우에 도로 사용자가 이에 따르도록 알리는 표지

4 보조 표지
주의 표지·규제 표지 또는 지시 표지의 주 기능을 보충하여 도로 사용자에게 알리는 표지

5 노면 표시(점선:허용, 실선:제한, 복선:의미의 강조)
도로 교통의 안전을 위하여 각종 주의·규제·지시 등의 내용을 노면에 기호·문자 또는 선으로 도로 사용자에게 알리는 표지

※ 노면표시의 기본 색상
- 백색 : 동일방향의 교통류 분리 및 경계 표시
- 황색 : 반대방향의 교통류 분리 또는 도로이용의 제한 및 지시
- 청색 : 지정방향의 교통류 분리 표시(버스전용차로표시 및 다인승차량 전용차선 표시)
- 적색 : 어린이보호구역 또는 주거지역 안에 설치하는 속도제한표시의 테두리선 및 소방시설 주변 정차·주차금지 표시에 사용

제3절 보행자의 도로 통행 방법

01. 보행자의 통행(법 제8조)
① 보행자는 보도와 차도가 구분된 도로에서는 언제나 보도로 통행하여야 한다. 다만, 차도를 횡단하는 경우, 도로공사 등으로 보도의 통행이 금지된 경우나 그 밖의 부득이한 경우에는 그러하지 아니하다.
② 보행자는 보도와 차도가 구분되지 아니한 도로 중 중앙선이 있는 도로(일방통행인 경우에는 차선으로 구분된 도로를 포함)에서는 길 가장자리 또는 길 가장자리 구역으로 통행하여야 한다.
③ 보행자는 다음 각 호의 어느 하나에 해당하는 곳에서는 도로의 전 부분으로 통행할 수 있다. 이 경우 보행자는 고의로 차마의 진행을 방해하여서는 아니된다.
　㉠ 보도와 차도가 구분되지 아니한 도로 중 중앙선이 없는 도로 (일방통행인 경우에는 차선으로 구분되지 아니한 도로에 한정)
　㉡ 보행자 우선 도로
④ 보행자는 보도에서는 우측통행을 원칙으로 한다.

02. 행렬 등의 통행

1 차도의 우측을 통행하여야 하는 경우(영 제7조)
① 학생의 대열과 그 밖에 보행자의 통행에 지장을 줄 우려가 있다고 인정하는 사람이나 행렬
② 말·소 등의 큰 동물을 몰고 가는 사람
③ 사다리·목재, 그 밖에 보행자의 통행에 지장을 줄 우려가 있는 물건을 운반 중인 사람
④ 도로에서 청소나 보수 등의 작업을 하고 있는 사람
⑤ 기 또는 현수막 등을 휴대한 행렬
⑥ 장의 행렬

2 도로의 중앙을 통행할 수 있는 경우(법 제9조제2항)
행렬 등은 사회적으로 중요한 행사에 따라 시가를 행진하는 경우에는 도로의 중앙을 통행할 수 있다.

03. 보행자의 도로 횡단(법 제10조 제2항~제5항)
① 보행자는 횡단보도, 지하도·육교나 그 밖의 도로 횡단 시설이 설치되어 있는 도로에서는 그 곳으로 횡단하여야 한다. 다만, 지하도나 육교 등의 도로 횡단 시설을 이용할 수 없는 지체 장애인의 경우에는 다른 교통에 방해가 되지 않는 방법으로 도로 횡단 시설을 이용하지 않고 도로를 횡단할 수 있다.
② 횡단보도가 설치되어 있지 않은 도로에서는 가장 짧은 거리로 횡단하여야 한다.
③ 보행자는 모든 차와 노면전차의 바로 앞이나 뒤로 횡단하여서는 아니 된다. 다만, 횡단보도를 횡단하거나 신호기 또는 경찰 공무원 등의 신호나 지시에 따라 도로를 횡단하는 경우에는 그렇지 않다.
④ 보행자는 안전표지 등에 의하여 횡단이 금지되어 있는 도로의 부분에서는 그 도로를 횡단하여서는 아니 된다.

제4절 차마의 통행 방법

01. 차마의 통행 구분(법 제13조)

1 차도 통행의 원칙과 예외(제1항, 제2항)
① 차마의 운전자는 보도와 차도가 구분된 도로에서는 차도를 통행하여야 한다. 다만, 도로 외의 곳으로 출입할 때에는 보도를 횡단하여 통행할 수 있다.
② 차마의 운전자는 보도를 횡단하기 직전에 일시정지 하여 좌측과 우측 부분 등을 살핀 후 보행자의 통행을 방해하지 않도록 횡단하여야 한다.

2 우측통행의 원칙(제3항)
차마의 운전자는 도로(보도와 차도가 구분된 도로에서는 차도)의 중앙(중앙선이 설치되어 있는 경우에는 그 중앙선) 우측 부분을 통행하여야 한다.

3 도로의 중앙이나 좌측부분을 통행할 수 있는 경우(제4항)
① 도로가 일방통행인 경우
② 도로의 파손, 도로 공사나 그 밖의 장애 등으로 도로의 우측 부분을 통행할 수 없는 경우
③ 도로의 우측 부분의 폭이 6m가 되지 않는 도로에서 다른 차를 앞지르려는 경우. 다만, 다음의 경우에는 그렇지 않다.
　㉠ 도로의 좌측 부분을 확인할 수 없는 경우
　㉡ 반대 방향의 교통을 방해할 우려가 있는 경우
　㉢ 안전표지 등으로 앞지르기를 금지하거나 제한하고 있는 경우
④ 도로 우측 부분의 폭이 차마의 통행에 충분하지 않은 경우
⑤ 가파른 비탈길의 구부러진 곳에서 교통의 위험을 방지하기 위하여 시·도 경찰청장이 필요하다고 인정하여 구간 및 통행 방법을 지정하고 있는 경우에 그 지정에 따라 통행하는 경우
⑥ 차마의 운전자는 안전지대 등 안전표지에 의하여 진입이 금지된 장소에 들어가서는 안 된다.
⑦ 차마(자전거 등은 제외)의 운전자는 안전표지로 통행이 허용된 장소를 제외하고는 자전거도로 또는 길가장자리구역으로 통행해서는 안 된다.(자전거 우선도로는 제외)

02. 차로에 따른 통행

1 차로에 따라 통행할 의무(법 제14조제2항)
① 차마의 운전자는 차로가 설치되어 있는 도로에서는 특별한 규정이 있는 경우를 제외하고는 그 차로를 따라 통행하여야 한다.
② 시·도 경찰청장이 통행 방법을 따로 지정한 경우에는 그 방법으로 통행하여야 한다.

2 차로에 따른 통행 구분(규칙 제16조, 별표9)
① 도로의 중앙에서 오른쪽으로 2이상의 차로(전용차로가 설치되어 운용되고 있는 도로에서는 전용차로를 제외)가 설치된 도로 및 일방통행도로에 있어서 그 차로에 따른 통행차의 기준은 다음의 표와 같다.

도로	차로구분	통행할 수 있는 차종
고속도로 외의 도로	왼쪽 차로	승용 자동차 및 경형·소형·중형 승합 자동차
	오른쪽 차로	대형 승합 자동차, 화물 자동차, 특수 자동차, 건설 기계, 이륜자동차, 원동기 장치 자전거 (개인형 이동 장치는 제외)

도로	차로구분	통행할 수 있는 차종
고속도로	편도 2차로 / 1차로	앞지르기를 하려는 모든 자동차. 다만, 차량 통행량 증가 등 도로 상황으로 인하여 부득이하게 시속 80킬로미터 미만으로 통행할 수밖에 없는 경우에는 앞지르기를 하는 경우가 아니라도 통행할 수 있다.
	편도 2차로 / 2차로	모든 자동차
	편도 3차로 이상 / 1차로	앞지르기를 하려는 승용 자동차 및 앞지르기를 하려는 경형·소형·중형 승합자동차. 다만, 차량 통행량 증가 등 도로 상황으로 인하여 부득이하게 시속 80킬로미터 미만으로 통행할 수밖에 없는 경우에는 앞지르기를 하는 경우가 아니라도 통행할 수 있다.
	편도 3차로 이상 / 왼쪽 차로	승용 자동차 및 경형·소형·중형 승합 자동차
	편도 3차로 이상 / 오른쪽 차로	대형 승합 자동차, 화물 자동차, 특수 자동차, 건설 기계

〈비고〉
1. 위 표에서 사용하는 용어의 뜻은 다음 각 목과 같다.
   가. "왼쪽 차로"란 다음에 해당하는 차로를 말한다.
      1) 고속도로 외의 도로의 경우: 차로를 반으로 나누어 그 중 1차로에 가까운 부분의 차로. 다만, 차로수가 홀수인 경우 가운데 차로는 제외한다.
      2) 고속도로의 경우: 1차로를 제외한 차로를 반으로 나누어 그 중 1차로에 가까운 부분의 차로. 다만, 1차로를 제외한 차로의 수가 홀수인 경우 그 중 가운데 차로는 제외한다.
2. 모든 차는 위 표에서 지정된 차로보다 오른쪽에 있는 차로로 통행할 수 있다.
3. 앞지르기를 할 때에는 위 표에서 지정된 차로의 왼쪽 바로 옆 차로로 통행할 수 있다.
4. 도로의 진출입 부분에서 진출입하는 때와 정차 또는 주차한 후 출발하는 때의 상당한 거리 동안은 이 표에서 정하는 기준에 따르지 않을 수 있다.

② 모든 차의 운전자는 통행하고 있는 **차로에서 느린 속도로 진행하여 다른 차의 정상적인 통행을 방해할 우려가 있는 때에는 그 통행하던 차로의 오른쪽 차로로 통행하여야 한다.** (제2항)

③ 차로의 순위는 도로의 중앙선 쪽에 있는 차로부터 **1차로로 한다.** 다만, 일반통행도로에서는 도로의 **왼쪽부터 1차로로 한다.** (제3항)

3 전용차로 통행 금지(법 제15조제3항, 영 제10조, 별표1)

전용 차로로 통행할 수 있는 차가 아닌 차는 전용차로로 통행하여서는 아니 된다. 다만, 다음의 경우에는 그렇지 않다.(영 제10조)
① 긴급 자동차가 그 본래의 긴급한 용도로 운행되고 있는 경우
② 전용차로 통행차의 통행에 장해를 주지 아니하는 범위에서 택시가 승객을 태우거나 내려주기 위하여 일시 통행하는 경우, 이 경우 택시운전자는 승객이 타거나 내린 즉시 전용차로를 벗어나야 한다.
③ 도로의 파손·공사, 그 밖의 부득이한 장애로 인하여 전용차로가 아니면 통행할 수 없는 경우

전용차로의 종류	통행할 수 있는 차	
	고속도로	고속도로 외의 도로
버스 전용차로	9인승 이상 승용 자동차 및 승합 자동차(승용 자동차 또는 12인승 이하의 승합 자동차)는 6명 이상이 승차한 경우로 한정한다	㉠ 36인승 이상의 대형 승합자동차 ㉡ 36인승 미만의 시내·시외·농어촌 사업용 승합자동차 ㉢ 어린이 통학 버스 (신고필증 교육차에 한함) ㉣ 노선을 지정하여 운행하는 통학·통근용 승합자동차 중 16인승 이상 승합자동차 ㉤ 국제행사 참가인원 수송 등 특히 필요하다고 인정되는 승합자동차 (시·도 경찰청장이 정한 기간 이내로 한정) ㉥ 25인승 이상의 외국인 관광객 수송용 승합자동차 (외국인 관광객이 승차한 경우만 해당)
다인승 전용차로	3명 이상 승차한 승용·승합자동차 (다인승 전용차로와 버스 전용차로가 동시에 설치되는 경우에는 버스 전용차로를 통행할 수 있는 차는 제외)	
자전거 전용차로	자전거 등	

〈비고〉
1. 경찰청장은 설날·추석 등의 특별교통관리기간 중 특히 필요하다고 인정하는 때에는 고속도로 버스전용차로를 통행할 수 있는 차를 따로 정하여 고시할 수 있다.
2. 시장 등은 고속도로 버스전용차로와 연결되는 고속도로 외의 도로에 버스전용차로를 설치하는 경우에는 교통의 안전과 원활한 소통을 위하여 그 버스전용차로를 통행할 수 있는 차의 종류, 설치구간 및 시행시기 등을 따로 정하여 고시할 수 있다.
3. 시장 등은 교통의 안전과 원활한 소통을 위하여 고속도로 외의 도로에 설치된 버스전용차로로 통행할 수 있는 자율주행자동차의 운행 가능 구간, 기간 및 통행시간 등을 따로 정하여 고시할 수 있다.
4. 시장 등은 차도의 일부 차로를 구간과 기간 및 통행시간 등을 정하여 자전거전용차로로 운영할 수 있다.

4 차량의 운행 속도(규칙 제19조)

① 운행 속도(제1항)

도로 구분		최고 속도	최저 속도
일반 도로	주거 지역·상업 지역 및 공업 지역	매시 50km 이내 (단, 시·도경찰청장이 지정한 노선 구간 : 매시 60km 이내)	–
	이 외의 일반도로	매시 60km 이내 (단, 편도 2차로 이상 : 80km/h)	
자동차 전용 도로		매시 90km	매시 30km
고속도로	편도 1차로	매시 80km	매시 50km
	편도 2차로 이상	매시 100km 승용·승합·화물자동차 (적재중량 1.5톤 이하)	매시 50km
		매시 80km (적재 중량 1.5톤을 초과하는 화물 자동차, 특수 자동차, 위험물 운반 자동차, 건설 기계)	
	경찰청장이 지정·고시한 노선 또는 구간	매시 120km 이내 승용·승합·화물자동차 (적재중량 1.5톤 이하)	매시 50km
		매시 90km (적재중량 1.5톤을 초과하는 화물 자동차, 특수 자동차, 위험물 운반 자동차, 건설 기계)	

② 악천후 시의 감속 운행 속도(제2항)

최고 속도의 20/100을 감속 운행	최고 속도의 50/100을 감속 운행
㉠ 비가 내려 노면이 젖어있는 경우 ㉡ 눈이 20mm 미만 쌓인 경우	㉠ 폭우·폭설·안개 등으로 가시거리가 100m 이내인 경우 ㉡ 노면이 얼어붙은 경우 ㉢ 눈이 20mm 이상 쌓인 경우

③ 경찰청장 또는 시·도 경찰청장이 **가변형 속도 제한 표지로 최고 속도를 정한 경우에는 이에 따라야 하며, 가변형 속도 제한 표지로 정한 최고 속도와 그 밖의 안전표지로 정한 최고 속도가 다를 때에는 가변형 속도 제한 표지에 따라야 한다.** (제3항)

03. 안전거리의 확보 등(법 제19조)

① 모든 차의 운전자는 같은 방향으로 가고 있는 앞차의 뒤를 따르는 경우에는 앞차가 갑자기 정지하게 되는 경우 그 **앞차와의 충돌을 피할 수 있는 필요한 거리를 확보하여야 한다.** (제1항)
② 자동차 등의 운전자는 같은 방향으로 가고 있는 **자전거 등의 운전자에 주의하여야 하며, 그 옆을 지날 때에는 자전거 등과의 충돌을 피할 수 있는 필요한 거리를 확보하여야 한다.** (제2항)
③ 모든 차의 운전자는 차의 **진로를 변경하려는 경우에 그 변경하려는 방향으로 오고 있는 다른 차의 정상적인 통행에 장애를 줄 우려가 있을 때에는 진로를 변경하여서는 안 된다.** (제3항)

④ 모든 차의 운전자는 위험 방지를 위한 경우와 그 밖의 부득이한 경우가 아니면 운전하는 차를 갑자기 정지시키거나 속도를 줄이는 등의 급제동을 하여서는 아니 된다.(제4항)

04. 진로 양보의 의무(법 제20조)

① 모든 차 (긴급 자동차는 제외)의 운전자는 뒤에서 따라오는 차보다 느린 속도로 가려는 경우에는 도로의 우측 가장자리로 피하여 진로를 양보하여야 한다. 다만, 통행 구분이 설치된 도로의 경우에는 그렇지 않다.(제1항)

② 좁은 도로에서 긴급 자동차 외의 자동차가 서로 마주보고 진행할 때에는 다음 호의 구분에 따른 자동차가 도로의 우측 가장자리로 피하여 진로를 양보하여야 한다.(제2항)
  ㉠ 비탈진 좁은 도로에서 자동차가 서로 마주보고 진행하는 경우에는 올라가는 자동차
  ㉡ 비탈진 좁은 도로 외의 좁은 도로에서 사람을 태웠거나 물건을 실은 자동차와 동승자가 없고 물건을 싣지 아니한 자동차가 서로 마주보고 진행하는 경우에는 동승자가 없고 물건을 싣지 아니한 자동차

05. 앞지르기 방법 등(법 제21조)

1 모든 차의 운전자는 다른 차를 앞지르려면 앞차의 좌측으로 통행하여야 한다.(제1항)

2 자전거 등의 운전자는 서행하거나 정지한 다른 차를 앞지르려면 앞차의 우측으로 통행할 수 있다. 이 경우 자전거 등의 운전자는 정지한 차에서 승차하거나 하차하는 사람의 안전에 유의하여 서행하거나 필요한 경우 일시정지 하여야 한다.(제2항)

3 앞지르려고 하는 모든 차의 운전자는 다음 사항에 충분히 주의를 기울여야 한다.(제3항)
  ① 반대 방향의 교통   ② 앞차 앞쪽의 교통   ③ 앞차의 속도·진로
  ④ 그 밖의 도로 상황에 따라 방향 지시기·등화 또는 경음기를 사용하는 등 안전한 속도와 방법으로 앞지르기를 하여야 한다.

4 모든 차의 운전자는 1항부터 3항까지 또는 고속도로에서 앞지르기(법제60조 제2항)를 하는 차가 있을 때에는 속도를 높여 경쟁하거나 그 차의 앞을 가로막는 등의 방법으로 앞지르기를 방해해서는 아니 된다.(제4항)
  ※ 법 제60조제2항(고속도로에서 앞지르기)
    자동차의 운전자는 고속도로에서 다른 차를 앞지르려면 방향지시기, 등화 또는 경음기를 사용하여 행정안전부령으로 정하는 차로로 안전하게 통행하여야 한다.

5 앞지르기 금지 시기(법 제22조)
  ① 앞차를 앞지르지 못하는 경우(제1항)
    ㉠ 앞차의 좌측에 다른 차가 앞차와 나란히 가고 있는 경우
    ㉡ 앞차가 다른 차를 앞지르고 있거나 앞지르려고 하는 경우
  ② 다른 차를 앞지르지 못하고, 끼어들기도 못하는 경우(제2항, 법 제23조)
    ㉠ 도로교통법이나 이 법에 따른 명령에 따라 정지하거나 서행하고 있는 차
    ㉡ 경찰 공무원의 지시에 따라 정지하거나 서행하고 있는 차
    ㉢ 위험을 방지하기 위하여 정지하거나 서행하고 있는 차

6 앞지르기 금지 장소(제3항)
모든 차의 운전자는 다음의 어느 하나에 해당하는 곳에서는 다른 차를 앞지르지 못한다.
  ① 교차로   ② 터널 안   ③ 다리 위

④ 도로의 구부러진 곳, 비탈길의 고갯마루 부근 또는 가파른 비탈길의 내리막 등 시·도 경찰청장이 도로에서의 위험을 방지하고 교통의 안전과 원활한 소통을 확보하기 위하여 필요하다고 인정하는 곳으로서 안전표지로 지정한 곳

06. 철길 건널목의 통과(법 제24조)

1 일시정지와 안전 확인(제1항)
  ① 모든 차 또는 노면전차의 운전자는 철길 건널목(이하 건널목)을 통과하려는 경우에는 건널목 앞에서 일시 정지하여 안전한지 확인한 후에 통과하여야 한다.
  ② 신호기 등이 표시하는 신호에 따르는 경우에는 정지하지 않고 통과할 수 있다.

2 차단기, 경보기에 의한 진입 금지(제2항)
모든 차 또는 노면전차의 운전자는 건널목의 차단기가 내려져 있거나 내려지려고 하는 경우 또는 건널목의 경보기가 울리고 있는 동안에는 그 건널목으로 들어가서는 아니 된다.

3 건널목에서 운행할 수 없게 된 때의 조치(제3항)
모든 차 또는 노면전차의 운전자는 건널목을 통과하다가 고장 등의 사유로 건널목 안에서 차 또는 노면전차를 운행할 수 없게 된 경우에는 다음과 같이 조치하여야 한다.
  ① 즉시 승객을 대피시키기
  ② 비상 신호기 등을 사용하거나 그 밖의 방법으로 철도공무원 또는 경찰공무원에게 그 사실을 알려야 한다.

07. 교차로 통행 방법(법 제25조, 제25조의2)

① 모든 차의 운전자는 교차로에서 우회전을 하려는 경우에는 미리 도로의 우측 가장자리를 서행하면서 우회전하여야 한다. 이 경우 우회전하는 차의 운전자는 신호에 따라 정지하거나 진행하는 보행자 또는 자전거 등에 주의하여야 한다.(제1항)

② 모든 차의 운전자는 교차로에서 좌회전을 하려는 경우에는 미리 도로의 중앙선을 따라 서행하면서 교차로의 중심 안쪽을 이용하여 좌회전하여야 한다. 다만, 시·도 경찰청장이 교차로의 상황에 따라 특히 필요하다고 인정하여 지정한 곳에서는 교차로의 중심 바깥쪽을 통과할 수 있다.(제2항)

③ 자전거 등의 운전자는 교차로에서 좌회전하려는 경우 미리 도로의 우측 가장자리에 붙어 서행하면서 교차로의 가장자리 부분을 이용하여 좌회전하여야 한다.(제3항)

④ 우회전이나 좌회전을 하기 위하여 손이나 방향지시기 또는 등화로써 신호를 하는 차가 있는 경우에 그 뒤차의 운전자는 신호를 한 앞차의 진행을 방해하여서는 아니 된다.(제4항)

⑤ 모든 차 또는 노면전차의 운전자는 신호기로 교통정리를 하고 있는 교차로에 들어가려는 경우에는 진행하려는 진로의 앞쪽에 있는 차 또는 노면전차의 상황에 따라 교차로(정지선이 설치되어 있는 경우에는 그 정지선을 넘은 부분)에 정지하게 되어 다른 차 또는 노면전차의 통행에 방해가 될 우려가 있는 경우에는 그 교차로에 들어가서는 아니 된다.(제5항)

⑥ 모든 차의 운전자는 교통정리를 하고 있지 않고 일시정지나 양보를 표시하는 안전표지가 설치되어 있는 교차로에 들어가려고 할 때에는 다른 차의 진행을 방해하지 않도록 일시정지하거나 양보하여야 한다.(제6항)

⑦ 교통정리가 없는 교차로에서의 양보 운전(법 제26조)
  ㉠ 이미 교차로에 들어가 있는 다른 차가 있을 때에는 그 차에 진로를 양보하여야 한다.(제1항)

ⓒ 통행하고 있는 도로의 폭보다 교차하는 도로의 폭이 넓은 경우에는 서행하여야 하며, 폭이 넓은 도로부터 교차로에 들어가려고 하는 다른 차가 있을 때에는 그 차에 진로를 양보하여야 한다. (제2항)
ⓒ 우선순위가 같은 차가 동시에 들어가려고 하는 차의 운전자는 우측도로의 차에 진로를 양보하여야 한다. (제3항)
ⓔ 좌회전하고자 하는 차의 운전자는 그 교차로에서 직진하거나 우회전하려는 다른 차가 있을 때에는 그 차에 진로를 양보하여야 한다. (제4항)

⑧ 회전교차로 통행방법(제25조의2)
  ⓒ 모든 차의 운전자는 회전교차로에서는 반시계방향으로 통행하여야 한다.
  ⓒ 모든 차의 운전자는 회전교차로에 진입하려는 경우에는 서행하거나 일시정지하여야 하며, 이미 진행하고 있는 다른 차가 있는 때에는 그 차에 진로를 양보하여야 한다.
  ⓒ ⓒ 및 ⓒ에 따라 회전교차로 통행을 위하여 손이나 방향지시기 또는 등화로써 신호를 하는 차가 있는 경우 그 뒤차의 운전자는 신호를 한 앞차의 진행을 방해하여서는 아니 된다.

08. 보행자의 보호(법 제27조)
① 모든 차 또는 노면 전차의 운전자는 보행자가 횡단보도를 통행하고 있거나 통행하려고 하는 때에는 보행자의 횡단을 방해하거나 위험을 주지 않도록 그 횡단보도 앞에서 일시정지하여야 한다. (제1항)
② 모든 차 또는 노면 전차의 운전자는 교통정리를 하고 있는 교차로에서 좌회전이나 우회전을 하려는 경우에는 신호기 또는 경찰 공무원 등의 신호나 지시에 따라 도로를 횡단하는 보행자의 통행을 방해하여서는 아니 된다. (제2항)
③ 모든 차의 운전자는 교통정리를 하고 있지 않은 교차로 또는 그 부근의 도로를 횡단하는 보행자의 통행을 방해하여서는 안 된다. (제3항)
④ 모든 차의 운전자는 도로에 설치된 안전지대에 보행자가 있는 경우와 차로가 설치되지 않은 좁은 도로에서 보행자의 옆을 지나는 경우에는 안전한 거리를 두고 서행하여야 한다.
⑤ 모든 차 또는 노면 전차의 운전자는 보행자가 횡단보도가 설치되어 있지 않은 도로를 횡단하고 있을 때는 안전거리를 두고 일시정지하여 보행자가 안전하게 횡단할 수 있도록 하여야 한다. (제5항)
⑥ 모든 차 또는 노면 전차의 운전자는 다음 각 호의 어느 하나에 해당하는 곳에서 보행자의 옆을 지나는 경우에는 안전한 거리를 두고 서행하여야 하며, 보행자의 통행에 방해가 될 때에는 서행하거나 일시정지하여 보행자가 안전하게 통행할 수 있도록 하여야 한다. (제6항)
  ⓒ 보도와 차도가 구분되지 아니한 도로 중 중앙선이 없는 도로
  ⓒ 보행자 우선 도로   ⓒ 도로 외의 곳
⑦ 모든 차 또는 노면전차의 운전자는 어린이 보호구역 내에 설치된 횡단보도 중 신호기가 설치되지 아니한 횡단보도 앞(정지선이 설치된 경우에는 그 정지선)에서는 보행자의 횡단 여부와 관계없이 일시정지하여야 한다. (제7항)

[참고] 보행자 우선도로(법 제28조의2)
시·도 경찰청장이나 경찰서장은 보행자 우선도로에서 보행자를 보호하기 위하여 필요하다고 인정되는 경우에는 차마의 통행속도를 시속 20킬로미터 이내로 제한할 수 있다.

09. 긴급 자동차의 우선 및 특례

1 긴급 자동차의 우선 통행(법 제29조)
긴급 자동차는 긴급하고 부득이한 경우에는 다음과 같이 통행할 수 있다.
① 도로의 중앙이나 좌측 부분을 통행할 수 있다. (제1항)
② 정지하여야 하는 경우에도 불구하고 긴급하고 부득이한 경우에는 정지하지 않을 수 있다. 이 경우 교통의 안전에 특히 주의하면서 통행하여야 한다. (제2항, 제3항)

2 긴급 자동차에 대한 특례(법 제30조)
긴급 자동차에 대하여는 다음 각 호의 상황을 적용하지 아니한다.
① 자동차 등의 속도제한. 다만, 긴급 자동차에 대해 속도를 규정한 경우에는 적용한다.
② 앞지르기의 금지
③ 끼어들기의 금지

3 긴급 자동차가 접근할 때의 피양 방법(법 제29조)
① 교차로나 그 부근에서 긴급 자동차가 접근하는 경우에는 교차로를 피하여 일시 정지하여야 한다. (제4항)
② 교차로나 그 부근 외의 곳에서 긴급 자동차가 접근한 경우에는 긴급 자동차가 우선 통행할 수 있도록 진로를 양보하여야 한다. (제5항)
③ 긴급 자동차의 운전자는 긴급 자동차를 그 본래의 긴급한 용도로 운행하지 아니하는 경우에는 경광등을 켜거나, 사이렌을 작동해서는 안 된다. 다만, 범죄 및 화재 예방 등을 위한 순찰·훈련 등을 실시하는 경우에는 그러하지 아니하다. (제6항)

10. 서행 또는 일시정지 할 장소(법 제31조)

1 서행할 장소(제1항)
① 교통정리를 하고 있지 않은 교차로 ② 도로가 구부러진 부근
③ 비탈길의 고갯마루 부근   ④ 가파른 비탈길의 내리막
⑤ 시·도 경찰청장이 도로에서의 위험을 방지하고 교통의 안전과 원활한 소통을 확보하기 위해 필요하다고 인정하여 안전표지로 지정한 곳

2 일시정지 할 장소(제2항)
① 교통정리를 하고 있지 않고 좌우를 확인할 수 없거나 교통이 빈번한 교차로
② 시·도 경찰청장이 도로에서의 위험을 방지하고 교통의 안전과 원활한 소통을 확보하기 위해 필요하다고 인정하여 안전표지로 지정한 곳

11. 정차 및 주차(법 제32조)

1 정차 및 주차 금지 장소(제1항)
모든 차의 운전자는 다음 각 호의 어느 하나에 해당하는 곳에서는 차를 정차하거나 주차하여서는 아니 된다. 다만, 법에 따른 명령 또는 경찰 공무원의 지시에 따르는 경우와 위험 방지를 위하여 일시정지 하는 경우에는 그러하지 아니하다.
① 교차로·횡단보도·건널목이나 보도와 차도가 구분된 도로의 보도 (주차장법에 따라 차도와 보도에 걸쳐서 설치된 노상 주차장은 제외)
② 교차로의 가장자리 또는 도로의 모퉁이로부터 5m 이내인 곳
③ 안전지대가 설치된 도로에서는 그 안전지대의 사방으로부터 각각 10m 이내인 곳
④ 버스 여객 자동차의 정류지임을 표시하는 기둥이나 표지판 또는 선이 설치된 곳으로부터 10m 이내인 곳. 다만, 버스 여객 자동차의 운전자가 그 버스 여객 자동차의 운행 시간 중에 운행 노선에 따르는 정류장에서 승객을 태우거나 내리기 위하여 차를 정차하거나 주차하는 경우에는 그러하지 아니하다.
⑤ 건널목의 가장자리 또는 횡단보도로부터 10m 이내인 곳
⑥ 다음의 각 곳의 장소로부터 5m 이내인 곳
  ⓒ 소방용수시설 또는 비상 소화 장치가 설치된 곳
  ⓒ 소방시설로서 대통령령으로 정하는 시설이 설치된 곳

※ 대통령령으로 정하는 시설(영 제10조의3)
(소방시설 설치 및 관리에 관한 법률 시행령 별표 1)
1. 옥내소화전설비(호스릴 옥내소화전설비 포함)(1호 다)
2. 스프링클러설비 등(1호 라)
3. 물 분무 등 소화설비(1호 마)
4. 소화용수설비(상수도소화용수설비, 소화수조, 저수조)(4호)
5. 소화활동설비(연결송수관설비, 연결살수설비, 무선통신보조설비, 연소방지설비)(5호)

⑦ 시·도 경찰청장이 도로에서의 위험을 방지하고 교통의 안전과 원활한 소통을 확보하기 위하여 필요하다고 인정하여 지정한 곳
⑧ 시장 등이 어린이 보호구역으로 지정한 곳

2 주차 금지 장소(법 제33조)
모든 차의 운전자는 다음 각 호의 어느 하나에 해당하는 곳에서 차를 주차해서는 안 된다.
① 터널 안 및 다리 위
② 다음의 각 곳으로부터 5m 이내인 곳
  ㉠ 도로공사를 하고 있는 경우에는 그 공사 구역의 양쪽 가장자리
  ㉡ 다중이용업소의 영업장이 속한 건축물로 소방본부장의 요청에 의하여 시·도 경찰청장이 지정한 곳
③ 시·도 경찰청장이 도로에서의 위험을 방지하고 교통의 안전과 원활한 소통을 확보하기 위해 필요하다고 인정하여 지정한 곳

3 정차 또는 주차의 방법 및 시간의 제한(법 제34조)
도로 또는 노상주차장에 정차하거나 주차하려고 하는 차의 운전자는 차를 차도의 우측 가장자리에 정차하는 등 대통령령으로 정하는 정차 또는 주차의 방법·시간과 금지사항 등을 지켜야 한다.

1. 정차 및 주차의 방법·시간과 금지사항(영 제11조)
① 차의 운전자가 지켜야 하는 정차 또는 주차의 방법 및 시간의 제한은 다음 각 호와 같다.
  ㉠ 모든 차의 운전자는 도로에서 정차할 때에는 차도의 오른쪽 가장자리에 정차할 것. 다만, 차도와 보도의 구별이 없는 도로의 경우에는 도로의 오른쪽 가장자리로부터 중앙으로 50cm 이상의 거리를 두어야 한다.
  ㉡ 여객자동차의 운전자는 승객을 태우거나 내려주기 위하여 정류소 또는 이에 준하는 장소에서 정차하였을 때에는 승객이 타거나 내린 즉시 출발하여야 하며 뒤따르는 다른 차의 정차를 방해하지 아니할 것
  ㉢ 모든 차의 운전자는 도로에서 주차할 때에는 시·도 경찰청장이 정하는 주차의 장소·시간 및 방법에 따를 것
② 모든 차의 운전자는 도로에서 주차할 때에는 다른 교통에 방해가 되지 아니하도록 한다. 다만, 다음 각 호의 어느 하나에 해당하는 경우에는 그러하지 아니하다.
  ㉠ 안전표지 또는 다음 각 목의 어느 하나에 해당하는 사람의 지시에 따르는 경우
    ⓐ 경찰공무원(의무경찰 포함)
    ⓑ 제주특별자치도의 자치경찰공무원(이하 "자치경찰공무원")
    ⓒ 경찰공무원(자치경찰공무원 포함)을 보조하는 사람(모범운전자, 군사경찰, 소방공무원)
  ㉡ 고장으로 인하여 부득이하게 주차하는 경우
③ 자동차의 운전자는 경사진 곳에 정차하거나 주차(도로 외의 경사진 곳에서 정차하거나 주차하는 경우 포함)하려는 경우 자동차의 주차 제동장치를 작동한 후에 다음의 어느 하나에 해당하는 조치를 취하여야 한다. 다만, 운전자가 운전석을 떠나지 아니하고 직접 제동장치를 작동하고 있는 경우는 제외한다.
  ㉠ 경사의 내리막 방향으로 바퀴에 고임목, 고임돌, 그 밖에 고무, 플라스틱 등 자동차의 미끄럼 사고를 방지할 수 있는 것을 설치할 것
  ㉡ 조향장치를 도로의 가장자리(자동차에서 가까운 쪽) 방향으로 돌려놓을 것
  ㉢ 그 밖에 위와 준하는 방법으로 미끄럼 사고의 발생 방지를 위한 조치를 취할 것

4 정차 또는 주차를 금지하는 장소의 특례(법 제34조의2)
정차나 주차가 금지된 장소 중 시·도 경찰청장이 안전표지로 구역·시간·방법 및 차의 종류를 정하여 정차나 주차를 허용한 곳에서는 정차하거나 주차할 수 있다.
1. 정차나 주차가 안전표지로 허용된 곳(법 제32조)
  1호 : 교차로, 횡단보도, 건널목이나 보도
  4호 : 버스 정류장 표지판이나 선으로부터 10m 이내의 곳
  5호 : 건널목 가장자리 또는 횡단보도의 10m 이내의 곳
  7호 : 시·도 경찰청장이 지정한 곳
  8호 : 시장 등이 지정한 어린이 보호구역

12. 차와 노면 전차의 등화

1 밤에 켜야 할 등화(영 제19조제1항)
① 자동차 : 자동차 안전 기준에서 정하는 전조등, 차폭등, 미등, 번호등과 실내 조명등 (실내 조명등은 승합자동차와 여객자동차운수사업법에 따른 여객자동차운송사업용 승용 자동차만 해당)
② 원동기 장치 자전거 : 전조등 및 미등
③ 견인되는 차 : 미등·차폭등 및 번호등
④ 노면전차 : 전조등, 차폭등, 미등 및 실내조명등
⑤ 그 외의 차 : 시·도 경찰청장이 정하여 고시하는 등화

2 도로에서 정차하거나 주차할 때 켜야 하는 등화(제2항)
① 자동차(이륜자동차는 제외) : 자동차 안전 기준에서 정하는 미등 및 차폭등
② 이륜자동차 및 원동기 장치 자전거 : 미등(후부 반사기를 포함)
③ 노면전차 : 차폭등 및 미등
④ 그 외의 차 : 시·도 경찰청장이 정하여 고시하는 등화

3 등화를 켜야 하는 시기(법 제37조제1항)
① 밤 (해가 진 후 부터 해가 뜨기 전까지)에 도로에서 차 또는 노면 전차를 운행하거나 고장이나 그 밖의 부득이한 사유로 도로에서 차를 정차 또는 주차시키는 경우
② 안개가 끼거나 비 또는 눈이 올 때에 도로에서 차 또는 노면 전차를 운행하거나 고장이나 그 밖의 부득이한 사유로 도로에서 차 또는 노면 전차를 정차 또는 주차하는 경우
③ 터널 안을 운행하거나 고장 또는 그 밖의 부득이한 사유로 터널 안 도로에서 차 또는 노면 전차를 정차 또는 주차하는 경우

※ 차의 신호 : 모든 차의 운전자는 좌회전·우회전·횡단·유턴·서행·정지 또는 후진을 하거나 같은 방향으로 진행하면서 진로를 바꾸려고 하는 경우와 회전교차로에 진입하거나 회전교차로에서 진출하는 경우에는 손이나 방향지시기 또는 등화로써 그 행위가 끝날 때까지 신호를 하여야 한다.(법 제38조제1항)

4 밤에 마주보고 진행하는 경우 등의 등화 조작(영 제20조)
① 밤에 차가 서로 마주보고 진행하는 경우(제1항제1호)
  ㉠ 전조등의 밝기를 줄이거나
  ㉡ 불빛의 방향을 아래로 향하게 하거나
  ㉢ 잠시 전조등을 끌 것(도로의 상황으로 보아 마주보고 진행하는 차 또는 노면 전차의 교통을 방해할 우려가 없는 경우는 제외)
② 앞의 차 또는 노면 전차의 바로 뒤를 따라가는 경우(제2호)

㉠ 전조등 불빛의 방향을 아래로 향하게 하고
㉡ 전조등 불빛의 밝기를 함부로 조작하여 앞의 차 또는 노면 전차의 운전을 방해하지 아니할 것

⑤ 모든 차 또는 노면 전차의 운전자는 교통이 빈번한 곳에서 운행할 때에는 전조등 불빛의 방향을 계속 아래로 유지하여야 한다. 다만, 시·도 경찰청장이 교통의 안전과 원활한 소통을 확보하기 위하여 필요하다고 인정하여 지정한 지역에서는 그러하지 아니 하다. (영 제20조제2항)

13. 승차의 방법과 제한 등 (법 제39조 및 제40조, 영 제22조)

① 모든 차의 운전자는 승차 인원, 적재중량 및 적재용량에 관하여 운행상의 안전기준을 넘어서 승차시키거나 적재한 상태로 운전해서는 안 된다. 다만, 출발지를 관할하는 경찰서장의 허가를 받은 경우에는 그러하지 아니하다.

※ 운행상의 안전기준(영 제22조)
1. 자동차의 승차인원은 승차정원 이내일 것
2. 화물자동차의 적재중량은 구조 및 성능에 따르는 적재중량의 110% 이내일 것
3. 자동차(화물자동차, 이륜자동차 및 소형 3륜자동차만 해당) 적재용량은 다음의 구분에 따른 기준을 넘지 않을 것
   ㉠ 길이 : 자동차 길이에 그 길이의 10분의 1을 더한 길이. (다만 이륜자동차는 그 승차장치의 길이 또는 적재장치의 길이에 30cm를 더한 길이를 말함.)
   ㉡ 너비 : 자동차의 후사경으로 뒤쪽을 확인할 수 있는 범위(후사경의 높이보다 화물을 낮게 적재한 경우에는 그 화물을, 후사경의 높이보다 화물을 높게 적재한 경우에는 뒤쪽을 확인할 수 있는 범위를 말함)
   ㉢ 높이 : 화물자동차는 지상으로부터 4m(도로구조의 보전과 통행의 안전에 지장이 없다고 인정하여 고시한 도로노선의 경우에는 4.2m), 소형 3륜자동차는 지상으로부터 2.5m, 이륜자동차는 지상으로부터 2m

② 모든 차 또는 노면전차의 운전자는 운전 중 타고 내리는 사람이 떨어지지 않도록 문을 정확히 여닫는 등 필요한 조치를 해야 한다.
③ 모든 차의 운전자는 운전 중 실은 화물이 떨어지지 않도록 덮개를 씌우거나 묶는 등 확실하게 고정될 수 있도록 필요한 조치를 해야 한다.
④ 모든 차의 운전자는 영유아나 동물을 안고 운전 장치를 조작하거나 운전석 주위에 물건을 싣는 등 안전에 지장을 줄 우려가 있는 상태로 운전해서는 안 된다.
⑤ 시·도 경찰청장은 도로에서의 위험을 방지하고 교통의 안전과 원활한 소통을 확보하기 위하여 필요하다고 인정하는 경우에는 차의 운전자에 대해 승차 인원, 적재중량 또는 적재용량을 제한할 수 있다.

제5절 운전자, 고용주 등의 의무

01. 운전 등의 금지 (법 제43조부터 제46조의3 까지)

① 무면허운전 등의 금지(법 제43조)
누구든지 시·도 경찰청장으로부터 운전면허를 받지 않거나 운전면허의 효력이 정지된 경우에는 자동차 등(개인형 이동장치 제외)을 운전하여서는 아니 된다.

② 술에 취한 상태에서의 운전금지(법 제44조)
㉠ 누구든지 술에 취한 상태에서 자동차 등(소형건설기계를 포함), 노면전차 또는 자전거를 운전해서는 아니 된다.
㉡ 술에 취한 상태에서 자동차 등, 노면전차 또는 자전거를 운전했다고 인정할만한 상당한 이유가 있는 경우에는 운전자가 술에 취했는지를 호흡조사로 측정할 수 있다. 이 경우 운전자는 경찰공무원의 측정에 응하여야 한다.
㉢ 음주측정결과에 불복하는 운전자에 대해 그 운전자의 동의를 받아 혈액채취 등의 방법으로 다시 측정할 수 있다.
㉣ 음주운전이 금지되는 술에 취한 상태의 기준은 운전자의 혈중알코올농도가 0.03% 이상이어야 한다.

③ 과로한 때 등의 운전금지(법 제45조)
자동차 등(개인형 이동장치 제외) 또는 노면전차의 운전자는 술에 취한 상태 외에 과로, 질병 또는 약물(마약, 대마 및 향정신성의약품과 그 밖의 행정안전부령으로 정하는 것)의 영향과 그 밖의 사유로 정상적으로 운전하지 못할 우려가 있는 상태에서 자동차 등 또는 노면전차를 운전해서는 안 된다.
*위반 시 3년 이하의 징역이나 천만 원 이하의 벌금

※ 운전이 금지되는 약물의 종류(시행규칙 제28조)
- 흥분, 환각 또는 마취의 작용을 일으키는 유해화학물질로서 화학물질관리법 시행령 제11조에 따른 환각물질
- 환각물질
  ① 톨루엔, 초산에틸 또는 메틸알코올
  ② ①의 물질이 들어있는 시너(도료의 점도를 감소시키기 위하여 사용되는 유기용제)
  ③ 부탄가스
  ④ 아산화질소(의료용 제외)

④ 공동 위험행위의 금지(법 제46조)
자동차 등의 운전자는 도로에서 2명 이상이 공동으로 2대 이상의 자동차 등을 정당한 사유 없이 앞뒤로 또는 좌우로 줄지어 통행하면서 다른 사람에게 위해를 끼치거나 교통상의 위험을 발생하게 하여서는 아니 된다.
*공동위험행위를 하거나 주도한 사람은 2년 이하의 징역이나 500만 원 이하의 벌금

⑤ 난폭운전 금지(법 제46조의3)
자동차 등의 운전자는 다음의 행위 중 둘 이상의 행위를 연달아 하거나, 하나의 행위를 지속 또는 반복하여 다른 사람에게 위협 또는 위해를 가하거나 교통상의 위험을 발생하게 해서는 안 된다.
ⓐ 신호 또는 지시위반, ⓑ 중앙선 침범, ⓒ 속도위반, ⓓ 횡단, 유턴, 후진위반, ⓔ 안전거리 미확보, 진로변경 금지위반, 급제동 금지위반, ⓕ 앞지르기 방법 또는 앞지르기 방해금지위반, ⓖ 정당한 사유 없는 소음발생, ⓗ 고속도로에서의 횡단·유턴·후진 금지위반
*위반 시 1년 이하의 징역이나 500만 원 이하의 벌금

02. 운전자의 준수 사항 (법 제49조제1항)

모든 차 또는 노면 전차의 운전자는 다음 사항을 지켜야 한다.

① 물이 고인 곳을 운행하는 때에는 고인 물을 튀게 하여 다른 사람에게 피해를 주는 일이 없도록 할 것

② 다음의 어느 하나에 해당하는 때에는 일시정지할 것
① 어린이가 보호자 없이 도로를 횡단하는 때, 어린이가 도로에 앉아 있거나 서 있을 때 또는 어린이가 도로에서 놀이를 할 때 등 어린이에 대한 교통사고의 위험이 있는 것을 발견한 경우
② 앞을 보지 못하는 사람이 흰색 지팡이를 가지거나 장애인보조견을 동반하는 등의 조치를 하고 도로를 횡단하고 있는 경우

③ 지하도나 육교 등 도로 횡단시설을 이용할 수 없는 지체장애인이나 노인 등이 도로를 횡단하고 있는 경우

3 자동차의 앞면 창유리와 운전석 좌우 옆면 창유리의 가시광선의 투과율이 대통령령으로 정하는 기준보다 낮아 교통안전 등에 지장을 줄 수 있는 차를 운전하지 않을 것. (요인 경호용, 구급용 및 장의용 자동차는 제외)

> 대통령령이 정하는 자동차 창유리 가시광선 투과율의 금지 기준(영 제28조)
> 앞면 창유리 : 70% / 운전석 좌우 옆면 창유리 : 40%

4 교통 단속용 장비의 기능을 방해하는 장치를 한 차나 그 밖에 안전 운전에 지장을 줄 수 있는 것으로서 행정안전부령으로 정하는 기준에 적합하지 않은 장치를 한 차를 운전하지 아니할 것. (다만 자율 주행 자동차의 신기술 개발을 위한 장치를 장착하는 경우는 제외)

> 행정안전부령이 정하는 기준에 적합하지 않은 장치(규칙 제29조)
> ㉠ 경찰관서에서 사용하는 무전기와 동일한 주파수의 무전기
> ㉡ 긴급 자동차가 아닌 자동차에 부착된 경광등, 사이렌 또는 비상등
> ㉢ 자동차 및 자동차 부품의 성능과 기준에 관한 규칙에서 정하지 아니한 것으로서 안전 운전에 현저히 장애가 될 정도의 장치

5 도로에서 자동차 등(개인형 이동장치는 제외) 또는 노면전차를 세워 둔 채 시비·다툼 등의 행위를 하여 다른 차마의 통행을 방해하지 아니할 것

6 운전자가 차 또는 노면전차를 떠나는 경우에는 교통사고를 방지하고 다른 사람이 함부로 운전하지 못하도록 필요한 조치를 할 것

7 운전자는 안전을 확인하지 않고 차 또는 노면전차의 문을 열거나 내려서는 아니 되며, 동승자가 교통의 위험을 일으키지 아니하도록 필요한 조치를 할 것

8 운전자는 정당한 사유 없이 다음의 어느 하나에 해당하는 행위를 하여 다른 사람에게 피해를 주는 소음을 발생시키지 아니할 것
① 자동차 등을 급히 출발시키거나 속도를 급격히 높이는 행위
② 자동차 등의 원동기의 동력을 차의 바퀴에 전달시키지 아니하고 원동기의 회전수를 증가시키는 행위
③ 반복적이거나 연속적으로 경음기를 울리는 행위

9 운전자는 승객이 차 안에서 안전 운전에 현저히 장해가 될 정도로 춤을 추는 등 소란 행위를 하도록 내버려두고 차를 운행하지 아니할 것

10 운전자는 자동차 등 또는 노면전차의 운전 중에는 휴대용 전화(자동차용 전화를 포함)를 사용하지 아니할 것. 다만, 다음의 어느 하나에 해당하는 경우에는 그렇지 않다.
① 자동차 등 또는 노면전차가 정지하고 있는 경우
② 긴급 자동차를 운전하는 경우
③ 각종 범죄 및 재해 신고 등 긴급한 필요가 있는 경우
④ 안전 운전에 장애를 주지 아니하는 장치로서 손으로 잡지 아니하고도 휴대용 전화(자동차용 전화를 포함)를 사용할 수 있도록 해 주는 장치를 이용하는 경우

11 자동차 등 또는 노면전차의 운전 중에는 방송 등 영상물을 수신하거나 재생하는 장치(운전자가 휴대하는 것을 포함, 이하 영상 표시 장치)를 통하여 운전자가 운전 중 볼 수 있는 위치에 영상이 표시되지 아니하도록 할 것. 다만, 다음의 어느 하나에 해당하는 경우에는 그렇지 않다.
① 자동차 등 또는 노면전차가 정지하고 있는 경우
② 자동차 등 또는 노면전차에 장착하거나 거치하여 놓은 영상 표시 장치에 다음의 영상이 표시되는 경우
  ㉠ 지리 안내 영상 또는 교통 정보 안내 영상
  ㉡ 국가 비상사태·재난 상황 등 긴급한 상황을 안내하는 영상
  ㉢ 운전을 할 때 자동차 등 또는 노면전차의 좌우 또는 전후방을 볼 수 있도록 도움을 주는 영상

12 자동차 등 또는 노면전차의 운전 중에는 영상 표시 장치를 조작하지 아니할 것. 다만, 다음의 어느 하나에 해당하는 경우에는 그렇지 않다.
① 자동차 등과 노면전차가 정지하고 있는 경우
② 노면전차 운전자가 운전에 필요한 영상 표시 장치를 조작하는 경우

13 운전자는 자동차의 화물 적재함에 사람을 태우고 운행하지 않을 것

14 그 밖에 시·도 경찰청장이 교통안전과 교통질서 유지에 필요하다고 인정하여 지정·공고한 사항에 따를 것

03. 특정 운전자의 준수 사항 (법 제50조, 규칙 제31조)

자동차(이륜자동차는 제외)를 운전하는 때에는 좌석 안전띠를 매어야 하며, 모든 좌석의 동승자에게도 좌석 안전띠(영유아인 경우에는 유아 보호용 장구를 장착한 후의 좌석 안전띠)를 매도록 하여야 한다. 다만, 질병 등으로 인하여 좌석 안전띠를 매는 것이 곤란하거나 다음의 사유가 있는 경우에는 그러하지 않다.
① 부상·질병·장애 또는 임신 등으로 인하여 좌석 안전띠의 착용이 적당하지 아니하다고 인정되는 자가 자동차를 운전하거나 승차하는 때
② 자동차를 후진시키기 위하여 운전하는 때
③ 신장·비만, 그 밖의 신체의 상태에 의하여 좌석 안전띠의 착용이 적당하지 않다고 인정되는 자가 자동차를 운전하거나 승차하는 때
④ 긴급 자동차가 그 본래의 용도로 운행되고 있는 때
⑤ 경호 등을 위한 경찰용 자동차에 의하여 호위되거나 유도되고 있는 자동차를 운전하거나 승차하는 때
⑥ 국민 투표 운동·선거 운동 및 국민 투표·선거 관리 업무에 사용되는 자동차를 운전하거나 승차하는 때
⑦ 우편물의 집배, 폐기물의 수집 그 밖에 빈번히 승강하는 것을 필요로 하는 업무에 종사하는 자가 해당 업무를 위하여 자동차를 운전하거나 승차하는 때
⑧ 여객자동차운수사업법에 의한 여객자동차운송사업용 자동차의 운전자가 승객의 주취·약물 복용 등으로 좌석 안전띠를 매도록 할 수 없거나 승객에게 좌석 안전띠 착용을 안내하였음에도 불구하고 승객이 착용하지 않는 때
⑨ 운송사업용 자동차, 화물자동차 및 노면전차 등으로서 행정안전부령으로 정하는 자동차 또는 노면전차의 운전자는 다음의 어느 하나에 해당하는 행위를 해서는 안 된다.
  ㉠ 운행기록계가 설치되어 있지 않거나 고장 등으로 사용할 수 없는 운행기록계가 설치된 자동차를 운행하는 행위
  ㉡ 운행기록계를 원래의 목적대로 사용하지 않고 자동차를 운전하는 행위
  ㉢ 승차를 거부하는 행위(사업용 승합자동차와 노면전차에 한정)
⑩ 사업용 승용자동차의 운전자는 합승행위 또는 승차거부를 하거나 신고한 요금을 초과하는 요금을 받아서는 아니 된다.

04. 어린이 통학 버스 (법 제51조~제53조의3)

1 어린이 통학 버스의 특별 보호 (법 제51조)
① 어린이 통학 버스가 도로에 정차하여 어린이나 영유아가 타고 내리는 중임을 표시하는 점멸등 등의 장치를 작동 중일 때에는 어린이 통학버스가 정차한 차로와 그 차로의 바로 옆 차로로 통행하는 차의 운전자는 어린이 통학 버스에 이르기 전에 일시정지하여 안전을 확인한 후 서행하여야 한다. (제1항)
② 중앙선이 설치되지 않은 도로와 편도 1차로인 도로에서는 반대 방향에서 진행하는 차의 운전자도 어린이 통학 버스에 이르기 전에 일시정지하여 안전을 확인한 후 서행하여야 한다. (제2항)
③ 모든 차의 운전자는 어린이나 영유아를 태우고 있다는 표시를 한 상태로 도로를 통행하는 어린이 통학 버스를 앞지르지 못한다. (제3항)

② 어린이 통학 버스의 신고 등(법 제52조)
① 어린이 통학 버스를 운영하려는 자는 미리 관할 경찰서장에게 신고하고 신고증명서를 발급받아야 하며, 어린이 통학 버스 안에 발급받은 신고증명서를 항상 갖추어 두어야 한다.
② 어린이통학버스로 사용할 수 있는 자동차는 행정안전부령으로 정하는 자동차로 한정한다. 이 경우 그 자동차는 도색·표지, 보험가입, 소유 관계 등 요건을 갖추어야 한다.

※ 대통령령으로 정하는 어린이 통학 버스의 요건(영 제31조)
㉠ 자동차 안전기준에서 정한 어린이 운송용 승합자동차의 구조를 갖출 것
㉡ 어린이 통학 버스 앞면 창유리 우측상단과 뒷면 창유리 중앙하단의 보기 쉬운 곳에 어린이 보호표지를 부착할 것
㉢ 교통사고로 인한 피해를 전액 배상할 수 있도록 보험 또는 공제조합에 가입되어 있을 것
㉣ 자동차등록령에 따른 등록원부에 따라 유치원, 학교, 어린이집, 학원, 체육시설의 인가를 받거나 등록 또는 신고한 자의 명의로 등록되어 있는 자동차 또는 시설 등의 장이 전세버스운송사업자와 운송계약을 맺은 자동차일 것
㉤ 누구든지 어린이 통학 버스의 신고를 하지 않거나 한정면허를 받지 않고 어린이 통학 버스와 비슷한 도색 및 표지를 하거나, 이러한 도색 및 표지를 한 자동차를 운전해서는 아니 된다.

③ 어린이 통학 버스로 사용할 수 있는 자동차(규칙 제34조)
승차정원 9인승(어린이 1명을 승차정원 1명으로 본다) 이상의 자동차로 한다. 이 경우, 자동차관리법에 따라 튜닝 승인을 받은 자가 9인승 이상의 승용자동차 또는 승합자동차를 장애아동의 승·하차 편의를 위하여 9인승 미만으로 튜닝한 경우 그 승용자동차 또는 승합자동차를 포함한다.

③ 어린이 통학 버스 운전자 및 운영자 등의 의무(법 제53조)
① 어린이 통학 버스를 운전하는 사람은 어린이나 영유아가 타고 내리는 경우에만 점멸등 등의 장치를 작동하여야 한다.
② 어린이나 영유아를 태우고 운행 중인 경우에만 운행 중임을 표시하여야 한다.
③ 어린이 통학 버스 운전자는 모든 어린이나 영유아가 좌석안전띠를 매도록 한 후에 출발하여야 한다.
④ 어린이 통학 버스를 운영하는 자가 지명한 보호자를 함께 태우고 운행하여야 하며, 보호자를 함께 태우고 운행하는 경우에는 보호자 동승표지를 부착할 수 있다.(보호자는 승하차 시 안전 확인 및 보호 조치)
⑤ 어린이 통학 버스 운전자는 운행을 마친 후 어린이나 영유아가 모두 하차(하차 확인장치 작동)하였는지를 확인해야 한다.

④ 어린이 통학 버스 운영자 등에 대한 안전교육(법 제53조의3)
① 어린이 통학 버스를 운영하는 사람과 운전하는 사람 및 보호자는 안전운행 등에 관한 교육을 받아야 한다.
② 어린이 통학 버스 안전교육은 강의·시청각교육 등의 방법으로 3시간 이상 실시한다.(영 제31조의2 제3항)
③ 어린이 통학 버스 안전교육은 다음의 구분에 따라 실시한다.
㉠ 신규교육 : 운영자와 동승하려는 보호자를 대상으로 운영, 운전 또는 동승을 하기 전에 실시하는 교육
㉡ 정기 안전교육 : 운영자, 운전자, 동승하는 보호자를 대상으로 2년마다 정기적으로 실시하는 교육

*어린이 통학 버스 안전교육을 받은 날부터 기산하여 2년이 되는 날이 속하는 해의 1월 1일부터 12월 31일 사이에 정기 안전교육을 받아야 한다.

05. 사고 발생 시의 조치(법 제54조)

① 차 또는 노면 전차의 운전 등 교통으로 인하여 사람을 사상하거나 물건을 손괴(이하 교통사고)한 경우에는 그 차 또는 노면 전차의 운전자나 그 밖의 승무원(이하 운전자 등)은 즉시 정차하여 다음의 각 조치를 해야 한다. (제1항)
① 사상자를 구호하는 등 필요한 조치
② 피해자에게 인적 사항(성명·전화번호·주소 등) 제공

② 그 차 또는 노면 전차의 운전자 등은 경찰 공무원이 현장에 있을 때에는 그 경찰 공무원에게, 경찰 공무원이 현장에 없을 때에는 가장 가까운 국가경찰관서(지구대·파출소 및 출장소 포함)에 다음의 각 사항을 지체 없이 신고하여야 한다. 다만, 차 또는 노면전차만 손괴된 것이 분명하고 도로에서의 위험 방지와 원활한 소통을 위하여 필요한 조치를 한 경우는 제외한다. (제2항)
① 사고가 일어난 곳   ② 사상자 수 및 부상 정도
③ 손괴한 물건 및 손괴 정도   ④ 그 밖의 조치 사항 등

③ ②에 따라 신고를 받은 국가경찰관서의 경찰공무원은 부상자의 구호와 그 밖의 교통위험 방지를 위하여 필요하다고 인정하면 경찰공무원(자치경찰공무원은 제외)이 현장에 도착할 때까지 신고한 운전자 등에게 현장에서 대기할 것을 명할 수 있다.

④ 경찰공무원은 교통사고를 낸 차 또는 노면전차의 운전자 등에 대하여 그 현장에서 부상자의 구호와 교통안전을 위하여 필요한 지시를 명할 수 있다.

⑤ 긴급자동차, 부상자를 운반 중인 차, 우편물자동차 및 노면전차 등의 운전자는 긴급한 경우에는 동승자 등으로 하여금 ①에 따른 조치나 ②에 따른 신고를 하게하고 운전을 계속할 수 있다.

⑥ 교통사고가 일어난 경우에는 누구든지 ① 및 ②에 따른 운전자 등의 조치 또는 신고행위를 방해하여서는 아니 된다.

제6절 고속도로 등 통행 방법

01. 갓길 통행 금지 등(법 제60조)
① 자동차의 운전자는 고속도로 등 (고속도로 또는 자동차 전용도로)에서 자동차의 고장 등 부득이한 사정이 있는 경우를 제외하고는 행정안전부령으로 정하는 차로에 따라 통행하여야 하며, 갓길("도로법」에 따른 길어깨)로 통행하여서는 안된다. 다만, 다음의 어느 하나에 해당하는 경우에는 그러하지 아니하다
㉠ 긴급 자동차와 고속도로 등의 보수·유지 등의 작업을 하는 자동차를 운전하는 경우
㉡ 차량 정체 시 신호기 또는 경찰 공무원 등의 신호나 지시에 따라 갓길에서 자동차를 운전하는 경우
② 자동차의 운전자는 고속도로에서 다른 차를 앞지르려면 방향 지시기, 등화 또는 경음기를 사용하여 행정안전부령으로 정하는 차로로 안전하게 통행하여야 한다.

02. 횡단·통행 등의 금지 등(법 제62조, 제63조)
① 자동차의 운전자는 그 차를 운전하여 고속도로 등을 횡단하거나 유턴 또는 후진해서는 안 된다. 다만, 긴급 자동차 또는 도로의 보수·유지 등의 작업을 하는 자동차 가운데 고속도로 등에서의 위험을 방지·제거하거나 교통사고에 대한 응급 조치 작업을 위한 자동차로서 그 목적을 위하여 반드시 필요한 경우에는 그렇지 않다.

② 자동차(이륜자동차는 긴급 자동차만 해당) 외의 차마의 운전자 또는 보행자는 고속도로 등을 통행하거나 횡단하여서는 아니 된다.

03. 정차 및 주차의 금지 (법 제64조)
자동차의 운전자는 고속도로 등에서 차를 정차 또는 주차시켜서는 안 된다. 다만, 다음의 어느 하나에 해당하는 경우에는 그렇지 않다.
① 법령의 규정 또는 경찰 공무원의 지시에 따르거나 위험을 방지하기 위하여 일시 정차 또는 주차시키는 경우
② 정차 또는 주차할 수 있도록 안전표지를 설치한 곳이나 정류장에서 정차 또는 주차시키는 경우
③ 고장이나 그 밖의 부득이한 사유로 길 가장자리 구역(갓길 포함)에 정차 또는 주차시키는 경우
④ 통행료를 내기 위해 통행료를 받는 곳에서 정차하는 경우
⑤ 도로의 관리자가 고속도로 등을 보수·유지 또는 순회하기 위하여 정차 또는 주차시키는 경우
⑥ 경찰용 긴급 자동차가 고속도로 등에서 범죄 수사, 교통 단속이나 그 밖의 경찰 임무를 수행하기 위해 정차 또는 주차시키는 경우
⑦ 소방차가 고속도로 등에서 화재 진압 및 인명 구조·구급 등 소방 활동, 소방 지원 활동 및 생활 안전 활동을 수행하기 위하여 정차 또는 주차시키는 경우
⑧ 경찰용 긴급 자동차 및 소방차를 제외한 긴급 자동차가 사용 목적을 달성하기 위하여 정차 또는 주차시키는 경우
⑨ 교통이 밀리거나 그 밖의 부득이한 사유로 움직일 수 없을 때에 고속도로 등의 차로에 일시 정차 또는 주차시키는 경우

04. 고장 자동차의 표지 (규칙 제40조)
① 자동차의 운전자는 고장이나 그 밖의 사유로 고속도로 또는 자동차 전용 도로(이하 고속도로 등)에서 자동차를 운행할 수 없게 되었을 때는 다음 각 호의 표지를 설치하여야 한다.
㉠ 안전 삼각대
㉡ 사방 500미터 지점에서 식별할 수 있는 적색의 섬광 신호·전기 제등 또는 불꽃 신호. 다만, 밤에 고장이나 그 밖의 사유로 고속도로 등에서 자동차를 운행할 수 없게 되었을 때로 한정한다.
② 자동차의 운전자는 ①에 따른 표지를 설치하는 경우 그 자동차의 후방에서 접근하는 자동차의 운전자가 확인할 수 있는 위치에 설치해야 한다.

05. 고속도로 등에서의 준수 사항 (법 제67조)
고속도로 등을 운행하는 자동차의 운전자는 교통의 안전과 원활한 소통을 확보하기 위하여 고장 자동차의 표지를 항상 비치하며, 고장이나 그 밖의 부득이한 사유로 자동차를 운행할 수 없게 되었을 때는 자동차를 도로의 우측 가장자리에 정지시키고 그 표지를 설치하여야 한다.

제7절 교통안전교육

01. 교통안전교육 (법 제73조)
운전면허를 받으려는 사람은 운전면허시험(자동차 등 및 법령시험, 자동차 관리방법 및 안전운전에 필요한 점검) 전까지 운전자가 갖추어야 할 기본예절 등에 관한 교통안전교육을 1시간 받아야 한다. 다만, 다음의 경우에는 제외한다.
① 특별안전교육 의무교육을 받은 사람
② 자동차 운전 전문학원에서 학과교육을 수료한 사람

02. 특별 교통안전 의무 교육 대상 (법 제73조제2항)
1 운전면허취소 처분을 받은 사람으로서 운전면허를 다시 받으려는 사람
※ 다음의 경우에 해당하여 운전면허취소 처분을 받은 사람은 제외
① 적성(정기, 수시) 검사를 받지 아니하거나 불합격한 경우(법 제93조제1항제9호)
② 운전면허를 실효시킬 목적으로 자진하여 운전면허를 반납하는 경우(제20호)

2 다음의 경우에 해당하여 운전면허효력정지 처분을 받게 되거나 받은 사람으로서 그 정지 기간이 끝나지 아니한 사람
① 술에 취한 상태에서 자동차 등을 운전한 경우(법 제93조제1항제1호)
② 공동 위험 행위를 한 경우(제5호)
③ 난폭 운전을 한 경우(제5의2)
④ 운전 중 고의 또는 과실로 교통사고를 일으킨 경우(제10호)
⑤ 자동차 등을 이용하여 특수 상해·특수 폭행·특수 협박 또는 특수 손괴를 위반하는 행위를 한 경우(제10의2)

3 운전면허취소 처분 또는 운전면허효력정지 처분(**2**의 ①~⑤까지 위반자)이 면제된 사람으로서 면제된 날부터 1개월이 지나지 아니한 사람

4 운전면허효력정지 처분을 받게 되거나 받은 초보 운전자로서 그 정지 기간이 끝나지 아니한 사람

5 어린이 보호 구역에서 운전 중 어린이를 사상하는 사고를 유발하여 벌점을 받은 날부터 1년 이내의 사람

03. 특별 교통안전 의무 교육 (영 제38조)
1 특별 교통안전 의무 교육 및 특별 교통안전 권장 교육은 다음의 각 사항에 대하여 강의·시청각 교육 또는 현장 체험 교육 등의 방법으로 3시간 이상 48시간 이하로 각각 실시한다. (제2항)
① 교통질서
② 교통사고와 그 예방
③ 안전 운전의 기초
④ 교통 법규와 안전
⑤ 운전면허 및 자동차 관리
⑥ 그 밖에 교통안전의 확보를 위하여 필요한 사항
※ 특별 교통안전 의무 교육
① 음주운전 교육
㉠ 최근 5년간 최초 위반자 – 12시간(4시간 3회)
㉡ 최근 5년간 2회 위반자 – 16시간(4시간 4회)
㉢ 최근 5년간 3회 위반자 – 48시간(4시간 12회)
② 배려운전 교육 및 법규준수 교육 : 6시간

2 특별 교통안전 의무 교육 및 특별 교통안전 권장 교육은 도로교통공단에서 실시한다. (제3항)

04. 특별 교통안전 의무 교육의 연기 (제5항)
01의 **2**~**5**까지의 규정에 해당하는 사람이 다음의 어느 하나에 해당하는 사유로 특별 교통안전 의무 교육을 받을 수 없을 때에는 특별 교통안전 의무 교육 연기 신청서에 그 연기 사유를 증명할 수 있는 서류를 첨부하여 경찰서장에게 제출해야 한다. 이 경우 특별 교통안전 의무 교육을 연기 받은 사람은 그 사유가 없어진 날부터 30일 이내에 특별교통안전 의무 교육을 받아야 한다.
① 질병이나 부상으로 인하여 거동이 불가능한 경우
② 법령에 따라 신체의 자유를 구속당한 경우
③ 그 밖에 부득이하다고 인정할 만한 상당한 이유가 있는 경우

05. 특별 교통안전 권장 교육 (법 제73조제3항)

다음의 어느 하나에 해당하는 사람이 시·도 경찰청장에게 신청하는 경우에는 특별 교통안전 권장 교육을 받을 수 있다. 이 경우 권장 교육을 받기 전 1년 이내에 해당 교육을 받지 않은 사람에 한정한다.

① 교통법규 위반 등 위 앞의 01의 ❷~❹에 따른 사유 외의 사유로 인하여 운전면허효력정지 처분을 받게 되거나 받은 사람
② 교통 법규 위반 등으로 인하여 운전면허효력정지 처분을 받을 가능성이 있는 사람
③ 특별 교통안전 의무 교육을 받은 사람
④ 운전면허를 받은 사람 중 교육을 받으려는 날에 65세 이상인 사람

※ 특별 교통안전 권장 교육
① 법규준수교육 : 6시간　② 벌점감점교육 : 4시간
③ 현장참여교육 : 8시간　④ 고령운전교육 : 3시간

06. 긴급자동차 운전업무 종사자의 교통안전교육 (법 제73조, 영 제38조 및 제38조의2)

❶ 긴급자동차의 운전업무에 종사하는 사람으로서 대통령령으로 정하는 바에 따라 정기적으로 긴급자동차의 안전운전에 관한 교육을 받아야 한다. (법 제73조제4항)

❷ 대통령령으로 정하는 사람(영 제38조의2 제1항)
① 법 제2조 제22호 가목~다목의 규정에 해당하는 운전자
② 영 제2조 제1항 각 호에 해당하는 운전자

❸ 긴급자동차 교통안전교육의 종류(제2항)
① 신규 교통안전교육 : 최초로 긴급자동차를 운전하려는 사람을 대상으로 실시하는 교육
② 정기 교통안전교육 : 긴급자동차를 운전하는 사람을 대상으로 3년마다 정기적으로 실시하는 교육. 이 경우 직전 교육을 받은 날부터 기산하여 3년이 되는 날이 속하는 해의 1월 1일부터 12월 31일 사이에 교육을 받을 수 있다.(제3항)
③ 긴급자동차 교통안전교육은 강의·시청각교육 등의 방법으로 실시하며, 신규 교통안전교육은 3시간 이상, 정기 교통안전교육은 2시간 이상 실시한다.

07. 75세 이상 교통안전교육 (법 제73조)

❶ 75세 이상인 사람으로서 운전면허를 받으려는 사람은 운전면허시험에 응시하기 전에, 운전면허증 갱신일에 75세 이상인 사람은 운전면허증 갱신기간 이내에 각각 다음의 사항에 관한 교통안전교육 2시간을 받아야 한다.
① 노화와 안전운전에 관한 사항
② 약물과 운전에 관한 사항
③ 기억력과 판단능력 등 인지능력별 대처에 관한 사항
④ 교통관련 법령 이해에 관한 사항

제8절 운전면허

01. 운전면허 종별에 따라 운전할 수 있는 차량 (규칙 제53조, 별표18)

운전면허		운전할 수 있는 차량
종별	구분	
제1종	대형 면허	① 승용 자동차　② 승합자동차　③ 화물 자동차 ④ 건설 기계 　㉠ 덤프 트럭, 아스팔트 살포기, 노상 안정기 　㉡ 콘크리트믹서 트럭, 콘크리트 펌프, 천공기(트럭 적재식) 　㉢ 콘크리트믹서 트레일러, 아스팔트콘크리트 재생기 　㉣ 도로보수 트럭, 3톤 미만의 지게차 ⑤ 특수 자동차 (대형 견인차, 소형 견인차 및 구난차는 제외) ⑥ 원동기 장치 자전거
제1종	보통 면허	① 승용 자동차 ② 승차 정원 15명 이하의 승합자동차 ③ 적재 중량 12톤 미만의 화물 자동차 ④ 건설 기계 (도로를 운행하는 3톤 미만의 지게차로 한정) ⑤ 총중량 10톤 미만의 특수 자동차 (구난차 등은 제외) ⑥ 원동기 장치 자전거
제1종	소형 면허	① 3륜 화물 자동차　② 3륜 승용 자동차 ③ 원동기 장치 자전거
제1종	특수면허 - 대형 견인차	① 견인형 특수 자동차 ② 제2종 보통 면허로 운전할 수 있는 차량
제1종	특수면허 - 소형 견인차	① 총중량 3.5톤 이하의 견인형 특수 자동차 ② 제2종 보통 면허로 운전할 수 있는 차량
제1종	특수면허 - 구난차	① 구난형 특수 자동차 ② 제2종 보통 면허로 운전할 수 있는 차량
제2종	보통면허	① 승용자동차 ② 승차정원 10명 이하의 승합자동차 ③ 적재중량 4톤 이하의 화물자동차 ④ 총중량 3.5톤 이하의 특수자동차(구난차등은 제외한다) ⑤ 원동기장치자전거
제2종	소형면허	① 이륜자동차(측차부를 포함한다)　② 원동기 장치 자전거
제2종	원동기 장치 자전거 면허	원동기 장치 자전거

02. 운전면허를 받을 수 없는 사람 (법 제82조, 영 제42조)

① 18세 미만(원동기 장치 자전거의 경우에는 16세 미만)인 사람
② 교통상의 위험과 장해를 일으킬 수 있는 정신 질환자 또는 뇌전증 환자로서 대통령령으로 정하는 사람

*대통령령으로 정하는 사람(영 제42조 제1항)
치매, 조현병, 조현정동장애, 양극성 정동장애(조울증), 재발성 우울장애 등의 정신질환 또는 정신 발육지연, 뇌전증 등으로 인하여 정상적인 운전을 할 수 없다고 해당 분야 전문의가 인정하는 사람.

③ 듣지 못하는 사람(제1종 운전면허 중 대형 면허·특수 면허만 해당), 앞을 보지 못하는 사람(한쪽 눈만 보지 못하는 사람의 경우에는 제1종 운전면허 중 대형 면허·특수 면허만 해당)이나 그 밖에 대통령령으로 정하는 신체장애인

*그 밖에 대통령령으로 정하는 신체장애인(시행령 제42조 제2항)
다리, 머리, 척추, 그 밖의 신체의 장애로 인하여 앉아 있을 수 없는 사람. 다만, 신체장애 정도에 적합하게 제작·승인된 자동차를 사용하여 정상적인 운전을 할 수 있는 경우 제외

④ 양쪽 팔의 팔꿈치관절 이상을 잃은 사람이나 양쪽 팔을 전혀 쓸 수 없는 사람. 다만, 본인의 신체장애 정도에 적합하게 제작된 자동차를 이용하여 정상적인 운전을 할 수 있는 경우에는 그렇지 않다.

① 교통사고 발생 원인이 불가항력이거나 피해자의 명백한 과실인 때에는 행정 처분을 하지 아니한다.
② 자동차 등 대 사람의 교통사고의 경우 쌍방과실인 때에는 그 벌점을 2분의 1로 감경한다.
③ 자동차 등 대 자동차 등의 교통사고의 경우 그 사고 원인 중 중한 위반 행위를 한 운전자만 적용한다.
④ 교통사고로 인한 벌점 산정에 있어서 처분 받을 운전자 본인의 피해에 대하여는 벌점을 산정하지 아니한다.

3 조치 등 불이행에 따른 벌점 기준

불이행사항	벌점	내용
교통사고 야기 시 조치 불이행	90	1. 물적 피해가 발생한 교통사고를 일으킨 후 도주한 때 2. 교통사고를 일으킨 즉시(그때, 그 자리에서 곧)사상자를 구호하는 등의 조치를 하지 아니하였으나 그 후 자진신고를 한 때
	15	가. 고속도로, 특별시·광역시 및 시의 관할구역과 군(광역시의 군 제외)의 관할구역 중 경찰관서가 위치하는 리 또는 동 지역에서 3시간(그 밖의 지역에서는 12시간) 이내에 자진신고를 한 때
	2	나. 가 목에 따른 시간 후 48시간 이내에 자진신고를 한 때

4 자동차 등 이용 범죄 및 자동차 등 강도·절도 시의 운전면허 행정 처분 기준

1) 취소 처분 기준

위반 사항	내용
① 자동차 등을 다음 범죄의 도구나 장소로 이용한 경우 가) 「국가보안법」 중 제4조부터 제9조까지의 죄 및 같은 법 제12조 중 증거를 날조·인멸·은닉한 죄 나) 「형법」 중 다음 어느 하나의 범죄 • 살인, 사체유기, 방화 • 강도, 강간, 강제추행 • 약취·유인·감금 • 상습절도(절취한 물건을 운반한 경우에 한정한다) • 교통방해(단체 또는 다중의 위력으로써 위반한 경우에 한정한다)	가) 자동차 등을 법정형 상한이 유기징역 10년을 초과하는 범죄의 도구나 장소로 이용한 경우 나) 자동차 등을 범죄의 도구나 장소로 이용하여 운전면허 취소·정지 처분을 받은 사실이 있는 사람이 다시 자동차 등을 범죄의 도구나 장소로 이용한 경우. 다만, 일반교통방해죄의 경우는 제외한다.
② 다른 사람의 자동차 등을 훔치거나 빼앗은 경우	가) 다른 사람의 자동차 등을 빼앗아 이를 운전한 경우 나) 다른 사람의 자동차 등을 훔치거나 빼앗아 이를 운전하여 운전면허 취소·정지 처분을 받은 사실이 있는 사람이 다시 자동차 등을 훔치고 이를 운전한 경우

2) 정지 처분 기준

위반 사항	내용	벌점
① 자동차 등을 다음 범죄의 도구나 장소로 이용한 경우 가) 「국가보안법」 중 제4조부터 제9조까지의 죄 및 같은 법 제12조 중 증거를 날조·인멸·은닉한 죄 나) 「형법」 중 다음 어느 하나의 범죄 • 살인, 사체유기, 방화 • 강도, 강간, 강제추행 • 약취·유인·감금 • 상습절도(절취한 물건을 운반한 경우에 한정한다) • 교통방해(단체 또는 다중의 위력으로써 위반한 경우에 한정한다)	가) 자동차 등을 법정형 상한이 유기징역 10년 이하인 범죄의 도구나 장소로 이용한 경우	100
② 다른 사람의 자동차 등을 훔친 경우	가) 다른 사람의 자동차 등을 훔치고 이를 운전한 경우	100

5 다른 법률에 따라 관계 행정 기관의 장이 행정처분 요청 시의 운전면허 행정처분 기준

1) 「양육비 이행 확보 및 지원에 관한 법률」에 따라 여성가족부 장관이 운전면허 정지처분을 요청하는 경우 : 정지 100일

05. 범칙 행위 및 범칙 금액(영 제93조, 별표8)

범칙 행위	범칙 금액
• 속도위반 (60km/h 초과) • 어린이 통학 버스 운전자의 의무 위반 (좌석 안전띠를 매도록 하지 않은 경우는 제외) • 인적 사항 제공 의무 위반 (주·정차된 차만 손괴한 것이 분명한 경우에 한정)	1) 승합 자동차 등 : 13만원 2) 승용 자동차 등 : 12만원
• 속도위반 (40km/h 초과 60km/h 이하) • 승객의 차 안 소란 행위 방치 운전 • 어린이 통학버스 특별 보호 위반	1) 승합 자동차 등 : 10만원 2) 승용 자동차 등 : 9만원
• 안전표지가 설치된 곳에서의 정차·주차 금지 위반	1) 승합 자동차 등 : 9만원 2) 승용 자동차 등 : 8만원
• 신호·지시 위반 • 중앙선 침범, 통행 구분 위반 • 속도위반 (20km/h 초과 40km/h 이하) • 횡단·유턴·후진 위반 • 앞지르기 방법 위반 • 앞지르기 금지 시기·장소 위반 • 철길 건널목 통과 방법 위반 • 회전교차로 통행방법 위반 • 횡단보도 보행자 횡단 방해 (신호 또는 지시에 따라 도로를 횡단하는 보행자의 통행 방해와 어린이 보호 구역에서의 일시 정지 위반을 포함) • 보행자 전용 도로 통행 위반 (보행자 전용 도로 통행 방법 위반을 포함한다) • 긴급 자동차에 대한 양보·일시정지 위반 • 긴급한 용도나 그 밖에 허용된 사항 외에 경광등이나 사이렌 사용 • 승차 인원 초과, 승객 또는 승하차자 추락 방지 조치 위반 • 어린이·앞을 보지 못하는 사람 등의 보호 위반 • 운전 중 휴대용 전화사용 • 운전 중 운전자가 볼 수 있는 위치에 영상 표시 • 운전 중 영상 표시 장치 조작 • 운행기록계 미설치 자동차 운전 금지 등의 위반 • 고속도로·자동차 전용 도로 갓길 통행 • 고속도로 버스 전용 차로·다인승 전용 차로 통행 위반	1) 승합 자동차 등 : 7만원 2) 승용 자동차 등 : 6만원
• 통행 금지 제한 위반 • 일반도로 전용 차로 통행 위반 • 노면전차 전용로 통행 위반 • 고속도로·자동차 전용 도로 안전 거리 미확보 • 앞지르기의 방해 금지 위반 • 교차로 통행 방법 위반 • 회전 교차로 진입·진행 방법 위반 • 교차로에서의 양보 운전 위반 • 보행자의 통행 방해 또는 보호 불이행 • 정차·주차 금지 위반 (안전표지가 설치된 곳에서의 정차·주차 금지 위반은 제외) • 주차 금지 위반 • 정차·주차 방법 위반 • 경사진 곳에서의 정차·주차 방법 위반 • 정차·주차 위반에 대한 조치 불응 • 적재 제한 위반, 적재물 추락 방지 위반 또는 영유아나 동물을 안고 운전하는 행위 • 안전 운전 의무 위반 • 도로에서의 시비·다툼 등으로 인한 차마의 통행 방해 행위 • 급발진, 급가속, 엔진 공회전 또는 반복적·연속적인 경음기 울림으로 인한 소음 발생 행위 • 화물 적재함에의 승객 탑승 운행 행위 • 자율주행자동차 운전자의 준수 사항 위반 • 고속도로 지정차로 통행 위반 • 고속도로·자동차 전용 도로 횡단·유턴·후진 위반 • 고속도로·자동차 전용 도로 정차·주차 금지 위반 • 고속도로 진입 위반 • 고속도로·자동차 전용 도로에서의 고장 등의 경우 조치 불이행	1) 승합 자동차 등 : 5만원 2) 승용 자동차 등 : 4만원

위반행위	과태료
• 혼잡 완화 조치 위반 • 차로 통행 준수 의무 위반, 지정차로 통행 위반, 차로 너비보다 넓은 차 통행 금지 위반 (진로 변경 금지 장소에서의 진로 변경을 포함) • 속도위반 (20km/h 이하) • 진로 변경 방법 위반 • 급제동 금지 위반 • 끼어들기 금지 위반 • 서행 의무 위반 • 일시정지 위반 • 방향 전환·진로 변경 및 회전 교차로 진입·진출 시 신호 불이행 • 운전석 이탈 시 안전 확보 불이행 • 동승자 등의 안전을 위한 조치 위반 • 시·도 경찰청 지정·공고 사항 위반 • 좌석 안전띠 미착용 • 이륜자동차·원동기 장치 자전거(개인형 이동 장치는 제외) 인명 보호 장구 미착용 • 등화 점등 불이행·발광 장치 미착용(자전거 운전자는 제외) • 어린이 통학 버스와 비슷한 도색·표지 금지 위반	1) 승합 자동차 등 : 3만원 2) 승용 자동차 등 : 3만원
• 최저 속도위반 • 일반 도로 안전 거리 미확보 • 등화 점등·조작 불이행 (안개가 끼거나 비 또는 눈이 올 때는 제외) • 불법부착장치 차 운전(교통단속용 장비의 기능을 방해하는 장치를 한 차의 운전은 제외) • 사업용 승합자동차 또는 노면전차의 승차 거부 • 택시의 합승(장기 주차·정차하여 승객을 유치하는 경우로 한정)·승차 거부·부당 요금 징수 행위	1) 승합 자동차 등 : 2만원 2) 승용 자동차 등 : 2만원
• 돌, 유리병, 쇳조각, 그 밖에 도로에 있는 사람이나 차마를 손상시킬 우려가 있는 물건을 던지거나 발사하는 행위 • 도로를 통행하고 있는 차마에서 밖으로 물건을 던지는 행위	모든 차마 : 5만원
• 특별 교통안전 교육의 미이수 – 과거 5년 이내에 술에 취한 상태에서의 운전 금기 규정을 1회 이상 위반하였던 사람으로서 다시 같은 조를 위반하여 운전면허효력정지 처분을 받게 되거나 받은 사람이 그 처분 기간이 끝나기 전에 특별 교통안전 교육을 받지 않은 경우 – 위의 항목 외의 경우	차종 구분 없음 : 15만원 10만원
• 경찰관의 실효된 면허증 회수에 대한 거부 또는 방해	차종 구분 없음 : 3만원

06. 어린이보호구역 및 노인·장애인보호구역에서의 과태료 부과기준 (시행령 별표7)

위반행위 및 행위자	차종별 과태료금액(만 원)	
	승합자동차 등	승용자동차 등
• 신호 또는 지시를 따르지 않은 차 또는 노면전차의 고용주 등	14	13
• 제한속도를 준수하지 않은 차 또는 노면전차의 고용주 등 – 60km/h 초과 – 40km/h 초과 60km/h 이하 – 20km/h 초과 40km/h 이하 – 20km/h 이하	17 14 11 7	16 13 10 7
• 정차 또는 주차를 한 차의 고용주 등 – 어린이보호구역에서 위반한 경우 – 노인·장애인보호구역에서 위반한 경우	13(14) 9(10)	12(13) 8(9)

〈비고〉
1. 승합자동차 등 : 승합자동차, 4톤 초과 화물자동차, 특수자동차, 건설기계 및 노면전차
2. 승용자동차 등 : 승용자동차 및 4톤 이하 화물자동차
※ 과태료 금액에서 괄호 안의 것은 같은 장소에서 2시간 이상 정차 또는 주차 위반을 하는 경우에 적용한다.

제3장 교통사고 처리 특례법령

제1절 특례의 적용

01. 교통사고 처리 특례법의 목적 (법 제1조)

교통사고 처리 특례법은 업무상 과실(業務上過失) 또는 중대한 과실로 교통사고를 일으킨 운전자에 관한 형사처벌 등의 특례를 정함으로써 교통사고로 인해 피해의 신속한 회복을 촉진하고 국민 생활의 편익을 증진함을 목적으로 한다.

02. 교통사고 처리 특례법의 정의 (법 제2조)

1 차의 교통으로 인한 사고가 발생하여 운전자를 형사 처벌하여야 하는 경우에 적용되는 법이다.
① 업무상 과실 또는 중과실로 사람을 사상한 때에는 5년 이하의 금고 또는 2천만 원 이하의 벌금에 처한다. (형법 제268조)
② 건조물 또는 재물을 손괴한 때에는 2년 이하의 금고나 5백만 원 이하의 벌금에 처한다. (도로 교통법 제151조)

2 교통사고의 정의와 조건
① 교통사고의 정의 : 차의 교통으로 인하여 사람을 사상하거나 물건을 손괴하는 것
② 교통사고의 조건 : ㉠ 차에 의한 사고, ㉡ 피해의 결과 발생(사람 사상 또는 물건 손괴), ㉢ 교통으로 인하여 발생한 사고

03. 교통사고 처벌의 특례 (법 제3조)

피해자와 합의(불벌 의사)하거나 종합 보험 또는 공제에 가입한 경우, 다음의 죄에는 특례의 적용을 받아 형사 처벌을 하지 않는다. (공소권 없음, 반의사 불벌죄)
① 업무상 과실 치상죄   ② 중과실 치상죄
③ 다른 사람의 건조물이나 그 밖의 재물을 손괴한 경우
※ 보험 또는 공제에 가입된 사실은 보험 회사, 또는 공제 사업자가 작성한 서면에 의하여 증명되어야 한다. (법 제4조제3항)

04. 특례 적용 제외자 (형사 처벌 대상이 되는 경우 = 공소권 있음) (법 제3조 제2항)

종합 보험(공제)에 가입되었고, 피해자가 처벌을 원하지 않아도 다음의 경우에는 특례의 적용을 받지 못하고 형사 처벌을 받는다.
① 사망 사고
② 교통사고 야기 후 도주 또는 사고 장소로부터 옮겨 유기하고 도주한 경우
③ 차의 교통으로 업무상 과실 치상죄 또는 중과실 치상죄를 범하고, 음주 측정에 불응한 경우(운전자가 채혈 측정을 요청하거나 동의한 경우는 제외)
④ 신호·지시 위반 사고
⑤ 중앙선 침범 사고(고속도로 등에서 횡단, 유턴 또는 후진 사고)
⑥ 과속(제한 속도 20km/h 초과) 사고
⑦ 앞지르기 방법·금지 시기·장소 또는 끼어들기의 금지를 위반하거나 고속도로에서의 앞지르기 방법 위반 사고
⑧ 철길 건널목 통과 방법 위반 사고
⑨ 횡단보도에서 보행자 보호 의무 위반 사고
⑩ 무면허 운전 중 사고

⑪ 주취 · 약물 복용 운전 사고
⑫ 보도 침범 · 통행 방법 위반 사고
⑬ 승객 추락 방지 의무 위반 사고
⑭ 어린이 보호 구역 내 어린이 보호 의무 위반 사고
⑮ 자동차의 화물이 떨어지지 아니하도록 필요한 조치를 하지 아니하고 운전한 경우
⑯ 민사상 손해 배상을 하지 않은 경우
⑰ 중상해 사고를 유발하고 형사상 합의가 안 된 경우

> **중상해의 범위**
> ① 생명에 대한 위험 : 뇌 또는 주요 장기에 중대한 손상
> ② 불구 : 사지 절단 등 또는 시각 · 청각 · 언어 · 생식 기능 등 중요한 신체 기능의 영구적 상실
> ③ 불치(不治)나 난치(難治)의 질병 : 중증의 정신 장애 · 하반신 마비 등 중대 질병

05. 사고 운전자 가중 처벌(특정 범죄 가중 처벌 등에 관한 법률 제5조의3, 제5조의11)

1 사고 운전자가 피해자를 구호하는 등의 조치를 하지 아니하고 도주한 경우(제5조의3)
① 피해자를 사망에 이르게 하고 도주하거나, 도주 후에 피해자가 사망한 경우 : 무기 또는 5년 이상의 징역
② 피해자를 상해에 이르게 한 경우 : 1년 이상의 유기 징역 또는 5백만 원 이상 3천만 원 이하의 벌금

2 사고 운전자가 피해자를 사고 장소로부터 옮겨 유기하고 도주한 경우
① 피해자를 사망에 이르게 하고 도주하거나, 도주 후에 피해자가 사망한 경우 : 사형, 무기 또는 5년 이상의 징역
② 피해자를 상해에 이르게 한 경우 : 3년 이상의 유기 징역

3 위험 운전 치 · 사상의 경우(제5조의11)
① 음주 또는 약물의 영향으로 정상적인 운전이 곤란한 상태에서 자동차(원동기 장치 자전거 포함)를 운전하여 사람을 사망에 이르게 한 경우 : 무기 또는 3년 이상의 징역
② 사람을 상해에 이르게 한 경우 : 1년 이상 15년 이하의 징역 또는 1천만 원 이상 3천만 원 이하의 벌금

제2절 중대 교통사고 유형 및 대처 방법

01. 사망 사고 정의

① 교통사고에 의한 사망은 교통사고가 주된 원인이 되어 교통사고 발생 시부터 30일 이내에 사람이 사망한 사고를 말한다.
② 도로 교통법상 교통사고 발생 후 72시간 내 사망하면 벌점 90점이 부과되며, 교통사고 처리 특례법상 형사적 책임이 부과된다.
③ 사망사고 성립 요건

항목	내용	예외사항
1. 장소적 요건	• 모든 장소	-
2. 운전자 과실	• 운전자로서 요구되는 업무상 주의의무를 소홀히 한 과실	• 자동차 본래의 운행목적이 아닌 작업 중 과실로 피해자가 사망한 경우(안전사고) • 운전자의 과실을 논할 수 없는 경우
3. 피해자 요건	• 운행 중인 자동차에 충격되어 사망한 경우	• 피해자의 자살 등 고의 사고 • 운행목적이 아닌 작업 과실로 피해자가 사망한 경우(안전사고)

02. 도주(뺑소니)인 경우

① 피해자 사상 사실을 인식하거나 예견됨에도 가버린 경우
② 피해자를 사고 현장에 방치한 채 가버린 경우
③ 현장에 도착한 경찰관에게 거짓으로 진술한 경우
④ 사고 운전자를 바꿔치기 신고 및 연락처를 거짓 신고한 경우
⑤ 자신의 의사를 제대로 표시하지 못한 나이 어린 피해자가 '괜찮다'라고 하여 조치 없이 가버린 경우 등
⑥ 피해자가 이미 사망하였다고 사체 안치 후송 등의 조치 없이 가버린 경우
⑦ 피해자를 병원까지만 후송하고 계속 치료를 받을 수 있는 조치 없이 가버린 경우
⑧ 쌍방 업무상 과실이 있는 경우에 발생한 사고로 과실이 적은 차량이 도주한 경우

03. 신호·지시 위반 사고 사례

① 신호가 변경되기 전에 출발하여 인적 피해를 야기한 경우
② 황색 주의 신호에 교차로에 진입하여 인적 피해를 야기한 경우
③ 신호 내용을 위반하고 진행하여 인적 피해를 야기한 경우
④ 적색 차량 신호에 진행하다 정지선과 횡단보도 사이에서 보행자를 충격한 경우

04. 중앙선 침범 사고

1) 중앙선 침범 개념 및 적용
① 중앙선 침범 : 중앙선을 넘어서거나 차체가 걸친 상태에서 운전한 경우
② 중앙선 침범을 적용하는 경우(현저한 부주의)
 ㉠ 커브 길에서 과속으로 인한 중앙선 침범
 ㉡ 빗길에서 과속으로 인한 중앙선 침범
 ㉢ 졸다가 뒤늦은 제동으로 인한 침범
 ㉣ 차내 잡담 또는 휴대폰 통화 등의 부주의로 침범
③ 중앙선을 적용할 수 없는 경우(만부득이한 경우)
 ㉠ 사고를 피하기 위해 급제동하다 침범
 ㉡ 위험을 회피하기 위해 침범
 ㉢ 빙판길 또는 빗길에서 미끄러져 침범(제한속도 준수)

05. 과속(20km/h 초과) 사고

1) 속도에 대한 정의
① 규제 속도 : 법정 속도(도로 교통법에 따른 도로별 최고 · 최저 속도)와 제한 속도(시 · 도 경찰청장에 의한 지정 속도)
② 설계 속도 : 도로 설계의 기초가 되는 자동차의 속도
③ 주행 속도 : 정지 시간을 제외한 실제 주행 거리의 평균 주행 속도
④ 구간 속도 : 정지 시간을 포함한 주행 거리의 평균 주행 속도

2) 과속사고의 성립요건

항목	내용	예외사항
1. 장소적 요건	• 도로법에 따른 도로, 유료도로법에 따른 도로, 농어촌도로 정비법에 따른 농어촌도로, 현실적으로 불특정 다수의 사람 또는 차마의 통행을 위하여 공개된 장소로서 안전하고 원활한 교통을 확보할 필요가 있는 장소	• 불특정 다수의 사람 또는 차마의 통행을 위하여 공개된 장소가 아닌 곳에서의 사고

2. 피해자 요건	• 과속차량(20km/h) 초과에 충돌되어 인적피해를 입은 경우	• 제한속도 20km/h 이하 과속 차량에 충돌되어 인적 피해를 입은 경우 • 제한속도 20km/h 초과 차량에 충돌되어 대물피해만 입은 경우
3. 운전자 과실	• 제한속도 20km/h를 초과하여 과속으로 운행 중 사고가 발생한 경우 - 고속도로나 자동차 전용도로에서 법정속도 20km/h를 초과한 경우 - 속도제한 표지판 설치구간에서 제한속도 20km/h를 초과한 경우 - 비가 내려 노면이 젖어있는 경우, 눈이 20mm 미만 쌓인 경우 최고속도의 100분의 20을 줄인 속도에서 20km/h를 초과한 경우 - 폭우·폭설·안개 등으로 가시거리가 100m 이내인 경우, 노면이 얼어붙은 경우, 눈이 20mm이상 쌓인 경우 최고속도 100분의 50을 줄인 속도에서 20km/h를 초과한 경우	• 제한속도 20km/h 이하로 과속하여 운행 중 사고를 야기한 경우 • 제한속도 20km/h 초과하여 과속 운행 중 대물피해만 입힌 경우
4. 시설물 설치 요건	• 시·도 경찰청장이 설치한 안전표지 중 - 규제표지 224(최고속도 제한표지) - 노면표시 517(속도제한표시), 518(어린이 보호구역 안 속도제한표시)	• 과속(20km/h)이 적용되지 않는 표지 - 규제표지 226(서행표지) - 보조표지 409(안전속도표지) - 노면표시 519(서행표시), 520(서행표시)

3) 과속에 따른 행정 처분(승합차·승용차의 범칙금 및 벌점)
① 60km/h 초과 : 승합차 - 13만 원, 승용차 - 12만 원, 60점
② 40km/h 초과 ~ 60km/h 이하 : 승합차 - 10만 원, 승용차 - 9만 원, 30점
③ 20km/h 초과 ~ 40km/h 이하 : 승합차 - 7만 원, 승용차 - 6만 원, 15점
④ 20km/h 이하 : 승합차 - 3만 원, 승용차 - 3만 원, 벌점 없음

06. 앞지르기 방법·금지 위반 사고

1 앞지르기 방법(법 제21조)
모든 차의 운전자는 다른 차를 앞지르고자 하는 때에는 앞차의 좌측으로 통행하여야 한다.

2 앞지르기가 금지되는 경우 및 장소(법 제22조)
① 앞차의 좌측에 다른 차가 앞차와 나란히 가고 있는 경우
② 앞차가 다른 차를 앞지르고 있거나 앞지르고자 하는 경우
③ 경찰 공무원의 지시를 따르거나 위험을 방지하기 위하여 정지하거나 서행하고 있는 경우
④ 교차로, 터널 안, 다리 위
⑤ 도로의 구부러진 곳, 비탈길의 고갯마루 부근 또는 가파른 비탈길의 내리막 등 시·도 경찰청장이 필요하다고 인정하여 안전표지로 지정한 곳

3 끼어들기의 금지(법 제23조)
모든 차의 운전자는 도로 교통법에 의한 명령 또는 경찰 공무원의 지시에 따르거나, 위험 방지를 위하여 정지 또는 서행하고 있는 다른 차 앞에 끼어들지 못 한다.

4 갓길 통행금지 등(법 제60조 제2항)
자동차 운전자는 고속도로에서 다른 차를 앞지르고자 하는 때에는 방향 지시기·등화 또는 경음기를 사용하여 행정안전부령이 정하는 차로로 안전하게 통행해야 한다.

07. 철길 건널목 통과 방법 위반 사고

1 철길 건널목의 종류
① 제1종 건널목 : 차단기, 건널목 경보기 및 교통안전 표지가 설치되어 있는 경우
② 제2종 건널목 : 건널목 경보기 및 교통안전 표지가 설치되어 있는 경우
③ 제3종 건널목 : 교통안전 표지만 설치되어 있는 경우

2 철길건널목 통과방법위반 사고의 성립요건

항목	내용	예외사항
1. 장소적 요건	• 철길건널목	• 역 구내의 철길건널목
2. 피해자 요건	• 철길건널목 통과방법 위반 사고로 인적피해를 입은 경우	• 철길건널목 통과방법 위반 사고로 대물피해만 입은 경우
3. 운전자 과실	• 철길건널목 통과방법 위반 과실 - 철길건널목 전에 일시정지 불이행 - 안전미확인 통행 중 사고 - 차량이 고장난 경우 승객 대피, 차량이동 조치 불이행 • 철길건널목 진입금지 - 차단기가 내려져 있는 경우 - 차단기가 내려지려고 하는 경우 - 경보기가 울리고 있는 경우	• 철길건널목 신호기·경보기 등의 고장으로 일어난 사고 ※ 신호기 등이 표시하는 신호에 따르는 때에는 일시정지하지 않고 통과할 수 있다.

> 철길 건널목 통과 위반 사고 시 행정 처분(범칙금, 벌점)
> 승합자동차 - 7만 원, 승용 자동차 - 6만 원, 벌점 30점

08. 보행자 보호 의무 위반 사고

1 횡단보도 보행자인 경우
① 횡단보도를 걸어가는 사람
② 횡단보도에서 원동기 장치 자전거를 끌고 가는 사람
③ 횡단보도에서 원동기 장치 자전거나 자전거를 타고 가다 이를 세우고 한발은 페달에 다른 한발은 지면에 서 있는 사람
④ 세발자전거를 타고 횡단보도를 건너는 어린이
⑤ 손수레를 끌고 횡단보도를 건너는 사람

2 횡단보도 보행자가 아닌 경우
① 횡단보도에서 원동기 장치 자전거나 자전거를 타고 가는 사람
② 횡단보도에 누워있거나, 앉아있거나, 엎드려있는 사람
③ 횡단보도 내에서 교통정리를 하고 있는 사람과 택시를 잡고있는 사람
④ 횡단보도 내에서 화물 하역작업을 하고 있는 사람
⑤ 보도에 서 있다가 횡단보도 내로 넘어진 사람

3 횡단보도로 인정되는 경우와 아닌 경우
① 횡단보도 노면표시가 있으나 횡단보도 표지판이 설치되지 않은 경우에도 인정
② 횡단보도 노면표시가 포장공사로 반은 지워졌으나, 반이 남아있는 경우에도 인정
③ 횡단보도 노면표시가 완전히 지워지거나, 포장공사로 덮여졌다면 횡단보도 효력 상실

4 보행자 보호의무위반 사고의 성립요건

항목	내용	예외사항
1. 장소적 요건	• 횡단보도 내	• 보행신호가 적색등화일 때의 횡단보도
2. 피해자 요건	• 횡단보도를 횡단하고 있는 보행자가 충돌되어 인적피해를 입은 경우	• 보행신호가 적색등화일 때 횡단을 시작한 보행자를 충돌한 경우 • 횡단보도를 건너는 것이 아니라 횡단보도 내에 누워있거나, 교통정리를 하거나, 싸우고 있거나, 택시를 잡고 있거나 등 보행의 경우가 아닌 때에 충돌한 경우
3. 운전자 과실	• 횡단보도를 건너고 있는 보행자를 충돌한 경우 • 횡단보도 전에 정지한 차량을 추돌하여 추돌된 차량이 밀려나가 보행자를 충돌한 경우 • 보행신호가 녹색등화일 때 횡단보도를 진입하여 건너고 있는 보행자를 보행신호가 녹색등화의 점멸 또는 적색등화로 변경된 상태에서 충돌한 경우	• 적색등화에 횡단보도를 진입하여 건너고 있는 보행자를 충돌한 경우 • 횡단보도를 건너다가 신호가 변경되어 중앙선에 서 있는 보행자를 충돌한 경우 • 횡단보도를 건너고 있을 때 보행신호가 적색등화로 변경되어 되돌아가고 있는 보행자를 충돌한 경우 • 녹색등화가 점멸되고 있는 횡단보도를 진입하여 건너고 있는 보행자를 적색등화에 충돌한 경우

5 보행자 보호의무위반 사고에 따른 행정처분

항목	범칙금액(만원)	벌 점
횡단보도 보행자 횡단 방해	승합자동차 등 7 승용자동차 등 6 이륜자동차 등 4	10점 (보행자 보호 불이행, 정지선 위반 포함)

09. 무면허 운전의 개념

1 무면허 운전의 정의
도로에서 운전면허를 받지 아니하고 자동차를 운전하는 행위.

2 무면허 운전의 유형
㉠ 운전면허를 취득하지 아니하고 운전하는 행위
㉡ 운전면허 취소처분을 받은 후에 운전하는 행위
㉢ 운전면허 정지 기간 중에 운전하는 행위
㉣ 운전면허시험에 합격한 후 운전면허증을 발급받기 전에 운전하는 행위
㉤ 운전면허 적성검사기간 만료일로부터 1년간의 취소유예기간이 지난 면허증으로 운전하는 행위
㉥ 제1종 대형면허로 특수면허를 필요로 하는 자동차를 운전하는 행위
㉦ 제2종 운전면허로 제1종 운전면허를 필요로 하는 자동차를 운전하는 행위

10. 주취·약물 복용 운전 중 사고

1 음주 운전인 경우와 아닌 경우
① 불특정 다수인이 이용하는 도로와 특정인이 이용하는 주차장 또는 학교 경내 등에서의 음주 운전도 형사 처벌 대상. (단, 특정인만이 이용하는 장소에서의 음주 운전으로 인한 운전면허 행정 처분은 불가)
㉠ 공개되지 않은 통행로에서의 음주 운전도 처벌 대상 : 공장이나 관공서, 학교, 사기업 등의 정문 안쪽 통행로와 같이 문 차단기에 의해 도로와 차단되고 별도로 관리되는 장소의 통행로에서의 음주 운전도 처벌 대상
㉡ 술을 마시고 주차장(주차선 안 포함)에서 음주 운전하여도 처벌 대상
㉢ 호텔, 백화점, 고층 건물, 아파트 내 주차장 안의 통행로뿐만 아니라 주차선 안에서 음주 운전하여도 처벌 대상
② 혈중 알코올 농도 0.03% 미만에서의 음주 운전은 처벌 불가

2 음주운전 발생 시 처벌(법 제148조의 2)
(1) 주취운전 또는 주취측정 불응 2회 이상 위반한 사람(10년 내)
① 주취측정불응 : 1년 이상 6년 이하의 징역이나 500만 원 이상 3천만 원 이하의 벌금
② 혈중알코올농도 0.2% 이상인 사람 : 2년 이상 6년 이하의 징역이나 1천만 원 이상 3천만 원 이하의 벌금
③ 혈중알코올농도 0.03% 이상 0.2% 미만인 사람 : 1년 이상 5년 이하의 징역이나 500만 원 이상 2천만 원 이하의 벌금

(2) 주취운전 또는 주취측정에 불응한 사람 : 1년 이상 5년 이하의 징역이나 500만 원 이상 2천만 원 이하의 벌금

(3) 주취운전을 위반한 경우 처벌
① 혈중알코올농도 0.2% 이상인 사람 : 2년 이상 5년 이하의 징역이나 1천만 원 이상 2천만 원 이하의 벌금
② 혈중알코올농도 0.08% 이상 0.2% 미만인 사람 : 1년 이상 2년 이하의 징역이나 500만 원 이상 1천만 원 이하의 벌금
③ 혈중알코올농도 0.03% 이상 0.08% 미만인 사람 : 1년 이하의 징역이나 500만 원 이하의 벌금

11. 보도침범, 보도횡단방법위반 사고

1 보도의 개념
① 보도 : 차와 사람의 통행을 분리시켜 보행자의 안전을 확보하기 위해 연석이나 방호울타리 등으로 차도와 분리하여 설치된 도로의 일부분으로 차도와 대응되는 개념
② 보도침범 사고 : 보도에 차마가 들어서는 과정, 보도에 차마의 차체가 걸치는 과정, 보도에 주차시킨 차량을 전진 또는 후진시키는 과정에서 통행중인 보행자와 충돌한 경우
③ 보도횡단방법위반 사고 : 차마의 운전자는 도로에서 도로 외의 곳에 출입하기 위해서는 보도를 횡단하기 직전에 일시 정지하여 보행자의 통행을 방해하지 아니하도록 되어 있으나 이를 위반하여 보행자와 충돌하여 인적피해를 야기한 경우

2 보도침범, 보도횡단방법위반 사고의 성립요건

항목	내용	예외사항
1. 장소적 요건	• 보도와 차도가 구분된 도로에서 보도 내 사고	• 보도와 차도의 구분이 없는 도로는 제외
2. 피해자 요건	• 보도 내에서 보행 중 사고	• 피해자가 자전거 또는 원동기장치자전거를 타고 가던 중 사고는 제차로 간주되어 적용 제외
3. 운전자 과실	• 고의적 과실 • 의도적 과실 • 현저한 부주의 과실	• 불가항력적 과실 • 만부득이한 과실 • 단순 부주의 과실
4. 시설물 설치 요건	• 보도설치권한이 있는 행정관서에서 설치하여 관리하는 보도	• 학교·아파트 단지 등 특정구역 내부의 소통과 안전을 목적으로 설치된 보도

12. 승객추락방지의무위반 사고

1 승객추락방지의무에 해당하는 경우와 아닌 경우
① 승객추락방지의무에 해당하는 경우
㉠ 문을 연 상태에서 출발하여 타고 있는 승객이 추락한 경우
㉡ 승객이 타거나 또는 내리고 있을 때 갑자기 문을 닫아서 문에 충격된 승객이 추락한 경우
㉢ 버스 운전자가 개·폐 안전장치인 전자감응장치가 고장난 상태에서 운행 중에 승객이 내리고 있을 때 출발하여 승객이 추락한 경우
② 승객추락방지의무에 해당하지 않는 경우
㉠ 승객이 임의로 차문을 열고 상체를 내밀어 차 밖으로 추락한 경우
㉡ 운전자가 사고방지를 위해 취한 급제동으로 승객이 차 밖으로 추락한 경우
㉢ 화물자동차 적재함에 사람을 태우고 운행 중에 운전자의 급가속 또는 급제동으로 피해자가 추락한 경우

13. 어린이 보호구역 내 어린이 보호의무위반 사고

1 어린이 보호구역으로 지정될 수 있는 장소
① 유아교육법에 따른 유치원, 초·중등교육법에 따른 초등학교 또는 특수학교
② 영유아보육법에 따른 보육시설 중 정원 100명 이상의 보육시설(관할 경찰서장과 협의된 경우에는 정원이 100명 미만의 보육시설 주변도로에 대해서도 지정 가능)
③ 학원의 설립·운영 및 과외교습에 관한 법률에 따른 학원 중 학원 수강생이 100명 이상인 학원(관할 경찰서장과 협의된 경우에는 정원이 100명 미만의 학원 주변도로에 대해서도 지정 가능)
④ 초·중등교육법에 따른 외국인학교 또는 대안학교, 제주특별자치도 설치 및 국제자유도시 조성을 위한 특별법에 따른 국제학교 및 경제자유구역 및 제주국제자유도시의 외국 교육기관 설립·운영에 관한 특별법에 따른 외국교육기관 중 유치원·초등학교 교과과정이 있는 학교

제3절 교통사고 처리의 이해(교통사고 조사규칙)

(시행 2023.7.31. 경찰청훈령 제1088호)

01. 목적
교통사고가 발생하였을 때에 경찰공무원이 처리해야 할 절차와 기준을 구체적으로 정함으로써 교통사고 조사업무의 신속·명확한 처리를 목적으로 한다.

02. 용어의 정의
① 교통 : 차를 운전하여 사람 또는 화물을 이동시키거나 운반하는 등 차를 그 본래의 용법에 따라 사용하는 것을 말한다.
② 교통사고 : 차의 교통으로 인하여 사람을 사상하거나 물건을 손괴한 것을 말한다.
③ 대형사고 : 3명 이상이 사망(교통사고 발생일부터 30일 이내에 사망한 것을 말함)하거나 20명 이상의 사상자가 발생한 것을 말한다.
④ 교통조사관 : 교통사고 조사업무를 처리하는 경찰공무원을 말한다.
⑤ 스키드 마크(Skid mark) : 차의 급제동으로 인하여 타이어의 회전이 정지된 상태에서 노면에 미끄러져 생긴 타이어 마모흔적 또는 활주흔적을 말한다.
⑥ 요마크(Yaw mark) : 급핸들 등으로 인하여 차의 바퀴가 돌면서 차축과 평행하게 옆으로 미끄러진 마모흔적을 말한다.
⑦ 충돌 : 차가 반대방향 또는 측방에서 진입하여 그 차의 정면으로 다른 차의 정면 또는 측면을 충격한 것을 말한다.
⑧ 추돌 : 2대 이상의 차가 동일방향으로 주행 중 뒤차가 앞차의 후면을 충격한 것을 말한다.
⑨ 접촉 : 차가 추월, 교행 등을 하려다가 차의 좌·우측면을 서로 스친 것을 말한다.
⑩ 전도 : 차가 주행 중 도로 또는 도로 이외의 장소에 차체의 측면이 지면에 접하고 있는 상태(좌측면이 지면에 접해있으면 좌전도, 우측면이 지면에 접해있으면 우전도)를 말한다.
⑪ 전복 : 차가 주행 중 도로 또는 도로 이외의 장소에 뒤집혀 넘어진 것을 말한다.
⑫ 추락 : 차가 도로변 절벽 또는 교량 등 높은 곳에서 떨어진 것을 말한다.
⑬ 뺑소니 : 교통사고를 야기한 차의 운전자가 피해자를 구호하는 등 도로교통법에 따른 조치를 취하지 아니하고 도주한 것을 말한다.

03. 교통사고 처리기준(피해자와 손해배상 합의기간)
교통조사관은 부상자로서 교통법 제3조 제2항 단서에 해당하지 아니하는 사고를 일으킨 운전자가 보험 등에 가입되지 아니한 경우 또는 중상해 사고를 야기한 운전자에게는 특별한 사유가 없는 한 사고를 접수한 날로부터 2주간 피해자와 손해배상에 합의할 수 있는 기간을 주어야 한다.

04. 안전사고 등(교통사고로 처리되지 아니하는 경우)
① 자살(自殺)·자해(自害)행위로 인정되는 경우
② 확정적 고의(故意)에 의하여 타인을 사상하거나 물건을 손괴하는 경우
③ 낙하물에 의하여 차량 탑승자가 사상하였거나 물건이 손괴된 경우
④ 축대, 절개지 등이 무너져 차량탑승자가 사상하였거나 물건이 손괴된 경우
⑤ 사람이 건물, 육교 등에서 추락하여 진행 중인 차량과 충돌 또는 접촉하여 사상한 경우
⑥ 그 밖의 차의 교통으로 발생하였다고 인정되지 아니한 안전사고의 경우

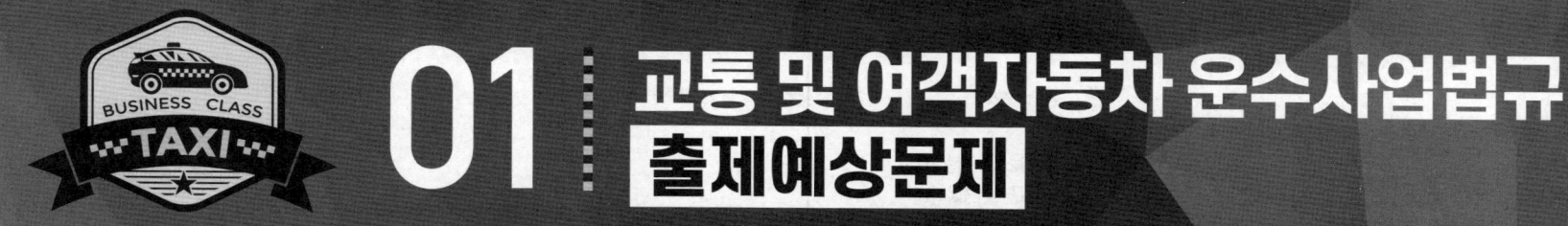

01 교통 및 여객자동차 운수사업법규 출제예상문제

제1장 여객자동차운수사업 법규 및 택시운송사업의 발전에 관한 법규

01 여객자동차운수사업법의 목적으로 해당 없는 것은?
① 여객자동차 운수사업에 관한 질서 확립
② 여객의 원활한 운송
③ 자동차운수사업의 질서 확립
④ 여객자동차운수사업의 종합적인 발달 도모
해설 ③의 문항은 해당 없고, "공공복리 증진"이 있다.

02 여객자동차 운수사업법상 용어의 정의이다. 틀린 것은?
① 여객자동차 운수사업 : 여객자동차 운송사업, 자동차 대여사업, 여객자동차 터미널사업 및 여객자동차 운송 플랫폼사업.
② 여객자동차 운송사업 : 다른 사람의 수요에 응하여 자동차를 사용하여 유상으로 여객을 운송하는 사업.
③ 여객자동차 운송 플랫폼사업 : 여객의 운송과 관련한 다른 사람의 수요에 응하여 이동 통신 단말 장치, 인터넷 홈페이지 등에서 사용되는 응용 프로그램(운송플랫폼)을 제공 하는 사업.
④ 정류소 : 택시운송사업용 자동차에 승객을 승차·하차시키거나 승객을 태우기 위하여 대기하는 장소 또는 구역
해설 ④의 정류소의 문항은 "택시 승차대"의 정의로 다르다.
*정류소 : 여객이 승차 또는 하차할 수 있도록 노선 사이에 설치한 장소를 말한다.

03 여객자동차 운수사업법령상 "여객이 승차 또는 하차할 수 있도록 노선 사이에 설치한 장소"에 해당하는 용어는?
① 택시 승차대 ② 정류장
③ 정류소 ④ 중앙차로
해설 ③의 문항 : "정류소"가 해당된다.

04 택시운송사업에 대한 설명이다. 틀린 것은?
① 구역 여객자동차운송사업이다.
② 여객자동차운송사업법에 의해 운행하고 있다.
③ 정해진 사업구역 안에서 운행하는 것이 원칙이다.
④ 국토교통부장관이 택시 요금을 인가한다.
해설 ④의 "요금을 인가"는 틀리고, "요금을 허가"한다가 옳다.

05 운행계통을 정하지 아니하고 사업구역에서 1개의 운송계약에 따라 자동차를 사용하여 여객을 운송하는 사업에 해당하는 사업은?
① 여객자동차 운송사업 ② 일반택시 운송사업
③ 여객자동차 운송사업 ④ 자동차 대여사업
해설 ②의 일반택시 운송사업이며, 경형·소형·중형·대형·모범형 및 고급형으로 구분한다.

06 운행계통을 정하지 아니하고 자동차 1대를 사용, 사업자가 직접 운전하여 여객을 운송하는 사업에 해당하는 사업은?
① 전세버스 운송사업 ② 시내버스 운송사업
③ 개인택시 운송사업 ④ 일반택시 운송사업
해설 ③의 개인택시 운송사업이 해당된다.

07 사업용 택시를 경형, 소형, 중형, 대형, 모범형, 고급형으로 구분하는 기준으로 맞는 것은?
① 자동차의 크기 ② 자동차의 넓이
③ 자동차의 배기량 ④ 자동차의 생산년도
해설 ③의 자동차의 배기량이 의하여 구분한다.

08 택시운송사업을 구분하는 기준의 설명이다. 맞지 않는 것은?
① 경형 : 배기량 1,000시시 미만의 승용자동차(5인 이하의 것만)
② 소형 : 배기량 1,600시시 미만의 승용차동차(5인 이하의 것만)
③ 중형 : 배기량 1,600시시 이상의 승용차동차(5인 이하의 것만)
④ 대형 : 배기량 1,900시시 이상의 승용차동차(5인 이하의 것만)
해설 ④ 대형 "배기량 1,900시시"는 틀리다.
㉠ 대형 배기량 2,000시시 이상 승용자동채(승차정원 6인 이상 10인승 이하의 것만)
㉡ 대형 배기량 2,000시시 이상 승차정원이 13인승 이하인 승합자동차

09 택시운송사업 "중형"에 대한 설명이다. 맞지 않는 것은?
① 배기량 1,600cc 이상의 승용차동차
② 자동차 승차정원 5인승 이하의 것만 해당
③ 길이 4.7m 초과이면서 너비 1.7m를 초과하는 승용자동차
④ 자동차 승차정원 5인 이상의 것만 해당
해설 ④ "5인 이상의"는 틀리고, "5인 이하의"가 옳은 문항이다.

10 "대형" 택시운송사업에 대한 설명이다. 다른 것은?
① 배기량 2,000시시 이상이고 승차정원 6인 이상 10인 이하의 것만 해당한다.
② 배기량 2,000시시 이상의 승차정원이 13인승 이하인 승합자동차를 사용하는 택시운송 사업이다.
③ ②의 경우 택시운송사업은 광역시의 군이 아닌 군 지역의 택시운송사업에는 해당하지 않는다.
④ 배기량 2,800시시 이상의 승용자동차를 사용하는 택시운송사업이다.
해설 ④의 문항은 "고급형 택시운송사업"에 해당하므로 다르다.

정답 1 ③ 2 ④ 3 ③ 4 ④ 5 ② 6 ③ 7 ③ 8 ④ 9 ④ 10 ④

11 택시운송사업의 "모범형"의 배기량과 승차정원이다. 맞는 것은?

① 배기량 1,000시시 미만의 승용자동차와 승차정원 5인 이하
② 배기량 1,600시시 미만의 승용자동차와 승차정원 5인 이하
③ 배기량 1,600시시 이상의 승용자동차와 승차정원 5인 이하
④ 배기량 1,900시시 이상의 승용자동차와 승차정원 5인 이하

해설 ④의 문항이 옳은 문항이다.
①은 경형, ②는 소형, ③은 중형의 설명이다.

12 택시운송사업 "고급형" 승용자동차의 배기량이다. 맞는 것은?

① 1,600시시   ② 1,900시시
③ 2,000시시   ④ 2,800시시

해설 ④의 문항이 맞는 문항이다.

13 일반 및 개인택시운송사업의 사업구역이다. 틀린 것은?

① 특별시 단위
② 광역시 단위
③ 특별자치시 단위
④ 특별자치시·시·군·읍·면 단위

해설 ④의 "특별자치시·시·군·읍·면 단위"에서 "읍·면 단위"는 해당 없어 틀린 문항이다.

14 대형 및 고급형 택시운송사업구역이다. 맞는 것은?

① 특별시·광역시·도 단위
② 특별시·특별자치시·시·도 단위
③ 광역시·특별자치시·도 단위
④ 특별자치도·시·도 단위

해설 ①의 "특별시·광역시·도 단위"가 옳은 문항이다.

15 택시운송사업자가 해당 사업구역에서 하는 영업으로 보는 경우이다. 불법 영업으로 보는 경우에 해당하는 영업은?

① 자신의 해당 사업구역에서 승객을 태우고 사업구역 밖으로 운행한 후, 그 시·도 내에서 일시적으로 영업을 한 경우
② 자신의 해당 사업구역에서 승객을 태우고 사업구역 밖으로 운행하는 영업
③ 자신의 해당 사업구역에서 승객을 태우고 사업구역 밖으로 운행한 후, 해당 사업구역으로 돌아오는 도중에 사업구역 밖에서 승객을 태우고 해당 사업구역에서 내리는 일시적인 영업
④ 주요 교통시설이 소속 사업구역과 인접하여 소속 사업구역에서 승차한 여객을 그 주요 교통시설에 하차시킨 경우에는 구역을 표시한 승차대를 이용하여 소속 사업구역으로 가는 여객을 운송하는 영업

해설 ①의 문항은 "불법 영업"으로 본다.

16 택시운송사업의 사업구역과 인접한 주요 교통시설 및 범위기준으로 맞지 않는 것은?

① 고속철도 역의 경계선을 기준으로 10킬로미터
② 국제정기편 운행이 이루어지는 공항의 경계선을 기준으로 60킬로미터
③ 여객이용시설이 설치된 무역항 경계선 기준으로 50킬로미터
④ 복합 환승센터의 경계선을 기준으로 10킬로미터

해설 ②의 문항 중 "60킬로미터"는 틀리고, "50킬로미터"가 옳은 문항이다.

17 택시운송사업구역심의위원회의 임원의 임기로 맞는 것은?

① 임기는 1년, 1회 연임   ② 임기는 1년, 2회 연임
③ 임기는 2년, 1회 연임   ④ 임기는 2년, 2회 연임

해설 ③의 문항이 맞다.

18 택시운송 사업구역 심의위원회의 임원 자격이다. 틀린 것은?

① 국토교통부에서 택시운송사업 관련 업무를 담당하는 4급 이상 공무원
② 특별시·광역시·특별자치시·도 또는 특별자치도에서 택시운송사업 관련 업무를 담당하는 4급 이상 공무원
③ 택시운송사업에 6년 이상 종사한 사람
④ 그 밖에 택시운송사업 분야에 학식과 경험이 풍부한 사람

해설 ③의 문항 중 "6년"은 틀리고, "5년"이 맞다.

19 택시사업구역심의위원회가 사업구역 지정·변경을 심의할 때의 고려할 사항이다. 맞지 않는 것은?

① 인근 지역 주민의 교통편의 증진에 관한 사항
② 지역 간 교통량(출근·퇴근 시간대 교통수요 포함)에 관한 사항
③ 운송 사업자 간 과도한 경쟁 유발 여부에 관한 사항
④ 사업구역별 요금·요율에 관한 사항

해설 ①의 문항 중 "인근 지역 주민"은 틀리고, "지역 주민"이 옳은 문항이다. 외에 ㉠ 운송사업자 및 운수종사자의 매출 및 소득 수준에 관한 사항 ㉡ 사업구역별 총량에 관한 사항

20 여객자동차운송사업의 결격사유(면허·등록)이다. 아닌 것은?

① 파산선고를 받고 복권되지 아니한 자
② 여객자동차운송 사업법을 위반하여 징역 이상의 실형을 선고받고 그 집행이 끝나거나 면제된 날부터 2년이 지나지 않은 자
③ 여객자동차운송 사업법을 위반하여 징역 이상의 집행유예를 선고받고 그 집행유예 기간 중에 있는 자
④ 여객자동차운송 사업의 면허나 등록이 취소된 후 그 취소일부터 2년이 지난 자

해설 ④의 문항 "2년이 지난 자"는 해당되지 않음으로 결격사유가 아니다. 외에 ㉠ 피성년후견인 또는 파산 선고를 받고 복권되지 아니한 자에 해당하여 면허나 등록이 취소된 경우에는 제외한다.

정답 11 ④ 12 ④ 13 ④ 14 ① 15 ① 16 ② 17 ③ 18 ③ 19 ① 20 ④

21 개인택시운송사업의 면허 신청서류에 대한 설명이다. 아닌 것은?

① 개인택시운송사업 면허신청서 ② 건강진단서
③ 개인택시 차고지 증명서류 ④ 택시운전자격증 사본

해설 ③의 서류는 해당 없고, 외에 ⊙ 반명함판 사진 1장 또는 전자파일 형태의 사진(인터넷으로 신청하는 경우)

22 택시운송사업용 자동차에 표시해야 하는 사항이다. 아닌 것은?(승합자동차를 사용하는 대형 및 고급형은 제외한다)

① 자동차의 종류(경형, 소형, 중형, 대형, 모범형)
② 관할관청(특별시, 광역시, 특별자치시, 특별자치도는 제외)
③ 택시사업자가 가입한 콜 전화번호
④ 운송가맹사업자 상호(운송가맹점으로 가입한 개인택시사업자만 해당한다)

해설 ③의 문항은 해당 없다.

23 일반택시 차량 내부에 항상 게시해야 할 부착물이다. 아닌 것은?

① 회사명 및 차고지 등을 적은 표시판
② 운전자의 택시운전 자격증명
③ 교통이용 불편사항 신고서
④ 택시회사의 사장 전화번호

해설 ④의 문항은 게시물에는 해당 없다.

24 운송사업자가 교통사고 등 발생 시 조치해야할 사항의 설명이다. 거리가 먼 것은?

① 신속한 응급수송수단의 마련
② 가족이나 그 밖의 연고자에 대한 신속한 통지
③ 교통사고현장에 대한 신속한 정리와 정돈
④ 목적지까지 여객을 운송하기 위한 대체운송수단의 확보와 여객에 대한 편의 제공

해설 ③의 문항은 해당 없고, 외에 ⊙ 유류품 보관과 그 밖에 사상자 보호 등 필요한 조치가 있다.

25 여객자동차운수사업법령상 "중대한 교통사고"이다. 틀린 것은?

① 전복(顚覆)사고
② 화재(火災)가 발생한 사고
③ 사망자 2명 이상, 사망자 1명과 중상자 4명 이상
④ 사망자 1명과 중상자 3명 이상, 중상자 6명 이상

해설 ③의 문항에서 "중상자 4명 이상"은 틀리고, "중상자 3명 이상"이 옳은 문항이다.

26 여객자동차 운수사업법령상 중대한 교통사고가 발생하였을 때에는 운송사업자는 개략적인 상황을 시·도지사에게 보고하여야 하는데 그 시간으로 맞는 것은?

① 12시간 이내와 24시간 이내
② 24시간 이내와 72시간 이내
③ 24시간 이내와 48시간 이내
④ 24시간 이내와 48시간 이내

해설 ②의 문항이 맞는다.
⊙ 24시간 이내 : 사고의 일시·장소 및 피해사항 등
ⓒ 72시간 이내 : 사고보고서 작성하여 시·도지사에게 제출

27 여객자동차 운송사업자의 준수사항에 대한 설명이다. 다른 것은?

① 1일 근무시간 동안 택시요금미터(운송수입금)에 기록된 운송수입금의 전액을 운수종사자의 근무 종료 당일 수납할 것.
② 일정금액의 운송수입금 기준액을 정하여 여객을 유치하는 행위.
③ 차량운행에 필요한 제반경비(주유비, 세차비, 차량수리비, 사고처리비 등)를 운수종사 자에게 운송수입금이나 그 밖의 금전으로 충당하지 않을 것.
④ 일정한 장소에 오랜 시간 정차하여 여객을 유치하는 행위.

해설 ④의 문항은 "운수종사자의 준수사항"에 해당하여 다르다. 외에 ⊙ 운송수입금 수납 및 운송기록을 허위로 작성하지 않을 것. ⓒ 운수 종사자의 요건을 갖춘 자만 운전업무에 종사하게하여야 한다. ⓒ 여객이 착용하는 좌석안전띠가 정상적으로 작동될 수 있는 상태(여객이 6세 미만의 유아인 경우에는 유아 보호용 장구를 장착할 수 있는 상태를 포함)여야 한다.

28 여객자동차 운송사업자는 운송수입금 확인기능을 갖춘 운송기록 출력장치를 갖추고 운송 수입금 자료를 보관하여야 하는데 그 보관기간으로 맞는 것은?

① 1년 ② 2년 ③ 3년 ④ 4년

해설 보관기간은 ①의 1년이 맞다. 외에 운송사업자는 ⊙ 여객의 좌석안전띠 착용에 관한 안내방법 ⓒ 여객의 좌석안전띠 착용에 관한 안내시기를 업무시작 전에 실시한다

29 운송사업자가 운수종사자의 운행 전 확인해야 할 사항에 대한 설명이다. 틀린 것은?

① 운송사업자는 운수종사자의 음주 여부를 확인하여야 한다.
② 음주 확인을 하는 경우에는 법이 정하여 고시하는 성능을 갖춘 호흡측정기를 사용하여 확인하여야 한다.
③ 운수종사자의 음주 여부를 확인한 경우에는 해당 운수종사자의 성명, 측정일시 및 측 정결과를 전자파일이나 서면으로 기록하여 보관해야 한다.
④ 측정결과를 기록한 전자파일이나 서면은 2년 동안 보관·관리하여야 한다.

해설 ④의 문항 중 "2년 동안"은 틀리고 "3년 동안"이 맞다.

30 여객자동차 운수종사자 준수사항의 설명으로 틀린 것은?

① 정당한 사유 없이 여객의 승차를 거부하거나 여객을 중도에서 내리게 하는 행위(일반 택시 및 개인택시운송사업은 제외).
② 정당한 운임과 요금을 받는 행위(일반 및 개인택시는 제외).
③ 일정한 장소에 오랜 시간 정차하여 여객을 유치하는 행위.
④ 문을 완전히 닫지 아니한 상태에서 자동차를 출발시키거나 운행하는 경우.

해설 ②의 문항에서 "정당한 운임과"는 틀리고, "부당한 운임과"가 옳은 문항이다. 외에 ⊙ 여객이 승차하기 전에 자동차를 출발시키거나 여객이 있는데도 정차하지 아니하고 정류소를 지나치는 행위. ⓒ 여객자동차운송사업용 자동차 안에서 흡연을 하는 행위. ⓒ 휴식시간을 준수하지 아니하고 운행하는 경우. ⓔ 택시요금미터기를 임의로 조작 또는 훼손하는 행위. ⓜ 1일 근무시간 동안 택시요금미터에 기록된 운송수입금의 전액을 그 근무종료 당일 운송사업자에게 납부할 것이며, 일정금액의 운송수입금 기준액을 정하여 납부하지 아니할 것.

정답 21 ③ 22 ③ 23 ④ 24 ③ 25 ③ 26 ② 27 ④ 28 ① 29 ④ 30 ②

31 여객자동차운송사업의 일반택시 운전업무에 종사하려는 사람의 자격 요건에 대한 설명이다. 틀린 것은?

① 자가용 자동차를 운전하기에 적합한 운전면허를 보유하고 있을 것.
② 20세 이상으로서 해당 운전경력이 1년 이상일 것.
③ 대통령으로 정하는 운전 적성에 대한 정밀 검사 기준에 맞을 것.
④ 운전자격시험에 합격한 후 자격을 취득하거나 교통안전체험을 이수하고 자격을 취득할 것.

해설 ①의 문항 중 "자가용 자동차를"은 틀리고 "사업용 자동차를"이 맞는 문항이다.

32 여객자동차운송사업의 운전자격을 취득할 수 없는 사람들의 범죄와 처벌에 대한 설명이다. 해당 없는 문항은?

① 살인, 강도, 강간, 추행, 성폭력, 범죄단체 조직 등과 같은 범죄를 범하여 금고 이상의 실형을 선고받고, 그 집행이 끝나거나 면제된 날부터 2년이 지나지 아니한 사람과 금고 이상의 형의 집행유예를 선고받고 그 집행유예 기간 중에 있는 사람
② 약취·유인, 도주차량 운전자, 상습강도, 절도, 강도상해, 보복범죄, 위험운전 치·사상 죄를 범하여 금고 이상의 실형을 선고받고 그 집행이 끝나거나 면제된 날부터 2년이 지나지 아니한 사람과 금고 이상의 형의 집행유예를 선고받고 그 집행유예기간 중에 있는 사람
③ 마약류 관리 법률에 따른 죄, 형법에 따른 상습죄 또는 그 각각의 미수죄를 범하여 금고 이상의 실형을 선고받고 그 집행유예기간 중에 있는 사람
④ 자동차를 운전하다가 접촉사고로 벌금형을 받은 사람

해설 ④의 문항은 자격취득제한에는 해당 없음.

33 여객자동차운송사업의 운전자격을 취득할 수 없는 사람들의 범죄와 처벌에 대한 설명이다. 해당 없는 문항은?

① 술에 취한 상태에서 운전금지 위반으로 운전면허가 취소된 사람
② 술에 취한 상태에서 운전 중 측정불응금지 위반으로 취소된 사람
③ 과로한 때 등의 운전금지 위반으로 운전면허가 취소된 사람
④ 운전 중 고의 과실로 3명 이상이 사망(사고발생일부터 30일 내 사망 경우)하거나 21명 이상의 사상자가 발생한 교통사고를 일으켜 운전면허가 취소된 사람

해설 ④의 문항 중 "21명 이상의"는 틀리고 "20명 이상의"가 맞는 문항이다.
*자격시험일 전 3년 간 응시할 수 없는 위반사항의 사람
㉠ 술에 취한 상태에서 운전 위반으로 운전면허정지처분을 받은 사람
㉡ 공동 위험행위의 금지 또는 난폭운전 금지 위반으로 운전면허 정지처분을 받은 사람

34 성폭력범죄의 처벌 등에 관한 특례법에 따라 해당 죄를 범하여 금고 이상의 실형 집행을 끝내고 몇 년의 범위 내에서 대통령령으로 정하는 기간이 지나야 택시운송사업의 운전업무 종사자격을 취득할 수 있는가?

① 5년   ② 10년
③ 15년 ④ 20년

해설 ④의 "20년"이 맞는 문항이다.
*다음의 죄를 범하여 금고 이상의 실형을 선고받고 그 집행이 끝나거나(집행이 끝난 것 으로 보는 경우를 포함)면제된 날부터 20년의 범위에서 대통령령으로 정하는 기간이 지나지 않은 사람은 일반택시 또는 개인택시운송사업의 운전자격을 취득할 수 없다.(집행 유예 기간 중에 있는 사람)
㉠ 살인, 인신매매, 약취, 강도상해, 마약류 범죄 등
㉡ 성폭력 범죄의 처벌 등에 관한 특례법에 따른 죄
㉢ 아동·청소년의 성보호에 관한 범죄(제2조 제2호)

35 여객자동차운수사업법상 운전정밀검사의 종류이다. 아닌 것은?

① 신규 검사   ② 자격유지 검사
③ 특별 검사   ④ 정규 검사

해설 ④의 정규검사는 해당 없다.

36 운전정밀검사에서 신규검사의 대상자이다. 다른 것은?

① 운전 중 중상 이상의 사상 사고를 일으킨 자
② 신규로 여객자동차 운송사업용 자동차를 운전하려는 자
③ 화물자동차 운송사업용 운전업무에 종사하다가 퇴직한 자로서 신규검사를 받은 날부터 3년이 지난 후 재취업하려는 자
④ 신규검사의 적합 판정을 받은 자로서 운전 적성 정밀검사를 받은 날부터 3년 이내에 취업하지 아니한 자

해설 ①의 문항은 "특별검사"의 대상자가 해당하여 다르다. 또한 위 문항 ③·④의 경우 신규검사를 받은 날부터 취업일까지 무사고로 운전한 사람은 제외한다.

37 운전정밀검사에서 특별검사의 대상자이다. 틀린 문항은?

① 중상 이상의 사상 사고를 일으킨 자
② 과거 1년 간 운전면허 행정처분 기준에 따라 계산한 벌점이 81점 이상인 자
③ 과거 1년 간 운전면허 행정처분 기준에 따라 계산한 누산점수가 81점 이상인 자
④ 질병, 과로, 그 밖의 사유로 안전운전을 할 수 없다고 인정하는 자인지 알기 위하여 운송사업자가 신청한 자

해설 ②의 문항 중 "계산한 벌점이 81점"은 틀리고 "계산한 누산점수가 81점"이 옳은 문항이다.

38 운전정밀검사에서 자격유지검사의 대상자이다. 틀린 문항은?

① 65세 이상 70세 미만인 사람(자격유지검사의 적합판정을 받고 3년이 지나지 아니한 사람은 제외)
② 70세 이상인 사람(자격유지검사의 적합판정을 받고 1년이 지나지 아니한 사람은 제외)
③ 자격유지 검사는 검사대상이 된 날부터 2개월 이내에 받아야한다.
④ 택시운송사업에 종사하는 운수종사자는 의료법에 따른 의원·병원 및 종합병원의 적성 검사(신체능력 및 질병에 관한 진단을 말함)로 자격유지검사를 대체할 수 있다.

해설 ③의 문항 중 "2개월 이내"는 틀리고 "3개월 이내"가 옳은 문항이다.

정답 31 ① 32 ④ 33 ④ 34 ④ 35 ④ 36 ① 37 ② 38 ③

위반 사항	내용
다른 사람에게 운전면허증 대여 (도난, 분실 제외)	• 면허증 소지자가 다른 사람에게 면허증을 대여하여 운전하게 한 때 • 면허 취득자가 다른 사람의 면허증을 대여 받거나 그 밖에 부정한 방법으로 입수한 면허증으로 운전한 때
결격 사유에 해당	• 교통상의 위험과 장해를 일으킬 수 있는 정신 질환자 또는 뇌전증 환자로서 정상적인 운전을 할 수 없다고 해당분야 전문의가 인정하는 사람 • 앞을 보지 못하는 사람 (한쪽 눈만 보지 못하는 사람의 경우에는 제1종 운전면허 중 대형 면허·특수 면허로 한정) • 듣지 못하는 사람 (제1종 운전면허 중 대형 면허·특수 면허로 한정) • 양팔의 팔꿈치관절 이상을 잃은 사람, 또는 양팔을 전혀 쓸 수 없는 사람. 다만, 본인의 신체장애 정도에 적합하게 제작된 자동차를 이용하여 정상적으로 운전할 수 있는 경우에는 그러하지 아니하다. • 다리, 머리, 척추 그 밖의 신체장애로 인하여 앉아 있을 수 없는 사람 • 교통상의 위험과 장해를 일으킬 수 있는 마약, 대마, 향정신성 의약품 또는 알코올 중독자로서 정상적인 운전을 할 수 없다고 해당분야 전문의가 인정하는 사람
약물을 사용한 상태에서 자동차 등을 운전한 때	약물 투약·흡연·섭취·주사 등으로 정상적인 운전을 하지 못할 염려가 있는 상태에서 자동차 등을 운전한 때
공동 위험 행위	공동 위험 행위로 구속된 때
난폭 운전	난폭 운전으로 구속된 때
속도 위반	최고 속도보다 100km/h를 초과한 속도로 3회 이상 운전한 때
정기 적성 검사 불합격 또는 정기 적성 검사 기간 1년 경과	정기 적성 검사에 불합격하거나 적성 검사 기간 만료일 다음 날부터 적성 검사를 받지 않고 1년을 초과한 때
수시 적성 검사 불합격 또는 수시 적성 검사 기간 경과	수시 적성 검사에 불합격하거나 수시 적성 검사 기간을 초과한 때
운전면허 행정 처분 기간 중 운전 행위	운전면허 행정 처분 기간 중에 운전한 때
허위 또는 부정한 수단으로 운전면허를 받은 경우	• 허위·부정한 수단으로 운전면허를 받은 때 • 운전면허 결격 사유에 해당하여 운전면허를 받을 자격이 없는 사람이 운전면허를 받은 때 • 운전면허 효력의 정지 기간 중 면허증 또는 운전면허증에 갈음하는 증명서를 교부받은 사실이 드러난 때
등록 또는 임시운행 허가를 받지 않은 자동차를 운전한 때	자동차관리법에 따라 등록되지 않거나 임시 운행 허가를 받지 않은 자동차(이륜자동차 제외)를 운전한 때
자동차 등을 이용하여 형법상 특수 상해 등을 행한 때 (보복 운전)	자동차 등을 이용하여 형법상 특수 상해, 특수 폭행, 특수 협박, 특수 손괴를 행하여 구속된 때
다른 사람을 위하여 운전면허 시험에 응시한 때	운전면허를 가진 사람이 다른 사람을 부정하게 합격시키기 위하여 운전면허 시험에 응시한 때
운전자가 단속 경찰 공무원 등에 대한 폭행	단속하는 경찰 공무원 등 및 시·군·구 공무원을 폭행하여 형사 입건된 때
연습면허 취소 사유가 있었던 경우	제1종 보통 및 제2종 보통 면허를 받기 이전에 연습 면허의 취소 사유가 있었던 때 (연습 면허에 대한 취소 절차 진행 중 제1종 보통 및 제2종 보통면허를 받은 경우를 포함)

04. 정지 처분 개별 기준

1 도로교통법이나 도로교통법에 의한 명령을 위반한 때

위반 사항	벌점
• 속도위반 (100km/h 초과) • 술에 취한 상태의 기준을 넘어서 운전한 때 (혈중알코올농도 0.03% 이상 0.08% 미만) • 자동차 등을 이용하여 형법상 특수상해 등 (보복 운전)을 하여 입건된 때	100
• 속도위반 (80km/h 초과 100km/h 이하)	80
• 속도위반 (60km/h 초과 80km/h 이하)	60
• 정차·주차 위반에 대한 조치 불응 (단체에 소속되거나 다수인에 포함되어 경찰 공무원의 3회 이상의 이동 명령에 따르지 않고 교통을 방해한 경우에 한함) • 공동 위험 행위로 형사 입건된 때 • 난폭 운전으로 형사 입건된 때 • 안전운전 의무 위반 (단체에 소속되거나 다수인에 포함되어 경찰 공무원의 3회 이상의 안전운전 지시에 따르지 않고 타인에게 위험과 장해를 주는 속도나 방법으로 운전한 경우에 한함) • 승객의 차내 소란 행위 방치 운전 • 출석 기간 또는 범칙금 납부 기간 만료일부터 60일이 경과될 때까지 즉결 심판을 받지 않은 때	40
• 통행 구분 위반 (중앙선 침범에 한함) • 속도위반 (40km/h 초과 60km/h 이하) • 철길 건널목 통과 방법 위반 • 회전 교차로 통행 방법 위반(통행 방향 위반에 한정) • 어린이 통학 버스 특별 보호 위반 • 어린이 통학 버스 운전자의 의무 위반 (좌석 안전띠를 매도록 하지 않은 운전자는 제외) • 고속도로·자동차 전용 도로 갓길 통행 • 고속도로 버스 전용 차로·다인승 전용 차로 통행 위반 • 운전면허증 등의 제시 의무 위반 또는 운전자 신원 확인을 위한 경찰 공무원의 질문에 불응	30
• 신호·지시 위반 • 속도위반 (20km/h 초과 40km/h 이하) • 속도위반 (어린이 보호 구역 안에서 오전 8시부터 오후 8시까지 사이에 제한 속도를 20km/h 이내에서 초과한 경우에 한정) • 앞지르기 금지 시기·장소 위반 • 적재 제한 위반 또는 적재물 추락 방지 위반 • 운전 중 휴대용 전화 사용 • 운전 중 운전자가 볼 수 있는 위치에 영상 표시 • 운전 중 영상 표시 장치 조작 • 운행 기록계 미설치 자동차 운전 금지 등의 위반	15
• 통행 구분 위반 (보도 침범, 보도 횡단 방법 위반) • 차로 통행 준수 의무 위반, 지정차로 통행 위반 (진로 변경 금지 장소에서의 진로 변경 포함) • 일반도로 전용차로 통행 위반 • 안전거리 미확보 (진로 변경 방법 위반 포함) • 앞지르기 방법 위반 • 보행자 보호 불이행 (정지선 위반 포함) • 승객 또는 승하차자 추락 방지 조치 위반 • 안전운전 의무 위반 • 노상 시비·다툼 등으로 차마의 통행 방해 행위 • 자율주행자동차 운전자의 준수 사항 위반 • 돌·유리병·쇳조각이나 그 밖에 도로에 있는 사람이나 차마를 손상시킬 우려가 있는 물건을 던지거나 발사하는 행위 • 도로를 통행하고 있는 차마에서 밖으로 물건을 던지는 행위	10

〈비고〉
1. 위 표에도 불구하고 **어린이 보호구역 및 노인·장애인 보호구역** 안에서 **오전 8시부터 오후 8시 사이**에 다음 각 목에 따른 위반행위를 한 운전자에게는 해당 목에 정하는 벌점을 부과한다.
   ① **벌점 120점** : 속도위반(100km/h 초과)
      속도위반(80km/h 초과 100km/h 이하)
   ② **벌점의 2배** : 속도위반(60km/h 초과 80km/h 이하), 속도위반(40km/h 초과 60km/h 이하), 신호·지시 위반 속도위반(20km/h 초과 40km/h 이하), 보행자 보호 불이행(정지선위반 포함)

2 자동차 등의 운전 중 교통사고를 일으킨 때

구분		벌점	내용
인적 피해 교통 사고	사망 1명마다	90	사고 발생 시부터 72시간 이내에 사망한 때
	중상 1명마다	15	3주 이상의 치료를 요하는 의사의 진단이 있는 사고
	경상 1명마다	5	3주 미만 5일 이상의 치료를 요하는 의사의 진단이 있는 사고
	부상신고 1명마다	2	5일 미만의 치료를 요하는 의사의 진단이 있는 사고

⑤ 교통상의 위험과 장해를 일으킬 수 있는 마약·대마·향정신성 의약품 또는 알코올 중독자로서 대통령령으로 정하는 사람

*대통령령으로 정하는 사람(영 제42조 제3항)
마약·대마·향정신성의약품 또는 알코올 관련 장애 등으로 인하여 정상적인 운전을 할 수 없다고 해당 분야 전문의가 인정하는 사람

⑥ 제1종 대형 면허 또는 제1종 특수 면허를 받으려는 경우로서 19세 미만이거나 자동차(이륜자동차는 제외)의 운전 경험이 1년 미만인 사람
⑦ 대한민국의 국적을 가지지 않은 사람 중 외국인 등록을 하지 않은 사람(외국인 등록이 면제된 사람은 제외)이나 국내 거소 신고를 하지 않은 사람

03. 응시 제한 기간 (법 제82조제2항)

제한 기간	사유
운전면허가 취소된 날부터 5년간	주취 중 운전, 과로 운전, 공동 위험 행위 운전(무면허 운전 또는 운전면허 결격 기간 중 운전 위반 포함)으로 사람을 사상한 후 구호 및 신고 조치를 하지 않아 취소된 경우
	주취 중 운전 (무면허 운전 또는 운전면허 결격 기간 중 운전 포함)으로 사람을 사망에 이르게 하여 취소된 경우
운전면허가 취소된 날부터 4년간	무면허 운전, 주취 중 운전, 과로 운전, 공동 위험 행위 운전 외의 다른 사유로 사람을 사상한 후 구호 및 신고 조치를 하지 않아 취소된 경우
그 위반한 날부터 3년간	• 주취 중 운전 (무면허 운전 또는 운전면허 결격 기간 중 운전을 위반한 경우 포함)을 하다가 2회 이상 교통사고를 일으켜 운전면허가 취소된 경우 • 자동차를 이용하여 범죄 행위를 하거나 다른 사람의 자동차를 훔치거나 빼앗은 사람이 무면허로 그 자동차를 운전한 경우
운전면허가 취소된 날부터 2년간	• 주취 중 운전 또는 주취 중 음주운전 불응 2회 이상(무면허 운전 또는 운전면허 결격 기간 중 운전을 위반한 경우 포함) 위반하여 취소된 경우 • 위의 경우로 교통사고를 일으킨 경우 • 공동 위험 행위 금지 2회 이상 위반(무면허 운전 또는 운전면허 결격 기간 중 운전 포함) • 무자격자 면허 취득, 거짓이나 부정 면허 취득, 운전면허효력정지 기간 중 운전면허증 또는 운전면허증을 갈음하는 증명서를 발급받아 운전을 하다가 취소된 경우 • 다른 사람의 자동차 등을 훔치거나 빼앗아 운전면허가 취소된 경우 • 운전면허 시험에 대신 응시하여 운전면허가 취소된 경우
그 위반한 날부터 2년간	무면허 운전 등의 금지, 운전면허 응시 제한 기간 규정을 3회 이상 위반하여 자동차등을 운전한 경우
운전면허가 취소된 날부터 1년간	상기 경우가 아닌 다른 사유로 면허가 취소된 경우(원동기 장치 자전거 면허를 받으려는 경우는 6개월로 하되, 공동 위험 행위 운전 위반으로 취소된 경우에는 1년)
그 위반한 날부터 1년간	무면허 운전 등의 금지, 운전면허 응시 제한 기간 규정을 위반하여 자동차등을 운전한 경우
제한 없음	• 적성 검사를 받지 않거나 그 적성 검사에 불합격하여 운전면허가 취소된 사람 • 제1종 운전면허를 받은 사람이 적성 검사에 불합격하여 다시 제2종 운전면허를 받으려는 경우
그 정지 기간	• 운전면허효력정지 처분을 받고 있는 경우
그 금지 기간	• 국제 운전면허증 또는 상호 인정 면허증으로 운전하는 운전자가 운전 금지 처분을 받은 경우

제9절 운전면허의 행정 처분 및 범칙 행위

01. 벌점의 종합관리 (규칙 제91조, 별표28)

1 누산 점수의 관리

법규 위반 또는 교통사고로 인한 벌점은 행정 처분 기준을 적용하고자 하는 당해 위반 또는 사고가 있었던 날을 기준으로 하여 과거 3년간의 모든 벌점을 누산하여 관리한다.

2 무위반·무사고 기간 경과로 인한 벌점 소멸

처분 벌점이 40점 미만인 경우에 최종의 위반일 또는 사고일로부터 위반 및 사고 없이 1년이 경과한 때에는 그 처분 벌점은 소멸한다.

3 벌점 공제

다음의 경우, 특혜점수가 부여되며 기간에 관계없이 정지 또는 취소처분을 받게 될 경우 누산점수에서 공제된다.
① 인적피해가 있는 교통사고를 야기하고 도주한 차량의 운전자(교통사고의 피해자가 아닌 경우로 한정)를 검거하거나 신고 : 40점(40점 단위 공제)
② 경찰청장이 정하여 고시하는 바에 따라 무위반·무사고 서약을 하고 1년간 이를 실천한 운전자 : 10점(10점 단위 공제)
  ㉠ 다만, 교통사고로 사람을 사망에 이르게 하거나, 음주운전, 난폭운전, 특수상해, 특수폭행, 특수협박, 특수손괴 등 자동차 등을 이용한 범죄 중 어느 하나에 해당하는 사유로 정지처분을 받게 될 경우에는 공제할 수 없다.

02. 벌점·누산점수 초과로 인한 운전면허의 취소·정지

1 벌점, 누산점수 초과로 인한 면허취소

1회의 위반·사고로 인한 벌점 또는 연간 누산 점수가 다음의 벌점 또는 누산 점수에 도달한 때에는 그 운전면허를 취소

기간	벌점 또는 누산 점수
1년간	121점 이상
2년간	201점 이상
3년간	271점 이상

2 벌점, 처분벌점 초과로 인한 면허정지

운전면허정지 처분은 1회의 위반·사고로 인한 벌점 또는 처분 벌점이 40점 이상이 된 때부터 결정하여 집행하되, 원칙적으로 1점을 1일로 계산하여 집행한다.

03. 취소 처분 개별 기준

위반 사항	내용
교통사고를 일으키고 구호 조치를 하지 않은 때	교통사고로 사람을 죽게 하거나 다치게 하고, 구호조치를 하지 아니한 때
술에 취한 상태에서 운전한 때	• 술에 취한 상태의 기준(혈중알코올농도 0.03% 이상)을 넘어서 운전을 하다가 교통사고로 사람을 죽게 하거나 다치게 한 때 • 혈중알코올농도 0.08% 이상에서 운전한 때 • 술에 취한 상태의 기준을 넘어 운전하거나 술에 취한 상태의 측정에 불응한 사람이 다시 술에 취한 상태(혈중알코올농도 0.03% 이상)에서 운전한 때
술에 취한 상태의 측정에 불응한 때	술에 취한 상태에서 운전하거나 술에 취한 상태에서 운전하였다고 인정할 만한 상당한 이유가 있음에도 불구하고 경찰공무원의 측정 요구에 불응한 때

39 택시운전자격시험의 필기시험은 총점의 몇 할 이상을 합격자로 결정하는가?

① 총점의 6할 이상 ② 총점의 6.5할 이상
③ 총점의 7할 이상 ④ 총점의 7.5할 이상

해설 ①의 문항이 맞는 문항이다.

40 택시운전자격 필기시험 과목 중 면제(운송서비스와 지리) 받을 수 있는 대상자에 대한 설명이다. 아닌 자는?

① 택시운전자격을 취득한 자가 운전자격증명을 발급한 관할 구역 밖의 지역에서 택시운전 업무에 종사하려고 운전자격시험에 다시 응시하는 자
② 운전자격 시험일부터 계산하여 과거 4년 간 사업용 자동차를 3년 이상 무사고로 운전 한 자
③ 도로교통법에 따른 무사고 운전자 또는 유공운전자의 표시장을 받은 자
④ 택시운전자격증이 취소된 후 다시 자격증을 취득하려는 자

해설 ④의 해당자는 특례대상자가 될 수 없다.

41 택시운전자격시험에 합격한 사람은 합격자 발표일이나 수료일부터 몇 일 이내에 운전자격증 발급을 신청하여야 하는가?

① 10일 이내 ② 20일 이내
③ 30일 이내 ④ 40일 이내

해설 ③의 30일 이내에 사진 1장 첨부하여 신청해야 한다.
*특례(면제)를 받으려는 자는 응시원서에 이를 증명할 수 있는 서류를 첨부하여 신청해야한다.

42 택시운전자격증을 잃어버리거나 헐어 못쓰게 된 경우 재발급 신청을 할 기관으로 맞는 것은?

① 한국 도로교통공단 ② 한국 교통안전공단
③ 관할 경찰청 ④ 관할 경찰서

해설 ②의 한국 교통안전공단에 신청을 한다.

43 여객자동차의 운전업무에 종사하는 사람은 차 안에 승객이 쉽게 볼 수 있는 위치에 게시하여야 하는 것으로 맞는 것은?

① 운전자격 증명 ② 운전면허증
③ 주민등록증 ④ 사업자등록증

해설 ①의 문항이 맞는 문항이다.

44 여객자동차 운수종사자가 퇴직할 경우 운전자격증명을 반납해야하는데 어느 누구에게 반납하여야 하는가?

① 한국 도로교통공단 ② 한국 교통안전공단
③ 여객자동차운송 사업조합 ④ 운송 사업자

해설 ④의 운송사업자에게 반납을 하고 운송사업자는 지체 없이 해당 운전자격증명 발급 기관에 그 운전자격증명을 제출하여야 한다.

45 택시운전자격 취소 등 처분기준의 일반기준이다. 틀린 것은?

① 위반행위가 둘 이상인 경우 그에 해당하는 각각의 처분기준이 다른 경우에는 그 중 무거운 처분기준에 따른다.
② 위반행위가 둘 이상의 처분기준이 모두 자격정지인 경우에는 각 처분기준을 합산한 기준을 넘지 아니하는 범위에서 무거운 처분기준의 2분의 1 범위에서 가중할 수 있다.
③ ①·②의 경우 그 가중한 기간을 합산한 기간은 6개월을 초과할 수 없다.
④ 위반행위의 횟수에 따른 행정처분의 기준은 최근 6개월 간 같은 위반행위로 행정처분을 받은 경우에 적용한다.

해설 ④의 문항 중 "최근 6개월 간"은 틀리고 "최근 1년 간"이 옳은 문항이다.

46 택시운전자격의 취소 등의 처분기준에서 가중사유이다. 감경사유에 해당하는 것은?

① 위반의 행위가 고의나 중대한 과실이 아닌 사소한 부주의나 오류로 인한 것으로 인정되는 경우
② 위반행위가 사소한 부주의나 오류가 아닌 고의나 중대한 과실에 의한 것으로 인정되는 경우
③ 위반의 정도가 중대하여 이용객에게 미치는 피해가 크다고 인정되는 경우
④ 둘 이상의 처분기준이 모두 자격정지인 경우에는 각 처분기준을 합산한 기간을 넘지 아니하는 범위에서 무거운 처분기준의 2분의 1 범위에서 가중할 수 있다.

해설 ①의 문항은 감격사유에 해당되는 문항이다.

47 택시운전자격의 취소 등의 처분기준에서 감경사유이다. 가중사유에 해당하는 것은?

① 위반의 행위가 고의나 중대한 과실이 아닌 사소한 부주의나 오류로 인한 것으로 인정되는 경우
② 위반의 정도가 경미하여 이용객에게 미치는 피해가 적다고 인정되는 경우
③ 위반행위를 한 사람이 처음 해당 위반행위를 한 경우로서 최근 5년 이상 해당 여객자 동차 운송사업의 모범적인 운수종사자로 근무한 사실이 인정되는 경우
④ 위반행위가 중대하여 이용객에게 미치는 피해가 크다고 인정되는 경우

해설 ④의 문항은 가중사유의 하나이다. 외에 ⊙ 여객자동차운송사업에 대한 정부정책 상 필요하다고 인정되는 경우가 있다.

48 택시운전자격의 행정처분 개별기준에서 자격취소 기준에 해당하지 않는 처분은?

① 택시운전자격의 결격사유에 해당하게 된 경우
② 부정한 방법으로 택시운전자격을 취득한 경우
③ 운송수입금 전액을 내지 아니하여 과태료처분을 받은 사람이 그 과태료 처분을 받은 날부터 1년 이내에 같은 행위를 4번한 경우
④ 일반택시운송사업 또는 개인택시운송사업의 운전자격을 취득할 수 없는 경우에 해당하게 된 경우

해설 ③의 경우는 1차 또는 2차 위반의 경우 자격정지 각 50일에 해당하여 취소처분 기준이 아니다.

정답 39 ① 40 ④ 41 ③ 42 ② 43 ① 44 ④ 45 ④ 46 ① 47 ④ 48 ③

49 여객자동차운수사업법령상 운수종사자의 금지행위 위반으로 과태료 처분을 받은 사람이 1년 간 3번의 과태료 또는 자격정지처분을 받은 운전자의 처분기준으로 맞는 것은?

① 자격 정지 10일　　② 자격 정지 20일
③ 자격 취소　　　　 ④ 자격 정지 50일

[해설] ③의 자격 취소가 옳은 문항이다.

50 운송사업자의 운수종사자는 운송수입금 전액을 내지 아니하여 과태료 처분을 받은 사람이 그 과태료 처분을 받은 날부터 1년 이내에 같은 행위를 3번 한 운전자의 처분기준이다. 맞는 사람은?

① 1차 10일, 2차 20일　　② 1차 15일, 2차 20일
③ 1차 20일, 2차 20일　　④ 1차 20일, 2차 30일

[해설] ③의 문항이 옳은 문항이다.
[추가해설] 과태료 처분을 받은 날부터 1년 이내에 같은 행위를 4번 이상 한 경우의 처분기준은 "1차, 2차 공히 자격정지 50일"을 처분한다.

51 플랫폼운수종사자의 준수사항을 위반하여 과태료처분을 받은 운전자가 1년 이내에 같은 위반행위를 한 경우 택시운전자의 처분 기준으로 맞는 것은?

① 자격 정지 20일　　② 자격 정지 30일
③ 자격 정지 50일　　④ 자격 취소

[해설] ④의 자격취소가 맞는 문항이다.

52 여객자동차 운수사업법령상 교통사고로 인하여 2명 이상의 사망자가 발생한 경우 운수종사자의 자격정지기준으로 맞는 것은?

① 자격 정지 20일　　② 자격 정지 40일
③ 자격 정지 50일　　④ 자격 정지 60일

[해설] ④의 자격 정지 60일이 맞는 문항이다. 외에
㉠ 사망자 1명 및 중상자 3명 이상 : 자격정지 - 50일
㉡ 중상자 6명 이상 : 자격정지 - 40일

53 여객자동차 운수사업법령상 운수종사자의 자격정지 개별기준에 대한 설명이다. 틀린 것은?

① 택시운전 자격증을 타인에게 대여한 경우 : 자격 취소
② 개인택시 운송사업자가 불법으로 타인으로 하여금 대리운전을 하게 한 경우 : 자격정지 30일(1, 2차)
③ 정당한 사유 없이 교육과정을 마치지 않은 경우 : 자격정지 5일
④ 교통사고와 관련하여 거짓이나 그 밖의 부정한 방법으로 보험금을 청구하여 금고 이상의 형을 선고받고 그 형이 확정된 경우 : 자격정지 50일

[해설] ④의 "자격정지 50일"은 틀리고 "자격취소"가 옳은 문항임.
[추가해설] 외의 자격취소 위반사항은 아래와 같다.
㉠ 택시운전 자격정지의 처분 기간 중에 택시운송사업 또는 플랫폼 운송사업을 위한 운업업무에 종사한 경우
㉡ 도로교통법령 위반으로 사업용 자동차를 운전할 수 있는 운전면허가 취소된 경우

54 여객자동차 운수종사자의 교육에 대한 설명으로 맞지 않는 것은?

① 운수종사자 교육은 국토교통부령으로 정하는 바에 따라 운전업무를 끝내고 퇴근 전에 교육을 받아야 한다.
② 운송사업자는 운수종사자가 교육을 받는 데에 필요한 조치를 하여야 한다.
③ 운송사업자는 운수종사자 교육을 받지 아니한 운수종사자를 업무에 종사하게 하여서는 아니 된다.
④ 시·도지사는 운수종사자 교육을 효율적으로 실시하기 위하여 연수기관을 직접 설립하여 운영하거나 지정할 수 있으며 그 운영에 필요한 비용을 지원할 수 있다.

[해설] ①의 문항 중 "운전업무를 끝내고 퇴근 전에는"는 틀리고 "운전업무를 시작하기 전에"가 옳은 문항이다.

55 운수종사자에 대한 교육의 교육담당 기관 설명이다. 아닌 기관은?

① 운수종사자 연수기관　　② 한국 교통안전공단
③ 한국 도로 교통공단　　　④ 연합회 또는 조합

[해설] ③의 "한국 도로 교통공단"은 교육기관이 아니다.

56 운송사업자는 그의 운수종사자에 대한 교육의 시행 또는 일상의 교육 훈련업무를 위하여 종업원 중에서 교육훈련 담당자를 선임하여야 한다. 다만, 교육훈련 담당자를 선임하지 않아도 되는 운송사업자의 자동차 면허 대수는?

① 자동차 면허 대수가 20대 미만인 운송사업자의 경우
② 자동차 면허 대수가 25대 미만인 운송사업자의 경우
③ 자동차 면허 대수가 30대 미만인 운송사업자의 경우
④ 자동차 면허 대수가 35대 미만인 운송사업자의 경우

[해설] ①의 문항이 맞는 문항에 해당된다.

57 운수종사자의 교육 실시기관은 그 해의 교육결과를 시·도지사에게 보고와 다음 해의 교육 계획 수립의 일정이다. 맞는 계획 일정은?

① 교육계획 수립(매년 9월 말), 교육결과 통보(다음 해 9월 말)
② 교육계획 수립(매년 10월 말), 교육결과 통보(다음 해 10월 말)
③ 교육계획 수립(매년 11월 말), 교육결과 통보(다음 해 1월 말)
④ 교육계획 수립(매년 12월 말), 교육결과 통보(다음 해 2월 말)

[해설] ③의 문항 : 교육실시기관은 매년 11월 말까지 교육계획을 수립하고, 그 해의 교육 결과 통보는 다음 해 1월 말까지 시·도지사 및 조합에 통보하여야 한다.

58 여객자동차 운수업법령상 운수종사자에 대한 교육의 종류이다. 해당되지 아니한 교육은?

① 정기교육　　② 신규교육
③ 보수교육　　④ 수시교육

[해설] ①의 정기교육은 해당 없다.

정답 49 ③ 50 ③ 51 ④ 52 ④ 53 ④ 54 ① 55 ③ 56 ① 57 ③ 58 ①

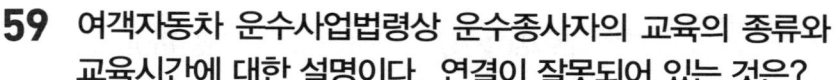

59 여객자동차 운수사업법령상 운수종사자의 교육의 종류와 교육시간에 대한 설명이다. 연결이 잘못되어 있는 것은?

① 신규교육 : 16시간(새로 채용한 후 운수종사자, 사업용자동차를 운전하다 퇴직 후 2년 내 재취업자는 제외)
② 보수교육 : 4시간(수시 : 법령위반 운수종사자)
③ 보수교육 : 4시간(매년 : 무사고·무벌점 기간이 5년 미만인 운수종사자)
④ 수시교육 : 4시간(국제행사 등에 대비한 서비스 및 교통안전증진 등을 위하여 국토교통부장관 또는 시·도지사가 교육을 받을 필요가 있다고 인정하는 운수종사자)

해설 ②의 "보수교육 4시간"은 틀리고 "보수교육 8시간"이 맞다. 외에 ① 보수교육 : 4시간(격년) – 무사고·무벌점 기간이 5년 이상 10년 미만인 운수종사자가 있다.

60 운수종사자의 교육 중 보수교육 대상자 선정을 위한 무사고·무벌점 기간 산정에 대한 설명이다. 맞는 것은?

① 전 년도 6월 말 기준 산정
② 전 년도 9월 말 기준 산정
③ 전 년도 10월 말 기준 산정
④ 해당 년도 12월 말 기준 산정

해설 ③의 전 년도 10월 말을 기준으로 산정한다.

61 법령위반 운수종사자(특별검사 대상이 된 자는 제외)에 대한 보수교육을 해당 운수종사자가 과태료, 과징금 또는 사업정지처분을 받은 날부터 몇 개월 이내에 실시하여야 하는가?

① 1개월 이내   ② 2개월 이내
③ 3개월 이내   ④ 4개월 이내

해설 ③의 3개월 이내에 실시하여야 한다.

62 여객자동차 운수사업의 면허·등록·증차 또는 대폐차(차령이 만료되거나 운행거리를 초과한 차량 등을 다른 차량으로 대체하는 것)에 충당되는 차량충당연한은 몇 년을 넘지 아니하는 자동차로 대체할 수 있는가?

① 2년을 넘지 아니하는 범위에서 차량충당연한 이내
② 3년을 넘지 아니하는 범위에서 차량충당연한 이내
③ 4년을 넘지 아니하는 범위에서 차량충당연한 이내
④ 5년을 넘지 아니하는 범위에서 차량충당연한 이내

해설 ②의 "3년을 넘지 아니하는 범위에서 차량충당연한 이내"가 맞는 문항이다.

63 여객자동차 운수사업에서 대통령령으로 정하는 차량충당연한에 대한 설명이다. 맞지 않는 것은?

① 차량충당연한 : 승용 자동차는 1년이다
② 차량충당연한 : 승합 자동차는 2년이다
③ 제작연도에 등록된 자동차의 기산일 : 최초의 신규등록일
④ 제작연도에 등록되지 아니한 자동차의 기산일 : 제작연도의 말일

해설 ②의 문항 "승합 자동차는 2년이다"는 틀리고 "승합 자동차는 3년이다"가 맞는 문항이다.

64 다음 중 사업용 택시의 차령이 올바르게 연결되지 아니한 것은?

① 개인택시 배기량 2,400cc 미만 : 4년
② 일반택시 배기량 2,400cc 이상 : 6년
③ 개인택시 배기량 2,400cc 이상 : 9년
④ 일반택시(환경친화적자동차) : 6년

해설 ①의 문항 "개인택시 2,400시시 미만 택시의 차령은 7년"이 맞는다.

65 여객자동차 운송사업용에서 일반택시 차령 기준의 설명이다. 맞지 아니한 것은?

① 경형·소형 : 3년 5개월
② 배기량 2,400시시 미만 : 4년
③ 배기량 2,400시시 이상 : 6년
④ 환경친화적 자동차 : 6년

해설 ①의 경형·소형 : 3년 6개월이 옳은 문항이다.
[참고] 개인택시 차령기준은 다음과 같다.
㉠ 경형·소형 : 5년 ㉡ 배기량 2,400시시 미만 : 7년
㉢ 배기량 2,400시시 이상과 환경친화적 자동차 : 9년

66 자동차 대여사업용과 특수여객자동차 운송사업용 차령기준이다. 틀리게 나열되어 있는 것은?

① 대여사업용의 경형·소형·중형의 차령 : 5년
② 대여사업용의 대형 : 10년
③ 특수여객자동차 운송사업용의 경형·소형·중형의 차령 : 6년
④ 특수여객자동차 운송사업용의 대형 : 10년

해설 ②의 대여사업용의 대형 차령 : 8년이 맞은 문항이다.

67 플랫폼운송사업용 일반택시의 차령에 대한 설명이다. 아닌 것은?

① 배기량 2,400시시 미만 : 4년
② 배기량 2,400시시 : 6년
③ 환경친화적 자동차 : 6년
④ 개인택시(경형·소형) : 5년

해설 ④의 문항은 본 문제와는 해당 없는 문항이다.

68 국토교통부장관 시·도지사는 여객자동차 운수사업자에게 사업정지처분을 하여야할 경우에 그 사업정지처분이 그 여객자동차 운수사업을 이용하는 사람들에게 심한 불편을 주거나 공익을 해칠 우려가 있는 때에는 그 사업정지처분을 갈음하여 과징금을 부과할 수 있는데 그 금액으로 맞는 것은?

① 2천만 원을 초과할 수 없다.
② 3천만 원을 초과할 수 없다
③ 4천만 원을 초과할 수 없다
④ 5천만 원을 초과할 수 없다

해설 ④의 가중하는 경우에도 과징금의 총액은 5천만 원을 초과할 수 없다가 옳은 문항이다.

69 여객자동차 운송사업에서 일반 또는 개인택시가 면허·허가를 받거나 등록한 업종의 범위를 벗어나 사업을 한 경우 1차 과징금의 액수로 맞는 것은?

① 90만 원　　② 100만 원
③ 150만 원　　④ 180만 원

해설 ④의 문항이 맞다. ㉠ 2차 : 360만 원 ㉡ 3차 : 540만 원

70 여객자동차 운송사업자가 면허를 받은 사업구역 외의 행정구역에서 사업을 한 경우 1차 과징금의 액수로 맞는 것은?

① 20만 원　　② 30만 원
③ 40만 원　　④ 50만 원

해설 ③의 문항이 맞다. ㉠ 2차 : 80만 원 ㉡ 3차 : 160만 원
[추가 1] 운임 및 요금에 대한 신고 또는 변경신고를 하지 않고 운송을 개시한 경우의 과징금 액수도 동일하다.
[추가 2] 택시운송사업자가 미터기를 부착하지 않거나 사용하지 않고 여객을 운송한 경우(구간 운임제 시행지역은 제외)의 과징금 액수도 동일하다.

71 여객자동차 운송사업자가 면허·허가를 받거나 등록한 차고를 이용하지 않고 차고지가 아닌 곳에서 밤샘 주차를 한 경우 1~2차 과징금의 액수는?

① 1차 5만 원, 2차 10만 원　② 1차 10만 원, 2차 15만 원
③ 1차 6만 원, 2차 12만 원　④ 1차 7만 원, 2차 15만 원

해설 ②의 문항이 맞는 문항이다.

72 개인택시 운전자가 신고를 하지 않거나 거짓으로 신고를 하고 대리운전을 하게 한 때의 1차 과징금에 해당하는 것은?

① 100만 원　　② 110만 원
③ 120만 원　　④ 130만 원

해설 ③의 문항이 맞다. 2차 과징금은 240만 원이다.

73 여객자동차운수사업에 사용되는 자동차의 차령 또는 운행거리를 초과하여 운행한 경우의 2차 과징금의 액수로 맞는 것은?

① 120만 원　　② 180만 원
③ 360만 원　　④ 540만 원

해설 ③의 문항이 맞다. ㉠ 1차 과징금 : 180만 원이다.

74 여객자동차운수사업자는 사용되는 자동차의 바깥쪽에 표시하여야 하는데 1년에 3회 이상 표시를 하지 않는 경우의 과징금에 해당하는 액수는?

① 10만 원　　② 15만 원
③ 20만 원　　④ 25만 원

해설 ①의 문항 10만 원이 맞다.
[추가] 택시운송사업자가 차내에 운전자 자격증명을 항상 게시하지 않는 경우의 과징금도 10 만원이다.

75 여객자동차 운송사업자가 자동차 안에 게시해야 할 사항을 게시하지 않는 경우 1차 과징금의 액수는?

① 10만 원　　② 20만 원
③ 30만 원　　④ 40만 원

해설 ②의 문항이 맞다. ㉠ 2차 과징금 : 40만 원이다.
[추가 1] 정류소에서 주차 또는 정차 질서를 문란하게 한 경우의 과징금도 동일하다.
[추가 2] 차량정비, 운전자의 과로 방지 및 정기적인 차량 운행 금지 등 안전수송을 위한 명령을 위반하여 운행한 경우의 과징금도 동일하다.

76 여객자동차 운송사업자가 운수종사자의 자격요건을 갖추지 않는 사람을 운전업무에 종사하게 한 경우의 1차 과징금의 액수는?

① 360만 원　　② 370만 원
③ 380만 원　　④ 390만 원

해설 ①의 문항이 맞다. ㉠ 2차 과징금 : 720만 원이다.

77 여객자동차 운송사업자가 운수종사자의 교육에 필요한 조치를 하지 아니한 경우의 1차 과징금의 액수는?

① 20만 원　　② 30만 원
③ 40만 원　　④ 50만 원

해설 ②의 문항이 맞다. ㉠ 2차 : 60만 원 ㉡ 3차 : 90만 원

78 여객자동차 운송사업자가 속도제한장치 또는 운행기록계가 장착된 운송사업용 자동차를 해당 장치 또는 기기가 정상적으로 작동되지 않은 상태에서 운행한 경우 1차 과징금의 액수인 것은?

① 60만 원　　② 70만 원
③ 80만 원　　④ 90만 원

해설 ①의 문항이 맞다. ㉠ 2차 : 120만 원 ㉡ 3차 : 180만 원
[추가] 차실에 냉방·난방 장치를 설치하여야 할 자동차에 이를 설치하지 않고 여객을 운송한 경우의 과징금 액도 동일하다.

79 과태료를 부과권자가 과태료 금액의 2분의 1의 범위에서 그 금액을 줄일 수 있는 요인이 다. 다른 것은?

① 위반행위가 질서위반행위 규제법(국민기초생활수급자 외 4개항)의 대상자.
② 위반행위가 사소한 부주의나 오류로 인한 것으로 인정되는 경우.
③ 위반행위가 법 위반 상태를 시정하거나 해소하기 위하여 노력한 것으로 인정되는 경우
④ 최근 1년 간 같은 위반행위로 과태료 부과 처분을 3회를 초과하여 받은 경우

해설 ④의 문항은 과태료 금액의 2분의 1의 범위에서 늘릴 수 있는 사항에 해당된다.

80 과태료 부과권자가 과태료 금액의 2분의 1의 범위에서 늘릴 수 있는 요인이다. 다른 요인은?

① 위반의 내용이나 정도가 중대하여 이용객 등에게 미치는 피해가 크다고 인정되는 경우
② 최근 1년 간 같은 위반행위로 과태료 부과 처분을 3회를 초과하여 받은 경우
③ 그 밖의 행위정도, 위반행위의 동기와 그 결과 등을 고려하여 늘릴 필요가 있다고 인정되는 경우
④ 위반행위가 사소한 부주의나 오류로 인한 것으로 인정되는 경우.

해설 ④의 문항은 과태료 금액의 2분의 1의 범위에서 줄일 수 있는 사항에 해당된다.

정답 69 ④　70 ③　71 ②　72 ③　73 ③　74 ①　75 ②　76 ①　77 ②　78 ①　79 ④　80 ④

81 운송사업자가 사업용 자동차 사고발생 시 조치를 하지 않는 경우 1회 위반 과태료 액수로 맞는 것은?

① 50만 원 ② 60만 원
③ 70만 원 ④ 80만 원

해설 ①의 문항이 맞다. ㉠ 2회 : 75만 원 ㉡ 3회 : 100만 원
[추가] 운송종사자 취업 현황을 알리지 않거나 거짓으로 알린 경우와 정당한 사유 없이 검사 또는 질문에 불응하거나 이를 방해 또는 기피한 경우는 과태료가 동일하다.

82 중대한 교통사고 발생에 따른 보고를 하지 않거나 거짓으로 보고를 한 경우 1회 위반 과태료의 액수는?

① 10만 원 ② 20만 원
③ 30만 원 ④ 40만 원

해설 ②의 문항이 맞다. ㉠ 2회 : 30만 원 ㉡ 3회 : 50만 원
[추가] 좌석안전띠가 정상적으로 작동될 수 있는 상태를 유지하지 않는 경우와 좌석안전띠 착용에 관한 교육을 실시하지 않는 경우 또는 교통 안전 정보의 제공을 거부하거나 거짓으로 정보를 제공한 경우를 위반한 때도 과태료는 동일하다.

83 여객자동차 운수종사자가 정당한 사유 없이 여객을 중도에서 내리게 하는 경우 1회 위반 시 과태료로 맞는 것은?

① 5만 원 ② 10만 원
③ 15만 원 ④ 20만 원

해설 1회 ~ 3회까지 모두 각각 20만 원으로 ④의 문항이 맞다.
외에 ㉠ ~ ㉣까지의 위반사항도 과태료는 동일하다.
㉠ 부당한 운임 또는 요금을 받거나 요구하는 행위
㉡ 일정한 장소에 오랜 시간 정차하거나 배회하면서 여객을 유치하는 행위
㉢ 여객의 요구에도 불구하고 영수증 발급 또는 신용카드 결제에 응하지 않는 경우
㉣ 문을 완전히 닫지 않는 상태 또는 여객이 승차하기 전에 자동차를 출발시키는 경우

84 여객자동차 사업용 자동차의 표시를 하지 않았을 때의 과태료 1회 액수로 맞는 것은?

① 5만 원 ② 10만 원
③ 15만 원 ④ 20만 원

해설 ②의 문항이 맞다. ㉠ 2회 : 15만 원 ㉡ 3회 : 20만 원

85 여객자동차 안에서 흡연하는 경우의 1회 위반 시 과태료는?

① 5만 원 ② 10만 원
③ 15만 원 ④ 20만 원

해설 ②의 문항이 맞다. ㉠ 2회 : 10만 원 ㉡ 3회 : 10만 원 부과

86 여객자동차 운수종사자가 차량의 출발 전에 여객이 좌석안전띠를 착용하도록 안내하지 않는 경우 1회 과태료에 맞는 것은?

① 3만 원 ② 5만 원
③ 7만 원 ④ 10만 원

해설 ①의 문항이 맞다. ㉠ 2회 : 5만 원 ㉡ 3회 : 10만 원을 부과

87 택시운송사업의 발전에 관한 법률의 목적으로 옳지 않은 것은?

① 택시운송사업의 건전한 발전을 도모
② 택시운수종사자의 복지 증진
③ 여객자동차운수사업의 종합적인 발달을 통해 공공복리 증진
④ 국민의 교통편의 제고에 이바지

해설 ③의 문항은 여객자동차운수사업의 목적으로 다르다.

88 택시운송사업의 발전법령의 용어 정의이다. 틀린 문항은?

① 일반택시 운송사업 : 운행계통을 정하지 아니하고 국토교통부령으로 정하는 사업구역에서 1개의 운송 계약에 따라 자동차를 사용하여 여객을 운송하는 사업
② 개인택시운송사업 : 운행계통을 정하지 아니하고 국토교통부령으로 정하는 사업구역에서 1개의 운송 계약에 따라 자동차 1대를 사업자가 직접 운전(사업자의 질병 등 국토교통부령으로 정하여 있는 경우는 제외)하여 여객을 운송하는 사업.
③ 택시공영차고지 : 택시운송사업에 사용되는 차고지로서 특별시장·광역시장·특별자치시장·도지사·특별자치 도지사(이하 시·도지사) 또는 시장·군수·구청장(자치구청장)이 실시한 것
④ 택시공공차고지 : 택시사업에 제공되는 차고지로서 3인 이상의 일반택시사업자가 공동으로 설치 또는 임차하거나 여객운수사업법에 따른 조합 또는 같은 법에 따른 연합회가 설치 또는 임차한 차고지를 말한다.

해설 ④의 문항 중 "3인 이상의"는 틀리고 "2인 이상의"가 옳은 문항이다.
㉠ 택시공영차고지 설치권자 : 특별시장·광역시장·특별자치시장·특별자치도지사(도지사)·시장·군수·구청장
㉡ 택시공동차고지 설치권자 : 2인 이상의 일반택시사업자가 공동으로 설치 또는 임차. 여객자동차 운수사업법에 따른 조합 또는 연합회

89 택시 운송사업의 발전에 관한 법률에 의거하여 택시 운송사업에 관한 중요 정책을 심의하기 위해 설치한 기관의 명칭에 해당되는 기관은?

① 여객 자동차 운수사업법의 조합
② 택시 발전법에 의한 택시발전위원회
③ 국토교통부령에 의한 택시정책심의위원회
④ 여객자동차운수사업법에 의한 연합회

해설 ③의 국토교통부장관 소속으로 위원장 1명을 포함한 10명 이내의 위원으로 구성하고 있으며 위원의 임기는 2년으로 규정하고 있다.

90 택시정책심의위원회의 심의사항이다. 심의사항으로 틀린 것은?

① 택시운수종사자의 근로 여건 개선에 관한 중요사항
② 사업구역별 택시 총량 및 사업구역 조정 정책에 관한 사항
③ 택시운송사업의 면허 제도에 관한 사항
④ 택시근로자에 대한 보조금 할당 여부에 관한 사항

해설 ④의 "근로자에 대한 보조금 할당"은 해당 없고 "시·도는 택시발전을 위하여 택시운송 사업자 또는 택시운수종사자 단체에 조례로 정하는 바에 따라 필요한 자금의 전부 또는 일부를 보조 또는 융자할 수 있다"가 옳은 문항이다.
㉠ 택시운송사업의 서비스 향상에 관한 중요사항이 있다.

정답 81 ① 82 ② 83 ④ 84 ② 85 ② 86 ① 87 ③ 88 ④ 89 ③ 90 ④

91 택시심의위원회 임원의 위촉자격과 임기이다. 틀린 문항은?

① 택시운송사업에 5년 이상 종사한 사람
② 교통 관련 업무에 공무원으로 2년 이상 근무한 경력이 있는 사람
③ 택시운송관련사업 분야에 관한 학식과 경험이 풍부한 사람
④ 위원의 임기는 3년이다.

[해설] ④의 "임기는 3년이다"는 틀리고, 임기는 2년이 맞다
㉠ 심의위원회 구성 : 위원장 1명을 포함한 10명 이내의 위원으로 구성하고 있다.

92 택시운송사업 발전 기본계획 수립기간이다. 맞는 것은?

① 2년 마다 수립한다   ② 3년 마다 수립한다
③ 4년 마다 수립한다   ④ 5년 마다 수립한다

[해설] ④의 국토교통부장관의 중앙행정기관의 장 및 시·도지사의 의견을 들어 5년 단위의 기본계획을 수립하여야 한다가 맞는 문항이다.

93 택시발전기본계획에 포함될 사항에 대한 설명이다. 틀린 것은?

① 택시운송사업 정책의 기본방향과 여건 및 전망에 관한 사항
② 택시운송사업면허 제도의 개선 및 경쟁력 향상에 관한 사항
③ 택시운송사업의 근로 여건 개선에 관한 사항
④ 택시운송사업의 구조 조정 등 수급 조절에 관한 사항

[해설] ③의 "택시운송사업의"는 틀리고 "택시운수종사자의"가 옳은 문항이다. 외에
㉠ 택시운송사업의 관리 역량 강화 또는 서비스 개선 및 안전성 확보에 관한 사항이 있다.
*대통령령이 정하는 기본계획 사항(영 제5조 제2항)
㉠ 자동차(택시)수급 실태 및 이용 수요의 특성
㉡ 차고지 및 택시 승차대 등 택시 관련 시설의 개선계획
㉢ 기본계획의 연차별 집행계획과 운송사업 재정지원 사항
㉣ 운송사업의 실태 점검과 지도 단속에 관한 사항
㉤ 운송사업 관련 연구 개발을 위한 전문기구 설치 사항

94 국가는 택시운송사업자와 택시운수종사자 단체에 보조금을 지원할 수 있는데 보조금 사용 규칙이다. 잘못된 것은?

① 보조금을 받은 택시 운송사업자는 그 자금을 보조받은 목적 외의 용도로 사용하지 못한다.
② 국토교통부장관 또는 시·도지사는 보조를 받은 택시운송사업자 등이 그 자금을 적정하게 사용하도록 감독하여야 한다.
③ 택시사업자 등이 거짓이나 그 밖의 부정한 방법으로 보조금을 교부받거나 목적 외의 용도로 사용한 경우 택시운송사업자 등에게 보조금의 반환을 명하여야 한다.
④ 국토교통부장관은 택시 운송사업자 등이 보조금 반환 명령을 받고도 반환하지 아니한 경우 지방세 체납처분의 예에 따라 이를 징수하여야 한다.

[해설] ④의 문항 중 "지방세 체납 처분의 예에는"는 틀리고 "국세 또는 지방세 체납처분 예에서"가 맞는 문항이다.

95 여객자동차사업법에도 불구하고 신규 택시운송사업 면허의 제한 사항이다. 제한 사업구역에 해당하지 않는 구역은?

① 사업구역별 택시 총량을 산정하지 아니한 사업구역
② 국토교통부장관이 사업구역별 택시 총량의 재 산정을 요구한 사업구역
③ 고시된 사업구역별 택시 총량보다 해당 사업구역 내의 택시의 대수가 많은 구역
④ 해당 사업구역이 연도별 감차 규모를 초과하여 감차 실적을 달성한 사업구역

[해설] ④의 경우는, 그 초과분의 범위에서 관할 지방자치단체의 조례로 정하는 바에 따라 신규 택시운송사업 면허를 받을 수 있다.

96 택시운송사업자는 운송비용을 운수종사자에게 전가 금지한다는 사항이다. 해당 없는 항목은?

① 식사비   ② 유류비
③ 세차비   ④ 택시 구입비

[해설] ①의 운전자의 식사비이다.
㉠ 택시 구입비 : 신규 차량을 운수종사자에게 배차하면서 추가 징수하는 비용 포함.
㉡ 차량 내부에 붙이는 장비의 설치비 및 운영비
㉢ 사고 시 차량수리비, 보험료 증가분
*해당 사고가 음주 또는 운전자의 고의·중과실인 경우는 제외

97 시·도지사 등은 택시운송사업자의 운영방법(소속 택시운수종사자가 아닌 운전자에게 택시 제공 등)을 준수하고 있는 지 조사하고 그 결과와 조치사항을 국토교통부 장관에게 보고 해야 한다. 그 조사 횟수와 결과 보고는?

① 1년에 1회 이상 조사 후 결과 보고
② 1년에 2회 이상 조사 후 결과 보고
③ 2년에 1회 이상 조사 후 결과 보고
④ 2년에 2회 이상 조사 후 결과 보고

[해설] ②의 문항이 옳은 문항이다.

98 택시 운행정보관리에 관한 내용이다. 옳지 않은 문항은?

① 국토교통부장관 또는 시·도지사는 택시 정책을 효율적으로 수행하기 위하여 운행기록 장치와 택시 요금미터를 활용하여 정보를 수집·관리하는 택시운행 정보관리시스템을 구축·운영할 수 있다.
② 국토교통부장관 또는 시·도지사는 택시운행정보관리시스템을 구축·운영하기 위한 정보를 수집·이용할 수 없다.
③ 택시운행정보관리시스템으로 처리된 전산 자료는 교통사고 예방 등 공공의 목적을 위하여 공동 이용할 수 있다.
④ 국토교통부장관 또는 시·도지사는 택시운행정보관리시스템으로 처리된 전체 자료를 택시운송사업자, 여객자동차 운수사업자 조합 및 연합회와 공동 이용할 수 있다.

[해설] ②의 문항 중 "수집·이용할 수 없다"는 틀리고 "수집·이용할 수 있다"가 옳은 문항이다.

99 국토교통부장관 또는 시·도지사가 운행기록장치를 활용하여 수집할 수 있는 정보이다. 해당되지 않는 것은?

① 주행 거리   ② 자동차의 속도
③ 위치 정보   ④ 영업 거리

[해설] ④의 "영업 거리"는 택시요금미터에 기록된 내용이다. 외에 ㉠ 분당 회전 수 ㉡ 브레이크 신호 ㉢ 가속도가 있다.

100 국토교통부장관 또는 시·도지사가 택시요금미터를 활용하여 수집할 수 있는 정보이다. 해당되지 않는 것은?

① 승차 일시   ② 승차 거리
③ 영업 거리   ④ 위치 정보

[해설] ④의 "위치 정보"는 운행기록장치에 기록된 정보에 해당하고, 외에 ㉠ 요금 정보가 있다.

정답 91 ④ 92 ④ 93 ③ 94 ④ 95 ④ 96 ① 97 ② 98 ② 99 ④ 100 ④

101 택시운수종사자의 복지기금 용도의 설명이다. 틀린 것은?
① 택시운수종사자의 건강검진 등 건강관리 서비스 지원과 복지향상을 위하여 필요한 사업
② 택시운수종사자의 자녀에 대한 장학사업
③ 기금의 관리·운용에 필요한 경비
④ 시장·군수 등은 기금이 적정하게 사용될 수 있도록 감독하여야 한다.
해설 ④의 문항 중 "시장·군수 등은"은 틀리고, "국토부장관 또는 시·도지사는"이 옳은 문항이다.

102 택시운수종사자의 준수사항이다. 해당되지 않는 것은?
① 정당한 사유 없이 여객의 승차를 거부하거나 여객을 중도에서 내리게 하는 행위
② 부당한 운임 또는 요금을 받는 행위 또는 여객을 합승하도록 하는 행위
③ 여객의 요구에도 불구하고 영수증 발급 또는 신용카드 결제에 응하지 않는 행위(영수증 발급기와 신용카드 결제기가 설치되어 있는 경우에 한정)
④ 합승을 신청한 여객의 본인 여부를 확인하고 합승을 중개하는 기능
해설 ④의 문항은 여객의 합승행위가 허용되는 운송플랫폼의 기준에 해당되어 위반이 아니다

103 여객의 합승행위가 허용되는 운송플랫폼의 기준(여객의 안전 보호조치 이행 기준을 충족 한 경우)이다. 맞지 않는 것은?
① 합승을 신청한 여객의 본인 여부를 확인하고 합승을 중개하는 기능
② 탑승하는 시점·위치 및 탑승 가능한 좌석 정보를 탑승 전에 여객에게 알리는 기능
③ 이성(異性)간의 합승만을 중개하는 기능(택시의 경형·소형·중형만 해당)
④ 자동차 안에서 불쾌감을 유발하는 신체 접촉 등 여객의 신변 안전에 위해를 미칠 수 있는 위험상황 발생 시 그 사실을 고객센터 또는 경찰에 신고하는 방법을 탑승 전에 알리는 기능
해설 ③의 문항 중 "이성(異性)간의"는 틀리고 "동성(同性)간의"가 맞는 문항이다.

104 택시운수종사자가 정당한 사유 없이 여객의 승차를 거부하거나 여객을 중도에서 내리게 하는 행위와 부당한 운임 또는 요금을 받아 위반을 하였을 때의 처분기준이다. 해당 없는 것은?
① 1차 위반 : 경고 처분
② 2차 위반 : 자격 정지 20일
③ 2차 위반 : 자격 정지 30일
④ 3차 위반 : 자격 취소
해설 ②의 문항은 해당 없고 틀린 문항이다.

105 택시운수종사자가 여객을 합승하도록 하는 행위와 여객의 요구에도 불구하고 영수증 발급 또는 신용카드 결제에 응하지 않는 행위를 위반하였을 때의 처분기준이다. 해당 없는 것은?
① 1차 위반 : 경고 처분
② 2차 위반 : 자격 정지 10일
③ 2차 위반 : 자격 정지 20일
④ 3차 위반 : 자격 정지 30일
해설 ③의 문항은 해당 없고 틀린 문항이다.

106 택시운송 사업자가 전가금지 조항에 해당하는 비용을 운송비용으로 택시운수종사자에게 전가시킨 경우 과태료부과 기준이다. 맞지 아니한 과태료 처분은?
① 1회 위반 : 500만 원
② 2회 위반 : 1,000만 원
③ 2회 위반 : 1,500만 원
④ 3회 위반 이상 : 1,000만 원
해설 ③의 문항은 해당 없고 틀린 문항이다.

107 택시운송사업자가 보조금의 사용 내역 등에 관한 보고를 하지 않거나 거짓으로 한 경우의 과태료 처분기준으로 아닌 것은?
① 1회 위반 : 25만 원
② 2회 위반 : 40만 원
③ 2회 위반 : 50만 원
④ 3회 위반 이상 : 50만 원
해설 ②의 문항은 해당 없고 틀린 문항이다.

108 운송사업자가 보조금의 사용내역 등에 관한 서류 제출을 하지 않거나 거짓 서류를 제출한 경우에 과태료 처분기준이다. 해당 없는 문항은?
① 1회 위반 : 50만 원
② 2회 위반 : 75만 원
③ 2회 위반 : 85만 원
④ 3회 위반 : 100만 원
해설 ③의 문항은 해당 없고 틀린 문항이다.
[추가] 택시운송사업자 등의 장부·서류 그 밖의 물건에 관한 검사를 정당한 사유 없이 거부·방해 또는 기피한 경우의 과태료의 기준도 동일하다.

제2장 도로교통법령

109 도로교통법의 목적으로 타당하지 않는 문항은?
① 도로에서 일어나는 교통상의 위험과 장애의 제거를 방지
② 도로에서 일어나는 교통상의 위험과 장애를 제거한다
③ 도로에서 안전하고 원활한 교통을 확보한다
④ 자동차의 교통위반 단속과 운전자의 처벌을 위해서
해설 ④의 문항은 타당하지 않는 문항이다.

110 도로교통법상의 도로에 대한 설명이다. 해당되지 않는 것은?
① 도로법에 따른 도로 : 일반 또는 고속도로
② 유료도로법에 따른 유료도로 : 통과요금을 받는 도로
③ 불특정 다수의 차 또는 사람 등이 통행할 수 없는 장소
④ 농어촌도로 정비법에 따른 농어촌 도로 : 면도, 이도, 농도
해설 ③의 문항 불특정 다수의 차 또는 사람 등이 통행할 수 없는 장소(학교운동장, 유료주차장 내, 해수욕장의 모래밭 길)등은 도로에 해당되지 않는다.

정답 101 ④ 102 ④ 103 ④ 104 ② 105 ③ 106 ③ 107 ② 108 ③ 109 ④ 110 ③

111 도로교통법상의 용어의 설명으로 맞지 않는 문항은?

① 자동차 전용도로 : 자동차만 다닐 수 있도록 설치된 도로
② 고속도로 : 자동차의 고속 운행에만 사용하기 위하여 지정된 도로
③ 차로 : 차마가 한 줄로 도로의 정하여진 부분을 통행하도록 차선으로 구분한 차도의 부분
④ 연석선 : 차로와 차로를 구분하는 돌 등으로 이어진 선

해설 ④의 문항 연석선은 "차도 : 연석선(차도와 보도를 구분하는 돌 등으로 이어진 선), 안전표지 또는 그와 비슷한 인공구조물을 이용하여 경계를 표시하여 모든 차가 통행할 수 있도록 설치된 도로의 부분이다.

112 차마의 통행 방향을 명확하게 구분하기 위하여 도로에 황색 실선이나 황색 점선 등의 안전표지로 표시한 선의 용어에 해당되는 것은?

① 중앙선   ② 교차로
③ 안전표지   ④ 자전거 횡단도

해설 ①의 문항 "중앙선"이 옳은 문항이다.
㉠ 교차로 : 십자로, T자로나 그 밖에 둘 이상의 도로(보도와 차도가 구분되어있는 도로에서는 차도)가 교차하는 부분을 말한다.
㉡ 자전거 횡단도 : 자전거가 일반도로를 횡단할 수 있도록 안전표지로 표시한 도로의 부분을 말한다.

113 연석선, 안전표지나 그와 비슷한 인공 구조물로 경계를 표시하여 보행자(유모차·보행보조용 의자차 등을 포함)가 통행할 수 있도록 한 도로부분의 명칭은?

① 차로   ② 안전지대
③ 보도   ④ 회전교차로

해설 ③의 보도가 옳은 문항이다.
㉠ 안전지대 : 도로를 횡단하는 보행자나 통행하는 차마의 안전을 위하여 안전표지나 이와 비슷한 인공구조물로 표시한 도로의 부분이다.
㉡ 회전교차로 : 차마가 원형의 교통섬을 중심으로 반시계 방향으로 통행하도록 한 원형의 도로를 말한다.

114 보도와 차도가 구분되지 아니한 도로에서 보행자의 안전을 확보하기 위하여 안전표지 등으로 경계를 표시한 도로의 가장자리 부분의 용어의 정의로 맞는 것은?

① 길 가장자리 구역   ② 자전거 도로
③ 횡단 보도   ④ 노면전차 전용로

해설 ①의 길 가장자리 구역이 맞다.
㉠ 횡단보도 : 보행자가 도로를 횡단할 수 있도록 안전표지로 표시한 도로의 부분
㉡ 자전거도로 : 안전표지, 위험 방지용 울타리나 그와 비슷한 인공구조물로 경계를 표시하여 자전거 및 개인형 이동 장치가 통행할 수 있도록 설치된 도로를 말하며, 이에 자전거 전용도로, 자전거 보행자 겸용도로, 자전거 전용차로, 자전거 우선도로가 있다.

115 교통안전에 필요한 주의·규제·지시 등을 표시하는 표지판이나 도로의 바닥에 표시하는 기호·문자 또는 선 등의 의미를 나타내는 의미의 용어인 것은?

① 신호기   ② 안전표지
③ 교통신호기   ④ 교통안전시설

해설 ②의 안전표지가 맞다.
㉠ 교통안전표지 : 주의, 규제, 지시, 보조, 노면 표지가 있다.
㉡ 신호기 : 문자·기호 또는 등화를 사용하여 진행·정지·방향전환·주의 등의 신호를 표시하기 위하여 사람이나 전기의 힘으로 조작하는 장치를 말한다.

116 도로교통법에서 규정하는 "차"에 대한 설명이다. 차가 아닌 것은?

① 자동차(건설기계 포함)
② 원동기장치자전거
③ 철길이나 가설된 선을 이용하여 운전되는 것
④ 자전거, 사람 또는 가축의 힘, 그 밖의 동력으로 운전되는 것

해설 ③의 "기차"와 유모차, 보행보조용 의자차, 노약자용 보행기, 실외이동로봇은 차에 해당되지 않는다.

117 원동기장치자전거의 배기량과 최고정격출력으로 맞는 것은?

① 배기량 125시시 이하와 최고정격출력 11킬로와트 이하
② 배기량 124시시 이하와 최고정격출력 10킬로와트 이하
③ 배기량 123시시 이하와 최고정격출력 11킬로와트 이하
④ 배기량 122시시 이하와 최고정격출력 10킬로와트 이하

해설 ①의 문항이 맞다. 전기를 동력으로 하는 경우 최고정격출력도 11킬로와트 이하가 맞다.

118 도로교통법상 긴급자동차의 설명이다. 해당 없는 것은?

① 생명이 위급한 환자나 부상자 또는 수혈을 하기 위하여 혈액을 운송 중인 자동차
② 경찰관서의 자동차로 일반 업무를 수행하고자 운행하는 자동차
③ 경찰용 긴급자동차에 의하여 유도되고 있는 자동차
④ 시·도 경찰청장으로부터 지정을 받고 긴급한 우편물을 운송하고 있는 자동차

해설 ②의 운행하는 자동차는 긴급자동차에 해당 없다.
❶ 긴급자동차 : 다음 항목의 자동차로서 그 본래의 긴급한 용도로 사용되고 있는 ㉠ 소방차, ㉡ 구급차, ㉢ 혈액공급차량 그 밖에 대통령령으로 정하는 자동차가 있다.
❷ 도로교통법 시행령 제2조 긴급자동차 ; 경찰용자동차 중 범죄수사, 교통단속, 군 내 부의 질서유지나 이동을 유도하는데 사용되는 자동차, 교도소, 소년교도소 또는 구치소의 호송 경비를 위하여 사용되는 자동차 등이 있다.
❸ 사용자의 신청에 시·도 경찰청장이 지정하는 긴급자동차 : 전기사업, 가스사업, 민방위 업무 수행 긴급출동 자동차, 도로관리응급작업 자동차, 전신·전화의 응급작업 자동차, 전파감시업무에 사용되는 자동차 등이 있다.

119 어린이통학버스의 신고 요건 중 교육대상으로 하는 어린이의 연령 기준이다. 맞는 것은?

① 10세 미만의 사람
② 12세 미만의 사람
③ 13세 미만의 사람
④ 14세 미만의 사람

해설 ③의 문항 13세 미만의 사람이 맞다.
㉠ 어린이통학버스로 신고할 수 있는 자동차는 승차정원 9인승 이상 승용·승합 자동차이다.

정답 111 ④ 112 ① 113 ③ 114 ① 115 ② 116 ③ 117 ① 118 ② 119 ③

120 도로교통법상 용어의 정의에 대한 설명이다. 잘못된 것은?

① 주차 : 운전자가 승객을 기다리거나 화물을 싣거나 차가 고장나거나 그 밖의 사유로 차를 계속 정지 상태에 두는 것과 운전자가 차에서 떠나서 즉시 그 차를 운전할 수 없는 상태에 두는 것
② 정차 : 운전자가 10분을 초과하지 아니하고 차를 정지시키는 것으로서 주차 외의 정지 상태이다.
③ 서행 : 운전자가 차 또는 노면전차를 즉시 정지시킬 수 있는 정도의 느린 속도로 진행하는 것
④ 일시정지 : 차 또는 노면전차의 운전자가 그 차 또는 노면전차의 바퀴를 일시적으로 완전히 정지시키는 것이다.

해설 ②의 정차 시간 기준은 10분은 틀리고, 5분이 기준이다.

121 초보운전자는 운전면허를 받은 날부터 몇 년이 지나지 아니한 것으로 정하고 있는가?

① 처음 운전면허를 받은 날부터 1년이 지나지 아니한 사람
② 처음 운전면허를 받은 날부터 2년이 지나지 아니한 사람
③ 처음 운전면허를 받은 날부터 3년이 지나지 아니한 사람
④ 처음 운전면허를 받은 날부터 4년이 지나지 아니한 사람

해설 ②의 2년이 지나지 아니한 사람을 초보 운전자라 한다.
㉠ 2년이 지나기 전에 운전면허 취소처분을 받은 경우에는, 그 후 다시 운전면허를 받은 날부터 계산한다.

122 시·도 경찰청장(경찰서장)은 "보행자 우선도로"에서 차마의 통행속도를 제한할 수 있다. 그 제한속도는?

① 시속 20킬로미터 이내 ② 시속 25킬로미터 이내
③ 시속 30킬로미터 이내 ④ 시속 40킬로미터 이내

해설 ①의 보행자를 보호하기 위해서 "시속 20킬로미터 이내로 제한"할 수 있다.

123 모범 운전자에 관련한 설명이다. 잘못된 것은?

① 무사고 운전자 표시장을 수여받은 사람
② 유공 운전자 표시장을 수여받은 사람
③ 3년 이상 사업용 자동차 운전에 종사하면서 무사고 운전자
④ 2년 이상 사업용 자동차 운전에 종사하면서 무사고 운전자로 선발되어 교통안전 봉사활동에 종사하고 있는 사람

해설 ③의 문항 중 "3년 이상"은 틀리고 "2년 이상"이 옳다.

124 경찰공무원을 보조하는 사람의 범위의 설명이다. 아닌 것은?

① 모범운전자
② 군사훈련 및 작전에 동원되는 부대의 이동을 유도하는 군사경찰
③ 본래의 긴급한 용도로 운행하는 소방차·구급차를 유도하는 소방공무원
④ 교통정리를 하는 녹색어머니 회원

해설 ④의 "녹색어머니 회원"은 해당 없다.

125 교통신호기의 "원형 등화" 신호의 뜻이다. 잘못된 것은?

① 녹색의 등화 : 차마는 직진 또는 우회전할 수 있고, 비보호 좌회전 표지나 표시가 있는 곳에서는 좌회전할 수 있다.
② 황색의 등화 : 차마는 정지선이 있거나 횡단보도가 있을 때에는 그 직전이나 교차로의 직전에 정지하여야 하며, 이미 교차로에 차마의 일부라도 진입한 경우에는 신속히 교차로 밖으로 진행하여야 한다. 우회전하는 경우 보행자의 횡단을 방해하지 못한다.
③ 황색 등화의 점멸 : 차마는 다른 교통안전표지의 표시에 주의하면서 진행할 수 있다.
④ 적색 등화의 점멸 : 차마는 정지선이 있거나 횡단보도가 있을 때에는 그 직전이나 교차로의 직전에 일시정지한 후 다른 교통에 주의하면서 진행할 수 있다.

해설 ③의 문항 중 "진행할 수 없다"는 틀리고 "진행할 수 있다"가 옳은 문항이다.

126 교통신호기의 "적색의 등화"에 대한 설명이다. 다른 것은?

① 차마는 정지선, 횡단보도 및 교차로의 직전에서 정지하여야 한다.
② 차마는 우회전하려는 경우 정지선, 횡단보도 및 교차로의 직전에서 정지한 후 신호에 따라 진행하는 다른 차마의 교통을 방해하지 않고 우회전할 수 있다.
③ ②에도 불구하고 차마는 우회전 삼색등이 적색의 등화인 경우 우회전할 수 없다.
④ 차마는 다른 교통 또는 안전표지의 표시에 주의하면서 진행할 수 있다.

해설 ④의 문항은 원형등화의 "황색 등화의 점멸" 신호로 다르다.

127 교통신호기의 "화살표 등화"에 대한 설명이다. 다른 것은?

① 황색 화살표의 등화 : 화살표시 방향으로 진행하려는 차마의 정지선이 있거나 횡단보도가 있을 때는 그 직전이나 교차로의 직전에 정지하여야 하며, 이미 교차로에 차마의 일부라도 진입한 경우에는 신속히 교차로 밖으로 진행해야 한다.
② 적색 화살표의 등화 : 화살표시 방향으로 진행하려는 차마는 정지선, 횡단보도 및 교차로의 직전에 정지하여야 한다.
③ 황색 화살표 등화의 점멸 : 차마는 다른 교통 또는 안전표시의 표시에 주의하면서 화살표시 방향으로 진행할 수 있다.
④ 녹색 화살표의 등화(하향) : 차마는 화살표로 지정한 차로로 진행할 수 있다.

해설 ④문항의 녹색 등화는 "사각형 등화"에 해당되어 다른 문항임.
㉠ 적색 화살표 등화의 점멸 : 차마는 정지선이나 횡단보도가 있을 때에는 그 직전이나 교차로의 직전에 일시 정지한 후 다른 교통에 주의하면서 화살 표시 방향으로 진행할 수 있다.

128 교통신호기의 "보행 신호등"에 대한 설명이다. 다른 문항은?

① 녹색의 등화 : 버스전용차로에 있는 차마는 직진할 수 있다.
② 녹색의 등화 : 보행자는 횡단보도를 횡단할 수 있다.
③ 녹색 등화의 점멸 : 보행자는 횡단을 시작하여서는 아니 되고 횡단하고 있는 보행자는 신속하게 횡단을 완료하거나 그 횡단을 중지하고 보도로 되돌아와야 한다.
④ 적색의 등화 : 보행자는 횡단보도를 횡단하여서는 아니 된다.

해설 ①의 문항은 "버스 신호등"의 신호 의미로 다르다.

정답 120 ② 121 ② 122 ① 123 ③ 124 ④ 125 ③ 126 ④ 127 ④ 128 ①

129 교통 안전시설이 표시하는 신호 또는 지시와 교통 정리를 하는 경찰공무원이나 경찰보조자의 신호나 지시가 서로 다른 경우에 따라야 하는 신호에 해당하는 것으로 맞는 것은?

① 경찰공무원 등의 신호 또는 지시에 따라야 한다.
② 신호기의 신호에 우선적으로 따라야 한다.
③ 어느 신호이든 편리한 신호에 따라 진행한다.
④ 신호가 같아질 때까지 기다려서 진행한다.

◉해설 ①의 문항이 옳은 규정에 해당한다.

130 도로교통법상 안전표지 종류의 내용 설명이다. 틀린 것은?

① 주의표지 : 도로 상태가 위험하거나 도로 또는 그 부근에 위험물이 있는 경우에 필요한 안전 조치를 할 수 있도록 도로 사용자에게 알리는 표지
② 규제표지 : 도로 교통의 안전을 위하여 각종 제한·금지 등의 규제를 하는 경우에 이를 도로 사용자에게 알리는 표지
③ 지시표지 : 도로의 통행 방법·통행구분 등 도로 교통의 안전을 위하여 필요한 지시를 하는 경우에 도로 사용자가 이에 따르도록 알리는 표지
④ 보조 표지 : 도로교통의 안전을 위하여 각종 주의·규제·지시 등의 내용을 보면 기호· 문자 또는 선으로 도로사용자에게 알리는 표지

◉해설 ④의 보조 표지 설명은 "노면 표시"의 설명이므로 틀리다.
㉠ 보조 표지 : 주의표지·규제표지 또는 지시표지의 주기능을 보충하여 도로 사용자에게 알리는 표지

131 다음 안전표지에 대한 설명이다. 맞는 것은?

① 대형버스만 다니는 도로로 주의 표지
② 대형화물차만 다니는 도로로 주의 표지
③ 노면전차 교차로 전 50미터 ~ 120미터 중앙 또는 우측에 설치한다.
④ 철길건널목의 표시로 주의 표지

◉해설 ③의 문항은 "노면전차 표지로 주의 표지"이다.

132 다음 안전표지 4개 중 규제표지에 해당한 표지로 맞는 것은?

①  ②  ③  ④

◉해설 ②의 "서행"표지가 규제표지에 해당한다. ①의 표지는 십자형 교차로 주의 표지. ③의 표지는 자동차 전용도로 지시표지. ④의 표지는 어린이보호구역 안 속도제한 표지로 노면표지이다.

133 안전표지의 종류와 설치된 도로에서 통행밥법이 틀린 것은?

① 회전교차로 지시 표지이다.
② 회전교차로 내에서는 반시계방향으로 통행한다.
③ 교차로 안에 진입하려는 차가 화살표 방향으로 회전하는 차보다 우선한다.
④ 회전교차로에 진입 또는 진출할 때에는 반드시 신호를 하여야 한다.

◉해설 ③의 회전교차로에 진입하려는 경우 교차로 내에서 반시계방향으로 회전하는 차에 양보하여야 한다.가 옳은 문항이다.

134 다음 안전표지와 보조표지의 의미로 맞는 것은?

① 100미터 앞부터 도로가 없어지므로 주의
② 100미터 앞부터 도로의 폭이 넓어지므로 주의
③ 100미터 앞부터 도로의 폭이 좁아지므로 주의 운행
④ 100미터 앞부터 좌·우측 도로의 폭이 좁아지므로 주의

◉해설 ③의 문항이 맞는 문항이다.

135 다음의 안전표시가 표시하는 뜻으로 맞는 것은?

① 전방에 오르막 경사면이 있음을 알리는 표지
② 전방의 도로가 좁아지고 있다는 표시
③ 전방에 높은 산에 도로가 있다는 표시
④ 전방 산악지대에 비포장도로가 있다는 표시

◉해설 ①의 문항이 맞는 문항이다.

136 다음은 노면표시의 기본 색상이다. 맞지 않는 것은?

① 백색 : 동일방향의 교통류 분리 및 경계표시
② 황색 : 동일방향 교통류 분리 또는 도로이용의 제한 및 지시
③ 청색 : 지정방향의 교통류 분리 표시(버스전용차로 표시 및 다인승차량 전용차선 표시)
④ 적색 : 어린이보호구역 또는 주거지역 안에 설치하는 속도제한 표시의 테두리 선 및 소방시설 주변 정차·주차금지표시에 사용

◉해설 ②의 "동일방향 교통류 분리"는 틀리고 "반대방향의 교통류 분리"가 옳은 문항이다.

137 다음은 보행자의 통행방법이다. 맞지 않는 방법은?

① 보행자는 보도와 차도가 구분된 도로에서는 언제나 보도로 통행하지 않아도 된다.
② 차도를 통행하는 경우, 도로공사 등으로 보도의 통행이 금지된 경우나 그 밖의 부득이한 경우에는 보도로 통행하지 않아도 된다.
③ 보행자는 보도와 차도가 구분되지 아니한 도로 중 중앙선이 있는 도로(일방통행인 경우에는 차선으로 구분된 도로를 포함)에는 길 가장자리 또는 길 가장자리 구역으로 통행하여야 한다.
④ 보행자는 보도에서는 우측통행을 원칙으로 한다.

◉해설 ①의 문항 중 "언제나 보도로 통행하지 않아도 된다"는 틀리고, "언제나 보도로 통행하여야 한다"가 옳은 문항이다.
*도로의 전 부분으로 통행할 수 있는 경우
㉠ 보도와 차도가 구분되지 아니한 도로 중 중앙선이 없는 도로(일방통행인 경우에는 차선으로 구분되지 아니한 도로에 한함) ㉡ 보행자 우선도로

정답 129 ① 130 ④ 131 ③ 132 ② 133 ③ 134 ③ 135 ① 136 ② 137 ①

138 차도의 우측을 통행하여야 하는 경우이다. 틀린 문항은?

① 학생의 대열과 그 밖에 운전자의 통행에 지장을 줄 우려가 있다고 인정하는 사람이나 행렬
② 말·소 등의 큰 동물을 몰고 가는 사람
③ 사다리·목재 그 밖에 보행자의 통행에 지장을 줄 우려가 있는 물건을 운반 중인 사람
④ 기 또는 현수막 등을 휴대한 행렬

해설 ①의 문항이 옳은 문항이다.

139 행렬의 통행방법으로 파도의 중앙을 통행할 수 있는 경우로 맞는 것은?

① 사회적으로 중요한 행사에 따라 시가를 행진하는 경우.
② 말·소 등의 큰 동물을 몰고 가는 경우
③ 도로에서 청소나 보수 등의 작업을 하고 있는 사람.
④ 기 또는 현수막 등을 휴대한 행렬.

해설 ①의 문항이 옳은 문항이다.

140 보행자의 도로 횡단 방법으로 옳지 않은 것은?

① 횡단보도가 설치되어 있지 않은 도로에서는 가장 짧은 거리로 횡단하여야 한다.
② 보행자는 안전표지 등에 의하여 금지되어 있는 도로의 부분에서는 그 도로를 횡단하여서는 아니 된다.
③ 신호나 지시에 따라 도로를 횡단하는 경우라도 보행자는 모든 차와 노면 전차의 바로 앞이나 뒤로 횡단하여서는 아니 된다.
④ 도로 횡단시설이 설치되어 있는 도로에서는 그 곳으로 횡단하여야 한다.

해설 ③의 문항 "보행자는 모든 차와 노면 전차의 바로 앞이나 뒤로 횡단하여서는 아니 된다. 다만 횡단보도를 횡단하거나 신호기 또는 경찰공무원 등의 신호나 지시에 따라 도로를 횡단하는 경우에는 그러하지 아니하다"가 옳은 문항이다.

141 차마의 통행구분에 대한 설명으로 틀린 문항에 해당한 것은?

① 차마의 운전자는 보도와 차도가 구분된 도로에서는 차도를 통행하여야 한다.
② 차마의 운전자는 도로 외의 곳으로 출입할 때에는 보도를 횡단하여 통행할 수 있다.
③ 도로 외의 곳으로 출입할 때 차마의 운전자는 보도를 횡단하기 직전에 일시정지하여 좌측 및 우측 부분 등을 살핀 후 차마의 통행을 방해하지 아니하도록 횡단하여야 한다.
④ 차마의 운전자는 도로(보도와 차도가 구분된 도로에서는 차도)의 중앙(중앙선이 설치되어 있는 경우에는 그 중앙선) 우측 부분을 통행하여야 한다.

해설 ③의 문항 중 "차마의 통행을"은 틀리고, "보행자의 통행을"이 맞는 문항이다.

142 차마의 운전자는 도로의 중앙이나 좌측부분을 통행할 수 있는 경우의 설명이다. 틀린 문항은?

① 도로가 일방통행인 경우
② 도로의 파손, 도로공사나 그 밖의 장애 등으로 도로의 좌측 부분을 통행할 수 없는 경우
③ 도로 우측 부분의 폭이 차마의 통행에 충분하지 아니한 경우
④ 도로의 우측 부분이 폭이 6미터가 되지 아니하는 도로에서 다른 차를 앞지르는 경우

해설 ②의 문항 중 "도로의 좌측 부분을"은 틀리고, "도로의 우측 부분을"이 맞는 문항이다. ④의 문항 예외 규정 ⊙ 도로의 좌측부분을 확인할 수 없는 경우 ⓒ 반대방향의 교통을 방해할 우려가 있는 경우 ⓒ 안전표지 등으로 앞지르기 금지나 제한하고 있는 경우가 있다.

143 고속도로 외의 도로에서 왼쪽 차로로 통행할 수 있는 차이다. 통행할 수 없는 차는?

① 승용 자동차
② 경형·소형 승합자동차
③ 중형 승합자동차
④ 대형 승합자동차

해설 ④의 대형 승합자동차와 다음 차도 오른쪽 차로로 통행하여야 한다.(화물 자동차, 특수 자동차, 건설기계, 이륜자동차)

144 편도 2차로의 고속도로에서 2차로를 주행할 수 있는 차는?

① 승용 자동차
② 모든 자동차
③ 중형 자동차
④ 화물 자동차

해설 ②의 모든 자동차가 맞는 문항이다.
*편도 2차로의 고속도로에서 차로별 주행 가능 차량은 ⊙ 1차로 : 앞지르기를 하려는 차로별 주행 가능 차량 ⓒ 2차로 : 모든 자동차

145 편도 3차로 이상의 고속도로에서 주행할 수 있는 자동차이다. 틀린 문항에 해당되는 것은?

① 1차로 : 앞지르기를 하려는 승용 자동차 또는 앞지르기를 하는 경형·소형·중형 승합 자동차
② 1차로 : 차량 통행 증가 등 도로 상황으로 인하여 부득이하게 시속 80킬로미터 미만으로 통행할 수밖에 없는 경우에는 앞지르기를 하는 경우가 아니라도 통행할 수 없다.
③ 2차로 : 승용 자동차 및 경형·소형·중형 승합 자동차
④ 3차로 : 대형승합자동차, 화물자동차, 특수자동차, 건설기계

해설 ②의 문항 중 "통행할 수 없다"는 틀리고, "통행할 수 있다"가 맞는 문항이다.

146 전용차로 통행차 외에 전용차로를 통행할 수 있는 차이다. 통행할 수 없는 차는?

① 긴급자동차가 그 본래의 긴급한 용도로 운행되고 있는 경우
② 전용차로 통행 차의 통행에 장애를 주지 아니하는 범위에서 택시가 승객을 내려주기 위하여 일시 통행하는 경우
③ ②의 경우 택시운전자는 승객이 타거나 내려도 계속 주행할 수 있다.
④ 도로의 파손·공사 그 밖의 부득이한 장애로 인하여 전용차로가 아니면 통행할 수 없 는 경우

해설 ③의 문항은 틀리고 "택시 운전자는 승객이 타거나 내린 즉시 전용차로를 벗어나야 한다"가 옳은 문항이다.

147 차로의 순위 기준에 대한 설명이다. 옳은 문항은?

① 일방통행도로에서는 도로의 오른쪽부터 1차로로 한다.
② 차로의 순위는 도로의 중앙선 쪽에 있는 차로부터 1차로로 한다.
③ 버스전용차로가 설치된 도로에서 차로의 경우는 전용차로를 포함한다.
④ 차로의 순위는 길 가장자리 차로부터 1차로로 한다.

해설 ②의 문항이 옳은 문항이며, 일방통행도로에서는 도로의 왼쪽부터 1차로로 하며, 버스전용차로가 설치된 도로인 경우는 이를 포함하지 않는다.

정답 138 ① 139 ① 140 ③ 141 ③ 142 ② 143 ④ 144 ② 145 ② 146 ③ 147 ②

148 고속도로 버스전용차로를 통행할 수 있는 9인승 이상 승용자동차(12인승 이하 승합자동차)는 ( )명 이상 승차하여야 통행할 수 있는가?

① 5명 이상 ② 6명 이상
③ 7명 이상 ④ 8명 이상

해설 ②의 6명 이상 승차해야 통행할 수 있다.
*다인승 전용차로 통행 : 3명 이상이 승차한 승용·승합자동차이다.

149 일반도로의 주거지역·상업지역 및 공업지역에서 자동차의 최고 속도이다. 맞는 속도는?

① 매시 50km/h 이내 ② 매시 60km/h 이내
③ 매시 70km/h 이내 ④ 매시 80km/h 이내

해설 ①의 50km/h 이내가 맞는 문항이며, 최저속도는 제한없다.
*단 시·도경찰청장이 지정한 노선구간 : 매시 60km/h 이내
*이외의 일반도로 : 매시 60km/h 이내
*안전표지로 속도를 지정하고 있는 경우에는 법정속도보다 안전표지가 지정하고 있는 규제속도를 우선 준수해야 한다.

150 자동차 전용도로에서 자동차 최고속도와 최저속도의 설명이다. 옳은 속도는?

① 매시 90km/h 속도와 매시 30km/h로 운행한다.
② 매시 80km/h 속도와 매시 30km/h로 운행한다.
③ 매시 70km/h 속도와 매시 30km/h로 운행한다.
④ 매시 60km/h 속도와 매시 30km/h로 운행한다.

해설 ①의 최고속도 90km/h, 최저속도와 30km/h가 맞다

151 고속도로 편도 1차로에서 자동차의 속도로 맞는 것은?

① 최고속도 80km/h, 최저속도 50km/h
② 최고속도 70km/h, 최저속도 40km/h
③ 최고속도 60km/h, 최저속도 30km/h
④ 최고속도 50km/h, 최저속도 20km/h

해설 ①의 최고속도 80km/h, 최저속도 50km/h가 맞다.

152 고속도로 편도 2차로 이상 도로에서 자동차의 최고속도이다. 속도의 기준으로 틀린 것은?

① 승용 자동차 : 매시 100km/h
② 승합 자동차 : 매시 100km/h
③ 화물 자동차(적재중량 1.5톤 이하) : 매시 100km/h
④ 특수 자동차(적재중량 1.5톤 초과) : 매시 80km/h

해설 ④의 문항은 "화물 자동차, 위험물 운반 자동차, 건설 기계는 최고 속도가 매시 90km/h, 최저 속도는 50km/h가 맞는 문항이다.
*경찰청장이 지정·고시한 노선 또는 구간의 고속도로에서는 120km/h(적재중량 1.5톤을 초과하는 화물 자동차, 특수 자동차, 위험물 운반자동차, 건설기계는 90km/h)

153 자동차 운행 중 악천후로 인해 최고 속도의 50/100%를 감속운행 해야 하는 경우가 아닌 것은?

① 폭우·폭설·안개 등으로 가시거리가 100미터 이내인 경우
② 노면이 얼어붙은 경우
③ 눈이 20밀리미터 이상 쌓인 경우
④ 비가 내려 노면이 젖어있는 경우

해설 ④의 경우와, 눈이 20밀리미터 미만 쌓인 경우도 "최고속도의 20/100을 감속운행 해야하는 경우에 해당한다.

154 운전자의 안전거리의 확보 등에 대한 설명으로 틀린 것은?

① 모든 운전자는 같은 방향으로 가고 있는 앞차의 뒤를 따르는 경우에는 앞차가 갑자기 정지하게 되는 경우 그 앞차와의 충돌을 피할 수 있는 필요한 거리를 확보해야 한다.
② 자동차 등의 운전자는 같은 방향으로 가고 있는 자전거 옆을 지날 때에는 충돌을 피할 수 있도록 거리를 확보하여야 한다.
③ 모든 차의 운전자는 차의 진로를 변경하려는 경우에 그 변경하려는 방향으로 오고 있는 다른 차의 정상적인 통행에 장애를 줄 우려가 있을 때에는 진로를 변경하여서는 아니된다.
④ 모든 차의 운전자는 위험 방지를 위한 경우가 아니더라도 급제동을 할 수 있다.

해설 ④의 문항은 틀리며, 맞는 문항은 "모든 차의 운전자는 위험방지를 위한 경우와 그 밖의 부득이한 경우가 아니면 운전하는 차를 갑자기 정지시키거나 속도를 줄이는 등의 급제동을 하여서는 아니된다"가 있다.

155 운전자의 진로 양보의 의무에 대한 설명으로 틀린 것은?

① 모든 차(긴급 자동차는 제외)의 운전자는 뒤에서 따라 오는 차보다 느린 속도로 가려는 경우에는 도로의 우측 가장자리로 피하여 진로를 양보하여야 한다.
② 좁은 도로에서 긴급 자동차 외의 자동차가 서로 마주 보고 진행할 때에는 우측 가장 자리로 피하여 진로를 양보하여야 한다.
③ 비탈진 좁은 도로에서 자동차가 서로 마주 보고 진행하는 경우에는 올라가는 자동차가 양보하여야 한다.
④ 비탈진 좁은 도로에서 내려오는 자동차와 올라가는 자동차가 교차하는 경우에는 내려 오는 차가 양보하여야 한다.

해설 ④의 문항은 반대로 편집되어 있어 틀리며, "비탈진 좁은 도로 외의 좁은 도로에서 사람을 태웠거나 물건을 실은 자동차와 동승자가 없고 물건을 싣지 아니한 자동차가 서로 마주 보고 진행하는 경우에는 동승자가 없고 물건을 싣지 아니한 자동차가 양보하여야 한다"가 맞는 문항이다.

156 앞지르려고 하는 모든 차의 운전자가 주의를 기울여야 하는 사항이다. 해당 없는 것은?

① 모든 차의 운전자는 다른 차를 앞지르려면 앞 차의 좌측으로 통행하여야 한다.
② 자전거 등의 운전자는 서행하거나 정지한 다른 차를 앞지르려면 앞차의 우측으로 통행할 수 있다.
③ ②의 경우 자전거 등의 운전자는 정지한 차에서 승차하거나 하차하는 사람의 안전에 유의하여 서행하거나 필요한 경우 일시정지 하여야 한다.
④ 앞지르기를 할 때는 해당 도로의 최고속도 기준을 넘을 수 있다.

해설 ④의 "넘을 수 있다"는 틀리고, "넘을 수 없다"가 맞다. 외에 ① 모든 차의 운전자는 앞지르기를 하는 차가 있을 때에는 속도를 높여 경쟁하거나 그 차의 앞을 가로 막는 등의 방법으로 앞지르기를 방해하여서는 아니된다.가 있다.

157 앞지르려고 하는 모든 차의 운전자가 주의를 기울여야 하는 사항이다. 해당 없는 것은?

① 반대 방향의 교통 ② 앞 차 앞쪽의 교통
③ 앞차의 속도·진로 ④ 뒤에서 따라오는 차의 속도

해설 ④의 문항은 해당 없는 문항이며, 외에 ⊙ 도로 상황에 따라 방향지시기·등화 또는 경음기를 사용하여 안전한 속도와 방법으로 앞지르기를 하여야 한다.

정답 148 ② 149 ① 150 ① 151 ① 152 ④ 153 ④ 154 ④ 155 ④ 156 ④ 157 ④

158 앞지르기 금지시기에 대한 설명이다. 앞지르기를 할 수 있는 경우에 해당되는 경우는?

① 앞차의 좌측에 다른 차가 앞차와 나란히 가고 있는 경우
② 앞차가 다른 차를 앞지르고 있거나 앞지르려고 하는 경우
③ 경찰공무원 지시에 따라 정지하거나 서행하고 있는 경우
④ 경찰공무원의 지시에 의해 주행하고 있는 경우

해설 ④의 경우는 앞지르기를 할 수 있고, 외에 ③의 문항과 ㉠ 도로교통법이나 이 법에 따른 명령에 따라 정지하거나 서행하고 있는 차, ㉡ 위험을 방지하기 위하여 정지하거나 서행하고 있는 차의 경우는 "다른 차를 앞지르지도 못하고 끼어들지도 못하는 경우"에 해당된다.

159 앞지르기 금지장소에 대한 설명이다. 해당 없는 장소는?

① 교차로　　② 터널 안
③ 다리 위　　④ 비탈길의 오르막

해설 ④의 문항은 해당 없고, 외에 ㉠ 도로의 구부러진 곳, ㉡ 비탈길의 고갯마루 부근, ㉢ 가파른 비탈길이 내리막, ㉣ 시·도 경찰청장이 안전표지로 지정한 곳이 있다.

160 철길건널목의 통과방법에 대한 설명이다. 옳지 않은 것은?

① 일시 정지하여 안전을 확인한 후에 통과한다.
② 신호기 등이 표시하는 신호에 따라 통과한다.
③ 차단기가 내려져 있으면 건널목 앞에서 정지한다.
④ 차단기가 내려지려고 하면 빨리 통과한다.

해설 ④의 문항은 옳지 않은 통과방법이다.

161 철길건널목을 통행 중에 차량고장으로 운행할 수 없는 경우 조치 사항이다. 맞지 않는 조치는?

① 즉시 승객을 대피시킨다.
② 비상 신호등을 작동시킨다.
③ 철도공무원이나 경찰공무원에게 알린다.
④ 현장에서 자동차의 고장 원인을 파악한다.

해설 ④의 문항은 옳지 않은 조치사항이다.

162 교차로에서 좌·우회전하는 방법이다. 틀린 문항은?

① 우회전을 하려는 경우에는 미리 도로의 우측 가장자리를 서행하면서 우회전하여야 한다.
② 우회전을 하는 차의 운전자는 신호에 따라 정지하거나 진행하는 보행자 또는 자전거 등에 주의하여야 한다.
③ 좌회전을 하려는 경우에는 미리 도로의 중앙선을 따라 서행하면서 교차로의 중심 안쪽을 이용해 좌회전을 하여야 한다.
④ 시·도 경찰청장이 교차로의 상황에 따라 특히 필요하다고 인정하여 지정한 곳은 교차로의 중심 안쪽을 통과할 수 있다.

해설 ④의 문항 중 "중심 안쪽을 통과할 수 있다"는 틀리고, "중심 바깥쪽을 통과할 수 있다"가 옳은 문항이다.

163 교통정리가 없는 교차로에서 양보운전의 설명으로 틀린 것은?

① 이미 교차로에 들어가 있는 다른 차가 있는 때에는 그 차에 진로를 양보하여야 한다.
② 통행하고 있는 도로의 폭보다 교차하는 도로의 폭이 넓은 경우에는 서행하여야 하며, 폭이 넓은 도로로부터 교차로에 들어가려고 하는 다른 차가 있을 때에는 그 차에 진로를 양보 하여야 한다.
③ 우선순위가 같은 차가 동시에 들어가려고 하는 차의 운전자는 우측도로의 차에 진로를 양보하여야 한다.
④ 우회전하고자 하는 차의 운전자는 그 교차로에서 직진하거나 좌회전하려는 다른 차가 있는 때에는 그 차에 진로를 양보하여야 한다.

해설 ④의 문항 "우회전하고자 하는"은 틀리고, "좌회전하고자 하는"이 맞는 문항이고, "좌회전 하려는"은 틀리고, "우회전 하려는"이 맞는 문항이다.

164 회전교차로 통행방법에 대한 설명이다. 틀린 문항인 것은?

① 모든 차의 운전자는 회전교차로에서는 반시계방향으로 통행하여야 한다.
② 모든 차의 운전자는 회전교차로에 진입하려는 경우에는 서행하거나 일시정지 하여야 하며, 이미 진행하고 있는 다른 차가 있는 때에는 그 차에 진로를 양보하여야 한다.
③ 모든 차의 운전자는 회전교차로 내에 여유 공간이 있을 때까지 양보 선에서 대기하여야 한다.
④ 회전교차로 통행을 위하여 손이나 방향지시기 또는 등화로써 신호를 하는 차가 있는 경우 그 뒤차의 운전자는 신호를 한 앞 차의 진행을 방해하여서는 아니 된다.

해설 ③의 문항은 틀리고, 회전 중인 차량이 우선권이 있고, 진입하려는 차가 양보하여야 한다.

165 보행자의 보호에 대한 설명이다. 옳지 않는 것은?

① 보행자가 횡단보도를 통행하고 있거나 통행하려고 하는 때에는 보행자의 횡단을 방해 하거나 위험을 주지 아니하도록 그 횡단보도 앞에서 일시정지 하여야 한다.
② 교통정리를 하고 있는 교차로에서 좌회전이나 우회전을 하려는 경우에는 신호기 또는 경찰공무원 등의 신호나 지시에 따라 도로를 횡단하는 보행자의 통행을 방해하여서는 아니 된다.
③ 보행자가 횡단보도가 설치되어 있지 않은 도로를 횡단하고 있을 때 횡단을 방해하지 않도록 신속하게 통과한다.
④ 도로에 설치된 안전지대에 보행자가 있는 경우와 차로를 설치 아니한 좁은 도로에서 보행자 옆을 지나는 경우에는 안전한 거리를 두고 서행하여야 한다.

해설 ③의 문항은 틀리고, 다음과 같이 수정한다.
*보행자가 횡단보도가 설치되어 있지 아니한 도로를 횡단하고 있을 때에는 안전거리를 두고 일시 정지하여 보행자가 안전하게 횡단할 수 있도록 하여야 한다.가 맞는 문항이다.

166 시·도 경찰청장이나 경찰서장은 보행자를 보호하기 위하여 필요하다고 인정되는 경우에 차마의 통행 속도를 20킬로미터 이내로 제한할 수 있는데, 그 도로의 명칭은?

① 보행자 우선도로　　② 전용 도로
③ 고속 도로　　　　　④ 일반 도로

해설 ①의 보행자 우선도로이다.

정답 158 ④　159 ④　160 ④　161 ④　162 ④　163 ④　164 ③　165 ③　166 ①

167 긴급자동차의 우선 통행에 대한 설명이다. 틀린 것은?

① 긴급자동차는 끼어들기가 금지된 상황에서도 끼어들기를 할 수 있다.
② 도로의 중앙이나 좌측 부분을 통행할 수 있다.
③ 긴급자동차는 앞지르기가 금지된 장소에서 우측으로 앞지르기를 할 수 있다.
④ 긴급자동차는 정지하여야 하는 경우에도 불구하고 긴급하고 부득이한 경우에는 정지하지 않을 수 있다.

◎해설 ③ 긴급자동차는 앞지르기가 금지 사항에 대해 특례를 받지만, 법으로 규정된 좌측으로 앞지르기를 하여야 한다.

168 긴급자동차의 특례에 대한 설명이다. 적용되는 경우는?

① 자동차의 속도 제한
② 긴급자동차 속도를 제한한 경우
③ 앞지르기 금지
④ 끼어들기 금지

◎해설 ①,③,④의 경우는 특례 적용이 되고, ②의 경우는 특례적용이 아니 되고, 제한속도 위반이 적용된다.

169 긴급자동차가 접근할 때의 피양 방법이다. 잘못된 것은?

① 교차로나 그 부근에서 긴급자동차가 접근하는 경우에는 교차로를 피하여 일시 정지하여야 한다.
② 긴급자동차인 소방차는 항상 경광등이나 사이렌을 작동하면서 운행을 할 수 있다.
③ 교차로나 그 부근 외에서 긴급자동가 접근한 경우에는 긴급자동차가 우선 통행할 수 있도록 진로를 양보하여야 한다.
④ 자동차(소방차·구급차·혈액 공급차량 등)의 운전자가 그 본래의 긴급한 용도로 운행하지 아니하는 경우에는 경광등을 켜거나 사이렌을 작동하여서는 아니 된다.

◎해설 ② 경우 "항상 경광등이나 사이렌을 작동하면서 운행"이 옳은 문항이다.

170 다음 중 서행하여야 할 장소로 옳지 않은 것은?

① 교통정리를 하고 있지 아니하는 교차로
② 도로가 구부러진 부근
③ 가파른 비탈길의 오르막
④ 비탈길의 고갯마루 부근

◎해설 ③의 문항은 해당 없고 "가파를 비탈길이 내리막"이 맞는 문항이며 시·도 경찰청장이 안전표지로 지정한 곳이 있다. 외에 ⑦ 서행 안전표지가 설치된 곳 : 차를 즉시 정지시킬 수 있는 정도의 느린 속도로 진행하여야 한다.

171 다음 중 반드시 일시 정지하여야 할 장소이다. 맞는 것은?

① 교통정리를 하고 있지 않는 교차로
② 교통정리를 하고 있지 아니하고 좌·우를 확인할 수 없거나 교통이 빈번한 교차로
③ 도로가 구부러진 부근
④ 비탈길의 고갯마루 부근

◎해설 ②의 문항이 옳다. 외에 시·도 경찰청장이 안전표지로 지정한 곳이 있다.

172 다음 중 반드시 일시 정지하여야 할 장소이다. 맞는 것은?

① 안전지대가 설치된 도로에서는 그 안전지대의 사방으로부터 각각 8미터 이내의 곳
② 교차로·횡단보도·건널목이나 보도와 차도가 구분된 도로의 보도
③ 버스의 정류지 임을 표시하는 기둥이나 표시판 또는 선으로부터 10미터 이내의 곳
④ 교차로 가장자리 또는 도로 모퉁이로부터 5미터 이내의 곳

◎해설 ①의 문항 "8미터 이내의 곳"은 틀리고, "10미터 이내의 곳"이 옳은 문항이다. 외에 ⑦ 건널목의 가장자리 또는 횡단보도로부터 10m이내의 곳. ⓒ 소방용수 시설 또는 비상 소화장치가 설치된 곳으로부터 5m 이내의 곳. ⓒ 소방 시설로서 대통령령으로 정하는 시설이 설치된 곳으로부터 5m 이내의 곳. ⓔ 시장 등이 지정한 어린이 보호구역이 있다.

173 자동차의 주차금지 장소에 대한 설명이다. 틀린 문항은?

① 터널 안 및 다리 위
② 도로공사 구역의 양쪽 가장자리로부터 5m 이내의 곳
③ 시·도지사가 도로에서의 위험을 방지하고 교통의 안전과 원활한 소통을 확보하기 위해 필요하다고 인정하여 지정한 곳
④ 다중이용업소의 영업장이 속한 건축물로 소방본부장이 요청에 의하여 시·도 경찰청장이 지정한 곳

◎해설 ③의 문항 중 "시·도지사"가 아니고, "시·도 경찰청장"이 옳은 문항이다.

174 다음은 주차·정차 방법에 대한 설명이다. 틀린 것은?

① 모든 차의 운전자는 도로에서 정차할 때에는 차도의 오른쪽 가장자리에 정차할 것
② 도로에 차도와 보도의 구별이 없는 경우에는 도로의 오른쪽 가장자리로부터 중앙으로 60cm 이상의 거리를 두어야 한다.
③ 자동차 운전자는 승객을 태우거나 내려주기 위하여 정류소 또는 이에 준하는 장소에서 정차하였을 때에는 승객이 타거나 내린 즉시 출발하여 뒤 따르는 다른 차의 정차를 방해하지 아니할 것
④ 모든 차의 운전자는 도로에서 주차할 때에는 시·도 경찰청장이 정하는 주차의 장소·시간 및 방법에 따를 것

◎해설 ②의 문항 중 "60cm 이상의"는 틀리고 "50cm 이상의"가 옳은 문항이다.

175 자동차 운전자가 경사진 곳에서 정차 및 주차방법의 설명이다. 안전한 주차 방법이 아닌 것은?

① 경사의 내리막 방향으로 바퀴에 고임목, 고임돌, 그 밖에 고무, 플라스틱 등 자동차의 미끄럼 사고를 방지할 수 있는 것을 설치할 것
② 조향장치를 도로의 가장자리(자동차의 가까운 쪽을 말함) 방향으로 돌려놓을 것
③ 자동차의 수동변속기는 후진 또는 자동변속기는 주차로 고정한다.
④ 자동차의 주차 제동 장치만 작동시킨다.

◎해설 ④의 문항의 조치는 잘못된 조치이다.

정답 167 ③ 168 ② 169 ② 170 ③ 171 ② 172 ① 173 ③ 174 ② 175 ④

176 자동차의 정차 또는 주차를 금지하는 장소의 특례의 설명이다. 특례의 적용이 제외되는 곳은?

① 교차로·횡단보도·건널목이나 보도와 차도가 구분된 보도
② 버스 정류지임을 표시하는 기둥이나 표지판 또는 선이 설치된 곳으로부터 10m 이내 의 곳
③ 소방기본법에 따른 소방용수시설 또는 비상소화 장치가 설치된 곳
④ 건널목 가장자리 또는 횡단보도로부터 10m 이내의 곳

해설 ③의 경우는 특례가 적용되지 않는다. 외에 ㉠ 시·도 경찰청장이 인정하여 지정한 곳 ㉡ 시장 등이 지정한 어린이 보호구역 ㉢ 안전표지로 지정한 전기자전거 충전소 및 자전거 주차장이 있다.

177 여객자동차사업용 자동차를 밤(야간)에 운행할 때 켜야 할 등화이다. 맞는 등화는?

① 전조등, 차폭등
② 전조등, 차폭등, 미등
③ 전조등, 차폭등, 미등, 번호등
④ 전조등, 차폭등, 미등, 번호등, 실내조명등

해설 사업용 자동차는 ④의 문항이 맞으며 "실내조명등"은 승합자동차와 여객자동차운송사업용 승용자동차만 해당된다. 외에 ㉠ 원동기장치자전거 : 전조등, 미등 ㉡ 견인되는 차 : 미등, 차폭등, 번호등 ㉢ 노면 전차 : 전조등, 차폭등, 미등, 실내조명등

178 차 또는 노면전차가 도로에서 정차하거나 주차할 때 켜야 하는 등화이다. 맞지 아니한 등화는?

① 자동차 : 미등 및 차폭등(이륜자동차는 제외)
② 이륜자동차 및 원동기장치자전거 : 미등(후부반사기 포함)
③ 노면 전차 : 차폭등, 미등
④ 그 외의 차 : 경찰서장이 정하여 고시하는 등화

해설 ④의 문항 "경찰서장"은 맞지 않고 "시·도 경찰청장"이 맞는 문항이다.

179 자동차가 운행할 때 등화를 켜야 하는 시기이다. 아닌 것은?

① 밤(해가 진 후부터 해가 뜨기 전까지)에 도로에서 차 또는 노면 전차를 운행하거나 고장이나 그 밖의 부득이한 사유로 도로에서 차를 정차 또는 주차시키는 경우
② 안개가 끼거나 비 또는 눈이 올 때에 도로에서 차 또는 노면 전차를 운행하거나 고장이나 그 밖의 부득이한 사유로 도로에서 차 또는 노면 전차를 정차 또는 주차하는 경우
③ 터널 안을 운행하거나 고장 또는 그 밖의 부득이한 사유로 도로에서 차 또는 노면 전차를 정차 또는 주차하는 경우
④ 도로 공사 구역을 통과할 때는 전조등 등을 켜고 주행할 수 있다.

해설 ④의 문항은 해당 없는 문항이다.

180 밤에 차가 마주보고 진행할 때 등화조작 방법이다. 아닌 것은?

① 전조등의 밝기를 줄인다.
② 전조등 불빛의 방향을 아래로 향하게 한다.
③ 전조등을 잠시 끌 것
④ 시·도 경찰청장이 교통의 안전과 원활한 소통을 확보하기 위하여 필요하다고 인정하여 지정한 지역

해설 ④의 규정은 예외규정이다.(도교법 시행령 제20조 제2항)
*앞의 차 뒤를 따라가는 경우 : ㉠ 전조등 불빛의 방향을 아래로 향하게 하고 ㉡ 전조등의 불빛의 밝기를 함부로 조작하여 앞 차의 운전을 방해하지 아니할 것. 이 있다.

181 자동차의 승차 또는 적재의 방법과 제한이다. 틀린 것은?

① 모든 차의 운전자는 승차인원, 적재중량 및 적재용량에 관하여 운행상의 안전기준을 넘어서 승차시키거나 적재한 상태로 운전하여서는 아니 된다(출발지 서장의 허가를 받은 경우에는 예외)
② 승합자동차 운전자는 승차정원 50명에 51명을 승차시켜 운행할 수 있다.
③ 모든 차의 운전자는 운전 중 타고 있는 사람 또는 타고 내리는 사람이 떨어지지 아니 하도록 하기 위하여 문을 정확히 여닫는 등 필요한 조치를 하여야 한다.
④ 모든 차의 운전자는 운전 중 실은 화물이 떨어지지 아니하도록 덮개를 씌우거나 묶는 등 확실하게 고정될 수 있도록 조치를 하여야 한다.

해설 ②의 문항은 "승차정원 이내일 것"을 초과하였으므로 위반되었고, 외에 ㉠ 모든 차의 운전자는 영유아나 동물을 안고 운전 장치를 조작하거나 운전석 주위에 물건을 싣는 등 안전에 지장을 줄 우려가 있는 상태로 운전하여서는 아니 된다.가 있다.

182 자동차 운행 상의 안전기준에 대한 설명이다. 잘못된 것은?

① 자동차의 승차인원은 승차정원 이내일 것
② 화물자동차의 적재 중량은 구조 및 성능에 따르는 110% 이내일 것
③ 길이 : 자동차 길이에 그 길이의 10분의 2를 더한 길이
④ 높이 : 화물자동차는 지상으로부터 4m(고시한 도로 노선은 4m 20cm)

해설 ③의 문항 "10분의 2를 더한 길이"는 틀리고 "10분의 1을 더한 길이"가 옳은 문항이다. 추가로 ㉠ 이륜자동차의 길이 : 승차장치나 적재장치의 길이에 30cm를 더한 길이 ㉡ 소형3륜 자동차의 높이 : 지상으로부터 2m 50cm ㉢ 이륜자동차의 높이 : 2m ㉣ 너비 : 자동차의 후사경으로 뒤쪽을 확인할 수 있는 범위

183 도로교통법의 무면허 운전에 해당되지 아니한 문항은?

① 운전면허를 취득하지 아니하고 운전하는 행위
② 운전면허 취소사유가 발생한 상태이지만 취소처분을 받기 전에 운전하는 행위
③ 운전면허 취소처분을 받은 후에 운전하는 행위
④ 제2종 운전면허로 제1종 운전면허를 필요로 하는 자동차를 운전하는 행위

해설 ②의 문항은 무면허 운전에 해당 되지 아니한다. 외에 무면허 운전은 ㉠ 운전면허 시험에 합격한 후 운전 면허증을 받기 전에 운전하는 행위 ㉡ 운전면허 정지처분기간 중에 운전하는 행위. 등이 있다.

184 도로교통법상 운전이 금지되는 술에 취한 상태의 기준은 운전자의 혈중알코올 농도가 몇 % 이상일 때 해당되는가?

① 0.02퍼센트 이상인 경우
② 0.03퍼센트 이상인 경우
③ 0.04퍼센트 이상인 경우
④ 0.08퍼센트 이상인 경우

해설 ②의 술에 취한 상태의 기준 혈중알코올 농도는 0.03퍼센트 이상으로 규정되어 있다. ㉠ 혈중알코올 농도 0.03퍼센트~0.08퍼센트 미만은 100일 행정처분

정답 176 ③ 177 ④ 178 ④ 179 ④ 180 ④ 181 ② 182 ③ 183 ② 184 ②

185 자동차 운전자가 과로, 질병, 약물의 운전 시 그 약물의 종류와 처벌기준으로 틀린 것은?

① 마약, 대마, 톨루엔, 초산에틸, 메틸알코올
② 히로뽕, 트랭퀼라이저, 시너·본드 냄새, 부탄가스
③ 카페인 성분의 약물, 진정제, 신경안정제
④ 마약·대마 복용 운전 시 : 3년 이하의 징역이나 1천만 원 이상의 벌금

해설 ④의 벌칙 중 "1천만 원 이상의 벌금"은 틀리고 "1천만 원 이하의 벌금"이 옳은 문항이다. ① 과로·질병상태에서의 운전 위반 시 : 30만 원 이하의 벌금이나 구류에 처함.

186 도로교통법상 공동위험 행위에 대한 설명이다. 틀린 것은?

① 자동차 등의 운전자는 도로에서 2명 이상이 공동으로 2대 이상의 자동차 등을 정당한 사유 없이 앞뒤로 줄지어 통행하면서 다른 사람에게 위해를 끼치거나 교통상의 위험을 발생하게 하는 행위이다.
② 자동차 등의 운전자는 도로에서 2명 이상이 공동으로 2대 이상의 자동차 등을 정당한 사유 없이 좌우로 줄지어 통행하면서 다른 사람에게 위해를 끼치거나 교통상의 위험을 발생하게 하는 행위다.
③ 자동차 등에 개인형 이동장치도 포함한다.
④ 공동위험행위를 하거나 주도한 사람은 2년 이하의 징역이나 500만 원 이하의 벌금에 처한다.

해설 ③의 문항 중 "이동장치도 포함한다"는 틀리고 "이동장치는 제외한다"가 옳은 문항이다.

187 도로교통법상 난폭운전에 대한 설명이다. 맞지 않는 것은?

① 운전자가 중앙선 침범 등 둘 이상의 행위를 연달아 하거나, 하나의 행위를 지속 또는 반복하여 다른 사람에게 위협 또는 위해를 가하거나 교통상의 위험을 발생하게 하는 행위이다.
② 신호 또는 지시위반, 속도의 위반, 안전거리 미확보, 정당한 사유 없는 소음발생, 고속도로에서 횡단·유턴·후진위반
③ 횡단·유턴·후진위반, 진로변경 금지위반, 급제동 금지위반, 앞지르기 방법 또는 앞지르기 방해금지위반
④ 벌칙은 1년 이하의 징역이나 600만 원 이하의 벌금에 처함

해설 ④의 벌칙 중 "600만 원 이하의 벌금"은 틀리고 "500만 원 이하의 벌금"이 옳은 문항이다.

188 다음의 어느 하나에 해당하는 때에는 일시정지 하여야 한다. 틀린 것은?

① 어린이가 보호자 없이 도로를 횡단하고 있을 때
② 지하도나 육교 등 도로 횡단시설을 이용할 수 없는 지체장애인이나 노인 등이 도로를 횡단하고 있는 경우
③ 앞을 보지 못하는 사람이 흰색지팡이를 가지거나 장애인보조견을 동반하고 도로를 횡단하고 있는 경우
④ 어린이가 횡단보도를 통행하고 있을 때에는 서행한다.

해설 ④의 문항 "서행"은 틀리고 "일시정지 한다"가 맞는 문항임.

189 자동차 창유리 가시광선 투과율의 기준이다. 맞는 것은?

① 앞면 창유리 : 60% / 운전석 좌우 옆면 창유리 : 30%
② 앞면 창유리 : 70% / 운전석 좌우 옆면 창유리 : 40%
③ 앞면 창유리 : 75% / 운전석 좌우 옆면 창유리 : 45%
④ 앞면 창유리 : 80% / 운전석 좌우 옆면 창유리 : 50%

해설 ②의 문항이 맞는 규정이다.

190 모든 차의 운전자가 지켜야할 준수사항이다. 옳지 않은 것은?

① 경찰관서에서 사용하는 무전기와 동일한 주파수의 무전기를 설치하지 아니한다.
② 물이 고인 곳을 운행할 때에는 고인 물을 튀게하여 다른 사람에게 피해를 주는 일이 없도록 한다.
③ 도로에서 자동차 등 또는 노면전차를 세워둔 채 시비·다툼 등의 행위를 하여 다른 차마의 통행을 방해하지 아니할 것.
④ 긴급자동차가 아닌 자동차에 경광등, 사이렌 또는 비상등을 부착하는 행위

해설 ④는 "긴급자동차가 아닌 차에 경광등, 사이렌 또는 비상등을 부착하여서는 아니 된다"가 옳은 문항이다.

191 자동차 운전자가 휴대용 전화를 사용할 수 있는 경우이다. 이에 해당하지 않는 경우의 운전자는?

① 자동차 등 또는 노면전차가 정지하고 있는 경우
② 긴급 자동차를 운전하는 경우
③ 각종 범죄 및 재해 신고 등 긴급한 필요가 있는 경우
④ 자동차를 운행 중에 있는 운전자

해설 ④의 운행 중에 있는 사람은 휴대용 전화를 사용할 수 없다.

192 자동차 등의 운전 중에는 방송 등 영상물을 수신하거나 영상표시 장치를 조작할 수 있는 경우로 옳지 않는 것은?

① 자동차 등 또는 노면전차를 운전 중에 있는 경우
② 자동차 등 또는 노면전차가 정지하고 있는 경우
③ 지리 안내 영상 또는 교통 정보 안내 영사
④ 국가 비상사태 재난 상황 등 긴급한 상황을 안내하는 영상

해설 ①의 문항의 경우는 영상물을 수신하거나 영상 장치를 조작할 수 없는 경우이다. 외에 ㉠ 운전을 할 때 자동차 등 또는 노면전차의 좌우 또는 전·후방을 볼 수 있도록 도움을 주는 영상. ㉡ 노면전차 운전자가 운전에 필요한 영상 표시 장치를 조작하는 경우가 있다.

193 자동차를 운전할 때에는 좌석안전띠를 매어야 한다. 매지 않아도 되는 사유이다. 옳지 않는 것은?

① 부상·질병 또는 임신 등으로 인하여 좌석 안전띠의 착용이 적당하지 아니하다고 인정되는 때
② 신장·비만 그 밖의 신체의 상태에 의하여 안전띠의 착용이 적당하지 않다고 인정되는 때
③ 자동차가 서행으로 주행하고 있을 때
④ 경호 등을 위한 경찰용 자동차에 의하여 호위되거나 유도되고 있는 때

해설 ③의 경우 "서행으로 주행하고 있는 때에도 좌석안전띠는 매어야 한다"가 옳은 문항이다. 외에 ㉠ 자동차를 후진시키기 위하여 운전을 한 때. ㉡ 긴급 자동차가 본래의 용도로 운행되고 있는 때. ㉢ 우편물의 집배, 폐기물의 수집 그 밖에 빈번히 승강하는 것을 필요로 하는 업무에 종사하는 자가 해당업무를 위하여 자동차를 운전하거나 승차하는 때. 등이 있다.

정답 185 ④ 186 ③ 187 ④ 188 ④ 189 ② 190 ④ 191 ④ 192 ① 193 ③

194 운송사업용 승합자동차·화물자동차 등 운전자의 준수사항이다. 맞지 않는 것은?

① 운행기록계가 설치되어 있지 아니하거나 고장 등으로 사용할 수 없는 운행기록계가 설치된 자동차를 운행하여서는 아니 된다.
② 운행기록계를 최초의 목적대로 사용하지 아니하고 자동차를 운전하는 경우
③ 승차를 거부하는 행위(사업용 승합자동차에 한함)
④ 사업용 승용 자동차의 운전자는 합승행위 또는 승차거부를 하거나 신고한 요금을 받아서는 아니 된다.

해설 ②의 문항 중 "최초의 목적대로"는 틀리고 "원래의 목적대로"가 옳은 문항이다.

195 어린이 통학버스의 특별보호에 대한 설명이다. 옳지 않는 것은?

① 어린이 통학버스가 도로에 정차하여 어린이나 영유아가 타고 내리는 중임을 표시하는 점멸등 등의 장치를 작동 중일 때에는 어린이 통학버스가 정차한 차로와 그 바로 옆 차로로 통행하는 차의 운전자는 어린이 통학버스에 이르기 전에 일시 정지하여 안전을 확인한 후 서행하여야 한다.
② 어린이나 영유아가 타고 내리는 데 방해가 되지 않도록 중앙선을 넘어 서행으로 지나간다.
③ 중앙선이 설치되어 있지 않은 도로와 편도 1차로인 도로에서는 반대 방향에서 진행하는 차의 운전자도 어린이 통학버스에 이르기 전에 일시 정지하여 안전을 확인한 후 서행하여야 한다.
④ 모든 차의 운전자는 어린이나 영유아를 태우고 있다는 표시를 한 상태로 도로를 통행하는 어린이 통학버스를 앞지르지 못한다.

해설 ②의 문항은 틀린 문항이다.

196 어린이 통학버스로 사용할 수 있는 차와 신고의 설명으로 틀린 것은?

① 사용할 자동차는 승차정원 9인승(어린이 1명을 승차정원 1명으로 본다)이상의 자동차로 한다.
② 튜닝승인을 받은 승용 또는 승합자동차를 장애아동의 승·하차 편의를 위하여 9인승 미만으로 튜닝한 경우의 자동차도 포함한다.
③ 어린이 통학버스를 운영하려는 자는 미리 관할 경찰청장에게 신고하고, 신고증명서를 받아 통학버스 안에 항상 갖추어야한다.
④ 누구든지 어린이 통학버스의 신고를 하지 아니하거나 한정면허를 받지 아니하고 어린이 통학버스와 비슷한 도색 및 표지를 한 자동차를 운전하여서는 아니 된다.

해설 ③의 문항 중 "관할 경찰청장"은 틀리고 "관할 경찰서장"이 맞는 문항이다.

197 어린이 통학버스 운전자 및 운영자의 의무에 관한 설명이다. 잘못된 것은?

① 어린이 통학버스를 운전하는 사람은 어린이나 영유아가 타고 내리는 경우에만 점멸등 등의 장치를 작동하여야 한다.
② 어린이나 영유아를 태우고 운행 중인 경우에만 운행 중임을 표시하여야 하고, 모든 어린이나 영유아가 좌석안전띠를 매도록 한 후에 출발하여야 한다.
③ 어린이 통학버스를 운영하는 자가 지명한 보호자를 함께 태우고 운행하여야 하며, 보호자를 함께 태우고 운행하여야 하며, 보호자를 함께 태우고 운행하는 경우에는 "보호자 동승 표지"를 부착할 수 있다(보호자는 승하차시 안전 확인 및 보호조치)
④ 어린이 통학버스 운영자는 운행을 마친 후 어린이나 영유아가 모두 하차(하차 확인 장치 작동)하였는지를 확인한다.

해설 ④의 문항 중 "운영자"는 틀리고, "운전자"가 맞는 문항이다.

198 어린이 통학버스 운영자 등에 대한 안전교육에 대한 설명이다. 잘못된 것은?

① 어린이 통학버스를 운영하는 사람과 운전하는 사람 및 보호자는 안전운행 등에 관한 교육을 받아야 한다.
② 어린이 통학버스 안전교육은 강의·시청각교육 등의 방법으로 3시간 이상 실시한다.
③ 신규교육 : 운영자와 동승하려는 보호자를 대상으로 그 운영·운전 또는 동승을 하기 전에 실시하는 교육이다.
④ 정기 안전교육 : 운영자, 운전자, 동승한 보호자를 대상으로 3년 마다 정기적으로 실시하는 교육이다.

해설 ④의 문항 중 "3년 마다"는 틀리고, "2년 마다"가 옳은 문항이다. ㉠ 운영자의 교육확인증의 비치 : 어린이 교육시설의 내부 잘 보이는 곳. ㉡ 운전자 및 동승보호자의 교육확인증의 비치 : 어린이 통학버스의 내부 잘 보이는 곳에 비치한다.

199 교통사고 발생 시 경찰공무원에게 신고할 사항이 아닌 것은?

① 사고가 일어난 곳   ② 사상자 수 및 부상 정도
③ 손괴한 물건 및 손괴 정도   ④ 사고 주변 날씨와 교통상황

해설 ④의 문항은 아니고 "그 밖의 조치 사항"이 있다.

200 교통사고가 발생하였을 때 동승자 등에게 현장조치를 하게하고 계속 운행할 수 있는 자동차이다. 아닌 차는?

① 긴급자동차   ② 응급 부상자를 운반 중인 차
③ 긴급우편물 운반차   ④ 외국인 관광 승합자동차

해설 ④의 차는 해당 없고, 외에 "긴급혈액공급 자동차"등이 있다.

201 고속도로 갓길 통행금지에 관한 사항으로 옳지 않는 것은?

① 자동차의 고장 등 부득이한 사정이 있는 경우를 제외하고는 차로에 따라 통행하여야 하며, 갓길로 통행하여서는 아니 된다.
② 도로가 정체 시 원활한 소통을 위해 갓길 통행이 가능하다.
③ 신호기 또는 경찰공무원 등의 신호나 지시에 따라 자동차를 운전하는 경우에는 갓길 통행이 가능하다.
④ 긴급자동차와 고속도로 등의 보수·유지 등의 작업을 하는 자동차를 운전하는 경우에는 갓길 통행이 가능하다.

해설 ②의 경우는 갓길로 통행해서는 아니 된다. 다만 고속도로에서 다른 차를 앞지르려면 방향지시기, 등화 또는 경음기를 사용하여 앞지르기 차로로 안전하게 통행하여야 한다.

정답 194 ② 195 ② 196 ③ 197 ④ 198 ④ 199 ④ 200 ④ 201 ②

202 고속도로 횡단·통행 등의 금지에 대한 설명이다. 틀린 것은?

① 자동차의 운전자는 그 차를 운전하여 고속도로 등을 횡단하거나 유턴 또는 후진하여서는 아니 된다.
② 긴급자동차 또는 도로의 보수·유지 등의 응급조치 작업을 하는 자동차는 통행할 수 있다.
③ 고속도로 등에서 위험 방지·제거하거나 교통사고에 대한 응급조치 작업을 위한 자동차로서 그 목적을 위하여 필요한 경우에는 통행할 수 있다.
④ 자동차(이륜자동차의 긴급자동차는 제외)외의 차마의 운전자 또는 보행자는 고속도로 등을 통행하거나 횡단하여서는 아니 된다.

해설 ④의 문항 중 "이륜자동차의 긴급자동차는 제외"는 틀리고 "이륜자동차는 긴급자동차만 해당"이 맞는 문항이다.

203 고속도로에서 정차 및 주차의 예외규정 설명이다. 틀린 것은?

① 긴급자동차가 아닌 차가 갓길에 정차나 주차한 경우
② 정차 또는 주차할 수 있도록 안전표지를 설치한 곳이나 정류장에서 정차 또는 주차시키는 경우
③ 고장이나 그 밖의 부득이한 사유로(갓길 포함) 정차 또는 주차 시키는 경우
④ 도로의 관리자가 고속도로 등을 보수·유지 또는 순회하기 위하여 정차 또는 주차시키는 경우

해설 ①의 경우는 불법 주·정차로 견인대상이며, 외에 ③ 법령의 규정 또는 경찰공무원의 지시에 따르거나 위험을 방지하기 위하여 일시 정차 및 주차시키는 경우. ⓒ 통행료를 내기 위하여 일시 정차 및 주차시키는 경우. ⓒ 교통이 밀리거나 그 밖의 부득이한 사유로 움직일 수 없을 때에 고속도로 등의 차로에 일시정지 또는 주차시키는 경우. 등이 있다.

204 밤에 고장으로 인하여 고속도로에서 자동차를 운행할 수 없는 경우 고장 자동차의 표지 (안전 삼각대)와 함께 사방 ( )미터 지점에서 식별할 수 있는 불꽃신호를 추가로 설치 하여야 한다. ( )에 맞는 것은?

① 300미터 ② 400미터
③ 500미터 ④ 600미터

해설 ③의 사방 500미터 지점에서 식별할 수 있는 적색의 섬광신호, 전기제등 또는 불꽃신호를 추가로 설치하여야 한다.

205 자동차 운전면허를 받으려는 사람은 운전면허시험 전에 교통안전교육을 받아야 하는데 그 교육시간으로 맞는 것은?

① 1 시간 ② 2 시간
③ 3 시간 ④ 4 시간

해설 ① 시청각교육 등 기본예절 1시간의 교육을 받는다. 외에 특별 안전교육 의무교육과 운전전문 학원에서 학과 교육을 받은 사람은 받지 않아도 된다.

206 교통안전교육에서 특별안전 의무교육(음주운전교육) 위반 횟수와 시간의 설명이다. 다른 것은?

① 최근 5년 동안 1회 위반 : 12시간(3회, 회당 4 시간)
② 최근 5년 동안 2회 위반 : 16시간(4회, 회당 4 시간)
③ 최근 5년 동안 3회 위반 : 48시간(12회, 회당 4 시간)
④ 배려 운전 교육 : 6 시간

해설 ④의 교육 종류와 시간은 음주운전교육과 다른 교육이다.

207 교통안전교육에서 특별교통안전 권장교육의 교육과정과 시간이다. 틀린 시간은?

① 법규 준수교육 : 6 시간 ② 벌점 감점교육 : 4 시간
③ 현장 참여교육 : 7 시간 ④ 고령 운전자교육 : 3 시간

해설 ③의 현장 참여교육 시간은 "7 시간"은 틀리고 "8 시간"이 옳은 문항이다.
*교육을 받을 수 없을 때에는 증빙서류를 첨부하여 연기할 수 있고, 연기를 받은 사람은 30일 이내에 받아야 한다. ③ 질병이나 부상으로 인하여 거동이 불가능한 경우, ⓒ 법령에 따라 신체의 자유를 구속당한 경우, ⓒ 그 밖에 부득이하다고 인정할 만한 상당한 이유가 있는 경우, 가 있다.

208 긴급자동차 교통안전교육의 시간에 대한 설명이다. 맞는 것은?

① 1 시간(2시간) ② 2 시간(3 시간)
③ 3 시간(4 시간) ④ 4 시간(4 시간)

[해설] ②의 문항 "2시간(3시간)"이 맞는 문항이다. ( )안은 신규교육 시간. ③ 신규 교육 : 최초로 긴급자동차를 운전하려는 사람. ⓒ 정기 교통안전교육 : 긴급자동차를 운전하는 사람을 대상으로 3년 마다 정기적으로 실시하는 교육

209 75세 이상인 사람에 대한 교통안전교육의 시간이다. 맞는 것은?

① 2 시간 ② 3 시간
③ 4 시간 ④ 5 시간

해설 ①의 2 시간이 맞는 문항이다.

210 도로교통법상 제1종 대형면허로 운전할 수 없는 자동차는?

① 화물 자동차 ② 구난 자동차
③ 승용 자동차 ④ 아스팔트 살포기

해설 ② 구난차는 1종 구난차 면허를 취득하여야 운전할 수 있다.

211 도로교통법상 제1종 보통면허로 운전할 수 없는 자동차는?

① 덤프트럭
② 승차정원 15명 이하의 승합자동차
③ 원동기장치자전거
④ 적재중량 12톤 미만의 화물자동차

해설 ①은 1종 대형면허를 취득해야 운전할 수 있다.

212 운전면허 1종 특수면허로 운전할 수 있는 자동차로 다른 것은?

① 대형 견인차 면허 : 견인형 특수자동차
② 소형 견인차 면허 : 총중량 3.5톤 이하의 견인형 특수자동차
③ 구난차 면허 : 구난형 특수자동차
④ 1종 소형면허 : 3륜 화물 또는 승용자동차

해설 ④의 문항은 1종 소형면허가 운전할 수 있는 차이다.

213 도로교통법상 제2종 보통면허로 운전할 수 없는 자동차는?

① 승차정원 10명 이하의 승합자동차
② 총중량 10톤 미만의 특수자동차(구난차 등은 제외)
③ 적재중량 4톤 이하의 화물자동차
④ 총중량 3.5톤 이하의 특수자동차(구난차 등은 제외)

해설 ②의 차는 제1종 보통면허를 가져야 운전할 수 있다.

정답 202 ④ 203 ① 204 ③ 205 ① 206 ④ 207 ③ 208 ② 209 ① 210 ② 211 ① 212 ④ 213 ②

214 제1종 대형면허 화물자동차 적재중량과 제1종 보통면허 화물자동차 적재중량의 운전범 위를 구분할 때의 적재중량의 기준으로 맞는 것은?

① 8톤 미만 ② 10톤 미만
③ 12톤 미만 ④ 15톤 미만

해설 ③의 12톤을 기준으로 하여, 이상은 제1종 대형면허를 취득해야 하고 12톤 미만은 제1종 보통면허를 취득해야 운전할 수 있다.

215 운전면허를 받을 수 없는 사람에 대한 설명이다. 틀린 것은?

① 1종 2종 보통면허 : 18세 미만(원동기 장치 자전거의 경우는 16세 미만)인 사람
② 1종 대형 또는 특수면허 : 19세 미만이거나 자동차 운전경력(이륜자동차는 제외)이 1년 미만인 사람
③ 정신질환자, 뇌전증 환자, 치매, 조현병(정동장애 포함), 재발성 우울장애, 양극성 정동장애(조울병), 정신 발육지연 등
④ 대한민국의 국적을 가지지 않은 사람 중 외국인 등록을 한 사람이나 국내 거소신고를 하지 않은 사람

해설 ④의 문항 중 "외국인 등록을 한 사람"은 틀리고, "외국인 등록을 하지 않은 사람(외국인 등록이 면제된 사람은 제외)"이 맞는 문항임. 외에 ㉠ 국내 거소신고를 하지 않은 사람 ㉡ 마약, 대마, 향정신성의약품 또는 알코올 관련 장애로 정상적인 운전을 할 수 없다고 인정되는 사람 등이 있다.

216 운전면허 취득 결격기간이 5년에 해당한 사유이다. 다른 것은?

① 술에 취한 상태에서의 운전금지를 위반하여 취소된 경우
② 과로한 때 등의 운전금지를 위반하여 취소된 경우
③ 공동 위험행위의 금지를 위반하여 취소된 경우
④ 무면허 운전(결격기간 중 운전 포함)금지위반으로 취소된 때

해설 ①②③의 사유로 취소된 때는 취소일로부터 5년, ④의 경우는 위반일로부터 2년이다.

217 무면허 운전, 음주운전, 과로한 때의 운전·공동 위험행위 운전의 규정에 따른 사유가 아닌 다른 사유로 사람을 사상한 후 사고 발생 시의 필요한 조치 및 사고신고를 하지 아니한 경우의 결격기간으로 맞는 것은?

① 2년 ② 3년
③ 4년 ④ 5년

해설 ③의 문항 취소일부터 4년이 맞는 문항이다.

218 운전면허 취득 결격기간이 3년에 해당한 사유이다. 다른 것은?

① 술에 취한 상태에서 운전금지를 위반하여 운전(무면허 운전 또는 운전면허결격기간 운전 포함)을 하다가 2회 이상 교통사고를 일으킨 경우
② 술에 취하였는지를 조사하는 경찰공무원의 측정에 응하여야하는 의무를 2회 이상 위반하고 교통사고를 일으킨 경우
③ 공동 위험행위의 금지 위반을 2회 이상 위반한 경우(무면허 운전 또는 결격기간 운전 포함)

④ 자동차 등을 이용하여 범죄행위를 하거나 다른 사람의 자동차 등을 훔치거나 빼앗은 사람이 무면허운전 금지를 위반하여 운전한 경우(위반한 날)

해설 ③의 경우는 취소일 또는 위반일부터 2년이다.
*무면허 운전과 운전면허결격기간 위반을 함께 위반하여 취소된 경우는 위반한 날부터 계산한다.

219 운전면허 취득 결격기간이 2년에 해당한 사유이다. 틀린 것은?

① 술에 취한 상태에서의 운전금지 또는 술에 취하였는지를 조사하는 경찰공무원의 측정 의무를 2회 이상 위반(무면허 운전 또는 운전면허결격기간 운전 위반 포함)한 경우
② 술에 취한 상태에서의 운전 금지 또는 술에 취하였는지를 조사하는 경찰공무원의 측정 의무를 위반(무면허 운전 또는 운전면허결격기간 운전 위반 포함)한 경우
③ 공동 위험행위의 금지를 2회 이상 위반(무면허 운전 또는 운전면허결격기간 운전 위반 포함)한 경우
④ 무면허 운전 또는 운전면허결격기간 운전 위반을 4회 이상 위반한 경우

해설 ④의 문항 "4회 이상"은 틀리고 "3회 이상"이 옳은 문항임. 외에 ㉠ 운전면허를 받을 수 없는 사람이 운전면허를 받거나 그 밖의 부정수단으로 운전면허를 받은 경우 또는 운전면허증을 갈음하는 증명서를 발급받은 사실이 드러난 경우. ㉡ 다른 사람의 자동차 등을 훔치거나 빼앗은 경우. ㉢ 다른 사람이 부정하게 운전면허를 받도록 하기 위하여 운전면허 시험에 대신 응시한 사유로 운전면허가 취소된 경우가 있다.

220 벌점의 종합 관리에 대한 설명이다. 맞지 않는 것은?

① 법규위반 또는 교통사고로 인한 벌점은 당해 위반 또는 사고가 있었던 날을 기준으로 과거 2년 간의 모든 벌점을 누산하여 관리한다.
② 처분 벌점이 40점 미만인 경우에 최종의 위반일 또는 사고일로부터 위반 및 사고 없이 1년이 경과한 때에는 그 처분 벌점은 소멸한다.
③ 인적피해가 있는 교통사고를 야기하고 도주한 차량의 운전자를 검거하거나 신고한 사람에게는 40점의 특혜점수를 부여하여 기간에 관계없이 그 운전자가 정지 또는 취소 처분을 받게 될 경우 누산점수에서 이를 공제한다.
④ 경찰청장이 정하여 고시하는 바에 따라 무위반·무사고 서약을 하고 1년 간 이를 실천한 운전자에게는 실천할 때마다 10점의 특혜점수를 부여하여 기간에 관계없이 그 운전자가 정치처분을 받게 될 경우 누산점수에서 이를 공제한다.

해설 ①의 문항 중 "과거 2년 간의"는 틀리고 "과거 3년 간의"가 맞는 문항이다.

221 누산점수 초과로 인한 운전면허 취소 기준으로 틀린 것은?

① 1년간 : 121점 이상 ② 2년간 : 201점 이상
③ 3년간 : 271점 이상 ④ 3년간 : 275점 이상

해설 ④는 "3년간 : 271점 이상"이 옳은 문항이다.

222 운전면허 정지처분은 벌점 또는 처분벌점이 몇 점 이상인 때에 집행하게 되는가?

① 30점 이상인 때부터 ② 35점 이상인 때부터
③ 40점 이상인 때부터 ④ 45점 이상인 때부터

해설 ③의 벌점으로 처분벌점이 40점 이상인 때부터 집행한다.

정답 214 ③ 215 ④ 216 ④ 217 ③ 218 ③ 219 ④ 220 ① 221 ④ 222 ③

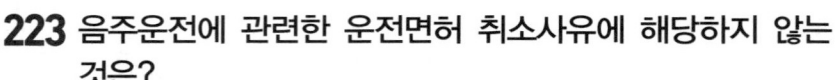

223 음주운전에 관련한 운전면허 취소사유에 해당하지 않는 것은?

① 혈중알코올농도 0.03% 이상을 넘어서 운전을 하다가 교통사고로 사람을 죽게 하거나 다치게 한 때
② 혈중알코올농도 0.08% 미만에서 운전을 한 때
③ 혈중알코올농도 0.08% 이상에서 운전을 한 때
④ 혈중알코올농도 0.03%을 넘어서 운전을 하거나 음주측정에 불응한 사람이 다시 음주 운전을 한 때

해설 ②의 경우는 행정처분 벌점 100일에 해당한다.

224 운전면허의 취소와 관련한 위반사항이다. 다른 것은?

① 면허증 소지자가 다른 사람에게 면허증을 빌려주어 운전하게 하거나 빌려서 사용한 경우
② 공동위험행위 또는 난폭운전으로 구속된 경우
③ 자동차 등을 이용하여 형법상 특수상해 등(보복운전)을 하여 형사입건 된 경우
④ 최고 속도보다 100km/h를 초과한 속도로 3회 이상 운전한 경우

해설 ③의 문항은 벌점 100점에 해당한 위반사항이다. 외에 ㉠ 운전면허 행정처분 기간 중 운전 행위. ㉡ 허위 또는 부정한 수단으로 운전면허를 받은 경우, 등이 있다.

225 다음 위반 사항의 벌점은 100점에 해당한 것이다. 다른 것은?

① 속도위반 100km/h 초과 운행 위반
② 술에 취한 상태의 기준을 넘어서 운전한 때(혈중알코올농도 0.03% 이상 0.08% 미만)
③ 속도위반 80km/h 초과 100km/h 이하 운행 위반
④ 자동차 등을 이용하여 형법상 특수상해 등(보복운전)을 하여 형사입건 된 때

해설 ③의 문항 위반은 벌점 80점에 해당하여 다르다.
㉠ 속도 60km/h ~ 80km/h 위반은 벌점 60점이다.

226 다음 위반 사항의 벌점은 40점에 해당한 것이다. 다른 것은?

① 공동위험행위와 난폭 운전으로 형사 입건된 때
② 안전운전위반을 3회 이상 위반한 때
③ 통행구분 위반(중앙선 침범에 한함)
④ 출석기간 또는 범칙금 납부기간 만료일부터 60일이 경과될 때까지 즉결심판을 받지 않은 때

해설 ③의 문항의 벌점은 30점에 해당하고 외에 벌점 40점은 "승객의 차내 소란 행위 방치운전"이 있다.

227 다음은 벌점 30점에 해당하는 위반 행위이다. 아닌 것은?

① 속도위반(40km/h 초과 60km/h 이하)
② 신호·지시위반, 운전 중 휴대용 전화 사용
③ 회전교차로 통행방법 위반(통행방향 위반에 한함)
④ 고속도로·자동차 전용도로 갓길 통행

해설 ②의 문항 벌점은 15점에 해당되어 다르다. 외에 ㉠ 어린이 통학버스 특별보호 위반, ㉡ 운전면허증 제시의무 위반 또는 운전자 신원확인을 위한 경찰공무원의 질문에 불응, ㉢ 고속도로 버스 전용차로·다인승 전용차로 통행 위반, 등이 있다.

228 다음은 벌점 15점에 해당하는 위반사항이다. 다른 것은?

① 신호·지시 위반, 속도위반(20km/h 초과 40km/h 이하)
② 앞지르기 금지 시기·장소 위반
③ 일반도로 전용차로 통행 위반, 앞지르기 방법 위반
④ 운전 중 영상 표시 장치 조작

해설 ③의 문항의 벌점은 10점으로 다르다. 외에 ㉠ 운전 중 운전자가 볼 수 있는 위치에 영상 표시, ㉡ 휴대용 전화사용, 등이 있다.

229 다음은 벌점 10점에 해당하는 위반사항이다. 다른 것은?

① 통행구분 위반(보도 침범, 보도 횡단 방법 위반)
② 지정차로 통행 위반(진로변경 금지장소에서의 진로변경 포함), 차로 준수 의무 위반
③ 보행자 보호 불이행(정지선 위반 포함), 승객 또는 승·하차자 추락방지 의무 위반
④ 적재 제한 위반 또는 적재물 추락 방지 위반

해설 ④의 위반은 벌점 15점에 해당하는 위반사항이다. 외에 ㉠ 일반도로 전용차로 통행위반, ㉡ 안전거리 미확보(진로 변경 방법 위반 포함), ㉢ 노상 시비·다툼 등으로 차마의 통행 방해 행위, ㉣ 앞지르기 방법 위반, 등이 있다.

230 돌·유리병·쇳조각이나 그 밖의 도로에 있는 사람이나 차마를 손상시킬 수 있는 물건을 던지거나 발사하는 행위와 차마에서 밖으로 물건을 던지는 행위의 벌점에 해당하는 것은?

① 10점　　② 20점
③ 30점　　④ 40점

해설 ①의 벌점 10점이 맞는 문항이다.

231 어린이 보호구역 및 노인·장애인 보호구역 안에서 오전 8시부터 오후 8시 사이에 다음 각 목을 위반한 운전자에게 2배의 벌점을 부과하여야 한다. 그 위반 항목이 아닌 것은?

① 속도 위반(60km/h 초과 80km/h 이하)
② 속도 위반(40km/h 초과 60km/h 이하)
③ 속도 위반(20km/h 초과 40km/h 이하)
④ 공동 위험행위와 난폭운전 행위로 형사 입건된 때

해설 ④의 위반행위는 벌점 40점에 해당하여 해당 없고 외에 ㉠ 신호·지시 위반, ㉡ 보행자 보호 불이행(정지선 위반 포함)이 있다.
*벌점 120점이 부과되는 위반사항
㉠ 속도 위반(100km/h 초과)
㉡ 속도 위반(80km/h 초과 100km/h 이하)

232 자동차 등의 운전 중에 교통사고의 인적피해 결과에 따른 벌점의 기준이다. 틀린 것은?

① 사망 1명 마다 : 90점(사고발생 시부터 72시간 이내 사망)
② 중상 1명 마다 : 15점(3주 이상의 의사 진단)
③ 경상 1명 마다 : 10점(3주 미만 5일 이상의 의사의 진단)
④ 부상신고 1명 마다 : 2점(5일 미만의 의사의 진단)

해설 ③의 "경상 1명 마다 : 5점"이 옳은 문항이다.
*사망사고 72시간은 행정상의 구분일 뿐 72시간 이후라도 사망 원인이 교통사고라면 형사적 책임이 부과된다.

233 고속도로 · 특별시 · 광역시 및 시의 관할 구역과 군(광역시의 군을 제외)의 관할구역 중 경찰관서가 위치하는 리 또는 동 지역에서 교통사고를 야기 후 자진신고 시간과 벌점이다. 맞는 것은?

① 3 시간 이내 신고 : 벌점은 30점
② 4 시간 이내 신고 : 벌점은 35점
③ 5 시간 이내 자진 : 벌점은 40점
④ 6 시간 이내 자진 : 벌점은 50점

해설 ①의 문항 3 시간 이내 자진 신고 시 벌점은 30점이 맞다. ㉠ 그 밖의 지역에서는 12시간 이내 자진 신고할 때에도 벌점은 30점이다. ㉡ ㉠의 목에 따른 시간 후 48시간 이내에 자진 신고를 한 때는 벌점은 60점이다. ㉢ 벌점 15점 : 물적 피해가 발생한 교통사고를 일으킨 후 도주한 때와 교통사고를 일으킨 즉시 그때 그 자리에서 곧 사상자를 구호하는 등 조치를 하지 아니하였으나 그 후 자진신고를 한 때

234 승용자동차의 운전자가 속도위반 60km/h 초과 운행 위반한 경우의 범칙금으로 맞는 것은?

① 9만 원
② 10만 원
③ 12만 원
④ 13만 원

해설 ③의 12만 원(승합자동차는 13만 원)이 맞다. 외에 ㉠ 어린이 통학버스 운전자의 의무 위반, ㉡ 인적 사항 제공 의무 위반(주 · 정차된 차만 손괴한 것이 분명한 경우에 한함)

235 다음의 항목을 승합자동차의 운전자가 위반하였을 때의 범칙금이다. 범칙금이 다른것은?

① 속도위반(40km/h 초과 60km/h 이하)
② 승객의 차 안 소란 행위 방치 운전
③ 어린이 통학버스 특별 보호 위반
④ 안전표지가 설치된 곳에서의 정차 · 주차 금지 위반

해설 승합자동차 : ①·②·③의 위반 행위 범칙금은 10만 원이 부과되고, ④의 위반사항은 9만 원이 부과된다.
승용자동차 : ①·②·③의 위반 행위 범칙금은 9만 원이 부과되고, ④의 위반사항은 8만 원이 부과된다.

236 승용자동차 운전자의 위반행위별 범칙금이다. 틀린 것은?

① 신호 · 지시위반, 중앙선 침범, 통행구분 위반 : 6만 원
② 일반도로 전용차로 통행 위반, 주차금지 위반 : 4만 원
③ 회전 교차로 진입 · 진행 방법 위반 : 5만 원
④ 차로 통행 준수 의무 위반, 지정차로 위반 : 3만 원

해설 ③의 문항은 "범칙금 5만 원"은 틀리고, "범칙금 4만 원"이다.

237 승합자동차의 운전자가 위반 시 범칙금 7만 원이다. 다른 것은?

① 철길 건널목 통과 방법 위반, 횡단보도 보행자 횡단 방해
② 앞지르기금지 시기 · 장소 위반, 운전 중 휴대용 전화 사용
③ 도로에서 시비 · 다툼 등으로 인한 차마의 통행 방해 행위
④ 고속도로 · 자동차 전용도로 갓길 통행, 승차 인원 초과

해설 ③의 문항 범칙금은 5만 원(승용차 : 4만 원)이며, ①·②·④의 승용차의 범칙금은 6만 원이다.

238 승용자동차의 운전자가 위반 시 범칙금 4만 원이다. 다른 것은?

① 교차로 통행 방법 위반, 안전 운전 의무 위반
② 속도위반 20km/h 이하, 끼어들기 금지 위반
③ 정차 · 주차 방법 위반, 고속도로 지정차로 통행 위반
④ 고속도로 · 자동차 전용도로 횡단 · 유턴 · 후진 위반

해설 ②의 위반은 승용 · 승합자동차 공히 범칙금 3만 원이다. ①·②·④의 경우 승합자동차는 범칙금 5만 원이다.

239 승합(승용)자동차의 운전자가 위반하였을 때의 범칙금 3만 원을 부과하는 위반사항이다. 다른 것은?

① 진로 변경 방법 위반, 서행의무 위반, 일시정지 위반
② 최저속도 위반, 일반도로 안전거리 미확보
③ 방향전환 · 진로변경 및 회전교차로 진입 · 진출 시 신호 불이행
④ 운전석 이탈 시 안전 확보 불이행, 급제동 금지 위반

해설 ② 문항의 승합 · 승용자동차 범칙금은 2만 원이며, ①·③·④의 문항 위반은 승합 · 승용자동차 공히 범칙금 3만 원이다.

240 돌 · 유리병 · 쇳조각 그 밖에 도로에 있는 사람이나 차마를 손상시킬 우려가 있는 물건을 던지거나 발사하는 행위를 한 모든 차마에 부과하는 범칙금은?

① 5만 원
② 6만 원
③ 7만 원
④ 9만 원

해설 ①의 범칙금 5만 원이 맞는 문항이다.

241 어린이 보호구역 및 노인 · 장애인 보호구역에서 승용자동차가 60km/h 초과하여 위반을 하였을 경우 부과되는 과태료 금액은?

① 15만 원
② 16만 원
③ 17만 원
④ 18만 원

해설 ②의 문항 16만 원이 맞다. 승합자동차는 17만 원이 부과됨.
㉠ 40km/h 초과 60km/h 이하 : 승합자동차 14만 원, 승용자동차 13만 원
㉡ 20km/h 초과 40km/h 이하 : 승합자동차 11만 원, 승용자동차 10만 원
㉢ 20km/h 이하 : 승합차, 승용차 공히 각각 7만 원 부과

242 어린이 보호구역에서 승합자동차가 정차 또는 주차를 위반한 차의 고용주 등에게 부과하는 과태료 금액으로 맞는 것은?

① 13(14)만 원
② 12(13)만 원
③ 11(12)만 원
④ 10(11)만 원

해설 ①의 문항 13(14)만 원이 맞다. ( )안은 2시간 이상 주 · 정차한 경우를 말한다.
㉠ 승용자동차 : 12(13)만 원
*노인 · 장애인 보호구역에서 위반한 경우 고용주 과태료
㉠ 승합자동차 : 9(10)만 원 ㉡ 승용자동차 : 8(9)만 원
*신호 또는 지시를 따르지 않은 차 또는 노면전차의 고용주 등에게 부과하는 과태료
㉠ 승합자동차 : 14만 원 ㉡ 승용자동차 : 13만 원

제3장 교통사고 처리특례법령

243 교통사고특례법의 제정 목적으로 옳은 것은?
① 차의 교통으로 중과실 치상죄를 일으킨 운전자에 대하여 종합보험에 가입되어 있어도 합의와 관계없이 공소를 제기할 수 있다.
② 차를 운전 중 고의로 교통사고를 일으킨 운전자를 처벌하기 위하여 제정한 법이다.
③ 교통사고로 인한 피해의 신속한 회복을 촉진하고 국민 생활의 편익을 증진하기 위한 법이다.
④ 차의 교통으로 업무상과실 치상죄를 범한 운전자에 대해 피해자와 민사합의를 해도 공소를 제기할 수 있다.
[해설] ③의 문항이 "교통사고 처리특례법의 제정 목적"이다.

244 차의 교통으로 인한 교통사고가 발생하여 운전자를 처벌하여야 하는 경우 적용되는 법에 해당하는 것은?
① 도로교통법   ② 교통사고 처리특례법
③ 도로법   ④ 과실 재물 손괴 죄
[해설] ②의 "교통사고 처리특례법"이 맞는 문항이다.

245 "차의 교통으로 인하여 사람을 사상하거나 물건을 손괴하는 것"을 뜻하는 교통사고처리 특례법상의 용어에 해당되는 것은?
① 전도사고   ② 추락사고
③ 교통사고   ④ 안전사고
[해설] ③의 문항 "교통사고"가 맞는 문항이다.

246 차의 운전자가 업무상 과실 또는 중대한 과실로 인하여 사람을 사상에 이르게 한 경우 이에 대한 형법상 벌칙에 해당한 것은?
① 5년 이하의 금고 또는 2천만 원 이하의 벌금
② 5년 이하의 징역 또는 3천만 원 이하의 벌금
③ 3년 이하의 징역 또는 2천만 원 이하의 벌금
④ 2년 이하의 징역 또는 1천만 원 이하의 벌금
[해설] ①의 문항 "5년 이하의 금고 또는 2천만 원 이하의 벌금"이 맞는 문항이다.

247 차의 운전자가 중대한 과실로 다른 사람의 그 밖의 재물을 손괴한 경우 처벌로 맞는 것은?
① 2년 이하의 금고나 2천만 원 이하의 벌금
② 2년 이하의 금고나 500만 원 이하의 벌금
③ 3년 이하의 금고 또는 2천만 원 이하의 벌금
④ 4년 이하의 금고 또는 1천만 원 이하의 벌금
[해설] ②의 문항 "2년 이하의 금고나 500만 원 이하의 벌금"이 맞다

248 교통사고의 조건에 대한 설명이다. 맞지 않는 것은?
① 명백한 자살이라고 인정되는 사고
② 차에 의한 사고
③ 피해의 결과 발생(사람 사상 또는 물건의 손괴)
④ 교통으로 인하여 발생한 사고

[해설] ①의 문항 "명백한 자살이라고 인정되는 사고"가 맞다. 외에 ㉠ 사람이 건물, 육교 등에서 추락하여 운행 중인 차량과 충돌 또는 접촉하여 사상한 경우 등이 있다.

249 교통사고를 일으킨 운전자가 종합보험이나 공제조합에 가입되어 있어 교통사고 처리특례 법의 특례가 적용되는 경우로 맞는 것은?
① 교통사고로 사람을 사망에 이르게 한 운전자
② 교통사고를 야기한 후 부상자 구호를 하지 아니하고 도주한 운전자
③ 신호 위반으로 경상의 교통사고를 일으킨 운전자
④ 일반도로에서 횡단, 유턴, 후진 중 사고를 일으킨 운전자
[해설] ④의 문항이 특례적용 대상자가 맞다.
*종합보험이나 공제에 가입된 사실 증명 : 보험회사 또는 공제사업자가 작성한 서면에 의하여 증명되어야 한다.

250 교통사고특례법의 특례적용 제외자(형사처벌 대상)가 아닌 자는?
① 사망 사고 운전자
② 과속(20km/h 초과) 사고 위반 운전자
③ 안전운전 의무 위반 사고 운전자
④ 신호 · 지시 위반 사고 운전자
[해설] ③의 "안전운전 의무 위반 사고 운전자"는 특례적용 대상자이다. 외에 중앙선침범 사고, 횡단 · 유턴 또는 후진 중 사고, 앞지르기의 방법 · 금지시기 · 금지장소 또는 끼어들기의 금지 위반 사고, 철길건널목 통과방법 위반 사고, 횡단보도에서 보행자 보호의무 위반 사고, 주취 · 약물복용 운전 중 사고, 보도침범 통행방법 위반 사고, 승객추락방지의무 위반 사고 등이 있다.

251 교통사고로 인명 피해가 발생하였을 때의 중 · 상해의 범위에 대한 설명이다. 해당 없는 것은?
① 생명에 대한 위험 : 생명유지에 불가결한 뇌 또는 주요 장기에 대한 중대한 손상
② 불구 : 사지 절단 등 신체 중요 부분의 상실 · 중대 변형 또는 시각 · 청각 · 언어 · 생식기능 등 중요한 신체기능의 영구적 상실
③ 불치나 난치의 질병 : 사고 후유증으로 중증의 정신 장애 · 하반신 마비 등 완치 가능성이 없거나 희박한 중대 질병
④ 일시적인 청각 장애 : 교통사고의 충격으로 듣는데 일시적인 지장이 있었는데 완치 가능성이 있는 경우
[해설] ④의 경우는 중상행위 범위에 속하지 않는다.

252 교통사고 운전자가 피해자를 구호조치 하지 아니하여 피해자를 사망에 이르게 하고 도주하거나, 도주 후에 피해자가 사망한 경우의 처벌로 맞는 것은?(가중 처벌)
① 무기 또는 5년 이상의 징역
② 1년 이상 유기징역 또는 5백만 원 이상 3천만 원 이하의 벌금
③ 사형, 무기 또는 5년 이상의 징역
④ 무기 또는 3년 이상의 징역
[해설] ①의 문항이 맞는 문항이고, ②는 피해자를 상해에 이르게 한 경우의 처벌기준"이다.

정답 243 ③ 244 ② 245 ③ 246 ① 247 ② 248 ① 249 ④ 250 ③ 251 ④ 252 ①

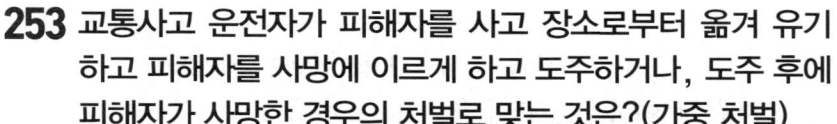

253 교통사고 운전자가 피해자를 사고 장소로부터 옮겨 유기하고 피해자를 사망에 이르게 하고 도주하거나, 도주 후에 피해자가 사망한 경우의 처벌로 맞는 것은?(가중 처벌)

① 사형, 무기 또는 5년 이상의 징역
② 3년 이상의 유기징역
③ 무기 또는 3년 이상의 징역
④ 1천만 원 이상 3천만 원 이하의 벌금

해설 ①의 문항이 맞다. ③의 처벌기준은 "사람을 상해에 이르게 한 경우"의 처벌 기준이다.

254 음주 또는 약물의 영향으로 정상적인 운전이 곤란한 상태에서 자동차를 운전(위험운전 치·사상)하여 사람을 사망에 이르게 한 경우의 처벌기준이다. 맞는 것은?

① 무기 또는 2년 이상의 징역
② 무기 또는 3년 이상의 징역
③ 1년 이상 15년 이하의 징역 또는 1천만 원 이상 3천만 원 이하의 벌금
④ 3년 이상의 유기징역

해설 ②의 문항이 맞다. ③의 처벌기준은 "사람을 상해에 이르게 한 경우"의 처벌 기준이다.

255 교통사고에 의한 사망사고의 정의에 대한 설명이다. 틀린 것은?

① 교통사고가 주된 원인이 되어 교통사고 발생 시부터 30일 이내에 사망한 사고를 말한다.
② 도로 교통법상 교통사고가 주된 원인이 되어 72시간 내 사망한 사고를 말한다.
③ 교통사고 발생 후 72시간 내 사망하면 벌점 90점 부과된다.
④ 자동차 본래의 목적이 아닌 작업 중 과실로 떨어져 피해자가 사망한 경우

해설 ④의 경우 사망은, 사망사고 성립요건 운전자의 예외 규정에 해당하여 틀린다.

256 교통사고의 도주(뺑소니)인 경우이다. 도주가 아닌 경우는?

① 피해자 사상 사실을 인식하거나 예견됨에도 가버린 경우
② 사고 운전자를 바꿔치기 하여 신고한 경우와 사고 운전자가 연락처를 거짓으로 알려준 경우
③ 사고 장소가 혼잡하여 불가피하게 일부 진행 후 정지하고 되돌아와 조치한 경우
④ 자신의 의사를 제대로 표시하지 못하는 나이 어린 피해자가 "괜찮다"라고 하여 조치 없이 가버린 경우

해설 ③의 문항은 도주(뺑소니)가 아니다. 외에 ㉠ 피해자를 사고 현장에 방치한 채 가버린 경우, ㉡ 현장에 도착한 경찰관에게 거짓으로 진술한 경우, ㉢ 피해자가 이미 사망하였다고 사체 안치 후송 조치 없이 가버린 경우, ㉣ 피해자를 병원까지만 후송하고 계속 치료를 받을 수 있는 조치 없이 가버린 경우, ㉤ 쌍방 업무상 과실이 있는 경우에 발생한 사고와 과실이 적은 차량이 도주한 경우. 가 있다.

257 신호·지시 위반 사고 사례에 대한 설명이다. 잘못된 것은?

① 신호가 변경되기 전에 출발하여 인적 피해를 야기한 경우
② 황색 주의 신호에 교차로에 진입하여 인적 피해를 야기한 경우
③ 신호내용을 위반하고 진행하여 인적피해를 야기한 경우
④ 황색 차량 신호에 진행하다 정지선과 횡단보도 사이에서 보행자를 충격한 경우

해설 ④의 "황색 차량 신호"는 틀리고 "적색 차량 신호"가 옳은 문항이다.

258 중앙선 침범(현저한 부주의)를 적용할 수 있는 경우이다. 적용할 수 없는 경우인 것은?

① 커브 길에서 과속으로 인한 중앙선 침범의 경우
② 빗길에서 과속으로 인한 중앙선 침범의 경우
③ 졸다가 뒤늦은 제동으로 중앙선을 침범한 경우
④ 사고를 피하기 위해 급제동하다 중앙선을 침범한 경우

해설 ④는 부득이한 경우로 중앙선 침범을 적용할 수 없다. 외에 "차내 잡담 또는 휴대폰 통화 등의 부주의로 중앙선을 침범한 경우"가 있다.

259 속도에 대한 정의의 설명이다. 잘못된 것은?

① 규제속도 : 법정속도(도로교통법에 따른 도로별 최고·최저 속도)와 제한속도(시·도 경찰청에 의한 지정속도).
② 설계속도 : 도로 설계의 기초가 되는 자동차의 속도.
③ 주행속도 : 정지시간을 포함한 실제 주행 거리의 평균 주행속도.
④ 구간속도 : 정지시간을 포함한 주행거리의 평균 주행 속도.

해설 ③의 "포함한"은 틀리고, "제외한"이 옳은 문항이다.

260 교통사고처리 특례법에서의 과속은 법정속도와 제한(지정)속도에서 몇 km를 초과한 경우로 하는가?

① 10km/h   ② 20km/h
③ 30km/h   ④ 40km/h

해설 ②의 20km/h 이상 초과 운행한 경우를 말한다.

261 최고속도의 100분의 50을 줄인 속도로 운행하여야 하는 경우이다. 맞지 않는 것은?

① 폭우·폭설·안개 등으로 가시거리가 100m 이내인 경우
② 노면이 얼어붙은 경우
③ 눈이 20mm 이상 쌓인 경우
④ 비가 내려 노면이 젖어 있는 경우

해설 ④의 문항은 "100분의 20을 줄인 속도로 운행할 경우"에 해당하고, 외에 "눈이 20mm 미만 쌓인 경우"가 있다.
*100분의 20을 줄인 감속도: ㉠ 60km/h→48km/h, ㉡ 70km/h→56km/h, ㉢ 80km/h→64km/h, ㉣ 90km/h→72km/h

262 승합자동차가 속도를 위반한 때의 행정처분이다. 틀린 것은?

① 60km/h 초과 : 범칙금 13만 원, 벌점 60점
② 40km/h 초과 60km/h 이하 : 범칙금 10만 원, 벌점 30점
③ 20km/h 초과 40km/h 이하 : 범칙금 7만 원, 벌점 15점
④ 20km/h 이하 : 범칙금 3만 원, 벌점 10점

해설 ④의 문항 "벌점 10점"은 없어 부과되지 않는다. 외에 ①의 경우 승용자동차 : 범칙금 12만 원, ②의 경우 승용자동차 : 범칙금 9만 원, ③의 경우 승용자동차 : 범칙금 6만 원, ④의 경우 승용자동차 : 범칙금 9만 원

263 앞지르기가 금지되는 경우 및 장소이다. 다른 문항은?

① 앞차의 좌측에 다른 차가 앞차와 나란히 가고 있는 경우
② 앞차가 다른 차를 앞지르고 있거나 앞지르고자 하는 경우
③ 경찰공무원의 지시를 따르거나 위험을 방지하기 위하여 정지하거나 서행하고 있는 경우
④ 모든 차의 운전자는 다른 차를 앞지르고자 하는 때에는 앞차의 좌측으로 통행하여야 한다.

해설 ④의 문항은 "앞지르기 방법"에 해당하여 다르다. 외에 ㉠ 끼어들기의 금지, ㉡ 갓길 통행금지 등이 있다.
*행정처분 ① 앞지르기 방법 위반 : 승합 7만 원(10점), 승용 6만 원(10점)
(벌점) ② 앞지르기 금지시기·장소위반 : 범칙금액 동일, 벌점 15점

정답 253 ① 254 ② 255 ④ 256 ③ 257 ④ 258 ④ 259 ③ 260 ② 261 ④ 262 ④ 263 ④

264 철길 건널목의 종류에 대한 설명이다. 틀린 것은?

① 제1종 건널목 : 차단기, 건널목경보기 및 교통안전표지가 설치되어 있는 경우
② 제2종 건널목 : 건널목경보기 및 교통안전표지가 설치되어 있는 경우
③ 제3종 건널목 : 교통안전표지만 설치되어 있는 경우
④ 특종 건널목 : 건널목 차단기 등 모든 장치가 설치된 경우

해설 ④의 "특종 건널목"이라는 명칭은 없다.
*행정처분 : 승합차 범칙금 7만 원, 승용차 범칙금 6만 원, 벌점 30점

265 철길건널목 통과방법 위반사고이다. 해당하지 않는 사고는?

① 녹색 신호에 따라 일시정지를 아니하고 철길건널목을 통과하다가 발생한 사고
② 경보기가 울리고 있는데 철길 건널목을 통과하다가 발생한 사고
③ 건널목 차단기가 내려지려고 하는 순간 철길 건널목을 통과하려고 진입하여 발생한 사고
④ 철길 건널목에 신호나 경보기의 미설치로 건널목 전에 일시정지를 이행하지 않아 발생한 사고

해설 ①의 경우는 일시정지를 하지 아니하고 통과할 수 있어 위반이 아니다.

266 다음 중 횡단보도 보행자에 해당한 사람들이다. 아닌 사람은?

① 횡단보도를 걸어가는 사람
② 횡단보도에서 원동기장치 자전거나 자전거를 끌고 가는 사람
③ 횡단보도 내에서 교통정리를 하고 있는 사람
④ 세발자전거 또는 손수레를 끌고 횡단보도를 건너는 사람

해설 ③의 사람은 횡단보도 보행자가 아닌 사람에 해당한다. 외에 ㉠ 횡단보도에서 원동기장치 자전거나 자전거를 타고 가다 이를 세우고 한발은 페달에 다른 한발은 지면에 서 있는 사람. 이 있다.

267 다음 중 횡단보도 보행자가 아닌 사람들이다. 다른 것은?

① 횡단보도에서 원동기장치 자전거나 자전거를 타고 가는 사람
② 횡단보도에 누워있거나, 앉아있거나, 엎드려 있는 사람
③ 횡단보도 내에서 교통정리를 하고 있는 사람
④ 횡단보도에서 원동기장치 자전거를 끌고 가는 사람

해설 ④의 문항은 횡단보도 보행자에 해당한 사람이며, 외에 ㉠ 횡단보도 내에서 택시를 잡고 있는 사람과 화물 하역작업을 하고 있는 사람, ㉡ 보도에 서 있다가 횡단보도 내로 넘어진 사람. 이 있다.

268 횡단보도 보행자 보호의무 사고의 운전자 과실이다. 아닌 것은?

① 횡단보도를 건너고 있는 보행자를 충돌한 경우
② 횡단보도 전에 정지한 차량을 추돌하여 추돌된 차량이 밀려나가 보행자를 충돌한 경 우
③ 보행신호가 녹색등화일 때 횡단보도를 진입하여 건너고 있는 보행자를 보행신호가 녹색등화의 점멸 또는 적색등화로 변경된 상태에서 충돌한 경우
④ 녹색등화가 점멸되고 있는 횡단보도를 진입하여 건너고 있는 보행자를 적색등화에 충돌한 경우

해설 ④의 문항은 성립요건의 예외 사항에 해당되며, 외에 ㉠ 적색등화에 횡단보도를 진입하여 건너고 있는 보행자를 충돌한 경우, ㉡ 횡단보도를 건너다가 신호가 변경되어 중앙선에 서 있는 보행자를 충돌한 경우, ㉢ 횡단보도를 건너다가 보행신호가 적색등화로 변경되어 되돌아가고 있는 보행자를 충돌한 경우. 가 있다.

269 무면허 운전의 유형이다. 아닌 문항은?

① 운전면허를 취득하지 아니하고 운전하는 행위
② 운전면허 취소사유가 발생한 상태이지만 취소 처분을 받기 전에 운전하는 경우
③ 운전면허 취소처분을 받은 후에 운전하는 행위
④ 운전면허 정지 기간 중에 운전하는 행위

해설 ②의 문항은 무면허 운전 성립요건의 예외사항이다. 외에 ㉠ 운전면허 적성검사기간 만료일부터 1년 간의 취소유예기간이 지난 면허증으로 운전하는 행위, ㉡ 제2종 운전면허로 제1종 운전면허를 필요로 하는 자동차를 운전하는 행위, ㉢ 제1종 대형면허로 특수면허가 필요한 자동차를 운전하는 행위, ㉣ 운전면허시험에 합격한 후 운전면허증을 발급받기 전에 운전하는 행위. 가 있다.

270 다음 중 음주운전으로 처벌되는 경우이다. 아닌 경우는?

① 혈중 알코올 농도 0.03% 미만에서 음주운전
② 공장이나 관공서, 학교, 사기업 등의 정문 안쪽 통행로에서 음주운전
③ 문 차단기에 의해 도로와 차단되고 별도로 관리되는 장소에서 음주운전
④ 주차장(주차선 안 포함), 호텔, 백화점, 고층건물, 아파트 내 주차장에서 음주운전

해설 ①의 문항 "혈중 알코올 농도 0.03% 이상인 경우로"한다고 규정되어 있어 처벌 대상이 된다.

271 술에 취한 상태의 혈중알코올농도의 규정이다. 맞는 농도는?

① 0.01% 이상인 경우
② 0.02% 이상인 경우
③ 0.03% 이상인 경우
④ 0.04% 이상인 경우

해설 ③의 문항 "0.03% 이상인 경우"로 규정되어 있다.

272 음주운전 또는 음주측정 불응을 위반하여 벌금형 이상의 선고를 받고 확정 후 10년 이내에 같은 법을 다시 위반하였을 때의 벌칙 기준이다. 다른 처벌 기준은?

① 음주측정 불응 : 1년 이상 6년 이하의 징역이나 500만 원 이상 3천만 원 이하의 벌 금
② 혈중알코올 농도 0.2% 이상인 사람 : 2년 이상 6년 이하의 징역이나 1천만 원 이상 3천만 원 이하의 벌금
③ 혈중알코올 농도 0.03% 이상 0.2% 미만인 사람 : 1년 이상 5년 이하의 징역이나 500만 원 이상 2천만 원 이하의 벌금
④ 음주운전 또는 음주측정에 불응한 사람 : 1년 이상 5년 이하의 징역이나 500만 원 이상 2천만 원 이하의 벌금

해설 ④의 처벌기준은 10년 이내의 재범 처벌기준에 포함되지 아니한다(도로교통법 제148조의2(벌칙)제2항 참조).

정답 264 ④ 265 ① 266 ③ 267 ④ 268 ④ 269 ② 270 ① 271 ③ 272 ④

273 술에 취한 상태의 자동차 등을 운전한 사람의 처벌기준이다. 처벌기준으로 맞지 않는 것은?

① 혈중알코올농도가 0.2% 이상인 사람 : 2년 이상 5년 이하의 징역이나 1천만 원 이상 2천만 원 이하의 벌금에 처한다.
② 혈중알코올농도가 0.08% 이상 0.2% 미만인 사람 : 1년 이상 2년 이하의 징역이나 500백만 원 이상 1천만 원 이하의 벌금에 처한다.
③ 혈중알코올농도가 0.03% 이상 0.08% 미만인 사람 : 1년 이하의 징역이나 500백만 원 이하의 벌금에 처한다.
④ 약물로 인하여 정상적으로 운전하지 못할 우려가 있는 상태에서 자동차 등을 운전한 사람은 3년 이하의 징역이나 500만 원 이하의 벌금에 처한다.

> 해설 ④의 문항 중 "500만 원 이하의"는 틀리고, "1천만 원 이하의"가 옳은 문항이다.

274 보도침범 · 보도횡단법 위반 사고의 성립요건이다. 틀린 것은?

① 장소적 요건 : 보도와 차도가 구분된 도로에서 도로 내 사고
② 피해자 요건 : 보도 내에서 보행 중 사고
③ 운전자 과실 : 고의적 과실, 의도적 과실, 현저한 부주의
④ 시설물 설치요건 : 보도설치권한이 있는 행정관서에서 설치하여 관리하는 보도

> 해설 ①의 문항 "도로 내"는 틀리고, "보도 내"가 옳은 문항이다.

275 승객추락방지의무 위반사고에 대한 설명이다. 해당 없는 것은?

① 문을 연 상태에서 출발하여 타고 있는 승객이 추락한 경우
② 승객이 타거나 또는 내리고 있을 때 갑자기 문을 닫아 문에 충격된 승객이 추락한 사고
③ 승객이 임의로 차문을 열고 상체를 내밀어 차 밖으로 추락한 경우
④ 버스 운전자가 개 · 폐 안전장치인 전자감응 장치가 고장 난 상태에서 운행 중에 승객이 내리고 있을 때 출발하여 승객이 추락한 경우

> 해설 ③의 문항은 승객추락방지의무에 해당하지 않는 경우에 해당하고, 외에 ㉠ 운전자가 사고방지를 위해 취한 급제동으로 승객이 차 밖으로 추락한 경우, ㉡ 화물자동차 적재함에 사람을 태우고 운행 중에 운전자의 급가속 또는 급제동으로 피해자가 추락한 경우. 가 있다.

276 어린이 보호구역으로 지정될 수 있는 장소이다. 아닌 것은?

① 중학교
② 보육시설 중 정원 100명 이상의 보육시설(관할 경찰서장과 협의된 경우는 정원 100명 미만의 보육시설 주변도로에 대해서도 지정 가능)
③ 학원 중 학원 수강생이 100명 이상인 학원(관할 경찰서장과 협의된 경우에는 정원이 100명 미만의 학원 주변도로에 대해서도 지정 가능)
④ 유치원, 초등학교, 특수학교, 외국인학교 또는 대안학교

> 해설 ①의 중학교 주변의 도로는 보호구역으로 지정될 수 있는 장소가 아니다.

277 교통사고 조사규칙에서 용어의 정의 설명이다. 틀린 것은?

① 대형사고 : 3명 이상이 사망(사고 발생일로부터 30일 내 사망)하거나 20명 이상의 사상자가 발생한 것.
② 스키트마크(Skid mark) : 차의 급제동으로 인하여 타이어의 회전이 정지된 상태에서 노면에 미끄러져 생긴 타이어 마모 흔적 또는 활주 흔적을 말한다.
③ 요마크(Yaw mark) : 급핸들 등으로 인하여 차의 바퀴가 돌면서 차축과 평행하게 옆으로 미끄러진 마모흔적을 말한다.
④ 충돌 : 차가 정방향 또는 측방에서 진입하여 그 차의 정면으로 다른 차의 정면 또는 측면을 충격한 것이다.

> 해설 ④의 문항 중 "차의 정방향 또는"은 틀리고 "차의 반대방향 또는"이 옳은 문항이다.

278 교통사고 조사규칙의 용어의 정의 설명이다. 틀린 것은?

① 추돌 : 2대 이상의 차가 동일방향으로 주행 중 뒤차가 앞차의 정면을 충격한 것을 말한다.
② 전도 : 차가 주행 중 도로 또는 도로 이외의 장소에 차체의 측면이 지면에 접하고 있는 상태(좌측면이 지면에 접하고 있으면 좌전도, 우측면이 지면에 접해있으면 우전도) 를 말한다.
③ 전복 : 차가 주행 중 도로 또는 이외의 장소에 뒤집혀 넘어진 것을 말한다.
④ 추락 : 차가 도로변 절벽 또는 교량 등 높은 곳에서 떨어진 것을 말한다.

> 해설 ①의 문항 중 "정면을 충격한 것"은 틀리고 "후면을 충격한 것"이 옳은 문항이다.

279 교통사고 조사관은 교통사고를 일으킨 운전자가 보험 등에 가입하지 아니한 경우에 피해자와 손해배상 합의할 수 있는 기간을 주어야 하는데 사고를 접수한 날부터 몇 주간인가?

① 1주 간
② 2주 간
③ 3주 간
④ 4주 간

> 해설 ②의 문항 "2주 간"이 옳은 문항이다.

280 교통사고(안전사고)로 처리되지 아니하는 경우이다. 아닌 것은?

① 자살 · 자해행위로 인정되는 경우
② 차의 교통으로 인하여 길 가장자리의 사람을 다치게 한 경우
③ 확정적 고의에 의하여 타인을 사상하거나 물건을 손괴하는 경우
④ 낙하물에 의하여 차량 탑승자가 사상하거나 물건을 손괴한 경우

> 해설 ②는 교통사고로 처리되며, 외에 ㉠ 축대 · 절개지 등이 무너져 차량탑승자가 사상하였거나 물건이 손괴된 경우, ㉡ 사람이 건물 · 육교 등에서 추락하여 진행 중인 차량과 충돌 또는 접촉하여 사상한 경우, ㉢ 그 밖의 차의 교통으로 발생하였다고 인정되지 아니한 안전사고의 경우가 있다.

정답 273 ④ 274 ① 275 ③ 276 ① 277 ④ 278 ① 279 ② 280 ②

02 안전운행 요점정리

제1장 자동차 관리

제1절 자동차 점검

01. 일상 점검
자동차를 운행하는 사람이 매일 자동차를 운행하기 전에 점검하는 것

1 점검 항목

점검 항목		점검 내용
엔진룸 내부	엔진	• 엔진 오일, 냉각수 • 브레이크 오일 • 배터리액 • 윈도 워셔액 • 팬벨트 장력
	변속기	• 변속기 오일 • 누유 여부
	기타	• 라디에이터 상태 • 엔진룸 오염 정도
자동차의 외관	완충 스프링	• 스프링 연결 부위의 손상 및 균열 여부
	타이어	• 타이어 공기압 • 타이어의 균열 및 마모 정도 • 타이어 홈 깊이 • 휠 볼트 및 너트의 조임 정도
	램프	• 라이트의 점등 상황
	등록번호판	• 번호판의 손상 및 식별 가능 여부
	배기가스	• 배기가스의 색깔
운전석	엔진	• 엔진의 시동 상태 • 이상 소리 확인
	브레이크 (풋브레이크/ 주차 브레이크)	• 브레이크 페달의 밟히는 정도 • 브레이크의 작동 상태 • 주차 브레이크의 작동 상태
	변속기	• 클러치의 자유 간극 적정 여부 • 변속 레버의 정상 조작 여부 • 변속 시 반발력 확인
	후사경	• 운전자 입장에서 시야 정상 확보 여부
	경음기	• 정상 작동 여부
	와이퍼	• 정상 작동 여부 • 워셔액 적정량
	각종 계기	• 오작동 신호 확인

02. 운행 전 자동차 점검

1 운전석에서 점검
① 연료 게이지량
② 브레이크 페달 유격 및 작동 상태
③ 룸미러 각도, 경음기 작동 상태, 계기 점등 상태
④ 와이퍼 작동 상태
⑤ 스티어링 휠(핸들) 및 운전석 조정

2 엔진 점검
① 엔진 오일의 적당량과 불순물의 존재 여부
② 냉각수의 적당량과 변색 유무
③ 각종 벨트의 장력 상태 및 손상의 여부
④ 배선의 정리, 손상, 합선 등의 누전 여부

3 외관 점검
① 유리의 상태 및 손상 여부
② 차체의 손상과 후드(보닛)의 고정 상태
③ 타이어의 공기 압력, 마모 상태
④ 차체의 기울기 여부
⑤ 후사경의 위치와 상태 적절 여부
⑥ 차체의 외관
⑦ 반사기 및 번호판의 오염 및 손상 여부
⑧ 휠 너트의 조임 상태
⑨ 파워스티어링 오일 및 브레이크 액의 적당량과 상태
⑩ 오일, 연료, 냉각수 등의 누출 여부
⑪ 연료탱크 캡의 잠금 상태
⑫ 각종 등화의 이상 유무

4 경고등 · 표시등 확인 (※자동차에 따라 다를 수 있음)

명칭	경고등 및 표시등	내용
주행빔(상향등) 작동 표시등		전조등이 주행빔(상향등)일 때 점등
안전벨트 미착용 경고등		시동키 「ON」 했을 때 안전벨트를 착용하지 않으면 경고등이 점등
연료잔량 경고등		연료의 잔류량이 적을 때 경고등이 점등
엔진오일 압력 경고등	OIL	엔진 오일이 부족하거나 유압이 낮아지면 경고등이 점등
ABS (Anti-Lock Braking System) 표시등	ASR ABS	- ABS는 각 브레이크 제동력을 전기적으로 제어하여 미끄러운 노면에서 타이어의 로크를 방지하는 장치 - ABS 경고등은 키 「ON」하면 약 3초간 점등된 후 소등되면 정상 - ASR은 한쪽 바퀴가 빙판 또는 진흙탕에 빠져 공회전하는 경우 공회전하는 바퀴에 일시적으로 제동력을 가해 회전수를 낮게 하고 출발이 용이하도록 하는 장치 - ASR 경고등은 차량 속도가 5~7 km/h에 도달하여 소등되면 정상
브레이크 에어 경고등	BRAKE AIR	키가 「ON」 상태에서 AOH 브레이크 장착 차량의 에어탱크에 공기압이 4.5±0.5kg/cm² 이하가 되면 점등

비상경고 표시등	⇦⇨	비상경고등 스위치를 누르면 점멸
배터리 충전 경고등		벨트가 끊어졌을 때나 충전장치가 고장났을 때 경고등이 점등
주차 브레이크 경고등	(P) PARKING	주차 브레이크가 작동되어 있을 경우에 경고등이 점등
엔진 정비 지시등	CHECK ENGINE	- 키를 「ON」하면 약 2~3초간 점등된 후 소등 - 엔진의 전자 제어 장치나 배기가스 제어에 관계되는 각종 센서에 이상이 있을 때 점등
엔진 예열작동 표시등		엔진 예열상태에서 점등되고 예열이 완료되면 소등
냉각수 경고등	WATER	냉각수가 규정 이하일 경우에 경고등 점등

03. 운행 중 점검

1 출발 전
① 배터리 출력 상태
② 계기 장치 이상 유무
③ 등화 장치 이상 유무
④ 시동 시 잡음 유무
⑤ 엔진 소리 상태
⑥ 클러치 정상 작동 여부
⑦ 액셀레이터 페달 상태
⑧ 브레이크 페달 상태
⑨ 기어 접속 이상 유무
⑩ 공기 압력 상태

2 운행 중
① 조향 장치 작동 상태
② 제동 장치 작동 상태
③ 차체 이상 진동 여부
④ 계기 장치 위치
⑤ 차체 이상 진동 여부
⑥ 이상 냄새 유무
⑦ 동력 전달 이상 유무

04. 운행 후 자동차 점검

1 외관 점검
① 차체의 굴곡이나 손상 여부
② 타이어 공기압 차이로 인한 기울어짐 여부
③ 보닛의 고리 빠짐 여부
④ 주차 후 바닥에 오일 및 냉각수 누출 여부

2 짧은 점검 주기가 필요한 주행 조건
① 짧은 거리를 반복해서 주행
② 모래, 먼지가 많은 지역 주행
③ 과도한 공회전
④ 33℃ 이상의 온도에서 교통 체증이 심한 도로를 절반 이상 주행
⑤ 험한 상태의 길(비포장도로 등) 주행 빈도가 높은 경우
⑥ 산길, 오르막길, 내리막길의 주행 횟수가 많은 경우
⑦ 고속 주행(약 180km/h)의 빈도가 높은 경우
⑧ 해변, 부식 물질이 있는 지역 및 한랭 지역을 주행한 경우

제2절 주행 전·후 안전 수칙

01. 주행 전 안전 수칙
① 짧은 거리의 주행이라도 안전벨트를 착용한다.
② 안전운전을 위한 청결 유지한다.
③ 올바른 운전 자세
④ 핸들, 후사경, 룸 미러 등을 확인한다.
⑤ 주행 전 건강을 확인한다.

혈중알코올농도에 따른 행동적 증후

마신 양	혈중알코올 농도(%)	취한 상태	취하는 기간 구분
2잔 이하	0.02~0.04	기분이 상쾌해짐, 피부가 빨갛게 됨, 쾌활해짐, 판단력이 조금 흐려짐	초기
3~5잔	0.05~0.10	얼큰히 취한 기분, 압박에서 탈피하여 정신이완, 체온상승, 맥박이 빨라짐	중기, 손상 가능기
6~7잔	0.11~0.15	마음이 관대해짐, 상당히 큰소리를 냄, 화를 자주 냄, 서면 휘청거림	완취기
8~14잔	0.16~0.30	갈지자걸음, 같은 말을 반복해서 함, 호흡이 빨라짐, 매스꺼움을 느낌	구토, 만취기
15~20잔	0.31~0.40	똑바로 서지 못함, 같은 말을 반복해서 함, 말할 때 갈피를 잡지 못함	혼수상태
21잔 이상	0.41~0.50	흔들어도 일어나지 않음, 대소변을 무의식중에 함, 호흡을 천천히 깊게 함	사망 가능

※65kg의 건강한 성인남성 기준, 맥주의 경우 캔을 기준으로 함

⑥ 일상 점검을 생활화한다.
⑦ 화재위험물질을 방치하지 않는다.

02. 주행 중 안전 수칙
① 핸드폰 사용을 금지한다.
② 주행 중에는 엔진을 정지하지 않는다.
③ 창문 밖으로 신체의 일부를 내밀지 않는다.
④ 문을 연 상태로 운행하지 않는다.
⑤ 높이 제한이 있는 도로에서는 차의 높이에 주의한다.
⑥ 음주 및 과로한 상태에서는 운행하지 않는다.

03. 주행 후 안전 수칙
① 주행 종료 후에도 긴장을 늦추지 않는다.
② 주행 종료 후 주차시 가능한 편평한 곳에 주차하고 경사가 있는 곳에 주차할 경우 변속 기어를 "P"에 놓고 주차 브레이크를 작동시키고 바퀴를 좌·우측 방향으로 조향 핸들을 작동시킨다.
③ 휴식을 위해 장시간 주·정차 시 반드시 시동을 끈다. 무의식중에 변속 버튼을 누르거나 가속페달을 밟아 예기치 못한 사고가 발생할 수 있으며, 과열로 인한 화재가 발생할 수 있다.
④ 휴식을 위해 장시간 주·정차 시 반드시 창문을 열어 놓는다. 시동을 걸고 에어컨이나 히터를 켜놓은 상태로 밀폐된 차안에 오래 있을 경우 질식사할 가능성이 매우 높다.

제3절 자동차 관리 요령

01. 세차

1 시기
① 겨울철에 동결 방지제가 뿌려진 도로를 주행하였을 경우
② 해안 지대를 주행하였을 경우
③ 진흙 및 먼지 등으로 심하게 오염되었을 경우
④ 옥외에서 장시간 주차하였을 경우
⑤ 새의 배설물, 벌레 등이 붙어 도장의 손상이 의심되는 경우
⑥ 아스팔트 공사 도로를 주행하였을 경우

2 주의 사항
① 겨울철에 세차하는 경우에는 물기를 완전히 제거한다.
② 기름 또는 왁스가 묻어 있는 걸레로 전면 유리를 닦지 않는다.
③ 세차할 때 엔진룸은 에어를 이용하여 세척한다.

3 외장 손질
① 차량 표면에 녹이 발생하거나, 부식되는 것을 방지하도록 깨끗이 세척한다.
② 차량의 도장보호를 위해 오염 물질들이 퇴적되지 않도록 깨끗이 제거한다.
③ 자동차의 오염이 심할 경우 고무제품의 변색을 예방하기 위해 **자동차 전용 세척제를 사용**한다.
④ 범퍼나 차량 외부를 세차 시 부드러운 브러시나 스펀지를 사용하여 닦아낸다.
⑤ 차량 외부의 합성수지 부품에 엔진 오일, 방향제 등이 묻은 경우 변색이나 얼룩이 발생하므로 즉시 깨끗이 닦아낸다.
⑥ 차체의 먼지나 오물은 도장 보호를 위해 **마른 걸레로 닦아내지 않는다**.

4 내장 손질
① 차량 내장을 아세톤, 에나멜 및 표백제 등으로 세척할 경우 변색 및 손상이 발생할 수 있다.
② 액상 방향제가 유출되어 계기판이나 인스트루먼트 패널 및 공기 통풍구에 묻으면 방향제의 고유 성분으로 인해 손상될 수 있다.
③ 실내등 청소시 **전원을 끄고 청소**를 실시한다.

5 타이어마모에 영향을 주는 요소
① **타이어 공기압** : 타이어의 공기압이 낮으면 승차감은 좋아지나, 타이어 숄더 부분에 마찰력이 집중되어 타이어 수명이 짧아지게 된다. 타이어의 공기압이 높으면 승차감이 나빠지며, 트레드 중앙부분의 마모가 촉진 된다.
② **차의 하중** : 타이어에 걸리는 차의 하중이 커지면 공기압이 부족한 것처럼 타이어는 크게 굴곡되어 타이어의 마모를 촉진하게 된다. 타이어에 걸리는 차의 하중이 커지면 마찰력과 발열량이 증가하여 타이어의 내마모성(耐磨耗性)을 저하시키게 된다.
③ **차의 속도** : 타이어가 노면과의 사이에서 발생 하는 마찰력은 타이어의 마모를 촉진시킨다. 속도가 증가하면 타이어의 내부온도도 상승하여 트레드 고무의 내마모성이 저하된다.
④ **커브(도로의 굽은 부분)** : 차가 커브를 돌 때에는 관성에 의한 원심력과 타이어의 구동력 간의 마찰력 차이에 의해 미끄러짐 현상이 발생하면 타이어 마모를 촉진하게 된다. 커브의 구부러진 상태나 커브구간이 반복될수록 타이어 마모는 촉진된다.
⑤ **브레이크** : 고속주행 중에 급제동한 경우는 저속주행 중에 급제동한 경우보다 타이어 마모는 증가한다. 브레이크를 밟는 횟수가 많으면 많을수록 또는 브레이크를 밟기 직전의 속도가 빠르면 빠를수록 타이어의 마모량은 커진다.
⑥ **노면** : 포장도로는 비포장도로를 주행하였을 때보다 타이어 마모를 줄일 수 있다. 콘크리트 포장도로는 아스팔트 포장도로보다 타이어 마모가 더 발생한다.
⑦ 기타
 ㉠ **정비불량** : 타이어 휠의 정렬 불량이나 차량의 서스펜션 불량 등은 타이어의 자연스러운 회전을 방해하여 타이어 이상마모 등의 원인이 된다.
 ㉡ **기온** : 기온이 올라가는 여름철은 타이어가 마모가 촉진되는 경향이 있다.
 ㉢ 운전자의 운전습관, 타이어의 트레드 패턴 등도 타이어 마모에 영향을 미친다.

제4절 LPG 자동차

01. LPG 성분의 일반적 특성
① 주성분은 부탄과 프로판의 혼합체로 구성되어 있다.
② 감압 또는 가열 시 쉽게 기화되며 발화하기 쉬우므로 취급 주의요함.
③ 원래 무색무취의 가스이나 가스누출 시 위험을 감지할 수 있도록 부취제가 첨가하여 독특한 냄새가 난다.
④ 과충전 방지 장치가 내장돼 있어 85% 이상 충전되지 않으나 약 80%가 적정하다.

※부탄과 프로판의 구성비율 : LPG는 온도와 압력에 따라 기화점이 다른 부탄(C_4H_{10})과 프로판(C_3H_8)을 주성분으로 하는 혼합물이다.

02. LPG 자동차의 장단점

1 LPG 자동차의 장점
① 연료비가 적게 들어 경제적이다.
② 유해 배출 가스량이 줄어든다.
③ 연료의 옥탄가가 높아 노킹 현상이 거의 발생하지 않는다.
④ 가솔린 자동차에 비해 엔진 소음이 적다.
⑤ 엔진 관련 부품의 수명이 상대적으로 길어 경제적이다.

2 LPG 자동차의 단점
① LPG 충전소가 적어 연료 충전이 불편하다.
② 겨울철에 시동이 잘 걸리지 않는다.
③ 가스 누출 시 가스가 잔류하여 점화원에 의해 **폭발의 위험성**이 있다.

3 LPG 연료탱크의 구성
① 충전 밸브(녹색)
 ㉠ LPG 연료 충전 시에 사용되며, 과충전 방지 밸브와 일체형으로 구성되어 있다.
 ㉡ 연료가 과충전 되는 것을 방지하는 기능을 한다.
② 연료 차단 밸브(적색)
 ㉠ 연료를 수동으로 강제 차단하는 밸브이다.
 ㉡ 정비 시나 비상시에 차단하여야 한다.

4 LPG 차량 관리 요령
① LPG는 공기에 비해 약 두배 정도 무거운 특징을 가진다.
② 누출이 되었을 경우 LPG는 바닥에 체류하기 쉬우며, 화기나 점화원에 노출 시 화재·폭발이 발생할 수 있다.
③ 지하 주차장이나 밀폐된 장소 등에 장시간 주차하지 말아야하고 장시간 주차 시 연료 충전 밸브(녹색)를 잠가야 한다.
④ LPG 탱크의 수리는 절대로 해서는 안 되며, 고장 시 신품으로 교환하고 정비 시 공인된 업체에서 수행해야 한다.
⑤ LPG 누출 확인 방법은 비눗물을 이용한다.
⑥ 화기 옆에서 LPG 관련 부품을 점검하거나 수리하는 것은 금물이다.
⑦ 가스 누출이 많은 부위는 LPG 기화열로 인해 하얗게 서리가 형성된다.
⑧ 가스누출 부위를 손으로 접촉하면 동상에 걸릴 수 있다.
⑨ 가스누출이 확인되면 LPG 탱크의 모든 밸브(적색, 녹색)를 잠가야 한다.

5 LPG 차량 시동 전 점검
① LPG 탱크 밸브(적색, 녹색)의 열림 상태 점검
② LPG 탱크 고정벨트의 풀림 여부 점검
③ 연료 파이프 연결 상태 및 연료 누기 여부 점검
④ 가스누출 시, 담뱃불과 같은 화기를 멀리하고 모든 창문을 개방하고 전문 정비업체에 연락하여 조치를 취함.
⑤ 엔진에서 베이퍼라이저로 가는 냉각수 호스 연결 상태, 누수 여부 점검
⑥ 냉각수 적정 여부를 점검

6 LPG 충전 방법
① 연료를 충전하기 전에 반드시 시동을 끈다.
② 연료 주입구 도어를 연다. 차량의 잠금을 해제한 후 연료 주입구 도어의 뒤쪽 끝부분을 눌렀다 놓으면 도어가 열린다.
③ 결빙 등으로 인해 도어가 열리지 않을 경우, 연료 주입구 도어를 손으로 몇 번 가볍게 두드리면 열린다.
④ 외기 온도의 상승으로 인해 연료 탱크 내의 압력이 상승할 수 있어 LPG 충전량이 85%를 초과하지 않도록 충전하여야 한다.
⑤ 연료 주입구 도어를 닫은 뒤 확인한다.

7 주차 요령(겨울철)
① 가급적 건물 내 또는 주차장에 주차하는 것이 바람직하나 부득이 옥외에 주차하게 될 경우에는 엔진 위치가 건물 벽 방향으로 향하도록 주차한다.
② 차량 앞쪽을 해가 뜨는 방향으로 주차해놓음으로써 태양열의 도움을 받을 수 있도록 하는 것이 시동성 향상에 도움이 된다.)

제5절 운행 시 자동차 조작 요령

01. 브레이크 조작 방법
① 풋 브레이크를 약 2~3회에 걸쳐 밟게 되면 안정적으로 제동할 수 있고, 뒤따라오는 차량 운전자에게 안전 조치를 취할 수 있는 시간을 주게 되어 후미 추돌을 방지할 수 있다.
② 길이가 긴 내리막 도로에서 계속해서 풋브레이크를 작동시키면 브레이크 파열 등 영향을 미칠 수 있기 때문에 저단 기어로 변속하여 엔진 브레이크가 작동되게 한다.
③ 주행 중에 브레이크를 작동시킬 때에는 핸들을 안정적으로 잡고 변속 기어가 들어가 있는 상태에서 제동한다.
④ 내리막길에서 운행할 때 연료 절약 등을 위해 기어를 중립(N)에 두고 운행하지 않는다.(현저한 제동력의 감소로 이어질 수 있다)

> **내리막길에서 브레이크 고장 시 대처 요령**
> ㉠ 속도가 30km 이하가 되었을 때, 주차 브레이크를 서서히 당긴다.
> ㉡ 변속 장치를 저단으로 변속하여 엔진 브레이크를 활용한다.
> ㉢ 풋 브레이크만 과도하게 사용하면 브레이크 이상 현상이 발생하니 주의한다.
> ㉣ 최악의 경우는 피해를 최소화하기 위해 수풀이나 산의 사면으로 핸들을 돌린다.

02. ABS (Anti-lock Braking System) 조작
① 급제동할 때 ABS가 정상적으로 작동하기 위해서는 브레이크 페달을 차량이 완전히 정지할 때까지 힘껏 밟고 있어야 한다.
② ABS 차량이라도 옆으로 미끄러지는 위험은 방지할 수 없으며, 자갈길이나 평평하지 않은 도로 등 접지면이 부족한 경우에는 일반 브레이크보다 제동 거리가 더 길어질 수 있다.
③ 키 스위치를 ON 했을 때 ABS가 정상일 경우 ABS 경고등은 3초 동안 점등(자가진단)된 후 소등된다. 만약 계속 점등된다면 점검이 필요하다.

03. 브레이크 이상 현상

1 베이퍼 록(Vaper Lock) 현상
㉠ 연료 회로 또는 브레이크 장치 유압 회로 내에 브레이크액이 온도 상승으로 인하여 기화되어 압력전달이 원활하게 이루어지지 않아 제동 기능이 저하되는 현상이다.
㉡ 긴 내리막길 운행 등에서 유압브레이크를 과도하게 사용하였을 때 브레이크 디스크와 패드 간의 마찰열에 의해 발생되는 경우가 많다.
㉢ 이때 페이드 현상도 함께 발생하기 쉬우므로 주의를 요한다.
㉣ 베이퍼 록이 발생하면 브레이크 페달을 밟아도 브레이크의 작용이 매우 둔해진다.
㉤ 일정시간 경과 후 온도가 내려가면 정상적으로 회복된다.

2 페이드(Fade) 현상
㉠ 운행 중 계속해서 브레이크를 사용하면 온도 상승으로 인해 마찰열이 라이닝에 축적되어 브레이크의 제동력이 저하되는 현상이다.
㉡ 일정시간 경과 후 온도가 내려가면 정상적으로 회복된다.

3 모닝 록(Morning Lock) 현상
㉠ 장마철이나 습도가 높은 날, 장시간 주차 후 브레이크 드럼 등에 미세한 녹이 발생하는 현상이다.
㉡ 브레이크 디스크와 패드 간의 마찰 계수가 높아져 평소보다 브레이크가 민감하게 작동되는 현상이다.
㉢ 출발 시 서행하면서 브레이크를 몇 차례 밟아주면 이 현상을 해소시킬 수 있다.

04. 차바퀴가 빠져 헛도는 경우
㉠ 차바퀴가 빠져 헛도는 경우 급가속을 하게 되면 바퀴가 헛돌면서 더 깊이 빠진다.
㉡ 변속레버를 "전진"과 "R(후진)"위치로 번갈아 두며 가속페달을 부드럽게 밟으면서 탈출을 시도한다.
㉢ 필요한 경우에는 납작한 돌, 나무 또는 바퀴의 미끄럼을 방지할 수 있는 물건을 타이어 밑에 놓은 다음 자동차를 앞뒤로 반복하여 움직이면서 탈출을 시도한다.
㉣ 타이어 밑에 물건을 놓은 상태에서 갑자기 출발함으로써 타이어 밑에 놓았던 물건이 튀어 나오거나 회전 또는 갑작스런 움직임으로 자동차 주위에 서 있던 사람들이 다칠 수 있으므로 주위 사람들을 안전지대로 피하게 한 뒤 시동을 건다.
㉤ 진흙이나 모래 속을 빠져나오기 위해 무리하게 엔진 회전 수를 올리게 되면 엔진 손상, 과열, 변속기 손상 및 타이어의 손상을 초래할 수 있다.

제2장 자동차 응급조치 요령

제1절 상황별 응급조치 요령

01. 응급처치란?
긴급하고 위급한 일이 발생하였을 때 우선적 임시로 처리함을 말하며, 교통사고로부터 안전하게 대피하도록 하거나 주변 정비업소까지 이동하기 위한 응급조치는 운전자가 갖추어야 할 기본이며, 평상시에 학습과 경험을 통해 필수적으로 익혀야 한다.

① 팬벨트
  ㉠ 가속 페달을 힘껏 밟는 순간 "끼익"하는 소리가 발생
  ㉡ 팬벨트 등이 이완되어 걸려있는 폴리와의 미끄러짐 여부 점검
② 클러치
  ㉠ 클러치를 밟고 있을 때 "달달달" 떨리는 소리와 함께 차체에서 진동이 발생
  ㉡ 클러치 릴리스 베어링 고장 여부 확인
③ 조향장치
  ㉠ 운행 중 매우 심한 핸들의 흔들림 발생
  ㉡ 전륜의 정열(휠 얼라이먼트)의 부조화 여부 및 바퀴의 휠 밸런스 확인
④ 바퀴부분
  ㉠ 주행 중 차량 하체 부분에서 비틀거리는 흔들림 발생
  ㉡ 특히 커브를 돌았을 때 휘청거리는 현상 발생
  ㉢ 바퀴의 휠 너트의 이완 및 바퀴의 공기부족 확인
⑤ 완충(현가) 장치
  ㉠ 비포장도로의 울퉁불퉁하고 험한 노면을 달릴 때 "딱각딱각"하는 소리 발생
  ㉡ "쿵쿵"하는 소리 발생
  ㉢ 충격 완충 장치인 쇽업소버의 고장 원인 여부 확인

02. 냄새와 열이 날 때의 점검 사항
① 전기장치
  ㉠ 고무 같은 것이 타는 냄새 발생
  ㉡ 가급적 빨리 차를 세운다.
  ㉢ 엔진실 내의 전기 배선 등의 피복이 벗겨져 합선에 의해 전선이 타는지 확인
  ㉣ 보닛을 열고 잘 살펴보면 그 부위를 발견할 수 있다.
② 바퀴부분
  ㉠ 각 바퀴의 드럼에 손을 대보았을 때 어느 한쪽만 뜨거운 경우
  ㉡ 브레이크 라이닝 간격이 좁아 브레이크가 끌리는지 확인
③ 브레이크 부분
  ㉠ 치과에서 이를 갈아낼 때 나는 냄새가 나는 경우
  ㉡ 풋 브레이크가 너무 좁지는 않은지 확인
  ㉢ 주차 브레이크를 당겼다 풀었으나 완전히 풀리지 않는지 확인
  ㉣ 긴 언덕길을 내려갈 때 계속 풋 브레이크를 밟았을 경우 현상이 발생

03. 배출 가스에 의한 점검 사항
① 무색 : 완전 연소 시 정상 배출 가스의 색은 무색 또는 약간 엷은 청색을 띤다.
② 검은색
  ㉠ 농후한 혼합 가스가 들어가 불완전하게 연소되는 경우이다.
  ㉡ 초크 고장이나 에어 클리너 엘리먼트의 막힘, 연료장치 고장 등을 확인
③ 백색
  ㉠ 엔진 안에서 다량의 엔진오일이 실린더 위로 올라와 연소되는 경우
  ㉡ 헤드 개스킷 파손, 밸브의 오일 실 노후 또는 피스톤 링의 마모 등 확인

04. 엔진 시동이 걸리지 않는 경우 대처·점검 사항
① 동승자 또는 주위의 도움을 받아 차를 안전한 장소로 이동시킨다.
② 철길 건널목에서 엔진 시동이 꺼지고 차가 움직이지 않을 경우 즉시 동승자를 피난시키고 비상사태를 확인한다.
③ 시동모터가 회전하지 않을 경우 : 배터리의 방전상태와 배터리 단자의 연결상태를 확인한다.
④ 시동모터는 회전하나 시동이 걸리지 않을 경우 : 연료의 유무 확인
⑤ 배터리가 방전되어 있을 경우
  ㉠ 주차브레이크를 작동시켜 차량이 움직이지 않도록 한다.
  ㉡ 변속기는 "중립"에 위치시킨다.
  ㉢ 보조배터리를 사용하는 경우 점프케이블을 연결 후 시동을 건다.
  ㉣ 타 차량의 배터리에 점프케이블을 연결하여 시동을 거는 경우에는 타 차량의 시동을 먼저 건 후 방전된 차량의 시동을 건다.
  ㉤ 시동이 걸린 후 배터리가 일부 충전되면 먼저 점프케이블의 "-" 단자를 분리한 후 "+"단자를 분리한다.
  ㉥ 방전된 배터리가 충분히 충전되도록 일정기간 시동을 걸어둔다.
⑥ 전기장치에 고장이 있는 경우
  ㉠ 퓨즈의 단선 여부 확인
  ㉡ 규정된 용량의 퓨즈만을 사용하여 교체
  ㉢ 높은 용량의 퓨즈로 교체한 경우에는 전기배선 손상 및 화재 발생의 원인이 된다.

05. 엔진 오버히트가 발생하는 경우의 점검
① 오버히트가 발생하는 경우
  ㉠ 냉각수의 부족 여부 확인
  ㉡ 엔진 내부가 얼어 냉각수가 순환하지 않는 경우인지 확인
② 엔진 오버히트가 발생할 때의 징후
  ㉠ 운전 중 수온계가 H 부분을 가리키는 경우
  ㉡ 엔진 출력이 갑자기 떨어지는 경우
  ㉢ 노킹소리가 들리는 경우

  ※노킹(Knocking) : 압축된 공기와 연료 혼합물의 일부가 내연 기관의 실린더에서 비정상적으로 폭발할 때 나는 날카로운 소리

③ 엔진 오버히트가 발생할 때의 안전 조치 사항
  ㉠ 비상경고등을 작동시킨 후 도로의 가장자리로 안전하게 이동하여 정차한다.
  ㉡ 여름에는 에어컨, 겨울에는 히터의 작동을 중지시킨다.
  ㉢ 엔진이 작동하는 상태에서 보닛(Bonnet)을 열어 엔진을 냉각시킨다.
  ㉣ 엔진을 충분히 냉각시킨 다음에는 냉각수의 양을 점검하고 라지에이터 호스의 연결부위 등의 누수 여부를 확인한다.
  ㉤ 특이사항이 없으면 냉각수를 보충하여 운행하고 누수나 오버히트가 발생할 만한 문제가 발견된다면 점검을 받아야 한다.

06. 타이어 펑크 조치 사항

① 핸들이 돌아가지 않도록 견고하게 잡고, 비상 경고등 작동시킨다.
② 가속 페달에서 발을 떼어 속도를 서서히 감속시키면서 길 가장자리로 이동한다.
③ 브레이크를 밟아 차를 도로 옆 평탄하고 안전한 장소에 주차 후 주차 브레이크 당겨 놓는다.
④ 후방에서 접근하는 차량들이 확인할 수 있도록 고장 자동차 표지를 설치한다.
⑤ 밤에는 사방 500m 지점에서 식별 가능한 적색 섬광 신호, 전기제등 또는 불꽃 신호 추가 설치한다.
⑥ 잭으로 차체를 들어 올릴 시 교환할 타이어의 대각선 쪽 타이어에 고임목을 설치한다.

※ 잭 사용 시 주의 사항
① 잭 사용 시 평탄하고 안전한 장소에서 사용한다.
② 잭 사용 시 시동 걸면 위험하다.
③ 잭으로 차량을 올린 상태일 때 차량 하부로 들어가면 위험하다.
④ 잭 사용 시 후륜의 경우에는 리어 액슬 아랫부분에 설치한다.

제2절 장치별 응급조치 요령

01. 엔진계통 응급조치 요령

① 시동 모터가 작동되나 시동이 걸리지 않는 경우

추정 원인	조치 사항
① 연료가 떨어졌다. ② 예열작동이 불충분하다. ③ 연료 필터가 막혀있다.	㉠ 연료를 보충한 후 공기 빼기를 한다. ㉡ 예열시스템을 점검한다. ㉢ 연료 필터를 교환한다.

② 시동 모터가 작동되지 않거나 천천히 회전하는 경우

추정 원인	조치 사항
① 배터리가 방전되었다. ② 배터리 단자의 부식, 이완, 빠짐 현상이 있다. ③ 접지 케이블이 이완되어 있다 ④ 엔진 오일의 점도가 너무 높다.	㉠ 배터리를 충전하거나 교환한다. ㉡ 배터리 단자의 부식된 부분을 깨끗하게 처리하고 단단하게 고정한다. ㉢ 접지 케이블을 단단하게 고정한다. ㉣ 적정 점도의 오일로 교환한다.

③ 저속 회전하면 엔진이 쉽게 꺼지는 경우

추정 원인	조치 사항
① 공회전 속도가 낮다 ② 에어 클리너 필터가 오염되었다. ③ 연료 필터가 막혀있다. ④ 밸브 간극이 비정상이다.	㉠ 공회전 속도를 조절한다. ㉡ 에어클리너 필터를 청소 또는 교환한다 ㉢ 연료 필터를 교환한다. ㉣ 밸브 간극을 조정한다.

④ 엔진 오일의 소비량이 많다

추정 원인	조치 사항
① 사용하는 오일이 부적당하다. ② 엔진 오일이 누유되고 있다.	㉠ 규정에 맞는 엔진 오일로 교환한다. ㉡ 오일 계통을 점검하여 풀려있는 부분은 다시 조인다.

⑤ 연료 소비량이 많다

추정 원인	조치 사항
① 연료 누출이 있다 ② 타이어 공기압이 부족하다 ③ 클러치가 미끄러진다 ④ 브레이크가 제동된 상태에 있다	㉠ 연료 계통을 점검하고 누출 부위를 정비한다 ㉡ 적정 공기압으로 조정한다 ㉢ 클러치의 간극을 조정하거나 클러치 디스크를 교환한다 ㉣ 브레이크 라이닝 간극을 조정한다

⑥ 배기가스의 색이 검다

추정 원인	조치 사항
① 에어클리너 필터가 오염되었다 ② 밸브 간극이 비정상이다	㉠ 에어클리너 필터를 청소 또는 교환이다 ㉡ 밸브 간극을 조정한다

⑦ 오버히트되었다(엔진이 과열되었다)

추정 원인	조치 사항
① 냉각수가 부족하거나 누수 되고 있다 ② 팬벨트의 장력이 지나치게 느슨하다 (워터펌프 작동이 원활하지 않아 냉각수의 순환이 불량해지고 엔진이 과열됨) ③ 냉각팬이 작동되지 않는다 ④ 라디에이터 캡의 장착이 불완전하다 ⑤ 서모스탯(온도조절기 : themrmostat)이 정상 작동하지 않는다	㉠ 냉각수를 보충하거나 누수 부위를 수리한다 ㉡ 팬벨트 장력을 조정한다 ㉢ 냉각팬, 전기배선 등을 수리한다 ㉣ 라디에이터 캡을 확실하게 장착한다 ㉤ 서모스탯을 교환한다

02. 조향계통 응급조치 요령

① 핸들이 무겁다

추정 원인	조치 사항
① 앞바퀴의 공기압이 부족하다 ② 파워스티어링 오일이 부족하다	㉠ 적정 공기압으로 조정한다 ㉡ 파워스티어링 오일을 보충한다

② 시스티어링 휠(핸들)이 떨린다

추정 원인	조치 사항
① 타이어의 무게 중심이 맞지 않는다 ② 휠 너트(허브 너트)가 풀려 있다 ③ 타이어의 공기압이 타이어마다 다르다 ④ 타이어가 편마모 되어있다	㉠ 타이어를 점검하여 무게 중심을 조정한다 ㉡ 규정 토크(주어진 회전축을 중심으로 회전시키는 능력)로 조인다 ㉢ 적정 공기압으로 조정한다 ㉣ 편마모된 타이어를 교환한다

03. 제동계통 응급조치 요령

① 브레이크의 제동 효과가 나쁘다

추정 원인	조치 사항
① 공기압이 과다하다 ② 공기누설(타이어 공기가 빠져나가는 현상)이 있다 ③ 라이닝 간극 과다 또는 마모상태가 심하다 ④ 타이어 마모가 심하다	㉠ 적정 공기압으로 조정한다 ㉡ 브레이크 계통을 점검하여 풀려있는 부분은 다시 조인다 ㉢ 라이닝 간극을 조정 또는 라이닝을 교환한다 ㉣ 타이어를 교환한다

② 브레이크가 편제동된다

추정 원인	조치 사항
① 좌우 타이어 공기압이 다르다	⊙ 적정 공기압으로 조정한다
② 타이어가 편마모 되어있다	ⓒ 편마모된 타이어를 교환한다
③ 좌우 라이닝 간극이 다르다	ⓒ 라이닝 간극을 조정한다

04. 전기계통 응급조치 요령

① 배터리가 자주 방전된다

추정 원인	조치 사항
① 배터리 단자의 벗겨짐, 풀림, 부식이 있다	⊙ 배터리 단자의 부식 부분을 제거하고 조인다
② 팬벨트가 느슨하게 되어있다	ⓒ 팬벨트의 장력을 조정한다
③ 배터리액이 부족하다	ⓒ 배터리액을 보충한다
④ 배터리의 수명이 다 되었다	ⓔ 배터리를 교환한다

제3장 자동차의 구조 및 특성

제1절 동력 전달 장치

동력 발생 장치(엔진)는 자동차의 주행과 주행에 필요한 보조 장치들을 작동시키기 위한 동력을 발생시키는 장치이며, 동력 전달 장치는 동력 발생 장치에서 **발생한 동력을 주행 상황에 맞는 적절한 상태로 변화를 주어 바퀴에 전달하는 장치**

01. 클러치

1 클러치의 필요성
① 엔진을 작동시킬 때 엔진을 무부하 상태로 유지한다.
② 변속기의 기어를 변속할 때 엔진의 동력을 변속기에 전달 또는 일시 차단한다.
③ 속도에 따른 변속기의 기어를 저속 또는 고속으로 바꾸는데 필요하며 관성운전, 고속운전, 저속운전, 등판운전, 내리막길 엔진브레이크 등 운전자의 의사대로 변속을 자유롭게 할 수 있다.

[관성운전]
주행 중 내리막이나 신호등을 앞에 두고 가속페달에서 발을 떼면 특정 속도로 떨어질 때까지 연료 공급이 차단되고, 관성력에 의해 주행하는 운전을 말한다.

[퓨얼 컷(Fuel cut)]
가속페달에서 발을 떼면 특정속도로 떨어질 때까지 연료공급이 차단되는 현상을 말한다.

[엔진브레이크(engine brake)]
내리막이나 눈길에서 변속기를 낮은 단계로 바꾸어 생기는 엔진의 압축저항과 변속기의 기계적 마찰을 통해 브레이크를 밟지 않고 속도를 떨어뜨리거나 일정속도를 넘기지 않게 하는 일

2 클러치의 구비조건
① 냉각이 잘 되어 과열하지 않아야 한다.
② 구조가 간단하고, 다루기 쉬우며 고장이 적어야 한다.
③ 회전력 단속 작용이 확실하며 조작이 쉬워야 한다.
④ 회전부분의 평형이 좋아야 한다.
⑤ 회전관성이 적어야 한다.

3 클러치가 미끄러지는 경우
① 미끄러지는 원인
　㉠ 클러치 페달의 자유간극(유격)이 없다.
　㉡ 클러치 디스크의 마멸이 심하다.
　㉢ 클러치 디스크에 오일이 묻어 있다.
　㉣ 클러치 스프링의 장력이 약하다.
② 영향
　㉠ 연료 소비량이 증가한다.
　㉡ 엔진이 과열한다.
　㉢ 등판 능력이 감소한다.
　㉣ 구동력이 감소하여 출발이 어렵고, 증속이 잘 되지 않는다.

4 클러치 차단이 잘 안되는 원인
① 클러치 페달의 자유간극이 크다.
② 릴리스 베어링이 손상되었거나 파손되었다.
③ 클러치 디스크의 흔들림이 크다.
④ 유압 장치에 공기가 혼입되었다.
⑤ 클러치 구성 부품이 심하게 마멸되었다.

02. 변속기

1 수동 변속기
변속기는 도로의 상태, 주행속도, 적재 하중 등에 따라 변하는 구동력에 대응하기 위해 엔진과 추진축 사이에 설치되어 **엔진의 출력을 자동차 주행 속도에 알맞게 회전력과 속도로 바꾸어서 구동 바퀴에 전달하는 장치**를 말하며 필요성은 다음과 같다.
① 엔진과 차축 사이에서 **회전력을 변환**시켜 전달해준다.
② 엔진을 시동할 때 **엔진을 무부하 상태**로 만들어준다.
③ 자동차를 후진시키기 위하여 필요하다.

2 자동 변속기
자동 변속기란 클러치와 변속기의 작동이 자동차의 주행 속도나 부하에 따라 자동적으로 이루어지는 장치를 말하며, 수동 변속기와 비교하였을 때에 장·단점은 다음과 같다.
① 장점
　㉠ 기어 변속이 자동으로 이루어져 **운전이 편리**하다.
　㉡ 발진과 가속·감속이 원활하여 **승차감이 좋다**.
　㉢ 조작 미숙으로 인한 **시동 꺼짐이 없다**.
　㉣ 유체가 댐버 역할을 하기 때문에 **충격이나 진동이 적다**.
② 단점
　㉠ 구조가 복잡하고 가격이 비싸다.
　㉡ 차를 밀거나 끌어서 시동을 걸 수 없다.
　㉢ 연료 소비율이 약 10% 정도 많아진다.

〈참고〉 자동변속기의 오일 색깔
㉠ 정상 : 투명도가 높은 붉은 색
㉡ 갈색 : 가혹한 상태에서 사용되거나, 장시간 사용한 경우
㉢ 투명도가 없어지고 검은 색을 띨 때 : 자동변속기 내부의 클러치 디스크의 마멸분말에 의한 오손, 기어가 마멸된 경우
㉣ 니스 모양으로 된 경우 : 오일이 매우 높은 고온에 노출된 경우
㉤ 백색 : 오일에 수분이 다량으로 유입된 경우

03. 타이어

1 주요 기능
① 자동차의 **하중을 지탱**하는 기능
② 엔진의 **구동력** 및 브레이크의 **제동력**을 노면에 전달하는 기능
③ 노면으로부터 전달되는 **충격을 완화**시키는 기능
④ 자동차의 **진행 방향을 전환** 또는 유지시키는 기능

2 타이어의 종류

① 튜브리스 타이어(튜브 없는 타이어)
  ㉠ 튜브 타이어에 비해 공기압을 유지하는 성능이 좋다.
  ㉡ 못에 찔려도 공기가 급격히 새지 않는다.
  ㉢ 주행 중 발생하는 열의 발산이 좋아 발열이 적다.
  ㉣ 튜브로 인한 고장이 없다.
  ㉤ 펑크 수리가 간단하고, 작업 능률이 향상된다.
  ㉥ 림이 변형되면 타이어와의 밀착 불량으로 공기가 새기 쉬워진다.
  ㉦ 유리 조각 등에 의해 손상되면 수리가 곤란하다.

② 바이어스 타이어
  ㉠ 오랜 연구 기간의 연구 성과로 인해 전반적으로 안정된 성능을 발휘한다.
  ㉡ 현재는 타이어의 주류에서 서서히 그 자리를 레디얼 타이어에게 물려주고 있다.

③ 레디얼 타이어
  ㉠ 접지 면적이 크다.
  ㉡ 타이어 수명이 길다.
  ㉢ 하중에 의한 변형이 적다.
  ㉣ 회전할 때 구심력이 좋다.
  ㉤ 스탠딩 웨이브 현상이 잘 일어나지 않는다.
  ㉥ 고속 주행 시 안전성이 크다.
  ㉦ 충격 흡수의 강도가 적어 승차감이 좋지 않다.
  ㉧ 저속 주행 시 조향 핸들이 다소 무겁다.

④ 스노 타이어
  ㉠ 눈길 미끄러짐을 막기 위한 타이어로, 바퀴가 고정되면 제동 거리가 길어진다.
  ㉡ 견인력 감소를 막기 위해 천천히 출발해야 한다.
  ㉢ 구동 바퀴에 걸리는 하중을 크게 해야 한다.
  ㉣ 트레드 부위가 50% 이상 마멸되면 제 기능을 발휘하지 못한다.

04. 주행 시 타이어의 이상 현상

1 스탠딩 웨이브(Standing Wave)

① 타이어가 회전하면 노면과 맞닿는 부분으로 인해 타이어의 변형과 복원이 반복된다.
② 자동차가 고속으로 주행하여 타이어의 회전속도가 빨라지면 접지부에서 받은 타이어의 변형(주름)이 다음 접지 시점까지도 복원되지 않고 접지의 뒤쪽에 진동의 물결이 일어나는 현상이다.
③ 발생요인은 다음과 같다.
  ㉠ 타이어의 공기압 부족
  ㉡ 고속으로 2시간 이상 주행 시 타이어에 열이 축적되어 발생

2 수막현상(Hydroplaning)

① 물이 고인 노면을 고속으로 주행할 때 타이어는 요철용 무늬 사이에 있는 물을 배수하는 기능이 감소되어 물의 저항에 의해 노면으로부터 떠올라 물위를 미끄러지게 되는 현상을 말한다.
② 이 현상은 수상스키와 같은 원리에 의한 것으로 타이어 접지면의 앞쪽에서 물의 수막이 침범하여 그 압력에 의해 타이어가 노면으로부터 떨어지는 현상이다.
③ 물의 압력은 자동차 속도의 두 배 그리고 유체밀도에 비례한다.
④ 주행속도가 60km/h까지는 일어나지 아니하고 80km/h로 주행시 타이어의 옆면으로 물이 파고들기 시작하여 부분적 수막현상이 발생하고 100km/h로 주행할 경우 노면과 타이어가 분리되어 수막현상을 일으킨다.
⑤ 수막현상을 방지하기 위해서는 다음과 같은 주의가 필요하다.
  ㉠ 저속주행
  ㉡ 마모된 타이어를 사용하지 않는다
  ㉢ 공기압을 조금 높게 한다
  ㉣ 배수효과가 좋은 타이어(리브형)를 사용한다

제2절 현가장치

01. 현가장치

주행 중 노면으로부터 발생하는 진동이나 충격을 완화시켜 자동차를 보호하고 화물의 손상 방지와 승차감, 자동차의 주행 안전성을 향상시키는 역할을 담당

02. 주요 기능

① 적정한 자동차의 높이를 유지한다.
② 상·하 방향이 유연하여 차체가 노면에서 받는 충격을 완화시킨다.
③ 올바른 휠 밸런스 유지한다.
④ 차체의 무게를 지탱한다.
⑤ 타이어의 접지 상태를 유지한다.
⑥ 주행 방향을 일부 조정한다.

03. 구성

1 스프링

차체와 차축 사이에 설치되어 주행 중 노면에서의 충격이나 진동을 흡수하여 차체에 전달되지 않게 하는 것.

① 판 스프링
  : 적당히 구부린 띠 모양의 스프링 강을 몇 장 겹쳐, 그 중심에서 볼트로 조인 것을 말한다.
  ㉠ 버스나 화물차에 사용한다.
  ㉡ 스프링 자체의 강성으로 차축을 정해진 위치에 지지할 수 있어 구조가 간단하다.
  ㉢ 판간 마찰에 의한 진동 억제 작용이 크다.
  ㉣ 내구성이 크기 때문에 작은 진동은 흡수가 곤란하다.
  ㉤ 판간 마찰이 있기 때문에 작은 진동은 흡수가 곤란하다.

② 코일 스프링
  : 스프링 강을 코일 모양으로 감아서 제작한 것으로,
  ㉠ 외부의 힘을 받으면 비틀어진다.
  ㉡ 판간 마찰작용이 없기 때문에 진동에 대한 감쇠 작용을 못하며,
  ㉢ 옆 방향 작용력에 대한 저항력이 없다.
  ㉣ 차축을 지지할 때는, 링크 기구나 쇽업소버를 필요로 하고 구조가 복잡하다.
  ㉤ 단위 중량당 에너지 흡수율이 판 스프링 보다 크고 유연하기 때문에
  ㉥ 승용차에 많이 사용된다.

③ 토션바 스프링
  : 비틀었을 때 탄성에 의해 원위치하려는 성질을 이용한 스프링 강 막대이다.
  ㉠ 스프링의 힘은 바의 길이와 단면적에 따라 결정되며
  ㉡ 코일 스프링과 같이 진동의 감쇠 작용이 없어 쇽업소버를 병용하며
  ㉢ 구조가 간단하다.

④ 공기 스프링
: 공기의 탄성을 이용한 스프링으로
㉠ 다른 스프링에 비해 유연한 탄성을 얻을 수 있고,
㉡ 노면으로부터 작은 진동도 흡수할 수 있다.
㉢ 승차감이 우수하기 때문에
㉣ 장거리 주행 자동차 및 대형 버스에 사용된다.
㉤ 차량 무게의 증감에 관계없이 차체의 높이를 일정하게 유지할 수 있다.
㉥ 스프링의 세기가 하중과 거의 비례해서 변화하기 때문에 짐을 실었을 때나 비었을 때의 승차감에는 차이가 없다.
㉦ 구조가 복잡하고 제작비가 비싸다.

2 쇽업소버
스프링 진동을 감압시켜 진폭을 줄이는 기능
① 노면에서 발생한 스프링의 진동을 재빨리 흡수하여 승차감을 향상시키고 스프링의 피로를 줄이기 위해 설치하는 장치이다.
② 움직임을 멈추지 않는 스프링에 역방향으로 힘을 발생시켜 진동 흡수를 앞당긴다.
③ 스프링이 수축하려고 하면 쇽업소버는 수축하지 않도록 하는 힘을 발생시키고, 반대로 스프링이 늘어나려고 하면 늘어나지 않도록 하는 힘을 발생시키는 작용을 하므로 스프링의 상·하 운동에너지를 열에너지로 변환시켜준다.
④ 쇽업소버는 노면에서 발생하는 진동에 대해 일정 상태까지 그 진동을 정지시키는 힘인 감쇠력이 좋아야 한다.

3 스태빌라이저
좌·우 바퀴가 동시에 상·하 운동을 할 때는 작용하지 않으나 서로 다르게 상·하 운동을 할 때는 작용하여 **차체의 기울기를 감소시켜 주는** 장치이다.
① 커브 길에서 원심력 때문에 차체가 기울어지는 것을 감소시켜 차체가 롤링(좌·우 진동)하는 것을 방지하여 준다.
② 토션바의 일종으로 양끝이 좌·우의 로어 컨트롤 암에 연결되며 가운데는 차체에 설치된다.

제3절 조향장치

01. 조향장치
조향장치는 **자동차의 진행 방향을** 운전자가 의도하는 바에 따라 임의로 조작할 수 있는 장치이며, 조향핸들을 조작하면 조향기어에 그 회전력이 전달되어 조향기어에 의해 감속하며 **앞바퀴의 방향을** 바꿀 수 있도록 되어 있다.

02. 고장 원인

1 조향 핸들이 무거운 원인
① 타이어의 공기압이 부족하다.
② 조향 기어의 톱니바퀴가 마모되었다.
③ 조향 기어 박스 내의 오일이 부족하다.
④ 앞바퀴의 상태가 불량하다.
⑤ 타이어의 마멸이 과다하다.

2 조향 핸들이 한 쪽으로 쏠리는 원인
① 타이어의 공기압이 불균일하다.
② 앞바퀴의 상태가 불량하다.
③ 쇽업소버의 상태가 불량하다.
④ 허브 베어링의 마멸이 과다하다.

03. 동력조향장치
앞바퀴의 접지 압력과 면적이 증가하여 신속한 조향이 어렵게 됨에 따라 가볍고 원활한 조향 조작을 위해 엔진의 동력으로 오일펌프를 구동시켜 발생한 유압을 이용해 조향 핸들의 조작력을 경감시키는 장치이다.

1 장점
① 조향 조작력이 작아도 된다.
② 노면에서 발생한 충격 및 진동을 흡수한다.
③ 앞바퀴가 좌·우로 흔들리는 현상을 방지할 수 있다.
④ 조향 조작이 신속하고 경쾌하다.
⑤ 앞바퀴의 펑크 시, 조향 핸들이 갑자기 꺾이지 않아 위험도가 낮다.

2 단점
① 기계식에 비해 구조가 복잡하고 비싸다.
② 고장이 발생한 경우 정비가 어렵다.
③ 오일펌프 구동에 엔진의 출력이 일부 소비된다.

04. 휠 얼라인먼트
자동차의 앞바퀴는 어떤 기하학적인 각도 관계를 가지고 설치되어 있는데 충격이나 사고, 부품 마모, 하체 부품의 교환 등에 따라 이들 각도가 변화하게 되고 결국 문제를 야기한다. 이러한 각도를 수정하는 일련의 작업을 **휠 얼라인먼트 (차륜 정렬)**라 한다.

1 역할
① 캐스터의 작용 : 조향 핸들의 조작을 확실하게 하고 안전성을 부여한다.
② 캐스터와 조향축(킹핀) 경사각의 작용 : 조향 핸들에 복원성을 부여한다.
③ 캠버와 조향축(킹핀) 경사각의 작용 : 조향 핸들의 조작을 가볍게 해준다.
④ 토인의 작용 : 타이어 마멸을 최소로 해준다.

2 필요한 시기
① 자동차 하체가 충격을 받았거나 사고가 발생한 경우
② 타이어를 교환한 경우
③ 핸들의 중심이 어긋난 경우
④ 타이어 편마모가 발생한 경우
⑤ 자동차가 한 쪽으로 쏠림 현상이 발생한 경우
⑥ 자동차에서 롤링 (좌·우 진동)이 발생한 경우
⑦ 핸들이나 자동차의 떨림이 발생한 경우

3 캠버(Camber)
① 자동차를 앞에서 보았을 때 앞바퀴가 수직선에 대해 어떤 각도를 두고 설치되어 있는 것을 말한다.
② 조향축(킹핀) 경사각과 함께 조향핸들 조작을 **가볍게** 하고 수직 방향 하중에 의한 **앞차축의 휨을 방지**하고,
③ 하중을 받았을 때 앞바퀴의 아래쪽이 벌어지는 것(부의 캠버)을 방지한다.
④ 캠버가 틀어지는 경우는 전면추돌 사고이거나 오래된 자동차로 현가장치의 구조장치가 마모된 경우

> **캠버**
> • 정의 캠버 : 바퀴의 윗부분이 바깥쪽으로 기울어진 상태
> • 0의 캠버 : 바퀴의 중심선이 수직일 때
> • 부의 캠버 : 바퀴의 윗부분이 안쪽으로 기울어진 상태

4 캐스터(Caster)
① 자동차 앞바퀴를 옆에서 보았을 때 앞 차축을 고정하는 조향축(킹핀)이 수직선과 어떤 각도를 두고 설치되어 있는 것
② 주행 중 조향 바퀴에 방향성 부여

③ 조향하였을 때 직진 방향으로의 복원력 부여

> **캐스터**
> - 정의 캐스터 : 조향축 윗부분이 자동차의 뒤쪽으로 기울어진 상태
> - 0의 캐스터 : 조향축의 중심선이 수직선과 일치된 상태
> - 부의 캐스터 : 조향축의 윗부분이 앞쪽으로 기울어진 상태

5 토인(Toe-in)
① 앞바퀴를 위에서 내려다봤을 때 양쪽 바퀴의 중심선 사이 거리가 뒤쪽보다 앞쪽이 약간 작게 되어 있는 것을 말한다.
② 캠버와 함께 앞바퀴를 평행하게 회전시키고 앞바퀴가 옆 방향으로 미끄러짐을 방지하고,
③ 캐스터와 함께 타이어의 마멸을 방지하고, 조향링키지의 마멸에 의해 토아웃(Toe-out)을 방지한다.

6 조향축(킹핀) 경사각
① 앞에서 보았을 때 조향축이 수직선과 이루는 각도
② 조향핸들의 조작을 가볍게 하고
③ 앞바퀴에 복원성 부여하여 직진방향으로 쉽게 돌아가게 한다.
④ 캐스터와 함께 앞바퀴의 시미 현상(바퀴가 좌·우로 흔들리는 현상) 방지한다.

제4절 제동 장치

01. 개요
제동 장치는 주행 자동차를 감속 또는 정지시키고 동시에 주차 상태를 유지하기 위해 사용하는 **자동차 구조 장치**, 일반적으로 마찰력을 이용하여 자동차의 운동에너지를 열에너지로 바꾸어 제동 작용을 하는 마찰식 브레이크가 사용

① 제동장치(Break System)는 주행 자동차를 감속 또는 정지시킴과 동시에 주차상태를 유지하기 위해 사용하는 자동차구조장치 중 주요장치이다.
② 일반적으로 마찰력을 이용하여 자동차의 운동 에너지를 열에너지로 바꾸어 그것을 대기 속으로 방출시켜 제동 작용을 하는 마찰식 브레이크가 사용된다.
③ 구조기준에 의하면 주행할 때 주로 사용되는 주 브레이크(Foot brake=전·후축의 바퀴에 각각 제동력이 가해지는 구조이며, 주 브레이크는 운전자가 발로 조작하기 때문에 풋브레이크라 하고)와 자동차를 주차할 때 사용하는 주차 브레이크(Parking brake)는 보통 손으로 조작하기 때문에 핸드 브레이크라고도 한다.

02. 제동장치의 구분
① **유압 배력식 제동장치** : 유압식 제동장치는 파스칼의 원리를 응용한 것으로 브레이크 페달을 밟으면 유압이 발생하는 마스터 실린더와 그 유압을 받아 브레이크 슈(Shoe)를 드럼에 밀어 붙여 제동력을 발생하게 하는 휠 실린더, 브레이크 파이프 및 호스 등으로 구성되어 있다.
② **마스터 실린더(master cyclinder)** : 페달을 밟으면 필요한 유압을 발생하는 부분이며 자동차 안전기준에 의해 앞 뒤 어느 한쪽의 유압계통에 브레이크액이 새어도 남은 한쪽을 안전하게 작동시킬 수 있도록 되어 있는 탠덤(Tandem) 마스터 실린더가 사용된다.
③ **휠실린더(wheel cylinder)** : 휠실린더는 드럼식 브레이크인 경우 실린더의 유압을 받아 두 개의 피스톤이 바깥쪽으로 팽창, 피스톤의 팽창에 따라 브레이크 슈가 드럼을 제동하게 된다. 휠 실린더는 피스톤, 피스톤 컵 및 푸시로드로 구성되어 있다.
④ **디스크 브레이크(disk brake)** : 캘러퍼형 디스크 브레이크(disk brake)인 경우 유압을 받은 피스톤은 안쪽으로 작동하여 브레이크 패드(Pad)가 회전하는 디스크를 제동하도록 되어 있다.
⑤ **드럼식 브레이크 종류 및 구조** : 휠 실린더의 유압을 받은 브레이크 슈(라이닝)가 바깥쪽으로 벌어져 회전하는 드럼을 제동하도록 되어 있다.
  ㉠ leading trailing shoe type(리딩 트레일링 슈우형)브레이크 슈 위쪽에만 접촉 제동
   ❶ 앵커핀형 : 휠 실린더 위쪽 1개, 아래쪽 앵커핀 2개 설치
   ❷ 앵커 고정형 : 휠 실린더 위쪽 1개, 아래쪽 앵커 설치
   ❸ 플로팅형 : 휠 실린더 위쪽 1개, 아래쪽 슈

03. ABS(Anti-lock braking System)

1 ABS(Anti-lock braking System)
'기계'와 '노면의 환경'에 따른 제동 시 바퀴의 잠김 순간을 컴퓨터로 제어해 1초에 10여 차례 이상, 브레이크 유압을 통해 바퀴가 잠기기 직전 풀고 잠그기를 반복하는 기능으로, 차량 급제동 시 차체는 주행함에도 바퀴가 잠기는 상태를 방지하는 시스템. 특히 급제동 시나 눈길, 빗길과 같이 미끄러지기 쉬운 노면에서 제동 시 발생하는 차륜의 슬립현상을 감지하여 브레이크유압을 조절함으로써 잠김에 의한 슬립을 방지하고 제동 시 방향 안정성 및 조종성 확보, 제동거리 단축 등을 수행하는 시스템이다.

2 특징
① 바퀴의 미끄러짐이 없는 제동 효과를 얻을 수 있다.
② 자동차의 방향 안정성, 조종 성능을 확보해 준다.
③ 앞바퀴의 고착에 의한 조향 능력 상실을 방지한다.
④ 노면이 비에 젖더라도 우수한 제동 효과를 얻을 수 있다.

제4장 자동차 검사 및 보험

제1절 자동차 검사

01. 자동차 검사

1 자동차검사의 필요성
① 자동차 결함으로 인한 교통사고 예방으로 국민의 생명보호
② 자동차 배출가스로 인한 대기환경 개선
③ 불법튜닝 등 안전기준 위반 차량 색출로 운행질서 및 거래질서 확립
④ 자동차보험 미가입 자동차의 교통사고로부터 국민 피해 예방

2 자동차 종합검사(배출가스 검사 + 안전도 검사)
① 개념 : 자동차 정기검사와 배출가스 정밀검사 또는 특정경유자동차 배출가스 검사의 검사항목을 하나의 검사로 통합하고, 검사시기를 자동차 정기검사 시기로 통합하여 한 번의 검사로 모든 검사가 완료되도록 함으로써 자동차검사로 인한 국민의 불편을 최소화하고 편익을 도모하기 위해 시행하는 제도로 다음 각 호에 대하여 실시하는 자동차 종합검사를 받은 경우에는 자동차정기검사, 배출가스 정밀검사 및 특정경유자동차검사를 받은 것으로 본다(자동차 안전검사, 자동차 배출가스 정밀검사)
② 자동차 종합검사 유효기간(종합검사 시행규칙 제9조)

1) 검사 유효기간 계산 방법
   ㉠ 자동차관리법상 신규등록을 하는 경우 : 신규등록일부터.
   ㉡ 자동차 종합검사 기간 내에 종합검사를 신청하여 적합판정을 받은 경우 : 직전 검사 유효기간 마지막 날의 다음 날부터 계산.
   ㉢ 자동차 종합검사 기간 전 또는 후에 자동차 종합검사를 신청하여 적합판정을 받은 경우 : 자동차 종합검사를 받은 날의 다음날부터 계산.
   ㉣ 재검사 결과 적합판정을 받은 경우 : 자동차 종합검사를 받은것으로 보는 날의 다음 날부터 계산

2) 자동차 소유자가 자동차 종합검사를 받아야 하는 기간
   ㉠ 자동차 종합검사 유효기간의 마지막 날(검사 유효기간을 연장하거나 검사를 유예한 경우에는 그 연장 또는 유예된 기간의 마지막 날)전 후 각각 31일 이내 받아야 한다.
   ㉡ 소유권 변동 또는 사용본거지 등의 사유로 자동차 종합검사의 대상이 된 자동차 중 자동차 정기검사의 기간 중에 있거나, 자동차 정기검사의 기간이 지난 자동차는 변경등록을 한 날부터 62일 이내에 자동차 종합검사를 받아야 한다.

3 종합 검사의 유효기간(자동차 종합 검사의 시행 등에 관한 규칙 별표1)

검사 대상		적용 차령	검사 유효 기간
승용자동차	비사업용	차령이 4년 초과인 자동차	2년
	사업용	차령이 2년 초과인 자동차	1년
경형·소형의 승합자동차	비사업용	차령이 4년 초과인 자동차	1년
	사업용	차령이 4년 초과인 자동차	1년
경형·소형의 화물자동차	비사업용	차령이 4년 초과인 자동차	1년
	사업용	차령이 2년 초과인 자동차	1년
중형·대형의 승합자동차	비사업용	차령이 3년 초과인 자동차	차령 8년까지는 1년, 이후부터는 6개월
	사업용	차령이 2년 초과인 자동차	차령 8년까지는 1년, 이후부터는 6개월
중형·대형의 화물자동차	비사업용	차령이 3년 초과인 자동차	차령 5년까지는 1년, 이후부터는 6개월
	사업용	차령이 2년 초과인 자동차	차령 5년까지는 1년, 이후부터는 6개월
특수자동차 (경형, 소형, 중형, 대형)	비사업용	차령이 3년 초과인 자동차	차령 5년까지는 1년, 이후부터는 6개월
	사업용	차령이 2년 초과인 자동차	차령 5년까지는 1년, 이후부터는 6개월

① 검사 유효 기간이 6개월인 자동차의 경우, 종합 검사 중 자동차 배출 가스 정밀 검사 분야의 검사는 1년마다 시행
② 최초로 종합 검사를 받아야 하는 날은 위 표의 적용 차령 후 처음으로 도래하는 정기 검사 유효 기간 만료일로 한다. 다만, 자동차가 정기 검사를 받지 않아 정기 검사 기간이 경과된 상태에서 적용 차령이 도래한 자동차가 최초로 종합 검사를 받아야 하는 날은 적용 차령 도래일로 한다.
③ 자동차 종합 검사 미필시 과태료 부과 기준(자동차 관리법 시행령 별표2)
   ㉠ 자동차 종합 검사를 받아야 하는 기간 만료일부터 30일 이내인 경우 : 4만 원
   ㉡ 자동차 종합 검사를 받아야 하는 기간 만료일부터 30일 초과 114일 이내인 경우 4만 원에 31일째부터 계산하여 3일 초과 시마다 2만 원을 더한 금액
   ㉢ 자동차 종합 검사를 받아야 하는 기간 만료일부터 115일 이상인 경우 : 60만 원

02. 자동차 정기 검사 (안전도 검사)

1 개념
자동차관리법에 따라 종합 검사 시행 지역 외 지역에 대하여 안전도 분야에 대한 검사를 시행하며, 배출 가스 검사는 공회전 상태에서 배출 가스를 측정한다.

2 정기검사 미시행에 따른 과태료
① 정기 검사를 받아야 하는 기간 만료일부터 30일 이내인 경우 : 4만 원
② 정기 검사를 받아야 하는 기간 만료일부터 30일을 초과 114일 이내인 경우 4만 원에 31일째부터 계산하여 3일 초과 시마다 2만 원을 더한 금액
③ 정기 검사를 받아야 하는 기간 만료일부터 115일 이상인 경우 : 60만 원

3 검사 유효 기간(자동차 관리법 시행규칙 별표15의2)

구분		검사유효기간
비사업용 승용자동차 및 피견인자동차		2년(신조차로서 신규검사를 받은 것으로 보는 자동차의 최초 검사 유효기간은 5년)
사업용 승용자동차		1년(신조차로서 신규검사를 받은 것으로 보는 자동차의 최초 검사 유효기간은 2년)
경형·소형의 승합자동차 및 비사업용 화물자동차	차령이 4년 이하인 경우	2년
	차령이 4년 초과인 경우	1년
중형·대형의 비사업용 승합자동차	차령이 8년 이하인 경우	1년(신조차로서 신규검사를 받은 것으로 보는 자동차 중 길이 5.5미터 미만인 자동차의 최초 검사 유효기간은 2년)
	차령이 8년 초과인 경우	6개월
중형·대형의 사업용 승합자동차	차령이 8년 이하인 경우	1년
	차령이 8년 초과인 경우	6개월
경형·소형의 사업용 화물자동차		1년(신조차로서 신규검사를 받은 것으로 보는 자동차의 최초 검사 유효기간은 2년)
사업용 대형 화물자동차	차령이 2년 이하인 경우	1년
	차령이 2년 초과인 경우	6개월
특수자동차(경형, 소형, 중형, 대형)	차령이 5년 이하인 경우	1년
	차령이 5년 초과인 경우	6개월
비사업용 중형·대형 화물자동차	차령이 5년 이하인 경우	1년
	차령이 5년 초과인 경우	6개월

> 참고
> ① 신규 검사 : 신규 등록을 하려는 경우에 실시하는 검사
> ② 임시 검사 : 자동차관리법 또는 자동차관리법에 따른 명령이나 자동차 소유자의 신청을 받아 비정기적으로 실시하는 검사

03. 튜닝 검사

1 개념
튜닝의 승인을 받은 날부터 45일 이내에 안전 기준 적합 여부 및 승인받은 내용대로 변경하였는가에 대해 검사를 받아야 하는 일련의 행정 절차

2 튜닝 승인 신청 구비 서류(자동차 관리법 시행규칙 제56조)
① 튜닝 승인 신청서
   : 자동차 소유자가 신청, 대리인인 경우 소유자(운송 회사)의 위임장 및 인감 증명서 첨부 필요

② 튜닝 전·후의 주요 제원 대비표 : 제원 변경이 있는 경우만 해당
③ 튜닝 전·후의 자동차 외관도 : 외관도 및 설계도면에 변경 내용(축간거리, 승객좌석 거리 등)이 정확히 표시·기재되어 있어야 함 (외관변경이 있는 경우에 한함)
④ 튜닝하려는 구조·장치의 설계도 : 특수한 장치 등을 설치할 경우 장치에 대한 상세도면 또는 설계도 포함
※ 튜닝승인은 승인신청 접수일부터 10일 이내에 처리되며, 구조변 승인 신청 시 신청서류의 미비, 기재내용 오류 및 변경내용이 관련법령에 부적합한 경우 접수가 반려 또는 취소될 수 있음(45일 이내 튜닝검사 실시)

3 승인 불가 항목(자동차 관리법 시행규칙 제55조제2항)
① 총중량이 증가되는 튜닝
② 승차 정원 또는 최대 적재량의 증가를 가져오는 승차 장치 또는 물품 적재 장치의 튜닝
③ 자동차의 종류가 변경되는 튜닝. 다만 다음의 경우는 예외로 함
　㉠ 승용자동차와 동일한 차체 및 차대로 제작된 승합자동차의 좌석 장치를 제거하여 승용자동차로 튜닝하는 경우(튜닝하기 전의 상태로 회복하는 경우 포함)
　㉡ 화물자동차를 특수자동차로 튜닝하거나 특수자동차를 화물자동차로 튜닝하는 경우
④ 튜닝 전보다 성능 또는 안전도가 저하될 우려가 있는 경우의 튜닝

5 승인 항목

구분	승인 대상	승인 불필요 대상
구조	㉠ 길이·너비 및 높이 (범퍼, 라디에이터그릴 등 경미한 외관 변경의 경우 제외) ㉡ 총중량	㉠ 최저 지상고 ㉡ 중량 분포 ㉢ 최대 안전 경사 각도 ㉣ 최소 회전 반경 ㉤ 접지 부분 및 접지 압력
장치	㉠ 원동기 (동력 발생 장치) 및 동력 전달 장치 ㉡ 주행 장치 (차축에 한함) ㉢ 조향 장치 ㉣ 제동 장치 ㉤ 연료 장치 ㉥ 차체 및 차대 ㉦ 연결 장치 및 견인 장치 ㉧ 승차 장치 및 물품 적재 장치 ㉨ 소음 방지 장치 ㉩ 배기가스 발산 방지 장치 ㉪ 전조등·번호등·후미등·제동등·차폭등·후퇴등 기타 등화 장치 ㉫ 내압 용기 및 그 부속 장치 ㉬ 기타 자동차의 안전 운행에 필요한 장치로서 국토교통부령이 정하는 장치	㉠ 조종 장치 ㉡ 현가 장치 ㉢ 전기·전자 장치 ㉣ 창유리 ㉤ 경음기 및 경보 장치 ㉥ 방향 지시등 기타 지시 장치 ㉦ 후사경·창닦이기 기타 시야를 확보 하는 장치 ㉧ 후방 영상 장치 및 후진 경고음 발생 장치 ㉨ 속도계·주행 거리계 기타 계기 ㉩ 소화기 및 방화 장치

6 튜닝 검사 신청 서류
① 「자동차등록규칙」 제40조제1항에 따른 말소등록사실증명서
② 튜닝승인서
③ 튜닝 전·후의 주요 제원 대비표
④ 튜닝 전·후의 자동차외관도(외관의 변경이 있는 경우)
⑤ 튜닝하려는 구조·장치의 설계도

7 신규검사
① 개념 : 신규등록을 하고자 할 때 받는 검사
② 신규검사를 받아야 하는 경우
　1) 여객자동차 운수사업법에 의하여 면허, 등록, 인가 또는 신고가 실효하거나 취소되어 말소한 경우
　2) 자동차를 교육·연구목적으로 사용하는 등 대통령령이 정하는 사유에 해당하는 경우
　　㉠ 자동차 자기인증을 하기 위해 등록한 자
　　㉡ 국가 간 상호인증 성능시험을 대행할 수 있도록 지정된 자
　　㉢ 자동차 연구개발 목적의 기업부설연구소를 보유한 자
　　㉣ 해외자동차업체와 계약을 체결하여 부품개발 등의 개발업무를 수행하는 자
　　㉤ 전기자동차 등 친환경·첨단미래형 자동차의 개발·보급을 위하여 필요하다고 국토교통부장관이 인정하는 자
　3) 자동차의 차대번호가 등록원부상의 차대번호와 달라 직권 말소된 자동차
　4) 속임수나 그 밖의 부정한 방법으로 등록되어 말소된 자동차
　5) 수출을 위해 말소한 자동차
　6) 도난당한 자동차를 회수한 경우
③ 신규검사 신청서류
　1) 신규검사 신청서
　2) 출처증명서류(말소사실증명서 또는 수입신고서, 자기인증 면제 확인서)
　3) 제원표(이미 자기인증된 자동차와 같은 제원의 자동차인 경우 제원표 첨부 생략가능)

제2절 자동차 보험

01. 대인 배상 I (책임 보험)

1 개념
자동차를 소유한 사람은 의무적으로 가입해야 하는 보험으로 자동차의 운행으로 인해 남을 사망케 하거나 다치게 하여 자동차손해배상보장법에 의한 손해 배상 책임을 짐으로서 입은 손해를 보상해 준다.

2 책임 기간
보험료를 납입한 때로부터 시작되어 보험 기간 마지막 날의 24시에 종료되며, 단, 보험 기간 개시 이전에 보험 계약을 하고 보험료를 납입한 때에는 보험 기간의 첫날 0시부터 유효하다.

3 의무 가입 대상
① 자동차관리법에 의하여 등록된 모든 자동차
② 이륜 자동차
③ 9종 건설기계 : 12톤 이상 덤프 트럭, 콘크리트 믹서 트럭, 타이어식 기중기, 트럭 적재식 콘크리트 펌프, 타이어식 굴삭기, 아스콘 살포기, 트럭 지게차, 도로 보수 트럭, 노면 측정 장비 (단, 피견인 차량은 제외)

4 피 견인차량(제외)
피 견인차량은 원동기 장치 없이 견인차에 의해 견인되는 트레일러, 세미 트레일러, 풀 트레일러 등으로 자력으로 이동하지 못하여 의무적으로 가입대상에서 제외한다.

4 미가입시 불이익(자동차 손해 보장법 시행령 별표5)
신규 등록 및 이전 등록이 불가하고 자동차의 정기 검사를 받을 수 없으며 벌금 및 과태료가 부과된다.
① 벌금 부과 : 미가입 자동차 운전 시 1년 이하의 징역 또는 500만원 이하 벌금

② 과태료 부과(자동차 손해 보장법 시행령 별표5)

담보	차종	미가입 (10일 이내)	미가입 (10일 초과)	한도 (대당)
대인Ⅰ	이륜 자동차	6천원	6천원에 매 1일당 1,200원 가산	20만원
	비사업용 자동차	1만원	1만원에 매 1일당 4천원 가산	60만원
	사업용 자동차	3만원	3만원에 매 1일당 8천원 가산	100만원
대인Ⅱ	사업용 자동차	3만원	3만원에 매 1일당 8천원 가산	100만원
대물	이륜 자동차	3천원	3천원에 매 1일당 6백원 가산	10만원
	비사업용 자동차	5천원	5천원에 매 1일당 2천원 가산	30만원
	사업용 자동차	5천원	5천원에 매 1일당 2천원 가산	30만원

5 책임 보험금 지급 기준
① 사망 : 1인당 최저 2천만 원이며 최고 1.5억 원 내에서 약관 지급 기준에 의해 산출한 금액을 보상
② 부상 : 상해 등급 (1~14급)에 따라 1인당 최고 3천만 원을 한도로 보상
③ 후유 장애 : 신체에 장애가 남는 경우 장애의 정도 (1~14급)에 따라 급수별 한도액 내에서 최고 1.5억 원까지 보상

6 특성
① 강제성 보험으로 의무가입 대상
② 보험자의 계약인수 의무화
③ 피해자 구호를 위한 무 면책 특성(음주운전, 무면허운전, 절취운전, 등의 사고도 보상)
④ 계약해지 제한(말소등록이나 중복계약, 자동차 양도 등을 제외하고는 계약해지 불가)
⑤ 피해자의 권리를 보호하기 위해 피해자의 직접청구권 인정
⑥ 책임보험 청구권은 압류 및 양도를 금지
⑦ 고의로 인한 사고는 면책, 단 보험사가 피해자에게 손해배상을 지급한 때에는 피보험자에게 청구권 행사
⑧ 청구권 소멸시한 3년
⑨ 피해자가 가해자 측으로부터 일부 보상을 받은 경우에는 보장사업으로 지급하는 금액에서 이미 보상받은 금액을 공제

02. 대인 배상 Ⅱ

1 개념
대인 배상 Ⅰ로 지급되는 금액을 초과하는 손해를 보상한다. 피해자 1인당 5천만 원, 1억 원, 2억 원, 3억 원, 무한 등 5가지 중 한 가지를 선택한다. 교통사고의 피해가 커지는 경향이고 또한 교통사고처리특례법의 혜택을 보기 위해 대부분 무한으로 가입하고 있는 실정이다.

> 참고
> 산식 : 법률 손해 배상 책임액 + 비용 – 대인배상Ⅰ 보험금

2 보상하는 손해
① 사망(2017년 이후)
  ㉠ 장례비 : 5백만 원 정액
  ㉡ 위자료
    ㉮ 만 60세 미만 : 1인당 8천만 원
    ㉯ 만 60세 이상 : 1인당 5천만 원
  ㉢ 상실 수익액
    산식 – (사망 직전 월 평균 현실 소득액 – 생활비) × 취업 가능 월수에 해당되는 라이프니츠 계수(선이자 공제)
② 부상
  ㉠ 위자료 : 상해 급수 1급(2백만 원)~14급(15만원)
  ㉡ 치료 관계비
    입원 및 통원, 간병비 – 상해 등급 1~5등급 피해자(일용직 근로자 평균 임금 1일 108,921원 지급) 2020년 상반기 적용 기준
  ㉢ 휴업 손해
    ㉮ 유직자 : 현실 소득액의 산정 방법에 따라 신청한 금액
    ㉯ 가사 종사자 : 도시 일용 근로자 임금 적용
    ㉰ 유아, 연소자, 학생, 연금 생활자 기타 금리나 임대료에 의한 생활자는 수입이 없는 것으로 산정
    ㉱ 소득이 두 가지 이상 : 사망의 경우 현실 소득액의 산정 방법과 동일
    ㉲ 인정 기간
      실제 치료 기간 동안의 휴업 손해(산식 – 1일 수입 감소액 × 휴일 일수 × 85/100)
  ㉣ 손해 배상금
    • 입원 : 1일당 13,110원 지급
    • 통원 : 1일당 8천원 지급
③ 후유 장애
  ㉠ 위자료 : 노동 능력 상실 비율에 따라 산정
    ㉮ 상실 수익액
      노동 능력 상실로 인한 소득의 상실이 있는 경우 피해자의 월 평균 현실 소득액에 노동 능력 상실률과 상실 기간에 해당하는 금액(산식 – 월 평균 현실 소득액 × 노동 능력 상실률(%) × 노동 능력 상실 기간의 라이프니츠 계수)
  ㉡ 가정 간호비(개호비)
    인정 대상 – 치료가 종결되어 더 이상의 치료 효과를 기대할 수 없게 된 때 1인 이상의 해당 전문의로부터 노동 능력 상실을 100%의 후유 장애 판정을 받은 자로 생명 유지에 필요한 일상생활의 처리 동작에 있어 항상 다른 사람의 개호를 요하는 자(지급 방법 : 개호 타당 판정을 받은 경우 생존 기간 동안 가정 간호비를 매월 정기 또는 일시금으로 지급)

3 보상하지 않는 손해
① 기명 피보험자 또는 그 부모, 배우자 및 자녀
② 피보험 자동차를 운전 중인 자(운전 보조자 포함) 및 그 부모, 배우자, 자녀
③ 허락 피보험자 또는 그 부모, 배우자, 자녀
④ 피보험자의 피용자로서 산재 보험 보상을 받을 수 있는 사람. 단, 산재 보험 초과 손해는 보상한다.
⑤ 피보험자의 동료로서 산재 보험 보상을 받을 수 있는 사람
⑥ 무면허 운전을 하거나 무면허 운전을 승인한 사람
⑦ 군인, 군무원, 경찰 공무원, 향토 예비군 대원이 전투 훈련 기타 집무 집행과 관련하거나 국방 또는 치안 유지 목적상 자동차에 탑승 중 전사, 순직 또는 공상을 입은 경우 보상하지 않는다(국가배상법 제2조 규정에 부합)

03. 대물 보상

1 개념
피보험자가 자동차 소유, 사용, 관리하는 동안 사고로 인하여 다른 사람의 자동차나 재물에 손해를 끼침으로서 손해 배상 책임을 지는 경우 보험가입 금액을 한도로 보상하는 담보이다.

2 보상기준
① 타인의 재물에 피해를 입혔을 때 법률상 손해 배상 책임을 짐으로서 입은 직접 손해와 간접 손해를 보상한다.

② 2천만 원까지는 의무적으로 가입해야 하고 한 사고 당 보상 한도액은 2천만 원, 3천만 원, 5천만 원, 1억 원, 5억 원, 10억 원, 무한 중 한 가지를 선택한다.

2 직접 손해

① 수리 비용 : 자동차 또는 건물 등이 파손되었을 때 원상회복 가능한 경우 직전의 상태로 복구하는데 소요되는 필요 타당한 비용 중 피해물의 사고 직전 가액의 120~130%를 한도로 보상

② 교환 가액 : 수리 비용이 피해물 사고 직전 가액을 초과하거나 원상회복이 불가능한 경우 사고 직전 피해물의 가액 상당액 또는 피해물과 같은 종류의 대용품 가액과 이를 교환하는데 소요되는 필요 타당성 비용을 보상 (단, 수리가 불가능하거나 수리비가 사고 당시의 가액을 넘는 전부 손해일 경우 다른 차량으로 대체 시 등록세와 취득세 등을 추가로 보상)

3 간접 손해

① 대차료 : 비사업용 자동차가 파손 또는 오손되어서 가동하지 못하는 기간 동안에 다른 자동차를 대신 사용할 필요가 있는 경우에 그 소요되는 필요 타당한 비용을 수리가 완료될 때까지 30일 한도로 보상

㉮ 렌터카를 사용할 경우, 대여 자동차로 대체 사용할 수 있는 차종에 대하여 차량만 대여하는 경우를 기준으로 한 대여 자동차 요금의 100% 보상

㉯ 대여 자동차로 대체 사용할 수 없는 차종에 대해서는 사업용 해당 차종의 휴차료 범위 안에서 실제 임차료 보상

㉰ 렌터카를 사용하지 않을 경우에는 사업용 해당 차종 휴차료의 30% 상당액을 교통비로 보상하며 수리가 불가능할 경우에는 10일간 인정

② 휴차료 : 사업용 자동차(건설 기계 포함)가 파손 및 오손되어 사용하지 못하는 기간에 발생하는 영업 손해로서 운행에 필요한 기본 경비를 공제한 금액에 휴차 일수를 곱한 금액을 지급한다. 인정 기간은 대차료 기준과 동일하며 개인택시인 경우 수리 기간이 경과하여도 운전자가 치료중이면 30일 범위 내에서 휴차료를 인정한다.

③ 영업 손실 : 사업장 또는 그 시설물을 파괴하여 휴업함으로서 발생한 손해를 원상 복구에 소요되는 기간을 기준으로 보상한다. 다만 합의 지연이나 복구 지연으로 연장되는 기간은 휴업 기간에서 제외한다. 인정 기준액은 세법에 따른 관계 증명서가 있으면 그에 따라 산정한 금액을 지급하며, 입증 자료가 없는 경우에는 일용 근로자 임금을 기준으로 30일 한도로 보상한다.

④ 공제액 : 엔진, 변속기, 화물차의 적재함 등 중요한 부품을 새 부품으로 교환할 경우 그 교환된 부품이 감가상각에 해당되는 금액을 공제

5 보상하지 않는 대물손해

배상 책임을 지는 피보험자가 피해자인 동시에 가해자가 되어 권리 혼돈과 같은 현상이 생기는 점과 피보험자의 도덕적 위험을 방지하기 위해 피보험자(차주 및 운전자) 또는 그 부모 배우자 및 자녀가 소유, 사용, 관리하는 재물에 생긴 손해는 보상하지 않는다.

6 자기차량(자차) 손해

피보험 자동차를 소유, 사용, 관리하는 동안 피보험 자동차에 직접적으로 생긴 손해를 보상하며, 피보험 자동차에게 통상적으로 붙어있거나 장치되어 있는 부속기계 장치는 피보험 자동차의 일부로 보지만, 통상 붙어있거나 장치되어 있는 것이 아닌 것은 보험증권에 기재한 것에 한한다.

① 자손보험 보상하는 손해

㉠ 타차 또는 타 물체와의 충돌, 접촉, 추락, 전복, 차량의 침수로 인한 손해.

㉡ 화재, 폭발, 낙뢰, 날아온 물체, 떨어지는 물체에 의한 손해.

㉢ 보닛이 열리면서 전면 유리를 파손시키거나 문을 여는 과정에서 강한 바람에 의한 문짝이 파손되는 등 풍력에 의한 손해.

㉣ 피보험 자동차의 도난으로 인한 전부 손해를 보상하며, 도난당한 차를 찾았을 경우 자동차 차체에 생긴 손해도 보상.

㉤ 보험가액 전액 또는 일부(60%)를 보험 가입 금액으로 가입 가능.

㉥ 피보험 자동차에 생긴 직접 손해만 보상하며, 대물배상에서 보상하는 대차료 및 휴차료는 보상하지 않는다.

제5장 안전운행의 기술

제1절 인지·판단의 기술

안전 운전에 있어 효율적인 정보 탐색과 정보 처리는 매우 중요하며 운전의 위험을 다루는 효율적인 정보처리 방법의 하나는 '확인 → 예측 → 판단 → 실행'의 과정을 따르는 것이다. 이 과정은 안전 운전을 하는데 필수적인 과정이고 운전자의 안전 의무로 볼 수 있다.

01. 확인

확인이란 주변의 모든 것을 빠르게 보고 한눈에 파악하는 것을 말한다. 이때 중요한 것은 가능한 한 멀리까지 시선의 위치를 두고 전방 200~300m 앞, 시내 도로는 앞의 교차로 신호 2개 앞까지 주시할 수 있어야 한다.

1 실수의 요인

① 주의의 고착 – 선택적인 주시 과정에서 어느 한 물체에 주의를 뺏겨 오래 머무는 것

② 주의의 분산 – 운전과 무관한 물체에 대한 정보 등을 받아들여 주의가 흐트러지는 것

2 주의해서 보아야 할 사항

확인의 과정에서 주의 깊게 봐야 할 것들은 다른 차로의 차량, 보행자, 자전거 교통의 흐름과 신호 등이다. 특히 화물 차량 등 대형차가 있을 때는 대형 차량에 가린 것들에 대한 단서에 주의해야 한다.

02. 예측

예측한다는 것은 운전 중에 확인한 정보를 모으고, 사고가 발생할 수 있는 지점을 판단하는 것이다. 예측의 주요 요소는 다음과 같다.

① 주행로 : 다른 차의 진행 방향과 거리

② 행동 : 다른 차의 운전자가 할 것으로 예상되는 행동

③ 타이밍 : 다른 차의 운전자가 행동하게 될 시점

④ 위험원 : 특정 차량, 자전거 이용자 또는 보행자의 잠재적 위험

⑤ 교차 지점 : 교차하는 문제가 발생하는 정확한 지점

03. 판단

판단 과정에서는 운전자의 경험뿐 아니라 성격, 태도, 동기 등 다양한 요인이 작용한다. 사전에 위험을 예측, 통제 가능한 속도로 주행하기 때문에 사람은 높은 상태의 각성 수준을 유지할 필요가 없다. 반면에

지연회피운전행동을 하는 사람은 기분을 중시하고, 비교적 높은 속도로 주행하며 그만큼 각성 수준은 높게 유지하게 되지만 위험 상황을 쉽게 마주치게 되고, 그만큼 사고 가능성도 높아진다. 판단 과정에서 고려할 주요 방법은 다음과 같다.
① 속도 가속, 감속 : 상황에 따라 가속을 할지 감속을 할지 판단
② 위치 바꾸기(진로 변경) : 만일의 사고에 대비해 회피할 공간이 확보된 위치로 이동
③ 다른 운전자에게 신호하기 : 등화나 그 밖의 신호 방법으로 진로 방향을 항상 사전에 신호

04. 실행

이 과정에서 가장 중요한 것은 요구되는 시간 안에 필요한 조작을, 가능한 부드럽고, 신속하게 해내는 것이다. 기본적인 조작 기술이지만 가속, 감속, 제동 및 핸들 조작 기술을 제대로 구사하는 것이 매우 중요하다.
① 급제동시 브레이크 페달을 급하고 강하게 밟는다고 제동거리가 짧아지는 것은 아니다.
  ㉠ ABS 브레이크 속도나 도로환경에 따라 미끄러지거나 방향성을 상실할 수도 있다. ABS 브레이크장치도 과신하면 안 되고 과격한 운전은 사고의 원인이 될 수도 있다.
  ㉡ 급제동 시에는 신속하게 브레이크를 여러 번(더블브레이크) 나누어, 뒤차의 준비상황을 주고 점진적으로 세게 밟는 제동방법 등을 잘 구사할 필요가 있다.
② 핸들 조작도 부드러워야 한다. 흔히 핸들 과대 조작, 핸들 과소 조작 등으로 인한 사고는 바로 적절한 핸들 조작의 중요성을 말해준다.

제2절 안전 운전의 5가지 기술

01. 운전 중에 전방을 멀리 본다.

가능한 한 시선은 전방 먼 쪽에 두되, 바로 앞 도로 부분을 내려다보지 않도록 한다. 일반적으로 20~30초 전방까지 본다. 20~30초 전방이란 도시에서는 대략 시속 40~50km의 속도에서 교차로 하나 이상의 거리를 말하며, 고속도로와 국도 등에서는 대략 시속 80~100km의 속도에서 약 500~800m 앞의 거리를 살피는 것을 말한다.
① 전방 가까운 곳을 보고 운전할 때의 징후들
  ㉠ 교통의 흐름에 맞지 않을 정도로 너무 빠르게 차를 운전한다.
  ㉡ 차로의 한편으로 치우쳐서 주행한다.
  ㉢ 우회전, 좌회전 차량 등을 인지가 늦어서 급브레이크를 밟는다던가 회전차량에 진로를 막혀버린다.
  ㉣ 우회전할 때 도로를 필요 이상의 거리를 넓게 두고 회전한다.
  ㉤ 시인시성이 낮은 상황에서 속도를 줄이지 않는다.

02. 전체적으로 살펴본다.

모든 상황을 여유 있게 포괄적으로 바라보고 핵심이 되는 상황만 선택적으로 반복, 확인해서 보는 것을 말한다. 이때 중요한 것은 어떤 특정한 부분에 사로잡혀 다른 것을 놓쳐서는 안 된다는 것이며, 핵심이 되는 것을 다시 살펴보되 다른 곳을 확인하는 것도 잊어서는 안 된다.
① 시야 확보가 적은 징후들
  ㉠ 급정거. ㉡ 앞차에 바짝 붙어가는 경우. ㉢ 좌 · 우회전 등의 차량에 진로를 방해받음. ㉣ 상황적 사안에 반응이 늦은 경우. ㉤ 빈번하게 놀라는 경우. ㉥ 급차로 변경 등이 많을 경우. ㉦ 황색 신호에 꼬리를 자주 무는 경우. ㉧ 신호를 놓치는 경우. ㉨ 목적지를 자주 지나치는 경우.

03. 눈을 계속해서 움직인다.

좌우를 살피는 운전자는 움직임과 사물, 조명을 파악할 수 있지만, 시선이 한 방향에 고정된 운전자는 주변에서 다른 위험 사태가 발생하더라도 파악할 수 없다. 그러므로 전방만 주시하는 것이 아니라, 동시에 좌우도 항상 같이 살펴야 한다.
① 시야 고정이 많은 운전자의 특성
  ㉠ 위험에 대응하기 위해 경적이나 전조등을 좀처럼 사용하지 않는다.
  ㉡ 더러운 창이나 안개에 개의치 않는다.
  ㉢ 거울이 더럽거나 방향이 맞지 않았는데도 개의치 않는다.
  ㉣ 정지선 등에서 정지 후, 다시 출발할 때 확인하지 않는다.
  ㉤ 회전하기 전에 뒤를 확인하지 않는다.
  ㉥ 자기 차를 앞지르려는 차량의 접근 사실을 미리 확인하지 않는다.

04. 다른 사람들이 자신을 볼 수 있게 한다.

회전을 하거나 차로 변경을 할 경우에 다른 사람이 미리 알 수 있도록 신호를 보내야 한다. 시내 주행 시 30m 전방, 고속도로 주행 시 100m 전방에서 방향지시등을 켠다. 어둡거나 비가 올 경우 전조등을 사용해야 하며 경적을 사용할 때는 30m 이상의 거리에서 미리 경적을 울려야 한다. 그 밖의 도로 상황에 따라 방향지시기 · 등화, 경음기 등을 사용하여 알려야 한다.

05. 차가 빠져나갈 공간을 확보한다.

운전자는 주행 시 만일의 사고를 대비해 전 · 후방뿐만 아니라 좌 · 우측으로 안전 공간을 확보하도록 노력해야 한다. 좌 · 우로 차가 빠져나갈 공간이 없을 때는 앞차와의 차간 거리를 더 확보해야 하며 가급적 무리를 지은 차량 대열의 중간에 끼는 것을 피할 필요가 있다. 그 밖에 의심스런 상황이 발생할 경우에는 항상 거리를 유지해야만 한다.
① 의심스러운 상황의 방어해야 할 사항
  ㉠ 주행로 앞쪽으로 고정물체나 장애물이 있는 것으로 의심되는 경우.
  ㉡ 전방신호등이 일정시간 계속 녹색일 경우(신호가 곧 바뀔 것을 알려 줌).
  ㉢ 주차차량 옆을 지날때 그 차의 운전자가 운전석에 있는 경우(주차차량이 갑자기 빠져 나올 지도 모른다).
  ㉣ 반대차로에서 다가오는 차가 좌회전을 할 수도 있는 경우.
  ㉤ 진출로에서 나오는 차가 자신을 보지 못할 경우.
  ㉥ 담장이나 수풀, 빌딩 혹은 주차 차량들로 인해 시야장애를 받을 경우.
② 뒤차가 바짝 붙어오는 상황을 피하는 방법
  ㉠ 가능하면 뒤차가 지나갈 수 있게 차로를 변경한다.
  ㉡ 가능하면 속도를 약간 내서 뒤차와의 거리를 늘린다.
  ㉢ 브레이크페달을 가볍게 밟아서 제동등이 들어오게 하여 속도를 줄이려는 의도를 뒤차가 알 수 있게 한다.
  ㉣ 정지할 공간을 확보할 수 있게 점진적으로 속도를 줄인다. 이렇게 해서 뒤차가 추월할 수 있게 만든다.

제3절 방어 운전의 기본 기술

방어 운전이란, 가장 대표적으로 발생하는 기본적인 사고 유형에 대처 전략을 숙지하고, 평소에 실행하는 것을 말한다. 이는 방어 운전의 기본적인 전제인 교통사고의 90% 이상은 사실상 운전자가 당시에 합리적으로 행동했다면 예방 가능했던 사고라는 점에서 시작된다.

> **방어 운전의 기본 사항**
> 방어 운전의 기본 사항 : 능숙한 운전 기술, 정확한 운전 지식, 세심한 관찰력, 예측 능력과 판단력, 양보와 배려의 실천, 교통상황 정보 수집, 반성의 자세, 무리한 운행 배제

01. 기본적인 사고 유형

1 정면충돌 사고
직선로, 커브 및 좌회전 차량이 있는 교차로에서 주로 발생한다. 회피 요령은 다음과 같다.
① 전방의 도로 상황을 파악하여 내 **차로로 들어오거나 앞지르려고 하는 차 혹은 보행자**에 대해 주의한다.
② 정면으로 마주칠 때 핸들 조작의 기본적 동작은 **오른쪽**으로 한다.
③ 오른쪽으로 방향을 조금 틀어 공간을 확보한다. 필요하다면 **차도를 벗어나** 길 가장자리 쪽으로 주행하고 상대에게 **차도를 양보**하면 최소한 정면충돌을 피할 확률이 클 것이다.
④ 속도를 줄인다. 속도를 줄이는 것은 **주행 거리와 충격력을 줄이는** 효과가 있음

2 후미추돌사고
① 앞차에 대한 주의를 늦추지 않는다. 앞차의 운전자가 어떻게 행동할 지를 보여주는 징후나 신호를 살핀다. 제동등, 방향지시기 등을 단서로 활용한다.
② 상황을 멀리까지 살펴본다. 앞차 너머의 상황을 살핌으로써 앞차운전자를 갑자기 행동하게 만드는 상황과 그로 인해 자신이 위협받게 되는 상황을 파악한다.
③ 충분한 거리를 유지한다. 앞차와 최소한 3초 정도의 추종 거리를 유지한다.
④ 상대보다 더 빠르게 속도를 줄인다. 위험상황이 전개될 경우 바로 엑셀에서 발을 떼서 브레이크를 밟는다.
⑤ 상대보다 제동이 늦어져서 뒤늦게 브레이크를 세게 밟는 것은 방어 운전의 자세가 아니다.

3 단독 사고
① 차 주변의 모든 것을 제대로 판단하지 못하는 빈약한 판단에서 비롯된다.
② 피곤해 있거나 음주 또는 약물의 영향을 받고 있을 때 많이 발생한다.
③ 단독사고를 야기하지 않기 위해서는 과로를 피하고 심신이 안정된 상태에서 운전해야 한다.
④ 낯선 곳 등의 주행에 있어서는 사전에 주행 정보를 수집하여 여유 있는 주행이 가능하도록 해야 한다.

4 미끄러짐 사고
눈, 비가 오는 등의 날씨에 주로 발생한다. 이러한 날씨에는 다음과 같은 사항에 주의한다.
① 다른 차량 주변으로 가깝게 다가가지 않기
② 수시로 브레이크 페달을 작동해서 제동이 제대로 되는지를 살펴보기
③ 제동 상태가 나쁠 경우 도로 조건에 맞춰 속도를 낮추기

5 차량 결함 사고
브레이크와 타이어 결함 사고가 대표적이다. 대처 방법은 다음과 같다.
① 차의 **앞바퀴**가 터지는 경우, 핸들을 단단하게 잡아 **차가 한 쪽으로** 쏠리는 것을 막고 **의도한 방향**을 유지한 다음 속도를 줄인다.
② 뒷바퀴의 바람이 빠져 차가 한쪽으로 미끄러지는 것을 느끼면 핸들 방향을 그 방향으로 틀어 주며 대처한다. 순간적으로 과도하게 틀면 안 되며, 페달은 수회 반복적으로 나누어 밟아 안전한 곳에 정차한다.
③ 브레이크 베이퍼록 현상으로 페달이 푹 꺼진 경우는 브레이크 페달을 반복해서 계속 밟으며 유압 계통에 압력이 생기게 하여야 하고,

브레이크 유압 계통이 터진 경우라면 전자와는 달리 빠르고 세게 밟아 속도를 줄이는 순간 **변속기 기어를 저단**으로 바꾸어 엔진브레이크로 속도를 감속 후 안전한 장소를 정해 정차한다.
④ 페이딩 현상(브레이크를 계속 밟아 열이 발생하여 제어가 불가능한 현상)이 일어난다면 차를 멈추고 브레이크가 식을 때까지 대기한다.

02. 시인성, 시간, 공간의 관리

1 시인성을 높이는 법
시인성은 자신이 도로의 장애물 등을 확인하는 능력과, 다른 운전자나 보행자가 자신을 볼 수 있게 하는 능력이다.

1) 운전하기 전의 준비
㉠ 차 안팎 유리창을 깨끗이 닦는다.
㉡ 차의 모든 등화를 깨끗이 닦는다.
㉢ 성애제거기, 와이퍼, 워셔 등이 제대로 작동되는지를 점검한다.
㉣ 후사경과 사이드 미러를 조정한다. 운전석의 높이도 적절히 조정한다.

2) 운전 중 행동
㉠ 낮에도 흐린 날 등에는 하향(변환빔) 전조등을 켠다(운전자, 보행자에게 600-700m 전방에서 좀 더 빠르게 볼 수 있게끔 하는 효과가 있다).
㉡ 자신의 의도를 다른 도로이용자에게 좀 더 분명히 전달함으로써 자신의 시인성을 최대화 할 수 있다.
㉢ 다른 운전자의 사각에 들어가 운전하는 것을 피한다.

2 시간을 다루는 법
1) 시간을 현명하게 다룸으로서 운전상황에 대한 통제력을 높일 수 있고, 위험도 감소시킬 수 있다.
2) 차를 정지시켜야 할 때 필요한 시간과 거리는 속도의 제곱에 비례한다.
3) 도로상의 위험을 발견하고 운전자가 반응하는 시간은 문제 발견(인지) 후 0.5초에서 0.7초 정도다.
㉠ 공주거리 : 위험을 발견하고 차가 계속해서 앞으로 나아가게 되는 거리.
㉡ 제동거리 : 이 때 브레이크가 듣기 시작하여 차가 정지할 때까지 가는 거리.
㉢ 정지거리 : 문제를 인식하고 반응하는 동안 진행한 거리(공주거리)에 제동거리를 더한 거리.
※ 정지거리 = 지각거리(확인, 예측, 판단 시간 약 1초) + 반응거리(행동시간 약 0.7초) + 제동거리

4) 시간을 효율적으로 다루는 기본원칙은 다음과 같다.
㉠ 안전한 주행경로 선택을 위해 주행 중 20~30초 전방을 탐색한다(20~30초 전방은 도시에서는 40~50km의 속도로 400m의 거리이고, 고속도로 등에서는 80~100km의 속도로 800m 정도의 거리이다).
㉡ 위험 수준을 높일 수 있는 장애물이나 조건을 12~15초 전방까지 확인한다.(12~15초 전방의 장애물은 도시에서는 200m 정도의 거리, 고속도로 등에서는 400m 정도의 거리이다)
㉢ 자신의 차와 앞차 간에 최소한 2~3초의 추종거리를 유지한다.

3 공간을 다루는 법
자기 차와 앞차, 옆차 및 뒤차와의 거리를 다루는 문제이다.

1) 속도와 시간, 거리 관계를 항상 염두에 둔다.
㉠ 정지거리는 속도의 제곱에 비례한다.
㉡ 속도를 2배 높이면 정지에 필요한 거리는 4배 필요하다(예 : 건조한 도로를 50km의 속도로 주행 → 필요한 거리는 13m 정도 / 100km에서는 52m)

2) 차 주위의 공간을 평가하고 조절하는 기본적인 요령
   ㉠ 앞차와 적정한 추종거리를 유지하며, 그 거리는 적어도 2~3초 정도 유지한다.
   ㉡ 뒤차와도 2초 정도의 거리를 유지하는 것이 필요하다.

4 젖은 도로 노면을 다루는 법
1) 비가 오면 노면의 마찰력이 감소하기 때문에 정지거리가 늘어남
2) 노면의 마찰력이 가장 낮아지는 시점은 비오기 시작한지 5~30분 이내
3) 비가 많이 오게 되면 이번에는 수막현상을 주의

03. 앞지르기 방법과 방어 운전

1 앞지르기 순서 및 방법 주의 사항
① 앞지르기 금지 장소 여부를 확인한다.
② 전방의 안전을 확인함과 동시에 후사경으로 좌측 및 좌측 후방을 확인한다.
③ 좌측 방향 지시등을 켠다.
④ 최고 속도의 제한 범위 내에서 가속하여 진로를 서서히 좌측으로 변경한다.
⑤ 차가 일직선이 되었을 때 방향 지시등을 끈 다음 앞지르기 당하는 차의 좌측을 통과한다.
⑥ 앞지르기 당하는 차를 후사경으로 볼 수 있는 거리까지 주행한 후 우측 방향 지시등을 켠다.
⑦ 진로를 서서히 우측으로 변경한 후 차가 일직선이 되었을 때 방향 지시등을 끈다.

2 앞지르기를 해서는 안되는 경우
① 앞차가 좌측으로 진로를 바꾸려고 하거나 다른 차를 앞지르려고 할 때
② 앞차의 좌측에 다른 차가 나란히 가고 있을 때
③ 뒤차가 자기 차를 앞지르려고 할 때
④ 마주 오는 차의 진행을 방해하게 될 염려가 있을 때
⑤ 앞차가 교차로나 철길 건널목 등에서 정지 또는 서행하고 있을 때
⑥ 앞차가 경찰 공무원 등의 지시에 따르거나 위험 방지를 위하여 정지 또는 서행하고 있을 때
⑦ 어린이 통학 버스가 어린이 또는 유아를 태우고 있다는 표시를 하고 도로를 통행할 때

3 앞지르기할 때의 방어 운전
① 자신의 차가 다른 차를 앞지르는 경우
   ㉠ 앞지르기에 필요한 속도가 그 도로의 최고 속도 범위 이내일 때 시도한다.(과속은 금물)
   ㉡ 앞지르기에 필요한 충분한 거리와 시야가 확보되었을 때 시도
   ㉢ 앞차가 앞지르기를 하고 있을 때는 앞지르기를 시도 하지 않는다.
   ㉣ 앞차의 오른쪽으로는 앞지르기 하지 않는다.
   ㉤ 점선으로 되어있는 중앙선을 넘어 앞지르기 하는 때에는 대향차의 움직임에 주의한다.
② 다른 차가 자신의 차를 앞지르는 경우
   ㉠ 앞지르기를 시도하는 차가 원활하게 주행 차로로 진입할 수 있도록 속도를 줄여준다.
   ㉡ 앞지르기 금지 장소 등에서도 앞지르기를 시도하는 차가 있다는 사실을 항상 염두에 두고 방어운전을 한다.

제4절 시가지 도로에서의 안전 운전

01. 시가지 교차로에서의 방어 운전
① 전체 교통사고의 절반가까이 교차로에서 발생하며, 그 중 상당수는 신호교차로에서 발생한다.
② 방어운전자가 되기 위해서는 교차로에 접근할 때마다 항상 양방향을 살피는 훈련이 필요하다.
③ 교차로에 접근하면서 먼저 왼쪽과 오른쪽을 살펴보며 교차방향 차량을 관찰한다. 동시에 오른 발은 브레이크 페달 위에 갖다 놓고 밟을 준비를 한다.

1 교차로에서의 방어 운전
① 신호는 운전자의 눈으로 직접 확인 후 선 신호에 따라 진행하는 차가 없는 지 확인하고 출발한다. 즉 앞서 직진, 좌회전, 우회전 또는 U턴 하는 차량 등에 주의한다.
② 신호에 따라 진행하는 경우에도 신호를 무시하고 갑자기 달려드는 차 또는 보행자가 있다는 사실에 주의한다.
③ 좌·우회전할 때는 방향 지시등을 정확히 점등한다.
④ 성급한 우회전은 횡단하는 보행자와 충돌할 위험이 증가한다.
⑤ 통과하는 앞차를 맹목적으로 따라가면 신호위반할 가능성이 높다.
⑥ 교통정리가 행해지고 있지 않고 좌·우를 확인할 수 없거나 교통이 빈번한 교차로에 진입할 때는 일시 정지하여 안전 확인 후 출발한다.
⑦ 우회전 시 뒷바퀴로 자전거나 보행자를 치지 않도록 주의하고, 좌회전 시 정지해 있는 차와 충돌하지 않도록 주의한다.

2 교차로 황색 신호에서의 방어 운전
① 황색 신호일 때는 멈출 수 있도록 감속하여 접근한다.
② 황색 신호일 때 모든 차는 정지선 바로 앞에 정지하여야 한다.
③ 이미 교차로 안으로 진입하여 있을 때 황색 신호로 변경된 경우에는 신속히 교차로 밖으로 빠져나간다.
④ 교차로 부근에는 무단 횡단하는 보행자 등 위험 요인이 많으므로 돌발 상황에 대비한다.
⑤ 가급적 딜레마 구간에 도달하기 전에 속도를 줄여 신호가 변경되면 바로 정지 할 수 있도록 준비한다.

> **회전 교차로에서의 통행 방법**
> ㉠ 회전 교차로 통과 시 모든 자동차가 중앙 교통섬을 중심으로 하여 **시계 반대 방향으로 회전**하며 통과 한다.
> ㉡ 회전 교차로에 진입 시 충분히 속도를 줄인 후 진입한다.
> ㉢ 회전차로 내부에서 주행 중인 차를 방해할 우려가 있을 시 **진입 금지**
> ㉣ 회전 교차로에 진입하는 자동차는 회전 중인 **자동차에게 양보**한다.

02. 시가지 이면 도로에서의 방어 운전

1 주변에 주택 등이 밀집되어 있는 주택가나 동네길, 학교 앞 도로는 보행자의 횡단이나 통행이 많다.

2 길 가에 뛰노는 어린이들이 많아 어린이들과의 접촉사고가 발생할 가능성이 높다.

3 이면도로에서 안전하게 운전하려면 항상 위험을 예상하면서 속도를 낮추고 운전하는 것이 중요하다. 특히 어린이 보호구역에서는 시속 30km/h 이하로 운전해야 한다.
① 항상 보행자의 출현 등 돌발 상황에 대비한 방어운전을 한다.
   ㉠ 차량의 속도를 줄인다.
   ㉡ 자동차나 어린이가 갑자기 출현할 수 있다는 생각을 가지고 운전한다.

ⓒ 언제라도 곧 정지할 수 있는 마음의 준비를 갖는다.
② 위험한 대상물은 계속 주시한다.
  ㉠ 돌출된 간판 등과 충돌하지 않도록 주의한다.
  ㉡ 위험스럽게 느껴지는 자동차나 자전거, 손수레, 보행자 등을 발견하였을 때에는 그의 움직임을 주시하면서 운행한다.
  ㉢ 자전거나 이륜차가 통행하고 있을 때에는 통행공간을 배려하면서 운행하고, 갑작스런 회전 등에 대비한다.
  ㉣ 주·정차된 차량이 출발하려고 할 때에는 감속하여 안전거리를 확보한다.

제5절 지방 도로에서의 안전 운전

01. 커브 길의 방어 운전

1 커브 길에서의 주행 개념
1. 자동차가 커브를 돌때에는 차체에 원심력이 작용하게 마련이다.
2. 원심력이란 어떠한 물체가 회전운동을 할 때 회전중심으로부터 밖으로 튀쳐나가려고 하는 힘의 작용을 말한다.
3. 자동차의 원심력은 속도의 제곱에 비례하여 크게 작용하게 되며 커브의 반경이 짧을수록 커진다.
4. 회전반경이 짧은 커브 길에서 속도를 높이면 높일수록 원심력은 한층 더 높아지고 전복사고의 위험도 그만큼 커진다.
5. 커브 길에서의 주행방법은 다음과 같다.
  ① 슬로우-인, 패스트-아웃 (Slow-In, Fast-Out)
    : 커브 길에 진입할 때에는 속도를 줄이고, 진출할 때에는 속도를 높이라는 의미
  ② 아웃-인-아웃(Out-In-Out)
    : 차로 바깥쪽에서 진입하여 안쪽, 바깥쪽 순으로 통과하라는 의미

2 커브 길 주행 방법
① 커브 길에 진입하기 전에 경사도나 도로의 폭을 확인하고 가속 페달에서 발을 떼어 엔진 브레이크가 작동되도록 속도를 줄인다.
② 엔진 브레이크만으로 속도가 충분히 줄지 않으면 풋 브레이크를 사용하여 회전 중에 더 이상 감속하지 않도록 줄인다.
③ 감속된 속도에 맞는 기어로 변속한다.
④ 회전이 끝나는 부분에 도달하였을 때는 핸들을 바르게 한다.
⑤ 가속 페달을 밟아 속도를 서서히 높인다.

3 커브길 주행 시의 주의 사항
① 커브 길에서는 기상 상태, 노면 상태 및 회전 속도 등에 따라 차량이 미끄러지거나 전복될 위험이 증가하므로 부득이한 경우가 아니면 급핸들 조작이나 급가속·제동은 하지 않는다.
② 회전 중에 발생하는 가속은 원심력을 증가시켜 도로이탈의 위험이 발생하고, 감속은 차량의 무게중심이 한쪽으로 쏠려 차량의 균형이 쉽게 무너질 수 있다.
③ 커브길 진입 전에 감속 행위가 이뤄져야 차선 이탈 등의 사고를 예방할 수 있다.
④ 중앙선을 침범하거나 도로의 중앙선으로 치우친 운전하지 않는다.
⑤ 시야가 제한되어 있다면 주간에는 경음기, 야간에는 전조등을 사용하여 내 차의 존재를 반대 차로 운전자에게 알린다.
⑥ 급커브 길 등에서의 앞지르기는 대부분 규제 표지 및 노면 표시 등 안전표지로 금지하고 있으나, 금지 표지가 없어도 전방의 안전이 확인되지 않으면 절대 하지 않는다.
⑦ 겨울철 커브 길은 노면이 얼어있는 경우가 많으므로 사전에 충분히 감속하여 안전사고가 발생하지 않도록 주의한다.

02. 언덕길의 방어 운전

1 내리막길에서의 방어 운전
① 내리막길을 내려갈 때에는 엔진 브레이크로 속도 조절하는 것이 바람직하다.
② 엔진 브레이크를 사용하면 페이드 현상 및 베이퍼 록 현상을 예방하여 운행 안전도를 높일 수 있다.
③ 도로의 내리막이 시작되는 시점에서 브레이크를 힘껏 밟아 브레이크를 점검한다.
④ 내리막길에서는 반드시 변속기를 저속 기어로, 자동 변속기는 수동 모드의 저속 기어 상태로 두고 엔진 브레이크를 사용하여 감속 운전 한다.
⑤ 경사길 주행 중에 불필요하게 속도를 줄이거나 급제동하는 것은 주의한다.
⑥ 비교적 경사가 가파르지 않은 긴 내리막길을 내려갈 때 운전자의 시선은 먼 곳을 바라보고, 무심코 가속 페달을 밟아 순간 속도를 높일 수 있으므로 주의해야 한다.

2 오르막길에서의 방어 운전
① 정차할 때는 앞차가 뒤로 밀려 충돌할 가능성이 있으므로 충분한 차간 거리를 유지한다.
② 오르막길의 정상 부근은 시야가 제한되는 사각지대로 반대 차로의 차량이 앞에 다가올 때까지는 보이지 않을 수 있으므로 서행하며 위험에 대비한다.
③ 정차해 있을 때에는 가급적 풋 브레이크와 핸드 브레이크를 동시에 사용한다.
④ 뒤로 미끄러지는 것을 방지하기 위해 정지했다가 출발할 때는 핸드 브레이크를 사용하면 도움이 된다.
⑤ 오르막길에서 부득이하게 앞지르기 할 때에는 힘과 가속이 좋은 저단 기어를 사용하는 것이 안전하다.
⑥ 언덕길에서 올라가는 차량과 내려오는 차량이 교차할 때는 내려오는 차량에게 통행 우선권이 있으므로 올라가는 차량이 양보해야 한다.

03. 철길 건널목 방어 운전
① 철길 건널목에 접근할 때는 속도를 줄여 접근한다.
② 일시 정지 후에는 철도 좌·우의 안전을 확인한다.
③ 건널목을 통과할 때는 기어를 변속하지 않는다.
④ 건널목 건너편 여유 공간을 확인한 후에 통과한다.
⑤ 철길건널목 통과 중에 시동이 꺼졌을 때의 조치방법
  ㉠ 즉시 동승자를 대피시키고 차를 건널목 밖으로 이동시키기 위해 노력한다.
  ㉡ 철도공무원, 건널목 관리원이나 경찰에게 알리고 지시에 따른다.
  ㉢ 건널목 내에서 움직일 수 없을 때에는 열차가 오고 있는 방향으로 뛰어가면서 옷을 벗어 흔드는 등 기관사에게 위급상황을 알려 열차가 정지할 수 있도록 안전조치를 취한다.

제6절 고속도로에서의 안전 운전

01. 고속도로 진·출입부에서의 안전 운전

1 진입부에서의 안전 운전
① 본선 진입 의도를 다른 차량에게 방향 지시등으로 알린다.
② 본선 진입 전 충분히 가속하여 본선 차량의 교통 흐름을 방해하지 않도록 주의한다.
③ 진입을 위한 가속차로 끝부분에서 감속하지 않도록 주의
④ 고속도로 본선을 저속으로 진입하거나 진입 시기를 잘못 맞추면 추돌사고 등 교통사고가 발생할 수 있으므로 주의

2 진출부에서의 안전 운전
① 본선 진출 의도를 다른 차량에게 방향 지시등으로 알린다.
② 진출부에 진입 전에 본선 차량에 영향을 주지 않도록 주의한다.
③ 본선 차로에서 천천히 진출부로 진입하여 출구로 이동한다.

02. 고속도로 안전 운전 방법

1 전방 주시
고속도로 교통사고 원인의 대부분은 전방주시 의무를 게을리 한 탓이다. 운전자는 앞차의 뒷부분만 봐서는 안되며 앞차의 전방까지 시야를 두면서 운전해야 한다.

2 진입은 안전하게 천천히, 진입 후 가속은 빠르게
고속도로에 진입할 때는 방향 지시등으로 진입 의사를 표시한 후 가속차로에서 충분히 속도를 높이고 주행하는 다른 차량의 흐름을 살펴 안전을 확인 후 진입한다. 진입한 후에는 빠른 속도로 가속해서 교통 흐름에 방해가 되지 않도록 한다.

3 주변 교통 흐름에 따라 적정 속도 유지
고속도로에서는 주변 차량들과 함께 교통 흐름에 따라 운전하는 것이 중요하다. 주변 차량들과 다른 속도로 주행하면 다른 차량의 운행과 교통 흐름을 방해할 수 있기 때문에 최고 속도 이내에서 적정 속도를 유지해야 한다.

4 주행 차로로 주행
느린 속도의 앞차를 추월할 경우 앞지르기 차로를 이용하며, 추월이 끝나면 주행 차로로 복귀한다. 복귀할 때는 뒤차와 거리가 충분히 벌어졌을 때 안전하게 차로를 변경한다.

5 적절한 휴식
미리 여유 있는 운전계획을 세우고 장시간 계속 운전하지 않도록 하며, 적어도 2시간에 1회는 휴식한다. 2시간 이상, 200km 이상 운전을 자제 및 15분 휴식, 4시간 이상 운전 시 30분간 휴식한다.

6 전 좌석 안전띠 착용
교통사고로 인한 인명 피해를 예방하기 위해 전 좌석 안전띠를 착용해야 하며 고속도로 및 자동차 전용 도로는 전 좌석 안전띠 착용이 의무사항이다.

03. 교통 사고 및 고장 발생 시 대처 요령

1 2차 사고의 방지
① 2차 사고는 선행사고나 고장으로 정차한 차량 또는 사람(선행 차량 탑승자 또는 사고 처리자)을 후방에서 접근하는 차량이 재차 충돌하는 사고를 말한다.
② 고속도로는 차량이 고속으로 주행하는 특성 상 2차 사고 발생 시 사망사고로 이어질 가능성이 매우 높다(고속도로 2차 사고 치사율은 일반사고보다 6배 높음)
③ 2차 사고 예방 안전행동 요령은 다음과 같다.
　㉠ 신속히 비상등을 켜고 다른 차의 소통에 방해가 되지 않도록 갓길로 차량을 이동시킨다.(트렁크를 열어 위험을 알리는 것도 좋은 방법). 만일 차량이동이 어려운 경우 탑승자들은 안전조치 후 신속하고 안전하게 가드레일 밖 등의 안전한 장소로 대피한다.
　㉡ 후방에서 접근하는 차량의 운전자가 쉽게 확인할 수 있도록 고장 자동차의 표지(안전삼각대)를 한다. 야간에는 적색 섬광신호, 전기제등 또는 불꽃신호를 추가로 설치한다.(시인성 확보를 위한 안전조끼 착용 권장)
　㉢ 운전자와 탑승자가 차량 내 또는 주변에 있는 것은 매우 위험하므로 가드레일(방호벽) 밖 등 안전한 장소로 대피한다.
　㉣ 경찰관서(112), 소방관서(119) 또는 한국도로공사 콜센터(1588-2504)로 연락하여 도움을 요청한다.

2 부상자의 구호
① 사고 현장에 의사, 구급차 등이 도착할 때까지 부상자에게는 가제나 깨끗한 손수건으로 지혈하는 등 응급조치를 실행한다.
② 함부로 부상자를 움직여서는 안 되며, 특히 두부에 상처를 입었을 때에는 움직이지 말아야 한다.(단, 2차사고의 우려가 있을 경우에만 안전한 장소로 이동시킨다.)
③ 사고를 낸 운전자는 사고 발생 장소, 사상자 수, 부상 정도, 그 밖의 조치 상황을 경찰 공무원이 현장에 있을 때는 경찰 공무원에게, 경찰 공무원이 없을 때는 가장 가까운 경찰관서에 신고한다.
④ 사고 발생 신고 후 사고 차량의 운전자는 경찰 공무원이 말하는 부상자 구호와 교통안전 상 필요한 사항을 반드시 지켜야 한다.

※ 고속도로 2504 긴급견인 서비스(1588-2504, 한국도로공사 콜센터)
　- 고속도로 본선, 갓길에 멈춰 2차사고가 우려되는 소형차량을 안전지대(휴게소, 영업소, 쉼터 등)까지 견인하는 제도로서 한국도로공사가 비용을 부담하는 무료서비스
　- 대상차량 : 승용차, 16인 이하 승합차, 1.4톤 이하 화물차

제7절 야간 및 악천후 시의 안전 운전

01. 야간 운전의 위험성

① 야간에는 시야가 제한됨에 따라 노면과 앞차의 후미등 전방만을 보게 되므로 가시거리가 100m 이내인 경우에는 최고 속도를 50% 정도 감속하여 운행한다.
② 커브길이나 길모퉁이에서는 전조등 불빛이 회전하는 방향을 제대로 비추지 못하는 경향이 있으므로 속도를 줄여 주행한다.
③ 야간에는 운전자의 좁은 시야로 인해 안구 동작이 활발하지 못해 자극에 대한 반응이 둔해지고, 그로 인해 졸음운전을 하게 되므로 더욱 주의가 필요하다.
④ 원근감과 속도감이 저하되어 과속으로 운행하는 경향이 발생할 수 있다.
⑤ 술 취한 사람이 갑자기 도로에 뛰어들거나, 도로에 누워있는 경우가 발생하므로 주의해야 한다.
⑥ 밤에는 낮보다 장애물이 잘 보이지 않거나, 발견이 늦어 조치 시간이 지연될 수 있다.

> **야간에 발생하는 주요 현상**
>
> - 증발 현상 : 마주 오는 대향차의 전조등 불빛으로 인해 도로 보행자의 모습을 볼 수 없게 되는 현상
> - 현혹 현상 : 마주 오는 대향차의 전조등 불빛으로 인해 운전자의 눈 기능이 순간적으로 저하되는 현상
>
> 위의 두 경우 약간 오른쪽을 바라보며 대향차의 전조등 불빛을 정면으로 보지 않도록 한다.

02. 야간의 안전 운전
① 해가 지기 시작하면 곧바로 전조등을 켜 다른 운전자들에게 자신을 알린다.
② 주간 속도보다 20% 속도를 줄여 운행한다.
③ 보행자 확인에 더욱 세심한 주의를 기울인다.(어두운 색의 옷차림)
④ 승합 자동차는 야간에 운행할 때에 실내 조명등을 켜고 운행한다.
⑤ 선글라스를 착용하고 운전하지 않는다.
⑥ 커브 길에서는 상향등과 하향등을 적절히 사용하여 자신이 접근하고 있음을 알린다.
⑦ 대향차의 전조등을 직접 바라보지 않는다.
⑧ 전조등 불빛의 방향을 아래로 향하게 한다.
⑨ 장거리를 운행할 때에는 운행계획에 적절한 휴식 시간을 포함시킨다.
⑩ 불가피한 경우가 아니면 도로 위에 주·정차 하지 않는다.
⑪ 밤에 고속도로 등에서 자동차를 운행할 수 없게 되었을 때는 후방에서 접근하는 자동차의 운전자가 확인할 수 있는 위치에 고장 자동차 표지를 설치하고 사방 500m 지점에서 식별할 수 있는 적색의 섬광 신호, 전기제등 또는 불꽃 신호를 추가로 설치하는 등 조치를 취하여야 한다.
⑫ 전조등이 비추는 범위의 앞쪽까지 살핀다.
⑬ 앞차의 미등만 보고 주행하지 않는다.

03. 안개길의 안전 운전
① 전조등, 안개등 및 비상점멸표시등을 켜고 운행한다.
② 가시거리가 100m 이내인 경우에는 최고속도를 50% 정도 감속하여 운행한다.
③ 앞차와의 차간거리를 충분히 확보하고, 앞차의 제동이나 방향지시 등의 신호를 예의 주시하며 운행한다.
④ 앞을 분간하지 못할 정도의 짙은 안개로 운행이 어려울 때에는 차를 안전한 곳에 세우고 잠시 기다린다. 이때에는 미등, 비상점멸표시등(비상등)을 켜서 지나가는 차에게 내 차량의 위치를 알려서 충돌사고 등이 발생하지 않도록 조치한다.

04. 빗길의 안전 운전
① 비가 내려 노면이 젖어있는 경우에는 최고 속도의 20%를 줄인 속도로 운행한다.
② 폭우로 가시거리가 100m 이내인 경우에는 최고 속도의 50%를 줄인 속도로 운행한다.
③ 물이 고인 길을 통과할 때에는 속도를 줄여 저속으로 통과한다.
④ 물이 고인 길을 벗어난 경우에는 브레이크를 여러 번 나누어 밟아 마찰열로 브레이크 패드나 라이닝의 물기를 제거한다.
⑤ 보행자 옆을 통과할 때에는 속도를 줄여 흙탕물이 튀지 않도록 주의한다.
⑥ 공사 현장의 철판 등을 통과할 때는 사전에 속도를 충분히 줄여 미끄러지지 않도록 천천히 통과하여야 하며, 급브레이크를 밟지 않는다.
⑦ 급출발, 급핸들, 급브레이크 조작은 미끄러짐이나 전복 사고의 원인이 되므로 엔진 브레이크를 적절히 사용하고, 브레이크를 밟을 때에는 페달을 여러 번 나누어 밟는다.

제8절 경제 운전

01. 경제 운전의 개념과 효과
경제 운전은 연료 소모율을 낮추고, 공해 배출을 최소화하며, 방어운전으로 도로환경의 변화에 즉시 대처할 수 있는 급가속·급제동·급감속 등 위험 운전을 하지 않음으로 안전운전의 효과를 가져 오고자 하는 운전 방식이다. (에코 드라이빙)

1 경제 운전의 기본적인 방법
① 급가속(가속페달은 부드럽게)을 피한다.
② 급제동을 피한다.
③ 급한 운전을 피한다.
④ 불필요한 공회전을 피한다.
⑤ 일정한 차량 속도(정속 주행)를 유지한다.

2 경제 운전의 효과
① 연비의 고효율 (경제 운전)
② 차량 구조 장치 내구성 증가 (차량 관리비, 고장 수리비, 타이어 교체비 등의 감소)
③ 고장 수리 작업 및 유지관리 작업 등의 시간 손실 감소 효과
④ 공해 배출 등 환경 문제의 감소 효과
⑤ 방어 운전 효과
⑥ 운전자 및 승객의 스트레스 감소 효과

02. 퓨얼-컷 (Fuel-cut)
퓨얼-컷(Fuel-cut)이란 연료가 차단된다는 것이다. 운전자가 주행하다가 가속 페달을 밟고 있던 발을 떼었을 때, 자동차의 모든 제어 및 명령을 담당하는 컴퓨터인 ECU가 가속 페달의 신호에 따라 스스로 연료를 차단시키는 작업을 말한다. 자동차가 달리고 있던 관성(가속력)에 의해 축적된 운동 에너지의 힘으로 계속 달려가게 되는데, 이러한 관성 운전이 경제 운전임을 이해하여야 한다.

03. 경제 운전에 영향을 미치는 요인

1 도심 교통 상황에 따른 요인
① 우리의 도심은 고밀도 인구에 도로가 복잡하고 교통 체증도 심각한 환경이다.
② 운전자들이 바쁘고 가속·감속 및 잦은 브레이크에 자동차 연비도 증가한다.
③ 경제 운전을 하기 위해서는 불필요한 가속과 브레이크를 덜 밟는 운전 행위로 에너지 소모량을 최소화하는 것이 중요하다.
④ 미리 교통 상황을 예측하고 차량을 부드럽게 움직일 필요가 있다.
⑤ 도심 운전에서는 멀리 200~300m를 예측하고 2개 이상의 교차로 신호등을 관찰 하는 것도 경제 운전이다.
⑥ 복잡한 시내운전도 앞차와의 차간 거리를 속도에 맞게 유지하면서 퓨얼컷 기능을 살려 경제 운전을 할 수 있을 것이다.
⑦ 필요 이상의 브레이크 사용을 자제하고 피로가 가중되지 않고 여유 있는 방어 운전이 곧 경제 운전이다.

2 도로 조건
도로의 젖은 노면은 구름저항을 증가시키며 경사도는 구배저항에 영향을 미침으로써 연료 소모를 증가시킨다. 그러므로 고속도로나 시내의 외곽 도로 전용 도로 등에서 시속 100km라면 그 속도를 유지하면서 가장 하향으로 안정된 엔진 RPM을 유지하는 것이 연비 좋은 정속 주행이다.

❸ 기상 조건

맞바람은 공기 저항을 증가시켜 연료 소모율을 높인다. 고속 운전에서 차창을 열고 달림은 연비 증가에 영향을 주며, 더운 날 에어컨의 작동은 연비에 좋지 않은 것은 사실이나 차량 규격이 중형차 이상은 엔진의 여유 출력이 크므로 연비에 큰 영향을 주지 않을 수도 있다.

04. 경제운전은 곧 안전운전

1 경제운전 실천 요령

① 시동을 걸때 클러치를 반드시 밟는다.
② 시동을 걸 때 가속페달을 밟지 않는다.
③ 시동 직후 급가속이나 급출발을 삼간다.
④ 급출발, 급제동 삼가고 교차로 선행신호등 주지
⑤ 경제속도로 정속주행 한다.
⑥ 적절한 시기에 변속한다.
⑦ 올바른 운전습관을 가져야 한다.
⑧ 타이어 공기압력을 적절히 유지한다.
⑨ 경제적인 주행코스(내비게이션)정보를 선택한다.

2 주행방법에 따른 경제운전

① 속도 : 가능한 한 일정 속도로 주행하는 것이 매우 중요하다.
② 기어변속 : 엔진회전속도가 2,000~3,000 RPM상태에서 고단기어 변속이 바람직하다.
③ 제동과 관성 주행 : 교차로에 접근하든가 할 때 가속페달에서 발을 떼고 관성으로 차를 움직이게 할 수 있을 때는 제동을 피한다.
④ 교통류에의 합류와 분류 : 지선에서 차량속도가 높은 본선으로 합류할 때는 강한 가속이 필수적이다.
⑤ 위험예측운전 : 자신의 운전행동을 도로 및 교통조건에 맞추어 나가는 것이다.
⑥ 경제운전과 방어운전 : 방어운전은 다른 도로 이용자의 행동과 도로, 교통조건 등을 예측 및 판단해서 그 조건에 맞는 운전을 실행하는 것이다. 이를 통해 사고를 회피하는 것 뿐 아니라 연료소비 감소까지 가져오는 효과가 있기 때문에 본질적으로 방어운전이지만 경제운전이 될 수도 있다.

제9절 기본운행수칙

01. 출발하고자 할 때

① 매일 운행을 시작할 때는 후사경이 제대로 조정되어 있는지 확인한다.
② 시동을 걸 때는 기어가 들어가 있는지 확인한다. 기어가 들어가 있는 상태에서는 클러치를 밟지 않고 시동을 걸지 않는다.
③ 주차 브레이크가 채워진 상태에서는 출발하지 않는다.
④ 운전석은 운전자의 체형에 맞게 조절하여 운전자세가 자연스럽도록 한다.
⑤ 주차 상태에서 출발할 때는 차량의 사각지점을 고려해 전·후·좌·우의 안전을 직접 확인한다.
⑥ 운행을 시작하기 전에 제동등이 점등되는지 확인한다.
⑦ 도로의 가장자리에서 도로로 진입하는 경우에는 진행하려는 방향의 안전 여부를 확인한다.
⑧ 정류소에서 출발 할 때에는 자동차문을 완전히 닫은 상태에서 방향지시등을 작동시켜 도로 주행 의사를 표시한 후 출발한다.
⑨ 출발 후 진로 변경이 끝나기 전에 신호를 중지하지 않는다.
⑩ 출발 후 진로 변경이 끝난 후에도 신호를 계속하지 않는다.

02. 정지할 때

① 정지할 때는 미리 감속하여 급정지로 인한 타이어 흔적이 발생하지 않도록 한다. 이때 엔진 브레이크와 저단 기어 변속을 활용하도록 한다.
② 정지할 때까지 여유가 있는 경우에는 브레이크 페달을 가볍게 2~3회 나누어 밟는 단속 조작을 통해 정지한다.
③ 미끄러운 노면에서는 제동으로 인해 차량이 회전하지 않도록 주의한다.

03. 주차할 때

① 주차가 허용된 지역이나 안전한 지역에 주차한다.
② 주행 차로로 주차된 차량의 일부분이 돌출되지 않도록 주의한다.
③ 경사가 있는 도로에 주차할 때에는 밀리는 현상을 방지하기 위해 바퀴에 고임목 등을 설치하여 안전 여부를 확인한다.
④ 도로에서 차가 고장이 일어난 경우에는 안전한 장소로 이동한 후 비상 삼각대와 같은 고장 자동차의 표지(비상삼각대)를 설치한다.

04. 주행하고 있을 때

① 교통량이 많은 곳에서는 급제동 또는 후미 추돌 등을 방지하기 위해 감속하여 주행한다.
② 노면 상태가 불량한 도로에서는 감속하여 주행한다.
③ 전방의 시야가 충분히 확보되지 않는 기상 상태나 도로 조건 등에서는 감속한다.
④ 해질 무렵, 터널 등 조명 조건이 불량한 경우에는 감속하여 주행한다.
⑤ 주택가나 이면 도로에서는 돌발 상황 등에 대비하여 과속이나 난폭 운전을 하지 않는다.
⑥ 곡선 반경이 작은 도로나 과속 방지턱이 설치된 도로에서는 감속하여 안전하게 통과한다.
⑦ 주행하는 차들과 제한 속도를 넘지 않는 범위 내에서 속도를 맞추어 주행한다.
⑧ 핸들을 조작할 때마다 상체가 한 쪽으로 쏠리지 않도록 왼발은 발판에 놓아 상체 이동을 최소화 한다.
⑨ 신호대기 중에 기어를 넣은 상태에서 클러치와 브레이크페달을 밟아 자세가 불안정하게 만들지 않는다.
⑩ 신호대기 등으로 잠시 정지하고 있을 때에는 주차브레이크를 당기거나, 브레이크 페달을 밟아 미끄러지지 않도록 한다.
⑫ 통행우선권이 있는 다른 차가 진입할 때에는 양보한다.
⑬ 직선도로를 통행하거나 구부러진 도로를 돌 때 다른 차로를 침범하거나, 2개 차로에 걸쳐 주행하지 않는다.

05. 앞차를 뒤따라가고 있을 때

① 앞차가 급제동할 때 후미를 추돌하지 않도록 안전거리를 유지한다.
② 적재상태가 불량하거나 적재물이 떨어질 위험이 있는 자동차에 근접하여 주행하지 않는다.

06. 다른 차량과의 차간거리 유지

① 앞 차량에 근접하여 주행하지 않는다. 앞 차량이 급제동할 경우 안전거리 미확보로 인해 앞차의 후미를 추돌하게 된다.
② 좌·우측 차량과 일정거리를 유지한다.
③ 다른 차량이 차로를 변경하는 경우에는 양보하여 안전하게 진입할 수 있도록 한다.

07. 진로변경 및 주행차로를 선택할 때

① 도로별 차로에 따른 **통행차의 기준**을 준수하여 주행차로를 선택한다.
② 급차로 변경을 하지 않는다.
③ 일반도로에서 차로를 변경하는 경우, 그 행위를 하려는 지점에 도착하기 전 30m(고속도로에서는 100m) 이상의 지점에 이르렀을때 방향지시등을 작동시킨다.
④ 도로 노면에 표시된 백색점선에서 진로를 변경한다.
⑤ 터널 안, 교차로 직전 정지선, 가파른 비탈길 등 백색 실선이 설치된 곳에서는 진로를 변경하지 않는다.
⑥ 다른 통행 차량 등에 대한 배려나 양보 없이 본인 위주의 진로 변경을 하지 않는다.
⑦ 진로 변경이 끝나기 전에 신호를 중지하지 않는다. 진로 변경이 끝나면 즉시 신호를 중지한다.
⑧ 진로 변경 위반에 해당하는 경우
　㉠ 두 개의 차로에 걸쳐 운행하는 경우
　㉡ 한 차로로 운행하지 않고 두 개 이상의 차로를 지그재그로 운행하는 행위
　㉢ 갑자기 차로를 바꾸어 옆 차로로 끼어드는 행위
　㉣ 여러 차로를 연속적으로 가로지르는 행위
　㉤ 진로변경이 금지된 곳에서 진로를 변경하는 행위

08. 앞지르기

① 앞지르기를 할 때는 항상 방향 지시등을 작동시킨다.
② 앞지르기는 허용된 구간에서만 시행한다.
③ 앞지르기 할 때는 반드시 반대 방향 차량, 추월 차로에 있는 차량, 전·후 차량과의 안전 여부를 확인한 후 시행한다.
④ 제한 속도를 넘지 않는 범위 내에서 시행한다.
⑤ 앞지르기한 후 본 차로로 진입할 때에는 뒤차와의 안전을 고려하여 진입한다.
⑥ 앞 차량의 좌측 차로를 통해 앞지르기를 한다.
⑦ 도로의 구부러진 곳, 오르막길의 정상부근, 급한 내리막길, 교차로, 터널 안, 다리 위에서는 앞지르기를 하지 않는다.
⑧ 앞차가 다른 자동차를 앞지르고자 할 때에는 앞지르기를 시도하지 않는다.
⑨ 앞차의 좌측에 다른 차가 나란히 가고 있는 경우에는 앞지르기를 시도하지 않는다.

09. 교차로 통행

1 좌우로 회전할 때

① 회전이 허용된 차로에서만 회전하고, 회전하고자 하는 지점에 이르기 전 30m(고속도로에서는 100m) 이상의 지점에 이르렀을 때 방향지시기를 작동시킨다.
② 좌회전차로가 2개 설치된 교차로에서 좌회전할 때에는 1차로(중·소형승합자동차), 2차로(대형승합자동차) 통행기준을 준수한다.
③ 대형차가 교차로를 통과하고 있을 때에는 완전히 통과시킨 후 좌회전한다.
④ 우회전할 때에는 내륜차 현상으로 인해 보도를 침범하지 않도록 주의한다.
⑤ 우회전하기 직전에는 직접 눈으로 또는 후사경으로 오른쪽 옆의 안전을 확인하여 충돌이 발생하지 않도록 주의한다.
⑥ 회전할 때에는 원심력이 발생하여 차량이 이탈하지 않도록 감속하여 진입한다.

2 신호할 때

① 진행방향과 다른 방향의 지시등을 작동시키지 않는다.
② 정당한 사유 없이 반복적이거나 연속적으로 경음기를 울리지 않는다.

제10절　계절별 안전운전

01. 봄철 안전운전

1 계절 특성

① 봄은 겨우내 잠자던 생물들이 새롭게 생존의 활동을 시작한다.
② 겨우내 얼어 있던 땅이 녹아 지반이 약해지는 해빙기이다.
③ 날씨가 온화해짐에 따라 사람들이 활동이 활발해지는 계절이다.

2 기상 특성

① 발달된 양쯔 강 기단이 동서방향으로 위치하여 이동성 고기압으로 한반도를 통과하면 장기간 맑은 날씨가 지속, 봄 가뭄이 발생한다.
② 시베리아기단이 한반도에 겨울철 기압배치를 이루면 꽃샘추위가 발생한다.
③ 저기압이 한반도에 영향을 주면 약한 강우를 동반한 지속성이 큰 안개가 자주 발생한다.
④ 중국에서 발생한 모래먼지에 의한 황사현상이 자주 발생하여 운전자의 시야에 지장을 초래한다.

3 봄철 교통사고의 위험요인

① 도로조건 : 날씨가 풀리면서 겨우내 얼어 있던 땅이 녹아 지반붕괴로 인한 도로의 균열이나 낙석 위험이 크다.
② 운전자 : 기온이 상승하고 긴장이 풀리고 몸도 나른해짐으로써 춘곤증에 의한 전방 주시태만 및 졸음운전은 사고로 이어질 수 있다.
③ 보행자 : 교통상황에 대한 판단능력이 떨어지는 어린이와 신체능력이 약화된 노약자들이 보행이나 교통수단이용이 증가한다.

4 안전운행 및 교통사고 예방

① 교통환경 변화
　㉠ 춘곤증이 발생하는 봄철 과로운전을 하지 않도록 건강관리에 유의한다.
　㉡ 해빙기의 지반 붕괴와 균열로 인한 노면상태 파악
② 주변 환경 대응
　㉮ 주변 환경 변화
　　㉠ 보행자나 운전자의 집중력이 떨어뜨린다.
　　㉡ 신학기를 맞아 학생들의 보행인구가 늘어난다.
　　㉢ 행락철을 맞이하여 교통수요가 많아지고 통행량이 증가한다.
　㉯ 주변 환경에 대한 대응
　　㉠ 충분한 휴식을 통해 과로하지 않도록 주의한다.
　　㉡ 운행 시에 주변 환경 변화를 인지하여 위험이 발생하지 않도록 방어운전을 한다.
③ 춘곤증
　㉠ 봄이 되면 낮의 길이가 길어짐에 따라 활동시간이 늘어나지만 휴식·수면시간이 줄어든다.
　㉡ 춘곤증이 의심되는 현상은 나른한 피로감, 졸음, 집중력 저하, 권태감, 식욕부진, 소화불량, 현기증, 손·발의 저림, 두통, 눈의 피로, 불면증 등이 있다.
　㉢ 춘곤증의 예방은 운동을 몰아서 하지 않고 조금씩 자주하는 것이 바람직하며, 운행 중에는 스트레칭 등으로 긴장된 근육을 풀어주는 것이 좋다.

5 자동차 관리
① 세차 : 봄철은 고압 물세차를 1회 정도는 반드시 해주는 것이 좋다.
② 월동장비 정리 : 스노우타이어, 체인 등의 물기를 제거하여 통풍이 잘 되는 곳에 보관.
③ 배터리 및 오일류 점검 : 배터리액이 부족하면 증류수 등을 보충해주고, 추운 날씨로 인해 엔진 오일이 변질될 수 있기 때문에 엔진오일 상태를 점검
④ 낡은 배선 및 부식된 부분 교환
⑤ 부동액이 샜는 지 확인
⑥ 에어컨 작동 확인

02. 여름철 안전운전

1 계절 특성
① 6월 말부터 7월 중순까지 장마전선의 북상으로 비가 많이 내리고, 장마 이후에는 무더운 날이 지속된다.
② 저녁 늦게까지 무더운 현상이 지속되는 열대야 현상이 나타나기도 한다.

2 기상 특성
① 시베리아기단과 북태평양기단의 경계를 나타내는 한대전선대가 한반도에 위치할 경우 많은 강수가 연속적으로 내리는 장마가 발생한다.
② 국지적으로 집중호우가 발생한다.
③ 북태평양 기단(氣團)의 영향으로 습기가 많고, 온도가 높은 무더운 날씨가 지속된다.
④ 이류안개가 빈번히 발생하며, 연안이나 해상에서 주로 발생한다.
⑤ 저위도에서 형성된 열대저기압이 태풍으로 발달하여 한반도까지 접근한다.
⑥ 열대야 현상이 발생, 운전자들의 주의집중이 곤란하고, 쉽게 피로해지기 쉽다.

3 여름철 교통사고의 위험요인
① 도로조건 : 갑작스러운 악천후 및 무더위 등으로 운전자의 시각적 변화와 긴장·흥분·피로감이 교통사고를 일으킬 수 있는 요인이므로 기상 변화에 잘 대비해야 한다.
② 운전자 : 온도와 습도의 상승으로 불쾌지수가 높아지고 수면부족과 피로로 인한 졸음운전 등도 집중력 저하요인으로 작용한다.(불쾌지수가 높으면 나타나는 현상 - 난폭운전, 언성을 높이고 신경질적인 반응, 사고위험 증가, 스트레스 가중으로 두통·소화불량 등)
③ 보행자 : 전·후방 시야확보가 어렵고 열대야 등으로 피로가 쌓일 수 있으며, 불쾌지수가 높아지면 위험상황의 인식이 둔해져서 교통법규를 무시하는 경향이 강하게 나타날 수 있다.

4 안전운행 및 교통사고 예방
① 뜨거운 태양 아래 장시간 주차하는 경우 창문을 열어 실내의 더운 공기를 환기시킨 다음 운행
② 주행 중 갑자기 시동이 꺼졌을 경우 통풍이 잘 되고 그늘진 곳으로 옮겨 열을 식힌 후 재시동
③ 비가 내리고 있을 때 주행하는 경우 감속 운행

5 자동차 관리
① 냉각 장치 점검 : 냉각수의 양과 누수 여부 등
② 와이퍼의 작동 상태 점검 : 정상 작동 유무, 유리면과 접촉 여부 등
③ 타이어 마모상태 점검 : 홈 깊이가 1.6mm 이상 여부 등
④ 차량 내부의 습기 제거 : 배터리를 분리한 후 작업
⑤ 에어컨 냉매 가스 관리 : 냉매 가스의 양이 적절한지 점검
⑥ 브레이크, 전기 배선 점검 및 세차 : 브레이크 패드, 라이닝, 전기배선 테이프 점검. 해안 부근 주행 후 세차

03. 가을철 안전운전

1 계절 특성
① 천고마비의 계절인 가을은 아침 저녁으로 선선한 바람이 불어 즐거운 느낌을 주기도 하지만, 심한 일교차로 건강을 해칠 수도 있다.
② 맑은 날씨가 계속되고 기온도 적당하여 행락객 등에 의한 교통수요와 명절 귀성객에 의한 통행량이 많이 발생한다.

2 기상 특성
① 가을공기는 고위도지방으로부터 이동해오면서 뜨거워지므로 대체로 건조하고, 대기 중에 떠다니는 먼지가 적어 깨끗하다.
② 큰 일교차로 지표면에 접한 공기가 냉각되어 안개(복사안개)가 발생하여 아침에 해가 뜨면 사라진다.
③ 해안안개는 해수온도가 높아 수면으로부터 증발이 잘 일어나고, 습윤한 공기는 육지로 이동하여 야간에 냉각되면서 생기는 이류안개가 빈번히 형성된다.
④ 특히 하천이나 강을 끼고 있는 곳에서는 짙은 안개가 자주 발생함

3 가을철 교통사고의 위험요인
① 도로조건 : 추석절 귀성객 등으로 교통량이 증가하지만 다른 계절에 비해 도로조건은 비교적 양호한 편이다.
② 운전자 : 추수절 국도 주변에는 저속으로 운행하는 경운기·트랙터 등의 통행이 늘고, 단풍 등 주변환경에 관심을 가지게 되면 집중력이 떨어져 교통사고 발생 가능성이 존재한다.
③ 보행자 : 맑은 날씨, 곱게 물든 단풍, 풍성한 수확 등 계절적 요인으로 인해 교통신호 등에 대한 주의 집중력이 분산될 수 있다.

4 안전운행 및 교통사고 예방
① 이상기후 대처 : 안개 지역을 통과할 때에는 처음부터 감속운행을 하고 늦가을에 안개가 끼면 기온차로 노면이 동결되는 경우가 있는데 엔진브레이크로 감속한 다음 풋브레이크를 밟아야 한다.
② 보행자에 주의하여 운행 : 기온이 떨어지면 몸을 움츠리고 행동이 부자연스러워 교통상황에 대처능력이 떨어지므로 보행자의 움직임에 주의한다.
③ 행락철 주의 : 계절의 특성으로 각급 학교의 소풍, 회사나 가족 단위의 단풍놀이 등 단체여행의 증가로 운전자의 주의력이 산만해질 수 있으므로 주의해야 한다.
④ 농기계 주의 : 추수기를 맞아 경운기 등 농기계의 빈번한 도로운행은 교통사고의 원인이 되기도 한다.

5 자동차 관리
① 세차 및 곰팡이 제거(바닷가 여행 후 염분 제거)
② 히터 및 서리제거 장치 점검(정상적 작동여부 점검)
③ 타이어 점검(공기압, 파손여부, 예비 타이어 이상유무)
④ 냉각수, 브레이크액, 엔진오일 및 팬벨트의 장력 점검
⑤ 각종 램프의 작동 여부를 점검(전조등과 각종 램프)
⑥ 고장이나 점검에 필요한 예비 부품 준비

04. 겨울철 안전운전

1 계절 특성
① 겨울철은 차가운 대륙성 고기압의 영향으로 북서 계절풍이 불어와 날씨는 춥고 눈이 많이 내리는 특성을 보인다.
② 교통의 3대 요소인 사람, 자동차, 도로환경 등 모든 조건이 다른 계절에 비하여 열악한 계절이다.

2 기상 특성
① 한반도는 북서풍이 탁월하고 강하여, 습도가 낮고 공기가 매우 건조
② 겨울철 안개는 서해안에 가까운 내륙지역과 찬 공기가 쌓이는 분지지역에서 주로 발생하며, 빈도는 적으나 지속시간이 긴 편이다.
③ 대도시지역은 연기, 먼지 등 오염물질이 올라갈수록 기온이 상승되어 있는 기층 아래에 쌓여서 옅은 안개가 자주 발생한다.
④ 기온이 급강하하고 한파를 동반한 눈이 자주 내리며, 눈길, 빙판길, 바람과 추위는 운전에 악영향을 미치는 기상특성을 보인다.

3 겨울철 교통사고의 위험 요인
① 도로조건 : 눈이 잘 녹지 않고 쌓이며 적은 양의 눈이 내려도 바로 빙판길이 될 수 있기 때문에 자동차 간의 충돌·추돌 또는 도로 이탈 등의 사고가 발생할 수 있다.
② 운전자 : 각종 모임 등으로 마신 술이 깨지 않은 상태에서 운전할 가능성이 있으며 추운 날씨로 방한복 등 두꺼운 옷을 착용하고 운전하는 경우 움직임이 둔해져 위기상황에 민첩한 대처능력이 떨어지기 쉽다.
③ 보행자 : 두꺼운 외투, 방한복 등을 착용하고 앞만 보면서 목적지까지 최단거리로 이동하려는 경향이 있다.

4 안전운행 및 교통사고 예방
① 출발할 때
　㉠ 도로가 미끄러울 때에는 급출발하거나 갑작스런 동작을 하지 않고 부드럽게 천천히 출발하면서 도로상태를 느끼도록 한다.
　㉡ 미끄러운 길에서는 기어를 2단에 넣고 출발하는 것이 구동력을 완화시켜 바퀴가 헛도는 것을 방지할 수 있다.
　㉢ 핸들이 한쪽 방향으로 꺾여있는 상태에서 출발하면 앞바퀴의 회전각도로 인해 바퀴가 헛도는 결과를 초래할 수 있으므로 앞바퀴를 직진 상태로 변경한 후 출발한다.
　㉣ 체인은 구동바퀴에 장착하고 과속으로 심한 진동 등이 발생하면 체인이 벗겨지거나 절단될 수 있으므로 주의한다.
② 주행할 때
　㉠ 미끄러운 도로에서 제동할 때에는 정지거리가 평소보다 2배 이상 길어질 수 있기때문에 충분한 차간 거리 확보 및 감속 운행이 요구되며, 다른 차량과 나란히 주행하지 않는다.
　㉡ 주행 중에 차체가 미끄러질 때는 핸들을 미끄러지는 방향으로 틀어주면 스핀(Spin)을 방지할 수 있다.
　㉢ 눈이 내린 후 타이어 자국이 나 있을 때는 앞 차량의 타이어 자국 위를 달리면 미끄럼을 예방할 수 있으며 기어는 2단 혹은 3단으로 고정하여 그 동력을 바꾸지 않은 상태로 주행하면 미끄럼을 방지할 수 있다.
　㉣ 커브 길 진입 전에는 충분히 감속해야 하며 햇빛·바람·기온차이로 커브 길의 입구와 출구 쪽의 노면 상태가 다르므로 도로 상태를 확인하면서 운행하여야 한다.
③ 장거리 운행 시 : 장거리를 운행할 때에는 목적지까지의 운행 계획을 평소보다 여유있게 세워야 하며, 도착지·행선지·도착시간 등을 승객에게 고지하여 기상악화나 불의의 사태에 신속히 대처할 수 있도록 한다.

5 자동차 관리
① 월동장비 점검
　㉠ 스크래치 : 유리에 끼인 성에를 제거할 수 있도록 비치한다.
　㉡ 스노타이어 또는 차량의 타이어에 맞는 체인을 구비하고, 체인의 절단이나 마모 부분은 없는 지 점검을 한다.

② 냉각장치 점검
　㉠ 냉각수의 동결을 방지하기 위해 부동액의 양 및 점도를 점검한다.(냉각수가 얼어붙으면 엔진과 라디에이터에 치명적인 손상을 초래할 수 있다)
　㉡ 냉각수를 점검할 때에는 뜨거운 냉각수에 손을 데일 수 있으므로 엔진이 완전히 냉각될 때까지 기다렸다가 냉각장치 뚜껑을 열어 점검을 한다.
③ 정온기(온도조절기, thermostat) 상태 점검
　㉠ 정온기 : 실린더헤드 물 재킷 출구부분에 설치되어 냉각수의 온도에 따라 냉각수 통로를 개폐하여 엔진의 온도를 알맞게 유지하는 장치를 말한다.
　㉡ 기능 : 엔진이 차가울 때는 냉각수가 라디에이터로 흐르지 않도록 차단하고, 실린더에서만 순환되도록 하여 엔진의 온도가 빨리 적정온도에 도달하도록 한다.
　㉢ 정온기가 고장으로 열려있다면 엔진의 온도가 적정 수준까지 올라가는데 많은 시간이 필요함에 따라 엔진의 워밍업 시간이 길어지고 히터의 기능이 떨어지게 된다.

02 안전운전 출제예상문제

제1장 자동차 관리

01 자동차 일상 점검 시의 주의사항으로 옳지 않은 것은?
① 경사가 없는 평탄한 장소에서 점검
② 점검은 항상 밀폐된 공간에서 시행
③ 검사 시에는 반드시 엔진의 시동을 끈 후 점검
④ 변속 레버를 '주차'에 위치시킨 후 브레이크 걸기
해설 ② 점검은 항상 환기가 잘 되는 장소에서 시행

02 다음의 일상 점검 내용 중 엔진 룸 내부에 관한 점검 내용이 아닌 것은?
① 변속기 오일   ② 라디에이터 상태
③ 윈도 워셔액   ④ 배가스의 색깔
해설 ④ 자동차 외관의 배기가스 관련 점검 사항이다.

03 일상적으로 점검해야 하는 사항 중 운전석에서 검사할 사항으로 옳지 않은 것은?
① 라이트의 점등 상화
② 브레이크 페달의 밟히는 정도
③ 와이퍼 정상 작동 여부
④ 오작동 신호 확인
해설 ①은 일상점검 중 자동차의 외관에서 검사할 사항이다.

04 운행 전 차량 외관 점검 사항으로 옳지 않은 것은?
① 유리의 상태 및 손상 여부
② 차체의 기울기 여부
③ 액셀러레이터 페달 상태
④ 휠 너트의 조임 상태
해설 ③ 액셀러레이터 페달 상태는 운행 중 출발 전에 하는 점검 사항이다.

05 운행 전 차량 엔진 점검 시 확인해야 할 사항으로 옳지 않은 것은?
① 각종 벨트의 장력 상태 및 손상의 여부
② 냉각수의 적당량과 변색 유무
③ 배선의 정리, 손상, 합선 등의 누전 여부
④ 연료의 게이지량
해설 ④는 운행 전 자동차 점검 중 운전석에서 점검할 사항이다.

06 자동차의 외관점검 사항에 대한 설명이다. 점검사항이 아닌 것은?
① 유리는 깨끗하며 깨진 곳과 후사경의 위치 상태 여부
② 타이어의 공기압력과 마모상태 적절여부와 차체에서 오일, 연료, 냉각수 등의 유출 여부
③ 차체의 외관상태와 휠 너트의 조임 상태 양호 유무
④ 엔진 오일의 적당량과 와이퍼 작동 상태 등의 확인
해설 ④의 문항은 운전석이나 엔진룸에서 점검사항이므로 외관 점검사항이 아니며, ①②③외에도 차체의 기울기, 휠 너트의 조임 상태, 연료 탱크 캡의 잠금 상태 등이 있다.

07 자동차의 경고등과 표시등의 설명이 서로 다른 것은?

 ① 엔진오일 압력 경고등

 ② 안전벨트 미착용 경고등

 ③ 상향등 작동 표시등

 ④ 브레이크 에어 경고등

해설 ④의 표시등은 '주차브레이크 경고등'이며, 브레이크 에어 경고등은 다음과 같다.

08 자동차의 경고등이나 표시등의 설명이 잘못 연결된 것은?

 ① 냉각수 경고등

 ② 엔진 예열작동 표시등

 ③ 배터리 충전 경고등

CHECK ENGINE   ④ 비상 경고 표시등

해설 ④는 '엔진 정비지시등'이며, '비상 경고 표시등'은 다음과 같다.

09 운행 후 자동차 외관점검 사항이다. 아닌 것은?
① 차체에 굴곡이나 손상된 곳 등 여부 확인
② 타이어 공기압 차이에 의한 기울어짐 여부 확인
③ 보닛의 고리 빠짐 여부 확인
④ 차체의 기울기 여부
해설 ④의 문항은 '운행 전 외관 점검사항'이므로 다르다.

정답 1② 2④ 3① 4③ 5④ 6④ 7④ 8④ 9④

10 운행 후 짧은 점검 주기가 필요한 주행조건이다. 틀린 것은?

① 짧은 거리를 반복해서 주행
② 모래, 먼지가 많은 지역 주행
③ 룸미러 각도, 경음기 작동 상태, 계기 점등 상태
④ 험한 상태의 길(자갈길, 비포장길) 주행빈도가 높은 경우

해설 ③의 문항은 '운행 전 운전석에서 점검사항'으로 다르다.

11 자동차가 주행하기 전 안전수칙에 대한 설명이다. 잘못된 것은?

① 안전벨트의 착용 – 짧은 거리의 주행 시에도 안전벨트를 착용한다.
② 안전운전을 위한 청결유지 – 전면 유리창을 과도하게 선팅하지 말 것이며, 운전석 바닥에 커피 캔 등을 놓아 가속/브레이크 페달의 정상작동에 영향을 주지 아니할 것.
③ 차체에 굴곡이나 손상된 곳 등 주차 후 바닥에 오일이나 냉각수가 떨어져 보이는 지 확인하여야 한다.
④ 위험물질의 차내 방치 또는 차내 반입 금지 – 여름철 차 내부 실내 온도는 약 70℃ 이상 고온이므로 화재/폭발 위험이 있는 인화성물질(라이터 등)의 차내 반입 방치는 금물이다.

해설 ③의 내용은 운행 후 자동차 외관점검사항에 해당하는 사안으로 해당되지 않아 틀린다. 이외에도 올바른 운전자세, 주행 전 건강 체크, 일상점검의 생활화 등이 있다.

12 주행 전 건강 체크 사항 중 음주(혈중알코올 농도)에 따른 행동적 증후(3~5잔 : 중기, 손 상가능기)에 대한 설명이다. 맞지 않는 것은?

① 얼큰히 취한 기분   ② 압박에서 탈피하여 정신 이완
③ 체온 상승   ④ 판단력이 조금 흐려짐

해설 ④의 내용은 2잔 정도 음주하였을 때 초기의 취한 상태의 행동적 징후이므로 맞지 않으며 '맥박이 빨라짐'의 현상이 있다.

13 주행 전 정신적 건강체크에서 '피로가 운전에 미치는 영향'에 대한 설명이다. 옳지 않은 것은?

① 주의력 – 교통표지를 간과하거나 보행자를 알아보지 못한다.
② 사고판단력 – 긴급상황에 필요한 조치를 제대로 하지 못한다.
③ 감정조절능력 – 사소한 일에도 당황하며 판단을 잘못하기 쉽다.
④ 운동능력 – 필요한 때에 손과 발이 제대로 움직이지 못해 신속성이 결여된다.

해설 ④의 운동능력은 '신체적 피로가 운전과정에 미치는 영향'에 해당하므로 해당되지 않아 틀린 내용이다.

14 자동차 주행 후의 안전수칙이다. 다른 문항은?

① 위험 물질의 차내 방치 및 차내 반입 금지
② 주행종료 후에도 긴장을 늦추지 않는다.
③ 주행종료 후 주차 시 가능한 편평한 곳에 주차한다.
④ 휴식을 위해 장시간 주·정차 시 반드시 시동을 끈다.

해설 ①의 문항은 '운행 전 안전수칙의 하나이다'로 다르다. 외에 ㉠ 경사가 있는 곳에 주차할 경우 변속기어를 P에 놓고 주차 브레이크를 작동시키고, 바퀴를 좌·우측 방향으로 조향 핸들을 작동시킨다. ㉡ 시동을 걸고 에어컨이나 히터를 켜놓은 상태로 밀폐된 차 안에 오래 있을 경우 질식사할 가능성이 있다.

15 다음 자동차 관리 요령 중 세차해야 하는 시기에 관한 설명으로 옳지 않은 것은?

① 해안 지대를 주행하였을 경우
② 아스팔트 공사 도로를 주행하였을 경우
③ 차체가 열기로 뜨거워졌을 경우
④ 진흙 및 먼지 등으로 심하게 오염되었을 경우

16 세차할 때의 주의사항으로 잘못된 것은?

① 엔진룸은 에어를 이용하여 세척한다.
② 기름 또는 왁스가 묻어있는 걸레로 전면 유리를 닦지 않는다.
③ 겨울철에 세차하는 경우에는 물기를 완전히 닦는다.
④ 자동차의 더러움이 심할 경우 고무 제품의 변색을 예방하기 위해 자동차 전용 세척제를 사용한다.

해설 정답은 ④이며, ④의 내용은 자동차의 관리요령 중 외장손질 문장 중 하나로 틀린 내용이다.

17 자동차 관리 요령 중 외장 손질 요령이다. 틀린 문항은?

① 차량 표면에 녹이 발생하거나 부식되는 것을 방지하도록 깨끗이 세척한다.
② 차량의 도장보호를 위해 오염 물질들이 퇴적하지 않도록 깨끗이 제거한다.
③ 자동차의 더러움이 심할 경우 고무제품의 변색을 예방하기 위해 자동차 전용 세척제를 사용한다.
④ 차체의 먼지나 오물은 도장 보호를 위해 마른 걸레로 닦아낸다.

해설 ④의 문항 중 '마른 걸레로 닦아낸다'는 틀리고, '마른 걸레로 닦아내지 않는다'가 옳은 문항이다. 외에 ㉠ 범퍼나 차량 외부를 세차 시 부드러운 브러시나 스펀지를 사용하여 닦아낸다. ㉡ 차량 외부의 합성수지 부품에 엔진오일, 방향제 등이 묻은 경우 변색이나 얼룩이 발생하므로 즉시 깨끗이 닦아낸다.

18 자동차 타이어의 마모에 영향을 주는 요소에 대한 설명이다. 맞지 않는 것은?

① 타이어 공기압이 낮으면 승차감은 좋아지나 타이어 숄더 부분에 마찰력이 집중되어 타이어 수명이 짧아진다.
② 콘크리트 포장 도로는 아스팔트 포장 도로보다 타이어 마모가 더 발생한다.
③ 고속주행 중에 급제동한 경우는 저속주행 중에 급제동한 경우보다 타이어 마모에서 별 차이가 없다.
④ 커브의 구부러진 상태나 커브 구간이 반복될수록 타이어 마모는 촉진된다.

해설 정답은 ③이다. ③의 문항 중 끝부분의 '별 차이가 없다'는 틀리고 '타이어 마모는 증가한다'가 옳다.

19 다음 중 LPG자동차의 일반적 특성으로 옳지 않은 것은?

① 원래 무색무취의 가스이나 가스누출 시 위험을 감지할 수 있도록 부취제가 첨가 됨
② 감압 또는 가열 시 쉽게 기화되며 발화하기 쉬우므로 취급 주의
③ 과충전 방지 장치가 내장되어 있어 75% 이상 충전되지 않으나 약 70%가 적정
④ 주성분은 부탄과 프로판의 혼합체

해설 ③ 과충전 방지 장치가 내장되어 있어 85% 이상 충전되지 않으나 약 80%가 적정

정답 10 ③ 11 ③ 12 ④ 13 ④ 14 ① 15 ③ 16 ④ 17 ④ 18 ③ 19 ③

20 다음 중 LPG 자동차의 장·단점에 관한 설명이다. 잘못된 설명은 무엇인가?

① 연료비가 적게 들어 경제적
② 가스 누출 시 가스가 잔류하여 점화원에 의해 폭발의 위험성이 있음
③ LPG 충전소가 적어 연료 충전이 불편
④ 유해 배출 가스량이 높음

🔍해설 ④ 유해 배출 가스량이 적음

21 LPG 자동차의 탱크 구성과 작용이다. 다른 문항은?

① LPG 자동차는 유해 배출 가스량이 줄어든다.
② 충전 밸브는 연료가 과충전 되는 것을 방지하고, 녹색으로 표시되어 있다.
③ 과충전 방지 밸브와 일체형으로 구성되어 있다.
④ 연료 차단 밸브는 적색으로 표시되어 있고 수동으로 강제 차단하는 밸브이다.

🔍해설 ①의 문항은 'LPG자동차의 장점'에 해당되어 다른 문항이다.

22 LPG 차량관리 요령에 관한 주의사항이다. 옳지 않은 것은?

① LPG는 공기에 비해 약 두배 정도 무거운 특징을 가지고 있다.
② LPG 누출 확인 방법은 비눗물을 이용한다.
③ 화기 옆에서 LPG 관련 부품을 점검하거나 수리하는 것은 금물이다.
④ 가스 누출이 많은 부위는 LPG 기화열로 인하여 파랗게 서리가 형성된다.

🔍해설 정답은 ④로, ④의 문항 중 '파랗게 서리가 형성된다'는 틀리고, '하얗게 서리가 형성된다'가 옳은 문항이다.

23 LPG 자동차의 시동 전 점검사항이다. 다른 문항은?

① LPG 탱크 밸브(적색·녹색)의 열림 상태 점검
② LPG 탱크 고정 벨트의 잠김 여부 점검
③ 연료 파이프 연결 상태 및 연료 누기 여부 점검
④ 냉각수 적정 여부을 점검

🔍해설 ②의 문항 중 '잠김'은 틀리고 '풀림'이 옳은 문항이다. 외에 ㉠ 가스 누출 시 담뱃불과 같은 화기를 멀리 하고, 모든 창문을 개방하고 전문 정비업체에 연락하여 조치를 취함. ㉡ 엔진에서 베이퍼라이저로 가는 냉각수 호스 연결 상태 누수 여부를 점검한다.

24 다음 중 LPG 연료 충전 방법으로 옳지 않은 것은?

① 연료를 충전하기 전에 반드시 시동을 끈다.
② LPG 주입 뚜껑을 열어 LPG 충전량이 85%를 초과하지 않도록 충전한다.
③ 밀폐된 공간에서는 충전하지 않는다.
④ 연료 출구 밸브(적색, 황색)를 연다.

🔍해설 출구 밸브 핸들(적색)을 잠근 후, 충전 밸브 핸들(녹색)를 연다.

25 LPG 자동차 주차 요령으로 옳은 것은?

① 장시간 주차 시 연료 충전 밸브(적색)를 잠가야 한다.
② 주차 시, 지하 주차장이나 밀폐된 장소 등에 주차한다.
③ 연료 출구 밸브(적색, 황색)를 반시계 방향으로 돌려 잠근다.
④ 옥외 주차 시에는 엔진룸의 위치가 건물 벽을 향하도록 주차한다.

🔍해설 LPG 자동차 주차 시 준수사항
㉠ 지하 주차장이나 밀폐된 장소 등에 장시간 주차하지 말아야 하고 장시간 주차 시 연료 충전 밸브(녹색)를 잠가야 한다.
㉡ 연료 출구 밸브(적색, 황색)를 시계 방향으로 돌려 잠근다.
㉢ 가급적 환기가 잘되는 건물 내 또는 지하 주차장에 주차하거나 옥외 주차 시에는 엔진룸의 위치가 건물 벽을 향하도록 주차한다.

26 자동차를 운행할 때 브레이크 조작과 관련한 설명이다. 틀린 것은?

① 브레이크를 밟을 때에는 한 번에 세게 밟는 것이 좋다.
② 내리막길에서 운행할 때 연료 절약 등을 위하여 기어를 중립(N)에 두고 운행하지 않는 다.(현저한 제동력 감소로 이어질 수 있음)
③ 주행 중에 브레이크를 작동시킬 때는 핸들을 안정적으로 잡고 변속기어가 들어가 있는 상태에서 제동한다.
④ 길이가 긴 내리막 도로에서 계속해서 풋 브레이크만을 작동시키면 브레이크 파열 등 영향을 미칠 수 있어 저단기어로 변속하여 엔진 브레이크가 작동되게 한다.

🔍해설 정답은 ①이다. 브레이크를 약 2~3회에 걸쳐 밟아야 한다.

27 ABS(ANti-Lock Brake System)조작에 관한 설명이다. 틀린 것은?

① ABS장치는 급제동 시 핸들의 조향성능을 유지시켜 주는 장치이다.
② ABS 장착 자동차라도 옆으로 미끄러지는 위험은 방지할 수 없다.
③ 자갈길이나 평범하지 않은 도로 등 접지면이 부족한 경우에는 일반 브레이크보다 제동 거리가 더 길어지지 않는다.
④ 기 스위치를 ON했을 때 ABS가 정상일 경우 ABS경고등은 3초 동안 점등(자가진단)된 후 소등된다. 만약 계속 점등되면 점검이 필요하다.

🔍해설 정답은 ③으로 문항 중 '제동거리가 더 길어지지 않는다'는 틀리고 '제동거리가 더 길어질 수 있다'가 옳은 문항이다.

28 연료 회로 또는 브레이크 장치 유압 회로 내에 브레이크액이 온도 상승으로 인하여 기화 되어 압력전달이 원활하게 이루어지지 않아 제동 기능이 저하되는 현상의 명칭은?

① 베이퍼 록 현상   ② 페이드 현상
③ 모닝 록 현상   ④ 노킹 현상

🔍해설 ①의 베이퍼 록 현상이 맞다.

29 운행 중에 계속해서 브레이크를 사용하면 브레이크액의 온도 상승으로 인해 마찰열이 라이닝에 축적되어 브레이크 제동력이 저하되는 현상인 것은?

① 페이드 현상   ② 베이퍼 록 현상
③ 노킹 현상   ④ 모닝 록 현상

🔍해설 ①의 페이드 현상이 맞다.

30 자동차의 모닝 록(Morning Lock)현상의 증상이다. 틀린 것은?

① 장마철이나 습도가 높은 날, 장시간 주차 후 브레이크 드럼 등에 미세한 녹이 발생하는 현상이다.
② 브레이크 페달을 밟아도 브레이크 작용이 매우 둔해진다.
③ 브레이크 디스크와 패드 간의 마찰계수가 높아져 평소보다 브레이크가 민감하게 작동 되는 현상이다.
④ 출발 시 서행하면서 브레이크를 몇 차례 밟아주면 이 현상을 해소시킬 수 있다.

◎해설 ②의 문항은 '베이퍼 록 현상'의 하나로 틀리다.

31 자동차의 바퀴가 진흙이나 모래 속에 빠져 헛도는 경우의 조치에 대한 설명이다. 옳지 않은 방법은?

① 차바퀴가 빠져 헛도는 경우 급가속을 하게 되면 바퀴가 헛돌면서 더 깊이 빠진다.
② 변속레버를 전진과 후진(R)위치로 번갈아 두며 가속페달을 부드럽게 밟으면서 탈출을 시도한다.
③ 필요한 경우에는 납작한 돌, 나무 또는 바퀴의 미끄럼을 방지할 수 있는 물건을 타이어 주변에 놓을 필요 없이 계속하여 자동차를 앞뒤로 움직여 탈출을 시도한다.
④ 타이어 밑에 물건을 놓은 상태에서 갑자기 출발함으로써 타이어 밑에 놓았던 물건이 튀어나오거나 타이어의 회전 또는 갑작스런 움직임으로 차 주위에 있는 사람들이 다칠 수 있으므로 주위 사람들을 안전지대로 피하게 한 뒤 시동을 건다.

◎해설 ③의 문항 중 '타이어 주변에 놓을 필요 없이'는 틀린 문항이고, '타이어 밑에 놓고'가 맞으며, 이외에 '진흙이나 모래 속을 빠져나오기 위해 무리하게 엔진 회전수를 올리게 되면 엔진 손상, 과열, 변속기 손상 및 타이어의 손상을 초래할 수 있다.

제2장 자동차 응급 처치 요령

32 자동차 운전 중 진동과 소리가 날 때의 원인과 응급조치에 대한 설명이다. 옳지 않은 것은?

① 비포장도로의 울퉁불퉁하고 험한 노면을 달릴 때 '딱각딱각'하는 소리와 '쿵쿵'하는 소리가 나는 경우는 충격 완충장치인 쇽업소버의 고장 여부를 확인하여야 한다.
② 브레이크 페달을 밟아 차를 세우려고 할 때 '끼익'하는 소리가 나는 경우는 바퀴의 풀 너트 이완이나 타이어의 공기 부족일 때 나는 소리이다.
③ 가속페달을 힘껏 밟는 순간 '끼익'하는 소리가 나는 경우는 팬 벨트 또는 기타의 V벨트가 이완되어 걸려있는 폴리와의 미끄러짐에 의해 일어난다.
④ 클러치를 밟고 있을 때 '달달달' 떨리는 소리와 함께 차체가 떨리고 있다면 클러치 릴리스 베어링의 고장이다.

◎해설 ②의 경우 '끼익'하는 소리는 '펜 벨트 등이 이완되어 걸려있는 폴리와의 미끄러짐'을 점검 확인하여야 한다.

33 자동차 운행 중에 냄새와 열이 나는 경우의 원인에 대한 설명이다. 아닌 것은?

① 전기 장치 부분 ② 바퀴 부분
③ 브레이크 장치 부분 ④ 클러치 부분

◎해설 ④의 클러치는 '달달달' 소리가 나는 경우에 해당된다.
① 전기장치=엔진 실내의 전기배선 등의 피복이 벗겨져 합선에 의해 전선이 타면서 나는 냄새이다.
② 바퀴 부분=브레이크 라이닝 간격이 좁아 브레이크가 끌릴 경우 드럼에 열이 발생한다.
③ 브레이크 장치 부분=주 브레이크의 간격이 좁을 경우 주차 브레이크가 완전히 풀리지 않았을 경우 긴 언덕길을 내려갈 때 계속 브레이크를 밟고 있는 경우 냄새가 난다.

34 자동차 배출 가스 색에 대한 원인과 점검(조치)의 설명으로 옳지 않은 것은?

① 무색 : 완전 연소 시 정상 배출 가스의 색은 무색 또는 약간 엷은 청색을 띤다.
② 검은색 : 농후한 혼합가스가 들어가 불완전하게 연소될 경우에 발생하며 초크고장이나 에어 클리너 막힘 등으로 인하여 발생한다.
③ 백색(흰색) : 엔진 안에서 다량의 엔진오일이 실린더 위로 올라와 연소되는 경우에 발생하며 헤드개스킷 파손, 밸브의 오일 실 노후 등을 확인하여야 한다.
④ 검정색 : 자동차 엔진의 피스톤 링의 마모 시 발생한다.

◎해설 정답은 ④이다. 자동차 배기가스의 색이 '검정색'으로 배출되는 경우의 고장 원인은 '초크 고장이나 에어클리너 엘리먼트의 막힘, 연료장치 고장 등이 원인이다.

35 자동차의 배출 가스의 색이 검정색인 경우 원인으로 맞는 것은?

① 연료 장치의 고장 ② 피스톤 링의 마모가 고장 원인
③ 초크 고장이 원인 ④ 에어클리너 엘리먼트 막힘이 고장

◎해설 배출가스 검정색인 경우 : 농후한 혼합가스가 들어가 불완전 연소되는 경우이다. 초크 고장이나 에어클리너 엘리먼트의 막힘, 연료 장치 고장 등이 원인이다.

36 자동차 배출가스의 색이 백색인 경우 원인으로 맞는 것은?

① 냉각수가 함께 연소되고 있다.
② 유사 휘발유가 섞인 연료를 사용하고 있다.
③ 불완전 연소가 되고 있다.
④ 엔진오일이 함께 연소되고 있다.

◎해설 ④의 문항이 옳다. 무색이나 청색이면 정상이다. ㉠ 검은색-불완전 연소 상태

37 배터리 방전 시 응급조치 요령에 대한 설명으로 잘못된 것은?

① 주차 브레이크를 작동시켜 차량이 움직이지 않도록 하고 변속기는 '중립'에 위치시킨다.
② 방전된 배터리가 충분히 충전되도록 일정시간 시동을 걸어둔다.
③ 보조배터리를 사용하는 경우 점프 케이블을 연결 후 시동을 건다.
④ 시동이 걸린 후 배터리가 충전되면 케이블의 '+'단자를 먼저 분리한 후 '-'단자를 분리 한다.

◎해설 정답은 ④이다. 점프 케이블의 제거는 '-'단자를 먼저 분리한 다음에 '+'단자를 분리한다.

38 엔진 오버히트가 발생할 때의 징후에 대한 설명이다. 그 징후로 볼 수 없는 것은?

① 운행 중 수온계가 H부분을 가리키는 경우
② 엔진 출력이 갑자기 떨어지는 경우
③ 노킹소리가 들리는 경우
④ 주행 중 하체 부분에서 비틀거리는 흔들림이 일어나는 원인은 보편적으로 바퀴의 휠 너트가 이완되었거나 타이어의 공기압이 부족하기 때문이다.

해설 정답은 ④이다. 하체 부분에서 비틀거리는 흔들림이 일어나는 원인은 보편적으로 바퀴의 휠 너트가 이완되었거나 타이어의 공기압이 부족하기 때문이다.

39 자동차 엔진에 오버히트가 발생할 때의 안전조치에 대한 설명이다. 맞지 않는 것은?

① 비상경고등을 작동시킨 후 도로의 가장자리로 안전하게 이동하여 정차한다.
② 여름에는 에어컨, 겨울에는 히터의 작동을 중지한다.
③ 엔진이 작동하는 상태에서 보닛(Bonnet)을 열어 엔진을 냉각시킨다.
④ 엔진을 정지시키고 보닛(Bonnet)을 열어 엔진을 냉각시킨다.

해설 정답은 ④이다. 냉각시키는 방법은 엔진이 작동하는 상태에서 보닛을 열어 냉각시켜야 한다.

40 타이어 펑크 시 조치 사항으로 옳지 않은 것은?

① 브레이크를 밟아 차를 도로 옆 평탄하고 안전한 장소에 주차 후 주차 브레이크 당기기
② 밤에는 사방 500m 지점에서 식별 가능한 적색 섬광 신호, 전기제등 또는 불꽃 산호 추가 설치
③ 핸들이 돌아가지 않도록 견고하게 잡고 비상 경고등 작동
④ 잭으로 차체를 들어 올릴 시 교환할 타이어의 반대편 쪽 타이어에 고임목 설치

해설 ④ 잭으로 차체를 들어 올릴 시 교환할 타이어의 대각선 쪽 타이어에 고임목 설치

41 잭을 사용할 때 주의해야 할 사항으로 옳지 않은 것은?

① 잭 사용 시 후륜의 경우에는 리어 액슬 윗부분에 설치
② 잭으로 차량을 올린 상태에서 차량 하부로 들어가면 위험
③ 잭 사용 시 시동 금지
④ 잭 사용 시 평탄하고 안전한 장소에서 사용

해설 ① 잭 사용 시 후륜의 경우에는 리어 액슬 아랫부분에 설치

42 시동모터는 작동되지만 시동이 걸리지 않는 경우의 조치 요령으로 맞지 않는 것은?

① 연료를 보충한 후 공기 빼기를 한다.
② 예열시스템을 점검한다.
③ 연료 필터를 교환한다.
④ 접지 케이블을 단단하게 고정한다.

해설 ④의 경우 조치사항은 "시동은 작동되지 않거나 천천히 회전하는 경우"의 조치사항이므로 맞지 않는 것이다.

43 연료소비량이 많은 경우의 조치사항에 대한 설명이다. 틀린 것은?

① 연료계통을 점검하고 누출부위를 정비한다.
② 적정 공기압으로 조정한다.
③ 클러치의 간극을 조정하거나 클러치의 디스크를 교환한다.
④ 타이어의 공기압이 부족하고 클러치가 미끄러진다.

해설 ④의 경우 문항은 연료소비량이 많을 경우의 추정 원인에 해당하므로 맞지 않다.

44 자동차의 오보히트(엔진이 과열)가 되었을 때의 추정원인이다. 틀린 것은?

① 냉각수가 부족하거나 누수되고 있다.
② 냉각팬이 작동되지않는다.
③ 라디에이터 캡의 장착이 불완전하다.
④ 팬벨트 장력을 조정하고 서모스탯을 교환한다.

해설 ④의 문항은 본 문항의 '조치사항'에 해당되어 맞지 않는다.

45 자동차 엔진 과열 시 추정원인과 조치사항이 틀린 내용으로 짝지어진 것은?

① 느슨한 팬벨트의 장력 – 적정 공기압으로 조정
② 냉각수 부족 및 누수 – 냉각수 보충 및 누수 부위 수리
③ 라디에이터 캡의 완전한 장착 – 라디에이터 캡의 완전한 장착
④ 냉각팬 작동 불량 – 냉각팬, 전기배선 등의 수리

해설 ①의 문항 '느슨한 팬벨트 장력 조정'은 틀린 연결 내용이다.

46 자동차의 핸들(스티어링)이 떨리는 원인의 설명으로 틀린 것은?

① 타이어의 무게중심이 맞지 않다.
② 휠 너트의 (허브 너트)가 풀려 있다.
③ 규정토크(주어진 회전축을 중심으로 회전시키는 능력)로 조인다.
④ 타이어의 공기압이 타이어마다 다르다.

해설 ③의 문항은 조치사항이므로 틀리며 원인으로 "타이어가 편마모 되어 있다"가 있다.

47 자동차의 브레이크 제동효과가 나쁠 때의 원인에 대한 설명이다. 맞지 않는 것은?

① 공기압이 과다하다.
② 공기누설(타이어 공기가 빠져나가는 현상)이 있다.
③ 라이닝 간극 과다 또는 마모상태가 심하다.
④ 라이닝 간극을 조정 또는 라이닝을 교환한다.

해설 ④의 문항은 '조치사항' 중의 하나로 틀리며, 이외에 "타이어 마모가 심하다"가 있다.

48 자동차의 배터리가 자주 방전되는 원인과 가장 거리가 먼 것은?

① 배터리 단자의 벗겨짐, 풀림, 부식이 있다.
② 팬벨트가 느슨하게 되어 있다.
③ 배터리 수명이 다 되었다.
④ 배터리 단자의 부식 부분을 제거하고 조인다.

해설 ④의 문항은 조치사항이므로 맞지 않으며, 이 외에 "배터리액이 부족하다"가 있다.

정답 38 ④ 39 ④ 40 ④ 41 ① 42 ④ 43 ④ 44 ④ 45 ① 46 ③ 47 ④ 48 ④

제3장 자동차 구조 및 특성

49 자동차의 동력 전달 장치에 대한 설명으로 옳은 것은?

① 동력을 주행 상황에 맞는 적절한 상태로 변화를 주어 바퀴에 전달하는 장치
② 자동차의 진행 방향을 운전자가 의도하는 바에 따라 임의로 조작할 수 있는 장치
③ 노면으로부터 발생하는 진동이나 충격을 완화시켜 자동차를 보호하고 주행 안전성을 향상시키는 장치
④ 자동차의 주행과 주행에 필요한 보조 장치들을 작동시키기 위한 동력을 발생시키는 장치

50 자동차 클러치의 필요성에 대한 설명이다. 틀린 것은?

① 엔진을 작동시킬 때 엔진을 무부하 상태로 유지한다.
② 변속기의 기어를 변속할 때 엔진의 동력을 일시 차단한다.
③ 속도에 따른 변속기의 기어를 저속 또는 고속으로 바꾸는 데 필요하다.
④ 클러치는 관성운전, 저속운전, 등판운전, 내리막 엔진브레이크 등 운전자의 의사대로 변속을 자유롭게 할 수 없게 한다.

해설 ④의 문항 중 "할 수 없게 한다"는 틀리고 "할 수 있게 한다"가 옳은 문항이다.

51 자동차 엔진의 동력을 변속기에 전달하거나 차단하는 역할을 하는 장치는?

① 변속기   ② 클러치
③ 현가장치   ④ 주행장치

해설 동력전달 장치 중 클러치는 엔진의 동력을 변속기에 전달하거나 차단하는 역할을 하며 엔진 시동을 작동시킬 때나 기어를 변속할 때에는 동력을 끊고 출발할 때는 엔진의 동력을 서서히 연결하는 일을 한다.

52 자동차 클러치의 구비조건으로 틀린 것은?

① 회전부분의 평형이 좋아야 한다.
② 회전 관성이 커야 한다.
③ 회전력 단속 작용이 확실하며 조작이 쉬워야 한다.
④ 구조가 간단하고 다루기 쉬우며 고장이 적어야 한다.

해설 ②의 문항 중 클러치의 구비조건으로 "회전 관성이 적어야 한다"와 "냉각이 잘 되어 과열하지 않아야 한다"가 있다.

53 자동차 클러치가 미끄러지는 원인으로 맞지 않는 것은?

① 클러치 디스크에 오일이 묻어 있다.
② 클러치 페달의 자유간극(유격)이 없다.
③ 클러치 디스크의 마멸이 심하다.
④ 클러치 페달의 자유간극이 크다.

해설 ④의 문항은 '클러치 차단이 잘 안 되는 경우의 원인이므로 틀리고 "클러치 스프링의 장력이 약하다"가 옳은 문항이다.

54 자동차의 클러치 차단이 잘 안되는 원인이다. 다른 것은?

① 클러치 페달의 자유간극이 크다.
② 릴리스 베어링이 손상되었거나 파손되었다.
③ 클러치 디스크에 오일이 묻어 있다.
④ 클러치 구성부품이 심하게 마멸되었다.

해설 ③의 문항은 "클러치가 미끄러지는 원인"으로 틀린다. 외에 ㉠ 클러치 디스크의 흔들림이 크다. ㉡ 유압 장치에 공기가 흡입되었다. 가 있다.

55 자동차 변속기의 필요성에 대한 설명이다. 거리가 먼 것은?

① 자동차 엔진과 차축 사이에서 회전력을 변환시켜 전달하기 위하여 필요하다.
② 자동차 엔진을 부하 상태로 있게 하기 위하여 필요하다.
③ 자동차의 후진을 하기 위하여 필요하다.
④ 자동차 바퀴의 회전속도를 추진축의 회전속도보다 높이기 위하여 필요하다.

해설 ④의 문항은 틀린 내용이다.

56 자동변속기의 장점에 대한 설명이다. 다른 것은?

① 구조가 간단하고 가격이 저렴하다.
② 조작 미숙으로 인한 시동 꺼짐이 없다.
③ 발진과 가·감속이 원활하여 승차감이 좋다.
④ 유체가 댐퍼 역할을 하기 때문에 충격이나 진동이 적다.

해설 장점은 ②③④외에 "기어 변속이 자동으로 이루어져 운전이 편리하다"가 있고, 자동변속기의 단점은 다음과 같다. ㉠ 구조가 복잡하고 가격이 비싸다. ㉡ 차를 밀거나 끌어서 시동을 걸 수 없다. ㉢ 연료소비율이 10% 정도 많아진다.

57 자동차 자동변속기 오일의 색깔에 대한 설명이다. 틀린 것은?

① 정상 : 투명도가 높은 붉은 색
② 갈색 : 가혹한 상태에서 사용되거나 장시간 사용한 경우
③ 투명도가 없어지고 검은 색을 띨 때 : 자동변속기 내부의 클러치 디스크 마멸 부분에 의한 오손, 기어가 마멸된 경우
④ 니스 모양으로 된 경우 : 오일의 높은 고온에 노출된 경우

해설 ④의 문항 "오일에 높은 고온에"는 틀리고 "오일에 매우 높은 고온에"이 맞는 문항이다. 외에 ㉠ 백색 : 오일에 수분이 다량으로 유입된 경우. 가 있다.

58 타이어의 기능 역할로 옳지 않은 것은?

① 자동차의 진행 방향을 전환 또는 유지
② 자동차의 동력을 발생
③ 자동차의 하중을 지탱
④ 엔진의 구동력 및 브레이크 제동력을 노면에 전달

해설 ②는 동력 발생 장치에 대한 설명이다. 타이어는 노면으로부터 전달되는 충격을 완화하는 기능도 있다.

59 튜브리스타이어에 대한 설명으로 옳지 않은 것은?

① 펑크 수리가 간단하고 작업 능률이 향상됨
② 튜브 타이어에 비해 공기압을 유지하는 성능이 떨어짐
③ 못에 찔려도 공기가 급격히 새지 않음
④ 유리 조각 등에 의해 손상되면 수리가 곤란

해설 ②는 튜브 타이어에 비해 공기압을 유지하는 성능이 우수

60 바이어스 타이어에 대한 것으로 옳은 것은?

① 스탠딩 웨이브 현상이 잘 일어나지 않음
② 오랜 연구 기간의 연구 성과로 인해 전반적으로 안정된 성능을 발휘
③ 현재는 타이어의 주류로 주목받고 있음
④ 저속 주행 시 조향 핸들이 다소 무거움

해설 ①, ④는 레디얼 타이어에 관한 설명이다.
*바이어스 타이어 - ㉠ 오랜 연구 기간의 연구 성과로 인해 전반적으로 안정된 성능을 발휘 ㉡ 현재는 타이어의 주류에서 서서히 밀리고 있음.

정답 49 ① 50 ④ 51 ② 52 ② 53 ④ 54 ③ 55 ④ 56 ① 57 ④ 58 ② 59 ② 60 ②

61 레디얼 타이어의 설명으로 옳은 것은?
① 림이 변형되면 타이어와의 밀착 불량으로 공기가 새기 쉬워짐
② 회전할 때 구심력이 좋음
③ 주행 중 발생하는 열의 발산이 좋아 발열이 적음
④ 유리 조각 등에 의해 손상되면 수리가 곤란
해설 ①,③,④는 튜브리스타이어에 대한 설명이다.

62 다음 중 스노 타이어에 대한 설명으로 옳지 않은 것은?
① 견인력 감소를 막기 위해 천천히 출발해야 함
② 눈길 미끄러짐을 막기 위한 타이어로 바퀴가 고정되면 제동 거리가 길어짐
③ 트레드 부위가 30% 이상 마멸되면 제 기능을 발휘하지 못함
④ 구동 바퀴에 걸리는 하중을 크게 해야 함
해설 트레드 부위가 50% 이상 마멸되면 제 기능을 발휘하지 못함

63 주행 시 변형과 복원을 반복하는 타이어가 고속 회전으로 인해 속도가 올라가면 변형된 접지부가 복원되기 전에 다시 접지하게 된다. 이때 접지한 곳 뒷부분에서 진동의 물결이 발생하게 되는데 이를 무엇이라 하는가?
① 페이드 현상
② 스탠딩웨이브 현상
③ 수막현상
④ 베이퍼록 현상
해설 ①,④는 브레이크 이상 현상이고 ③은 빗길에서의 타이어 이상으로 인한 현상이다.

64 스탠딩웨이브 현상의 원인으로 옳지 않은 것은?
① 타이어의 펑크
② 고속으로 2시간 이상 주행 시 타이어에 축적된 열
③ 배수 효과가 나쁜 타이어
④ 타이어의 공기압 부족
해설 ③은 수막현상의 원인이다.

65 빗길 속 수막현상에 대한 설명으로 올바르지 않은 것은?
① 속도를 조절할 수 없어 사고가 많이 일어난다.
② 이러한 현상은 시속 90km 이상일 때 많이 일어나지만 물이 고여 있는 곳에서는 더 낮은 속도에서도 나타난다.
③ 타이어가 새 것일수록 이러한 현상이 많이 나타난다.
④ 타이어와 노면과의 사이에 물막이 생겨 자동차가 물 위에 뜨는 현상이 나타난다.

66 수막현상의 예방법으로 옳지 않은 것은?
① 배수 효과가 좋은 타이어를 사용한다.
② 마모된 타이어를 사용하지 않는다.
③ 고속 주행을 한다.
④ 공기압을 조금 높이고 운행한다.
해설 ③ 저속 주행을 한다.

67 현가장치의 주요 기능으로 옳지 않은 것은?
① 타이어의 접지 상태를 유지
② 올바른 휠 밸런스 유지
③ 차체의 무게를 지탱
④ 엔진의 구동력 및 브레이크 제동력을 노면에 전달
해설 ④는 타이어의 기능이다.

68 자동차 현가장치의 구성품과 관계 없는 것은?
① 스태빌라이저
② 타이로드
③ 쇽업쇼버
④ 판 스프링
해설 현가장치의 구성품은 스프링, 스태빌라이저 등이고, ②의 타이로드는 조향장치 관련 부품에 해당된다.

69 스프링의 종류에 관한 설명 중 잘못 짝지어진 것은?
① 공기 스프링 – 차체의 기울기를 감소시킴
② 코일 스프링 – 승용차에 많이 사용
③ 토션바 스프링 – 진동의 감쇠 작용이 없어 쇽업쇼버를 병용
④ 판 스프링 – 버스나 화물차에 사용
해설 ① 쇽업쇼버에 관한 설명이다. 공기 스프링은 세기와 하중과 거의 비례해서 변화하는 특징이 있다.

70 현가장치의 구성품인 코일 스프링에 대한 설명으로 다른 것은?
① 외부의 힘을 받으면 비틀려진다.
② 판간 마찰작용이 없기 때문에 진동에 대한 감쇠 작용을 못한다.
③ 차축을 지지할 때는 링크 기구나 쇽업쇼버를 필요로 하고 구조가 복잡하다.
④ 스프링 자체의 강성으로 차축을 정해진 위치에 지지할 수 있어서 구조가 간단하다.
해설 ④의 문항은 판스프링의 기능에 해당하여 다르며, 이외에 ⊙ 옆 방향 작용력에 대한 저항력이 없다. ⓒ 단위 중량 당 에너지 흡수율이 판 스프링 보다 크고 유연하기 때문에 승용차에 많이 사용된다.

71 현가장치의 구성품인 스프링의 종류 중 승차감이 우수하며 장거리 주행 자동차 및 대형버스에 사용되는 스프링에 해당되는 것은?
① 공기 스프링
② 토션 바 스프링
③ 판 스프링
④ 코일 스프링
해설 공기 스피링의 기능은 ⊙ 승차감이 우수하기 때문에 주행 자동차 및 대형버스에 사용된다. ⓒ 짐을 실었을 때나 비었을 때의 승차감에는 차이가 없다. ⓒ 구조가 복잡하고 제작비가 비싸다. ⓔ 노면으로부터 작은 진동도 흡수할 수 있다.

72 현가장치의 구성품인 공기 스프링(공기의 탄성을 이용한 스프링)에 대한 설명으로 다른 것은?
① 다른 스프링에 비해 유연한 탄성을 얻을 수 있다.
② 노면으로부터 작은 진동도 흡수할 수 있다.
③ 차량 무게의 증감에 관계없이 언제나 차체의 높이를 일정하게 유지할 수 있다.
④ 차축을 지지할 때는 링크 기구나 쇽업쇼버를 필요로 하고 구조가 복잡하다.
해설 ④의 문항은 코일 스프링 기능의 하나로 다르고, 이 외에 ⊙ 승차감이 우수하기 때문에 장거리 주행 자동차 및 대형버스에 사용된다. ⓒ 스프링의 세기가 하중과 거의 비례해서 변화하기 때문에 짐을 실었을 때나 비었을 때의 승차감에는 차이가 없다. ⓒ 구조가 복잡하고 제작비가 비싸다.

정답 61 ② 62 ③ 63 ② 64 ③ 65 ③ 66 ③ 67 ④ 68 ② 69 ① 70 ④ 71 ① 72 ④

73 현가장치의 구성품인 쇽업소버에 대한 설명이다. 틀린 것은?
① 노면에서 발생한 스프링의 재진동을 빨리 흡수하여 승차감을 향상시키고, 스프링의 피로를 줄이기 위해 설치하는 장치이다.
② 쇽업소버는 움직임을 멈추지 않는 스프링에 역방향으로 힘을 발생시켜 진동흡수를 앞당긴다.
③ 스프링이 수축하려고 하면 쇽업소버는 수축하지 않도록 하는 힘을 발생시키고, 반대로 스프링이 늘어나려고 하면 늘어나지 않도록 하는 힘을 발생시키는 작용을 하므로 스프링 상·하운동 에너지를 열에너지로 변환시켜준다.
④ 토션바의 일종으로 양끝이 좌·우의 로어 컨트롤 암에 연결되며 가운데는 차체에 설치된다.

해설 ④의 문항은 '스태빌라이저'의 기능에 해당되어 틀린다. 이 외에 쇽업소버는 노면에서 발생하는 진동에 대해 일정 상태까지 그 진동을 정지시키는 힘인 감쇠력이 좋아야 한다.

74 자동차의 바퀴가 서로 다르게 상·하 운동을 할 때는 작용하여 차체의 기울기를 감소시켜 주는 기능을 하는 것은?
① 타이로드
② 토인
③ 판 스프링
④ 스태빌라이저

해설 ④의 스태빌라이저는 좌·우 바퀴가 동시에 상·하 운동을 할 때는 작용을 하지 않으나 좌·우 바퀴가 서로 다르게 상·하 운동을 할 때 작용하여 차체의 기울기를 감소시켜 주는 장치로 커브 길에서 자동차가 선회할 때 원심력 때문에 차체가 기울어지는 것을 감소시켜 차체가 롤링(좌·우 진동)하는 것을 방지하여 준다.

75 자동차의 진행 방향을 운전자가 의도하는 바에 따라 임의로 조작할 수 있는 장치로 앞바퀴의 방향을 바꿀 수 있는 장치를 무엇이라 하는가?
① 제동 장치
② 현가장치
③ 조향 장치
④ 동력 전달 장치

76 자동차의 조향핸들이 무거운 원인이다. 틀린 것은?
① 타이어 공기압이 부족하다.
② 조향 기어의 톱니바퀴가 마모되었다.
③ 조향기어 박스 내의 오일이 부족하다.
④ 뒷바퀴의 정렬 상태가 불량하다.

해설 ④의 문항 "뒷바퀴의 정렬 상태가"는 틀리고, "앞바퀴의 정렬 상태가"가 맞는 문항이다. 외에 ① 타이어의 마멸이 과대하다. 가 있다.

77 조향장치에서 조향핸들이 한 쪽으로 쏠리는 원인이다. 아닌 것은?
① 타이어의 공기압이 부족하다.
② 조향 기어의 톱니바퀴가 마모되었다.
③ 앞바퀴의 정렬 상태가 불량하다.
④ 쇽업소버의 작동 상태가 불량하다.

해설 ②의 문항은 조향핸들이 무거운 원인 중 하나이므로 다르며, 이 외에 "허브 베어링의 마멸이 과대하다" 가 있다.

78 동력조향장치의 장점에 대한 설명이다. 단점인 것은?
① 조향 조작력이 작아도 된다.
② 노면에서 발생한 충격 및 진동을 흡수한다.
③ 오일펌프 구동에 엔진의 출력이 일부 소비된다.
④ 앞바퀴가 좌·우로 흔들리는 현상을 방지할 수 있다.

해설 ③의 문항은 단점에 해당되어 다르며, 이 외에 ㉠ 조향조작이 신속하고 경쾌하다 ㉡ 앞바퀴의 펑크 시 조향핸들이 갑자기 꺾이지 않아 위험도가 낮다.
*단점 - ㉠ 기계식에 비해 구조가 복잡하고 비싸다.
㉡ 고장이 발생할 경우 정비가 어렵다.

79 휠 얼리먼트의 역할에 대한 설명으로 틀린 것은?
① 캐스터 작용 : 조향핸들의 조작을 확실하게 하고 안정성을 준다.
② 캐스터와 조향축(킹핀) 경사각의 작용 : 조향 핸들에 복원성을 부여한다.
③ 캠버와 조향축(킹핀) 경사각의 작용 : 조향 핸들의 조작을 가볍게 한다.
④ 정의 캐스터 : 조향축 윗부분이 자동차의 뒤쪽으로 기울어진 상태

해설 ④의 문항은 캐스터의 구분 중 하나로 다르며, 이 외에 "토인의 작용 : 타이어 마멸을 최소로 한다" 가 있다.

80 휠 얼라이먼트가 필요한 시기에 대한 설명이다. 틀린 것은?
① 자동차 하체가 충격을 받았거나 사고가 발생한 경우
② 타이어를 교환한 경우나 핸들의 중심이 어긋난 경우
③ 핸들이나 자동차의 고장이 발생한 경우
④ 자동차가 한 쪽으로 쏠림 현상이 발생한 경우나 자동차에서 롤링(좌·우 진동)이 발생한 경우.

해설 ③의 문항 중 "고장"은 틀리고, "떨림"이 맞는 용어이다.

81 자동차의 앞바퀴 정렬의 종류에 해당되지 않는 것은?
① 스태빌라이저
② 캠버
③ 캐스터
④ 조향축

해설 앞바퀴 정렬의 종류 : 캠버(Camber), 캐스터(Caster), 토인(Toe-in)

82 조향 장치 중 핸들 조작을 가볍게 하고 수직 방향 하중에 의한 차축의 휨을 방지하는 장치는 무엇인가?
① 토인
② 캠버
③ 캐스터
④ 조향축

해설 ②의 "캠버"가 해당된다.

83 앞바퀴가 하중을 받았을 때 아래쪽이 벌어지는 것을 방지하는 용어는?
① 캐스터
② 캠버
③ 킹핀 경사각
④ 토인

해설 ②의 캠버는 조향축(킹핀) 경사각과 함께 조향핸들의 조작을 가볍게 하고 수직 방향 하중에 의한 앞 차축의 휨을 방지하며, 하중을 받았을 때 앞바퀴의 아래쪽이 벌어지는 것(부의 캠버)을 방지한다.

84 조향 장치 중 조향하였을 때 직진 방향으로의 복원력을 부여하는 장치는 무엇인가?
① 토인
② 캠버
③ 조향축
④ 캐스터

해설 ④의 "캐스터"가 해당된다.

정답 73 ④ 74 ④ 75 ③ 76 ④ 77 ② 78 ③ 79 ④ 80 ③ 81 ① 82 ② 83 ② 84 ④

85 앞바퀴를 위에서 내려다봤을 때 양쪽 바퀴의 중심선 사이 거리가 뒤쪽보다 앞쪽이 약간 작게 되어 있는 것의 장치는 무엇인가?

① 캠버
② 캐스터
③ 토인
④ 킹핀 경사각

해설 ③의 "토인"이 맞는 문항이다.

86 조향 장치 중 조향축(킹핀) 경사각의 설명으로 맞지 않는 것은?

① 앞에서 보았을 때 조향축이 수직선과 이루는 각도이다.
② 캠버와 함께 조향핸들의 조작을 가볍게 한다.
③ 캐스터와 함께 앞바퀴에 복원성을 부여하여 직진 방향으로 쉽게 돌아가게 한다.
④ 바퀴의 미끄러짐이 없는 제동효과를 얻을 수 있다.

해설 ④의 문항은 ABS브레이크의 특징의 하나로 틀리며, 외에 "앞바퀴의 시미 현상(바퀴가 좌·우로 흔들리는 현상)을 방지한다"가 있다.

87 주행 자동차를 감속 또는 정지시키고 동시에 주차 상태를 유지하기 위해 사용하는 자동차 구조 장치를 무엇이라 하는가?

① 현가장치
② 동력 발생 장치
③ 조향 장치
④ 제동 장치

88 브레이크의 올바른 조작 방법으로 옳은 것은?

① 내리막길에서 운행할 때 연료 절약 등을 위해 기어를 중립에 둔다.
② 주행 중에는 핸들을 안정적으로 잡고 변속 기어가 들어가 있는 상태에서 제동한다.
③ 풋 브레이크를 자주 밟으면 안정적 제동이 가능하고, 뒤따라오는 차량에게 안전 조치를 취할 수 있는 시간이 생겨 후미추돌을 방지할 수 있다.
④ 길이가 긴 내리막 도로에서는 고단 기어로 변속한다.

89 내리막 주행 중 브레이크가 고장났을 때 취하는 방법 중 옳지 않은 것은?

① 주차 브레이크를 서서히 당긴다.
② 변속장치를 저단으로 변속하여 엔진 브레이크를 활용한다.
③ 풋 브레이크를 여러 번 나누어 밟아본다.
④ 최악의 경우는 피해를 최소화하기 위해 수풀이나 산의 사면으로 핸들을 돌린다.

해설 ③ 풋 브레이크를 과도하게 사용하면 브레이크 이상 현상이 발생한다.

90 다음 중 내리막길에서 브레이크에 이상 발생 시 요령으로 옳지 않은 것은?

① 풋 브레이크만 과도하게 사용하면 브레이크 이상 현상이 발생하니 주의한다.
② 최악의 경우는 피해를 최소화하기 위해 수풀이나 산의 사면으로 핸들을 돌린다.
③ 변속장치를 저단으로 변속하여 엔진 브레이크를 활용한다.
④ 속도가 10Km 이하가 되었을 때, 주차 브레이크를 서서히 당긴다.

해설 ④ 속도가 30Km 이하가 되었을 때, 주차 브레이크를 서서히 당긴다.

91 제동장치 ABS(Anti-lock Break System)의 특징으로 틀린 것은?

① 노면이 비에 젖더라도 우수한 제동 효과를 얻을 수 있다.
② 자동차의 방향 안정성, 조종 성능을 확보하지 못한다.
③ 앞바퀴의 고착에 의한 조향능력 상실을 방지한다.
④ 바퀴의 미끄러짐이 없는 제동 효과를 얻을 수 있다.

해설 ②의 문항 중 "확보하지 못한다"는 틀리며, "확보해준다"가 특징으로 맞다.
*ABS(Anti-lock Break System) : '기계'와 '노면의 환경'에 따른 제동 시 바퀴의 잠김 순간을 컴퓨터로 제어해 1초에 10여 차례 이상, 브레이크 유압을 통해 바퀴가 잠기기 직전 풀고 잠그고를 반복하는 기능으로, 차량 급제동 시 차체는 주행함에도 바퀴가 잠기는 상태를 방지하는 시스템.

제4장 자동차 검사 및 보험

92 자동차 검사의 필요성에 대한 설명이다. 맞지 않는 것은?

① 자동차 결함으로 인한 교통사고 예방으로 국민의 생명보호
② 자동차 배출가스로 인한 대기환경 개선
③ 자동차의 불법튜닝 등 안전기준 위반차량 색출로 운행질서 및 거래질서 확립
④ 자동차 보험 미가입 자동차의 교통사고로부터 차주 피해 예방

해설 ④의 문항 끝에 "차주 피해 예방"은 틀린 문항이며, "국민 피해 예방"이 맞다.

93 자동차 종합검사(배출가스 안전도 검사)의 제정 개념에 대한 설명이다. 아닌 것은?

① 자동차 정기검사와 배출가스 정밀검사 또는 특정 경유자동차 배출가스 검사의 검사 항목을 하나의 검사로 통합한 것이다.
② 자동차 검사 시기를 정기검사 시기로 통합하여 한 번의 검사로 모든 검사가 완료되도록 한 검사이다.
③ 종합검사제도는 자동차 검사로 인한 국민의 불편을 최소화하고, 편익을 도모하기 위해 시행하는 제도이다.
④ 자동차종합검사는 배출가스 정밀검사와 자동차 안전도 검사만 받으면 수검한 것으로 본다.

해설 ④의 문항은 "자동차정기검사, 배출가스 정밀검사 및 특정 경유자동차 검사를 받은 것으로 본다"가 옳은 문항이다.

94 자동차 소유자가 자동차 종합검사를 받아야 하는 기간으로 맞는 것은?

① 자동차 종합 검사 유효기간의 마지막 날 전후 각각 31일 이내
② 자동차 종합 검사 유효기간의 마지막 날 전후 각각 21일 이내
③ 자동차 종합 검사 유효기간의 마지막 날 전후 각각 15일 이내
④ 자동차 종합 검사 유효기간의 마지막 날 전후 각각 10일 이내

해설 ①의 자동차 종합 검사 유효기간의 마지막 날(검사 유효기간을 연장하거나 검사를 유예한 경우에는 그 연장 또는 유예된 기간의 마지막 날) 전후 각각 31일 이내에 받아야 한다.

95 소유권 변동 또는 사용본거지 변경 등의 사유로 자동차 종합검사의 대상이 된 자동차 중 자동차 정기검사의 기간이 지난 자동차는 변경등록을 한 날부터 몇 일 이내에 자동차 종합검사를 받아야 하는 지 알맞은 것은?

① 31일 이내 ② 45일 이내
③ 62일 이내 ④ 90일 이내

🔍해설 ①의 소유권 변동 또는 사용본거지 변경 등의 사유로 자동차 종합검사의 대상이 된 자동차 중 자동차 정기검사의 기간 중에 있거나 자동차 정기검사의 기간이 지난 자동차는 변경등록을 한 날부터 62일 이내에 자동차 종합검사를 받아야 한다.

96 자동차 종합검사의 대상 및 검사 유효기간의 설명으로 틀린 것은?

① 비사업용 경형 승용자동차 – 차령 4년 초과인 자동차는 2년
② 사업용 중형 승용자동차 – 차령 2년 초과인 자동차는 1년
③ 사업용 경형 승합자동차 – 차령 4년 초과인 자동차는 1년
④ 사업용 경형 화물자동차 – 차령 2년 초과인 자동차는 2년

🔍해설 ④ 문항 검사기간은 1년이다. 이 외에 ㉠ 비사업용 경형 승합자동차 – 차령 4년 초과인 자동차는 1년 ㉡ 비사업용 경형 화물자동차 – 차령 4년 초과인 자동차는 1년 ㉢ 사업용 대형 승합자동차 – 차령 2년 초과인 자동차(차령 8년 까지는 1년, 이후부터는 6개월)
㉣ 비사업용 중형 화물자동차 – 차령 3년 초과인 자동차(차령 5년 까지는 1년, 이후부터는 6개월) ㉤ 사업용(경,소,중,대형)특수자동차 – 차령 3년 초과인 자동차(차령 5년 까지는 1년, 이후부터는 6개월)

97 자동차 종합(정기)검사를 받아야 하는 유효기간 만료일부터 30일 초과 114일 이내인 경우 4만원에 31일 째부터 계산하여 3일 초과 시마다 추가할 금액이다. 맞는 금액은?

① 2만 원 ② 3만 원
③ 4만 원 ④ 5만 원

🔍해설 ①의 "3일 초과 시마다 2만 원을 더한 금액"이다.
*자동차 종합검사를 받지 아니한 경우의 과태료 부과기준
㉠ 자동차 종합검사를 받아야 하는 기간 만료일부터 30일 이내인 경우 : 4만원
㉡ 자동차 종합검사를 받아야 하는 기간 만료일부터 30일 초과 114일 이내인 경우 : 4만 원에 31일 째부터 계산하여 3일 초과 시 마다 2만원을 더한 금액
㉢ 자동차 종합검사를 받아야 하는 기간 만료일부터 115일 이상인 경우 : 60만 원

98 자동차 종합 정기검사를 받지 않은 경우 과태료 최고 한도 금액으로 옳지 않은 것은?

① 30만 원 ② 40만 원
③ 50만 원 ④ 60만 원

99 비사업용 자동차(경,소,중,대형)의 검사 유효기간이다. 검사 기간으로 맞는 것은?

① 6개월 ② 1년
③ 1년 6개월 ④ 2년

🔍해설 ④의 2년이 맞다(신조차로써 신규검사를 받은 것으로 보는 자동차의 최초검사는 유효기간 4년이다).
*사업용 자동차는 1년(신조차로써 신규검사를 받은 것으로 보는 자동차의 최초검사는 유효기간 2년).

100 승합자동차 비사업용 중형·대형의 차령이 8년 초과인 경우 검사 유효기간으로 맞는 것은?

① 6개월 ② 1년
③ 1년 6개월 ④ 2년

🔍해설 ①의 6개월이 맞다.
*차령 8년 이하인 경우 1년(자동차의 길이가 5.5m 미만인 최초 검사는 2년)
*경형, 소형 차령이 4년 이하인 경우 : 2년(4년 초과 : 1년)

101 승합자동차 사업용(경형, 소형) 차령이 4년 이하인 경우 자동차 검사 유효기간으로 맞는 것은?

① 6개월 ② 1년
③ 1년 6개월 ④ 2년

🔍해설 ④의 2년이 맞는 문항이다.
*차령이 4년 초과인 경우 : 1년
*중형, 대형(차령 8년 이하 : 1년, 차령 8년 초과 : 6개월)

102 화물자동차 비사업용(경형, 소형) 차령이 4년 이하인 경우 검사 유효기간으로 맞는 것은?

① 1년 ② 1년 6개월
③ 2년 ④ 3년

🔍해설 ③의 문항 2년이 맞다.
*4년 초과인 경우 : 1년
*중형, 대형 : 5년 이하인 경우 – 1년(5년 초과인 경우 : 6개월)

103 화물자동차 사업용(경형, 소형)은 모든 차령의 검사 유효기간의 설명이다. 맞는 것은?

① 6개월 ② 1년
③ 1년 6개월 ④ 2년

🔍해설 ②의 문항 1년이 맞다(신조차로 최초 검사 유효기간 : 2년)
*중형화물차 : 5년 이하는 1년, 5년 초과는 6개월
*대형화물차 : 2년 이하는 1년, 2년 초과는 6개월

104 특수자동차 비사업용 및 사업용 (경형, 소형, 중형, 대형) 차령이 5년 이하인 경우 검사 유효기간으로 맞는 것은?

① 6개월 ② 1년
③ 1년 6개월 ④ 2년

🔍해설 ②의 문항이 맞다.
*5년 초과인 경우 검사 유효기간 : 6개월이 맞다.

105 자동차의 구조변경 차에 대한 안전도를 점검하는 검사 명칭은?

① 신규검사 ② 정기검사
③ 튜닝검사 ④ 종합검사

🔍해설 ③의 "튜닝검사"가 옳은 문항이다.

106 자동차의 튜닝 승인신청 구비서류이다. 해당되지 않는 서류는?

① 자동차 등록증과 튜닝 승인 신청서
② 튜닝 전·후의 주요 제원 대비표
③ 튜닝 전·후의 자동차 외관도
④ 신청자의 운전면허증

🔍해설 ④의 문항은 해당 없고, 이 외에 "튜닝하려는 구조·장치의 설계도"가 있다.

정답 95 ③ 96 ④ 97 ① 98 ④ 99 ④ 100 ① 101 ④ 102 ③ 103 ② 104 ② 105 ③ 106 ④

107 자동차 튜닝 승인은 승인신청 접수일부터 며칠 이내에 처리되며, 튜닝 승인을 받은 날부터 며칠 이내에 튜닝 검사를 받아야 하는가?

① 접수일로부터 5일 이내에 처리되며, 승인받은 날부터 30일 이내에 튜닝검사를 받아야 한다.
② 접수일로부터 7일 이내에 처리되며, 승인받은 날부터 35일 이내에 튜닝검사를 받아야 한다.
③ 접수일로부터 10일 이내에 처리되며, 승인받은 날부터 40일 이내에 튜닝검사를 받아야 한다.
④ 접수일로부터 10일 이내에 처리되며, 승인받은 날부터 45일 이내에 튜닝검사를 받아야한다.

해설 ④의 문항이 옳다.

108 자동차의 튜닝 승인 불가항목으로 옳지 않은 것은?

① 총중량이 증가되는 경우
② 승차 정원 또는 최대 적재량의 증가를 가져오는 승차 장치 또는 물품 적재 장치의 튜닝
③ 튜닝 전보다 성능 또는 안전도가 높아질 우려가 있는 경우의 튜닝
④ 튜닝 전보다 성능 또는 안전도가 높아질 우려가 있는 경우

해설 ④의 문항 중에 "높아질 우려가"는 틀리고, "저하될 우려가"가 맞는 문항으로 이 외에 "자동차의 종류가 변경되는 튜닝"과 예외 규정이 있다.
[참고] 자동차의 종류가 변경되는 튜닝의 예외 규정
㉠ 승용자동차와 동일한 차체 및 차대로 제작된 승합자동차의 좌석장치를 제거하여 승용자동차로 튜닝하는 경우(튜닝하기 전의 상태로 회복하는 경우를 포함한다)
㉡ 화물자동차를 특수자동차로 튜닝하거나, 특수자동차를 화물자동차로 튜닝하는 경우

109 자동차의 튜닝 승인 대상에 해당되지 않는 구조·장치 항목은?

① 길이 너비 및 높이(범퍼, 라지에이터 그릴 등 경미한 외관 변경의 경우는 제외)와 총 중량
② 원동기(동력발생장치) 및 동력전달 장치와 주행 장치(차축에 한함)
③ 조종 장치, 현가장치, 방향지시기 등 기타 시야를 확보하는 장치
④ 내압 용기, 그 부속 장치 및 배기가스 발산 방지 장치

해설 ③의 문항은 승인 불필요 대상 항목에 해당하며, 외에 "연료장치" "차체 및 차대" "승차 장치 및 물품 적재 장치" 등이 있다.

110 자동차의 신규검사 대상이 아닌 것은?

① 여객자동차 운수사업법에 의하여 면허, 등록, 인가 또는 신고가 실효되거나 취소되어 말소된 경우
② 국가 간 상호 인증 성능시험을 대행할 수 있도록 지정된 자동차
③ 수출을 위해 말소되거나 도난당한 자동차를 회수한 경우
④ 자동차 구조 변경을 한 자동차

해설 ④의 경우 자동차는 "튜닝검사"를 받아야 할 자동차이다. 이 외에 ㉠ 자동차 자기인증을 하기 위해 등록된 자 ㉡ 자동차연구개발 목적의 기업부설연구소를 보유한 자 ㉢ 속임수나 그 밖의 부정한 방법으로 등록되어 말소된 자동차

111 자동차 신규검사를 신청할 때 필요한 서류가 아닌 것은?

① 신규검사 신청서
② 출처증명서류(말소증명서 또는 수입신고서, 자기인증 면제 확인서)
③ 제원표(이미 자기 인증된 자동차와 같은 제원의 자동차인 경우 제원표를 첨부 생략 가능)
④ 자동차 소유자의 운전면허증

해설 ④의 문항은 해당 없는 서류이다.

112 자동차 대인배상Ⅰ(책임보험)에 대한 설명으로 틀린 것은?

① 자동차의 운행으로 인해 남을 사망하게 하거나 다치게 하여 손해배상 책임을 짐으로써 입은 손해를 보상해 주는 것이다.
② 책임기간은 보험료를 납입한 때로부터 시작되어 보험기간 마지막날이 24시에 종료 되는 것이다.
③ 의무적 가입은 자동차관리법에 의하여 등록된 모든 자동차와 이륜자동차, 건설기계 12톤 이상 덤프트럭 외 9종이다.
④ 피 견인차량은 원동기 장치 없이 견인차에 의해 견인되는 트레일러, 세미 트레일러, 풀 트레일러 등도 의무적으로 가입대상이다.

해설 ④이 문항의 차들은 가입대상에서 제외되는 것들이다.

113 자동차 보험 중 대인배상Ⅰ(책임보험)에 가입하지 아니한 때의 벌금이다. 틀린 것은?

① 2년 이하의 징역 또는 600만 원 이하의 벌금을 부과한다.
② 1년 이하의 징역 또는 500만 원 이하의 벌금을 부과한다.
③ 1년 이하의 징역 또는 640만 원 이하의 벌금을 부과한다.
④ 3년 이하의 징역 또는 300만 원 이하의 벌금을 부과한다.

해설 ②의 "1년 이하의 징역 또는 500만 원 이하의 벌금"이 맞는 문항이다.

114 사업용 자동차가 책임보험이나 책임공제(대인Ⅰ)에 가입하지 아니한 기간이 10일 이내인 경우의 과태료 금액으로 맞는 것은?

① 2만 원   ② 3만 원
③ 4만 원   ④ 5만 원

해설 ②의 3만 원이 맞는 금액이다.
㉠ 미 가입 기간이 10일을 초과할 경우 3만 원에 매 1일당 8천 원을 가산하고 최고 한도액은 대당 100만 원이다.

115 비사업용 자동차가 책임보험이나 책임공제(대인Ⅰ)에 가입하지 아니한 기간이 10일 이내인 경우의 과태료 금액으로 맞는 것은?

① 1만 원   ② 2만 원
③ 3만 원   ④ 4만 원

해설 ①의 1만 원이 맞다.
㉠ 미 가입 기간이 10일을 초과할 경우 1만 원에 매 1일당 4천 원을 가산하고 최고 한도액은 대당 60만 원이다.

정답 107 ④ 108 ④ 109 ③ 110 ④ 111 ④ 112 ④ 113 ② 114 ② 115 ①

제2편 안전운행

116 사업용 자동차가 책임보험이나 책임공제(대인Ⅱ)에 가입하지 아니한 기간이 10일 이내인 경우의 과태료 금액으로 맞는 것은?

① 2만 원　　② 3만 원
③ 4만 원　　④ 5만 원

🔍해설 ②의 3만 원이 맞는 금액이다. 10일을 초과 시는 3만 원에 매 1일당 8천 원을 가산하여 대당 한도 금액은 100만 원이다.

117 사업용(비사업용 포함) 자동차가 자동차보험(대물)에 가입하지 아니한 기간이 10일 이내인 경우의 과태료 금액으로 맞는 것은?

① 5천 원　　② 7천 원
③ 1만 원　　④ 1만 5천 원

🔍해설 ①의 5천 원이 맞는 금액이며, 10일 초과 시는 5천 원에 매 1일당 2천 원을 가산한 금액으로 대당 한도 금액은 30만 원이다.

118 자동차 보험 중 "책임보험금 지급 기준"에 대한 설명이다. 맞지 않는 지급 기준인 것은?

① 사망 : 1인당 최저 2만 원이며, 최고 1억 5천만 원 내에서 약관기준에 의해 산출한 금액을 보상한다.
② 부상 : 상해 등급 (1-14급)에 따라 1인당 최고 3천만 원을 한도로 보상한다.
③ 후유장애 : 신체에 장애가 남는 경우 장애의 정도 (1-14급)에 따라 급수별 한도액 내에서 최고 1억 5천만 원까지 보상한다.
④ 휴업손해 : 유직자의 현실 소득액의 산정 방법에 따라 산정한 금액을 보상한다.

🔍해설 ④의 문항의 휴업손해는 "부상 시"보상하는 손해에 해당되어 다르므로 해당없다.

119 자동차 보험의 특성에 대한 설명이다. 옳지 않은 것은?

① 강제성 보험으로 의무가입 대상이다.
② 계약해지 제한(말소등록이나 중복계약, 자동차 양도 등을 제외하고는 계약 해지 불가)
③ 고의로 인한 사고는 면책. 단 보험사가 피해자에게 손해배상을 지급한 때에는 피보험 자에게 청구권 행사
④ 청구권 소멸 시한 2년

🔍해설 ④의 "청구권 소멸 시한 3년"이 옳다. 이 외에 ㉠ 피해자의 권리를 보호하기 위해 피해자의 직접 청구권 인정, ㉡ 책임보험 청구권은 압류 및 양도 금지, ㉢ 피해자가 가해자 측으로부터 일부 보상을 받은 경우에는 보상사업으로 지급하는 금액에서 이미 보상받은 금액을 공제. 등이 있다.

120 자동차 보험의 종목 중에서 "대인배상Ⅱ 개념"에 대한 설명이다. 옳지 않은 것은?

① 대인배상Ⅰ로 지급되는 금액을 초과하는 손해를 보상한다.
② 피해자 1인당 5천만 원, 1억, 2억, 3억, 무한 등 5가지 중 한 가지를 선택한다.
③ 교통사고의 피해가 커지는 경향이고 또한 교통사고처리특례법의 혜택을 보기 위해 대부분 무한으로 가입하고 있는 실정이다.
④ 산식 : 법률 손해 배상 책임액 + 비용 – 대인배상Ⅱ 보험금

🔍해설 ④의 문항 중 "대인배상Ⅱ보험금"은 틀리고, "대인배상Ⅰ 보험금"이 맞다.

121 자동차 보험 중 대인배상Ⅱ가 보상하는 손해에 대한 설명이다. 아닌 것은?

① 사망(2017년 이후)
② 부상
③ 허락 피보험자 또는 그 부모, 배우자, 자녀
④ 후유장애

🔍해설 ③외에 "자동차보험 중 대인배상Ⅱ가 보상하지 않는 손해"
㉠ 기명 피보험자 또는 그 부모, 배우자 및 자녀
㉡ 피보험 자동차를 운전 중인 자(운전 보조자 포함) 및 그 부모, 배우자, 자녀
㉢ 허락 피보험자 또는 그 부모, 배우자, 자녀
㉣ 피보험자의 피용자로서 산재 보험보상을 받을 수 있는 사람(단, 산재보험 초과 손해는 보상)
㉤ 피보험자의 동료로서 산재 보험 보상을 받을 수 있는 사람
㉥ 무면허운전을 하거나 무면허운전을 승인한 사람
㉦ 군인, 군무원, 경찰공무원, 향토예비군대원이 전투 훈련 기타 집무 집행과 관련하거나 국방 또는 치안 유지 목적상 자동차에 탑승 중 전사, 순직 또는 공상을 입은 경우 보상하지 않음

122 자동차 보험의 종목 중 "대물보상 기준"에 대한 설명이다. 옳지 않은 것은?

① 타인의 재물에 피해를 입혔을 때 법률상 손해배상책임을 짐으로써 입은 직접 손해와 간접 손해를 보상한다.
② 직접손해의 수리비용은 자동차 또는 건물 등이 파손되었을 때 원상회복 가능한 경우 직전의 상태로 회복하는데 소요되는 필요 타당한 비용 중 피해물의 사고 직전 가액 의 120~130%를 한도로 보상한다.
③ 간접손해 중 대차료는 비사업용 자동차가 파손 또는 오손되어서 가동하지 못하는 기간 동안에 다른 자동차를 대신 사용할 필요가 있는 경우에 그 소용되는 필요 타당한 비용을 수리가 완료될 때까지 30일 한도로 보상한다.
④ 휴차료 : 사업용 자동차(건설기계 포함)가 파손 및 오손되어 사용하지 못하는 기간에 발생하는 영업 손해로써 운행에 필요한 기본 경비를 공제한 금액에 휴차 일수를 곱한 금액을 지급하고, 인정 기간은 대차료 기준과 동일하며, 개인택시인 경우 수리기간이 경과하여도 운전자가 치료 중이면 15일 범위 내에서 휴차료를 인정한다.

🔍해설 ④의 문항 중 "15일 범위 내에서"는 틀린 문항으로, "30일 범위 내에서"가 옳은 문항이다.

123 대물보상 중 "영업손실과 공제액"에 대한 설명이다. 틀린 것은?

① 영업손실의 보상은 사업장 또는 그 시설물을 파괴하여 휴업을 함으로써 발생한 손해를 원상복구하여 소요되는 기간을 기준으로 보상한다.
② 다만 합의 지연이나 복구 지연으로 연장되는 기간은 휴업기간에서 제외된다.
③ 보상인정 기준액은 세법에 따른 관계증명서가 있으면 그에 따라 산정한 금액을 지급한다.
④ 보상의 입증 자료가 없는 경우에는 일용 근로자 임금을 기준으로 15일 한도로 보상 한다.

🔍해설 ④의 문항 중 "15일 한도로"는 틀리고, "30일을 한도로"가 옳은 문항이다. "공제액"은 엔진, 변속기, 화물자동차의 적재함 등 중요한 부품을 새 부품으로 교환할 경우 그 교환된 부품이 감가상각에 행하는 금액을 공제한다.

정답　116 ②　117 ①　118 ④　119 ④　120 ④　121 ③　122 ④　123 ④

124 자동차의 자손보험에서 보상하는 손해에 대한 설명으로 틀린 것은?

① 타차 또는 타 물체와의 충돌, 접촉, 추락, 전복, 차량의 침수로 인한 손해
② 화재, 폭발, 낙뢰, 날아온 물체, 떨어지는 물체에 의한 손해
③ 보닛이 열리면서 전면유리를 파손시키거나 문을 여는 과정에서 강한 바람에 의한 문짝이 파손되는 등 풍력에 의한 손해
④ 피보험 자동차에 생긴 직접손해만 보상하며, 대물배상에서 보상하는 대차료 및 휴차료는 보상한다.

⊙해설 ④의 문항 말미의 "대차료 및 휴차료는 보상한다"는 틀리고, "대차료 및 휴차료는 보상하지 않는다"가 옳은 문항이다. 이외에 ⊙ 피보험 자동차의 도난으로 인한 전부 손해를 보상하며, 도난당한 차를 찾았을 경우 자동차 차체에 생긴 손해도 보상한다. ⓒ 보험가액 또는 일부(60%)를 보험 가입 금액으로 가입 가능하다. 가 있다.

제5장 안전운전의 기술

125 안전운전의 필수적 과정으로 옳은 것은?

① 실행-확인-예측-판단
② 확인-예측-실행-판단
③ 예측-확인-판단-실행
④ 확인-예측-판단-실행

⊙해설 ④의 운전의 위험을 다루는 효율적인 정보처리 방법의 하나는 소위, 확인-예측-판단-실행과정을 따르는 것이다.

126 예측의 주요 요소로 옳지 않은 것은?

① 감각
② 위험원
③ 교차지점
④ 주행로

⊙해설 예측의 주요 요소는 주행로, 행동, 타이밍, 위험원, 교차지점이다.

127 다음 중 예측회피 운전의 방법으로 옳지 않은 것은 무엇인가?

① 상황에 따라 속도를 낮추거나 높이는 결정을 해야 한다.
② 사고 상황이 발생할 경우에 대비하여 진로를 변경한다.
③ 주변에 시선을 두지 않고 전방만 주시해야 한다.
④ 필요할 시 다른 사람에게 자신의 의도를 알려야 한다.

⊙해설 예측회피 운전의 기본적 방법
⊙ 속도 가속, 감속 : 때로는 속도를 낮추거나 높이는 결정을 해야 한다.
ⓒ 위치 바꾸기(진로 변경) : 사고 상황이 발생할 경우를 대비해서 주변에 긴급 상황 발생 시 회피할 수 있는 완충 공간을 확보하면서 운전한다.
ⓒ 다른 운전자에게 신호하기 : 가다 서다를 반복하고 수시로 차선변경을 필요로 하는 택시의 운전은 자신의 의도를 주변에 등화신호로 미리 알려 주어야 한다.

128 운전 중 결정된 행동을 실행에 옮기는 단계에서 중요한 것으로 틀린 것은?

① 요구되는 시간 안에 필요한 조작을 해야 한다.
② 기기조작은 가능한 부드럽게 해야 한다.
③ 기기조작을 신속하게 해내야 한다.
④ 급제동시 브레이크 페달을 빠르고 강하게 밟으면 제동거리가 짧아진다.

⊙해설 ④의 급제동시 브레이크 페달을 빠르고 강하게 밟는다고 제동거리가 짧아지는 것은 아니다. 오히려 브레이크 잠김 상태가 되어 제동력이 상실될 수도 있고, ABS 브레이크 장치도 과신하면 안 되고, 과격한 운전은 사고의 원인이 될 수도 있다.

129 전방 탐색 시 주의 사항으로 옳지 않은 것은?

① 보행자
② 주변 건물의 위치
③ 다른 차로의 차량
④ 대형차에 가려진 것들에 대한 단서

⊙해설 전방 탐색 시 주의해서 봐야할 것들은 다른 차로의 차량, 보행자, 자전거 교통의 흐름과 신호 등이다. 특히 화물자동차와 같은 대형차가 있을 때는 대형차에 가려진 것들에 대한 단서에 주의한다.

130 전방 가까운 곳을 보고 운전할 때의 징후들과 거리가 먼 것은?

① 교통의 흐름에 맞지 않을 정도로 너무 빠르게 차를 운전한다.
② 시인성이 낮은 상황에서 속도를 줄인다.
③ 차로의 한 편으로 치우쳐서 주행한다.
④ 우회전할 때 도로를 필요 이상의 거리를 넓게 두고 회전한다.

⊙해설 ②의 초보운전자는 전방을 멀리 보지 못하는 어려움이 있으며, 시인성이 낮은 상황에서 속도를 줄이지 않는다.

131 시야 확보가 적은 징후들에 대한 설명이다. 맞지 않는 것은?

① 급정거 또는 앞차에 바짝 붙어가는 경우
② 좌·우회전 등의 차량에 진로를 방해 받음
③ 상황적 상황에 반응이 빠른 경우
④ 빈번하게 놀라는 경우 및 급차로 변경 등이 많은 경우

⊙해설 ③의 문항 중 "빠른 경우"는 틀리고, "늦은 경우"가 맞는 문항이며, 이 외에 ⊙ 황색신호에 꼬리를 무는 경우, ⓒ 신호를 놓치는 경우, ⓒ 목적지를 자주 지나치는 경우 등이 있다.

132 운전 습관 중 시야 고정이 많은 운전자의 특성으로 틀린 것은?

① 위험에 대응하기 위해 경적이나 전조등을 자주 사용한다.
② 더러운 창이나 안개에 개의치 않는다.
③ 정지선 등에서 정지 후, 다시 출발할 때 좌우를 확인하지 않는다.
④ 회전하기 전에 뒤를 확인하지 않는다.

⊙해설 ①의 시야 고정이 많은 운전자의 경우 위험에 대응하기 위해 경적이나 전조등을 좀처럼 사용하지 않으며, 자기 차를 앞지르려는 차량의 접근 사실을 미리 확인하지 못한다.

133 자동차 안전운전의 기술 5가지에 대한 설명이다. 맞지 않는 것은?

① 운전 중에는 전방을 멀리 본다.(일반적으로 20~30초 전방을 본다)
② 모든 상황을 전체적으로 살펴보고 눈을 계속해서 움직인다.
③ 다른 사람들이 자신을 볼 수 있게 한다.(시내 주행 시 30m 전방, 고속도로 주행 시 100m 전방에서 방향지시등 작동)
④ 차가 빠져나갈 공간을 확보한다.(운전자는 주행 시 만일의 사고에 대비해 "전·후방의 안전공간만 확보하면서"운전을 한다)

⊙해설 ④의 문항 말미에 "전·후방의 안전공간만 확보하면서"는 틀리고, "전·후방 뿐만 아니라 좌·우측으로 안전공간을 확보하도록 노력하여야 한다"가 옳은 문항이다.

134 방어운전의 기본 사항 중 옳지 않은 것은?

① 예측 능력과 판단력
② 자기중심적인 빠른 판단
③ 능숙한 운전기술
④ 반성의 자세

⊙해설 ②의 방어운전의 기본 사항 : 능숙한 운전 기술, 정확한 운전 지식, 세심한 관찰력, 예측 능력과 판단력, 양보와 배려의 실천, 교통상황 정보 수집, 반성의 자세, 무리한 운행 배제

135 기본적인 사고유형에서 정면충돌 사고와 회피요령에 대한 설명이다. 틀린 것은?

① 직선로, 커브 및 좌회전 차량이 있는 교차로에서 주로 발생한다.
② 전방의 도로 상황을 파악하여 내 차로로 들어오거나 앞지르려고 하는 차 혹은 보행자에 대해 주의한다.
③ 오른쪽으로 방향을 조금 틀어 공간을 확보하고 필요하다면 차도를 벗어나 길 가장자리 쪽으로 주행하고, 상대에게 차도를 양보하면 최소한 정면충돌을 피할 확률이 클 것이다.
④ 속도를 줄인다. 속도를 줄이는 것은 주행거리와 충격력을 줄이는 효과가 없다.

🔍해설 ④의 문항 중 "효과가 없다"는 틀리고, "효과가 있다"가 옳은 문항이다.

136 자동차 운행 중 후미추돌사고를 회피하는 방어운전요령이다. 틀린 것은?

① 전방 가까운 곳을 보고 운전한다.
② 앞차에 대한 주의를 늦추지 않는다.
③ 충분한 거리를 유지한다.
④ 상대보다 거리를 유지한다.

🔍해설 ①의 상황을 멀리까지 살펴본다. 앞차 너머의 살핌으로서 앞차 운전자를 갑자기 행동하게 만드는 상황과 그로 인해 자신이 위협받게 되는 상황을 파악한다.

137 기본적인 사고유형 중 단독사고에 대한 설명이다. 틀린 것은?

① 차 주변의 모든 것을 제대로 판단하지 못하는 빈약한 판단에서 비롯된다.
② 뒷바퀴의 바람이 빠져 차가 한쪽으로 미끄러지는 것을 느끼면 핸들 방향을 그 방향으로 틀어주며 대처한다.
③ 피곤해 있거나 음주 또는 약물의 영향을 받고 있을 때 많이 발생한다.
④ 단독 사고를 야기하지 않기 위해서는 과로를 피하고 심신이 안정된 상태에서 운전한다.

🔍해설 ②의 문항은 차량결함사고의 하나로 해당 없고, 이 외에 "낯선 곳 등의 주행에 있어서는 사전에 주행정보를 수집하여 여유 있는 주행이 가능하도록 해야 한다"가 있다.

138 브레이크와 타이어 결함사고가 발생 시 대처방법에 대한 설명이다. 옳지 않은 것은?

① 차의 바퀴가 터지는 경우 – 핸들을 단단하게 잡아 차가 한쪽으로 쏠리는 것을 막고 의도한 방향을 유지한 다음 속도를 줄인다.
② 뒷바퀴의 바람이 빠져 차가 한쪽으로 미끄러지는 것을 느끼면 핸들방향을 그 방향으로 틀어주며 대처한다.
③ 브레이크 베이퍼 록 현상으로 페달이 푹 꺼진 경우는 브레이크 페달을 반복해서 계속 밟으며 유압계통에 압력이 생기게 하여야 하고, 브레이크 유압계통이 터진 경우라면 전자와는 달리 빠르고 세게 밟아 속도를 줄이는 순간 변속기 기어를 저단으로 바꾸어 엔진브레이크 속도를 감속한 후 안전한 장소를 정해 정차해야 한다.
④ 페이딩 현상(브레이크를 계속 밟아 열이 발생하여 제어가 불가능한 현상)이 일어난다면 차를 천천히 계속 운행한다.

🔍해설 ④의 경우 운행 중에 페이딩 현상이 발생하면 차를 멈추고 브레이크가 식을 때까지 대기하여야 한다.

139 운전 중 시인성을 높이는 방법으로 운전하기 전의 준비사항이 아닌 것은?

① 차 안팎 유리창을 깨끗이 닦는다.
② 차의 모든 등화를 깨끗이 닦는다.
③ 성애제거기, 와이퍼, 워셔 등이 제대로 작동되는지를 점검한다.
④ 다른 운전자의 사각에 들어가 운전하는 것을 피한다.

🔍해설 ④의 문항은 "시인성을 높이는 운전 중 행동"에 해당하므로 다르며, 이 외에 ㉠ 후사경과 사이드 미러를 조정하고 운전석의 높이도 적절히 조정한다. ㉡ 선글라스, 점멸등, 창닦개 등을 준비하여 필요할 때 사용할 수 있도록 한다. ㉢ 후사경에 매다는 장식물이나 시야를 가리는 차내의 장애물을 치운다, 등이 있다.

140 운전 중 시인성을 높이는 방법으로 운전 중 행동에 대한 설명이다. 해당 없는 것은?

① 낮에도 흐린 날 등에는 하향(변환빔) 전조등을 켠다(운전자, 보행자에게 600~700m 전방에서 좀 더 빠르게 볼 수 있게끔 하는 효과가 있다).
② 자신의 의도를 다른 도로이용자에게 좀 더 분명히 전달함으로써 자신의 시인성을 최대화할 수 있다.
③ 다른 운전자의 사각에 들어가 운전하는 것을 피한다.
④ 차 안팎 유리창과 차의 모든 등화를 깨끗이 닦는다.

🔍해설 ④의 문항은 "운전하기 전의 준비사항"에 해당되어 해당 없고, 이 외에 ㉠ 남보다 시력이 떨어지면 항상 안경이나 콘택트렌즈를 착용한다. ㉡ 햇빛 등으로 눈부신 경우는 선글라스를 쓰거나 선바이저를 사용한다.

141 운전 중 시간을 다루는 방법에 대한 설명으로 틀린 것은?

① 시간을 현명하게 다룸으로써 운전상황에 대한 통제력을 높일 수 있고, 위험도 감소시킬 수 있다.
② 차를 정지시켜야할 때 필요한 시간과 거리는 속도의 제곱에 비례한다.
③ 도로상의 위험을 발견하고 운전자가 반응하는 시간은 문제 발견(인지) 후, 0.5초에서 0.7초 정도이다.
④ 자신의 의도를 다른 도로이용자에게 좀 더 분명히 전달함으로써 자신의 시인성을 최대화 할 수 있다.

🔍해설 ④의 문항은 시인성을 높이는 방법 중의 하나로 틀린다.

142 방어운전 방법 중 효율적으로 다루는 기본 원칙에 대한 설명으로 해당 없는 것은?

① 안전한 주행경로 선택을 위해 주행 중 20~30초 전방을 탐색한다.
② 위험 수준을 높일 수 있는 장애물이나 조건을 12~15초 전방까지 확인한다.
③ 자신의 차와 앞차 간에 최소한 2~3초의 추종거리를 유지한다.
④ 차를 정지시켜야 할 때 필요한 시간과 거리는 속도의 제곱에 반비례한다.

🔍해설 ④의 문항은 시간을 다루는 법의 하나로 다르다.

143 방어운전 방법 중 공간을 다루는 법에 대한 설명으로 해당 없는 것은?

① 자기 차와 앞차 옆차 및 뒤차와의 거리를 다루는 문제이다.
② 속도와 시간, 거리 관계를 항상 염두에 두어야 한다.
③ 정지거리는 속도의 제곱에 비례하고, 속도를 2배 높이면 정지에 필요한 거리는 4배가 필요하다.
④ 앞차와 적정한 추종거리를 유지하며, 그 거리는 적어도 4~5초 정도 유지한다.

🔍해설 ④의 문항 중 "4~5초 정도 유지한다"는 틀리고, "2~3초 정도 유지한다"가 옳은 문항이다. 이 외에 뒤차와도 2초 정도의 거리를 유지하는 것이 필요하다.

정답 135 ④ 136 ① 137 ② 138 ④ 139 ④ 140 ④ 141 ④ 142 ④ 143 ④

144 앞지르기 순서와 방법상 주의 사항의 설명이다. 틀린 것은?
① 앞지르기 금지 장소 여부를 확인하여야 한다.
② 전방의 안전을 확인함과 동시에 후사경으로 좌측 및 우측후방을 확인한다.
③ 좌측 방향 지시등을 켜고 최고속도의 제한범위 내에서 가속하여 진로를 서서히 좌측으로 변경한다.
④ 앞지르기 당하는 차를 후사경으로 볼 수 있는 거리까지 주행한 후 우측방향 지시등을 켠다.
해설 ②의 문항 중 "좌측 및 우측후방"은 틀리고, "좌측 및 좌측후방"이 옳은 문항이다. 이 외에 ㉠ 차가 일직선이 되었을 때 방향지시등을 끈 다음 앞지르기 당하는 차의 좌측을 통과한다. ㉡ 진로를 서서히 우측으로 변경한 후 차가 일직선이 되었을 때 방향지시등을 끈다. 가 있다.

145 앞지르기를 해서는 아니 되는 경우이다. 맞지 않는 것은?
① 앞차가 좌측으로 진로를 바꾸려는 하거나 다른 차를 앞지르려고 할 때
② 앞차의 좌측에 다른 차가 나란히 가고 있거나, 뒤차가 자기 차를 앞지르려고 할 때
③ 앞차가 경찰공무원 등의 지시에 따르거나 위험방지를 위하여 정지 또는 서행하고 있 을 때
④ 마주 오는 차의 진행을 방해하게 될 염려가 없을 때
해설 ④의 문항 중 "염려가 없을 때"는 틀리고, "염려가 있을 때"가 옳은 문항이다. 이 외에 ㉠ 앞차가 철길 건널목 등에서 정지 또는 서행하고 있을 때, ㉡ 어린이 통학버스가 어린이 또는 유아를 태우고 있다는 표시를 하고 도로를 통행할 때. 가 있다.

146 자신의 차가 다른 차를 앞지르는 경우의 방어운전의 설명이다. 다른 것은?
① 앞지르기에 필요한 속도가 그 도로의 최고 속도 범위 이내일 때 시도한다.
② 앞지르기에 필요한 충분한 거리와 시야가 확보되었을 때 시도한다.
③ 점선으로 되어있는 중앙선을 넘어 앞지르기 하는 때에는 대향차의 움직임에 주의한다.
④ 앞지르기를 시도하는 차가 원활하게 주행차로를 진입할 수 있도록 속도를 줄여준다.
해설 ④의 문항은 "다른 차가 자신의 차를 앞지르는 경우"의 방어운전에 해당하고, 이 외에 ㉠ 앞차의 오른쪽으로는 앞지르기 하지 않는다. ㉡ 앞차가 앞지르기를 하고 있을 때는 앞지르기 하지 않는다.

147 시가지 교차로에서의 방어운전에 대한 설명이다. 틀린 것은?
① 전체 교통사고의 절반 가까이 교차로에서 발생하며, 그 중 상당수는 신호 교차로에서 발생한다.
② 교차로에 접근하면서 왼쪽 발은 브레이크 페달 위에 갖다놓고 밟을 준비를 한다.
③ 방어운전자가 되기 위해서는 교차로에 접근할 때마다 항상 양방향을 살피는 훈련이 필요하다.
④ 교차로에 접근하면서 먼저 왼쪽과 오른쪽을 살펴보면서 교차 방향 차량을 관찰한다.
해설 ②의 문항 중 "왼쪽 발은"틀리며, "오른 발은"이 맞는 문항이다.

148 교차로에서 방어운전에 대한 설명이다. 맞지 않는 것은?
① 신호는 운전자의 눈으로 직접 확인 후 선 신호에 따라 진행하는 차가 없는 지 확인하고 출발한다.
② 신호에 따라 진행하는 경우에도 신호를 무시하고 갑자기 달려드는 차 또는 보행자가 있다는 사실에 주의한다.
③ 교통정리가 행하여지고 있지 않고 좌·우를 확인할 수 없거나 교통이 빈번한 교차로에 진입할 때는 일시정지하여 안전 확인 후 출발한다.
④ 우회전 시 뒷바퀴로 자전거나 보행자를 치지 않도록 주의하고, 우회전 시 정지해 있는 차와 충돌하지 않도록 주의한다.
해설 ④의 문항 중 "우회전 시 정지해있는"은 틀리고, "좌회전 시 정지해있는"이 옳은 문항이다. 이 외에 ㉠ 좌·우회전할 때는 방향지시등을 정확히 점등한다. ㉡ 성급한 우회전은 횡단하는 보행자와 충돌할 위험이 증가한다. ㉢ 통과하는 앞차를 맹목적으로 따라가면 신호위반할 가능성이 높다. 가 있다.

149 교차로 황색 신호에서의 방어운전에 대한 설명이다. 틀린 것은?
① 황색신호일 때는 멈출 수 있도록 감속하여 접근한다.
② 이미 교차로 안으로 진입하여 있을 때 황색신호로 변경된 경우에는 신속히 교차로 밖으로 빠져나간다.
③ 교차로 부근에는 무단 횡단하는 보행자 등 위험요인이 많으므로 돌발상황에 대비한다.
④ 가급적 딜레마 구간에 도달하기 전에 신호가 변경되면 빠른 속도로 교차로를 통과한다.
해설 ④의 문항 중 "빠른 속도로 교차로를 통과한다"는 틀리고, "바로 정지할 수 있도록 준비한다"가 옳은 문항이다. 이 외에 "황색신호일 때 모든 차는 정지선 바로 앞에 정지하여야 한다"가 있다.

150 시가지 이면 도로에서의 방어운전 설명으로 옳지 않은 것은?
① 주변에 주택 등이 밀집되어 있는 주택가나 동네길, 학교 앞 도로로 보행자의 횡단이나 통행이 많다.
② 길가의 뛰노는 어린이들이 많아 어린이들과의 접촉사고가 발생할 가능성이 높다.
③ 항상 보행자의 출현 등 돌발상황에 대비한 방어운전으로 차량의 속도를 줄인다.
④ 위험스럽게 느껴지는 자동차나 자전거, 손수레, 보행자 등을 발견하였을 때에는 그의 움직임과 무관하게 운행한다.
해설 ④의 문항 중 "그의 움직임과 무관하게 운행한다"는 틀리고, "그의 움직임을 주시하면서 운행한다"가 옳은 문항이며, 외에 ㉠ 자전거나 이륜차의 갑작스런 회전 등에 대비한다. ㉡ 주·정차된 차량이 출발하려고 할 때에는 감속하여 안전거리를 확보한다. 등이 있다.

151 커브 길의 방어운전에 대한 설명이다. 옳지 않은 것은?
① 지방도로는 커브길이 많아 자동차가 커브를 돌 때에는 차체에 원심력이 작용하게 마련이다.
② 원심력이란 어떠한 물체가 회전운동을 할 때 회전 중심으로부터 밖으로 뛰쳐나가려고 하는 힘의 작용을 말한다.
③ 자동차의 원심력은 속도의 제곱에 반비례하여 크게 작용하게 되며, 커브의 반경이 길어질수록 커진다.
④ 회전반경이 짧은 커브 길에서 속도를 높이면 높일수록 원심력은 한층 더 높아지고 전복사고의 위험도 그만큼 커진다.
해설 ③의 문항에서 " 속도의 제곱에 반비례"와 "반경이 길어질수록"은 틀리며, "속도의 제곱에 비례"와 "반경이 짧을수록"이 옳은 문항이다. 커브 길에서의 주행방법은 다음과 같다.
㉠ 슬로우-인, 패스트-아웃(Slow-in, Fast-out) : 커브 길에 진입할 때에는 속도를 줄이고 진출을 할 때에는 속도를 높이라는 의미이다.
㉡ 아웃-인-아웃(Out-in-Out) : 차로 바깥쪽에서 진입하여 안쪽, 바깥쪽 순으로 통과하라는 의미이다.

152 커브 길 주행방법에 대한 설명이다. 옳지 않은 것은?

① 커브 길에 진입하기 전에 경사도나 도로의 폭을 확인하고 가속페달에서 발을 떼어 엔진 브레이크가 작동되도록 속도를 줄인다.
② 엔진 브레이크만으로 속도가 충분히 줄지 않으면 풋 브레이크를 사용하여 회전 중에 더 이상 감속하지 않도록 한다.
③ 회전이 끝나는 부분에 도달하였을 때는 핸들을 바르게 한다.
④ 감속된 속도에 맞는 기어로 변속하고, 가속페달을 밟아 속도를 서서히 높인다.

해설 ②의 문항 중 끝에 "감속하지 않도록 한다"는 틀리며, "감속하지 않도록 줄인다"가 옳은 문항이다.

153 커브 길에서 주행 시 주의사항이다. 잘못된 것은?

① 커브 길에서는 기상 상태, 노면 상태 및 회전 속도 등에 따라 차량이 미끄러지거나 전복될 위험이 증가하므로 부득이한 경우가 아니면 급핸들 조작이나 급제동은 하지 않는다.
② 회전 중에 발생하는 가속은 원심력을 증가시켜 도로 이탈의 위험이 발생하고, 감속은 차량의 무게중심이 한쪽으로 쏠려 차량의 균형이 쉽게 무너질 수 있다.
③ 급커브길 등에서 앞지르기는 대부분 규제 표지 및 노면 표시 등 안전표지로 금지하고 있으나, 금지 표지가 없어도 전방의 안전이 확인되지 않으면 절대 하지 않는다.
④ 커브 길에서 잠시 중앙선을 침범하거나 도로의 중앙선으로 치우친 운전을 하여도 된다.

해설 ④의 문항은 틀려 "중앙선을 침범하거나 도로의 중앙선으로 치우진 운전은 하지 않는다"가 옳은 문항이며, 이 외에 ㉠ 커브길 진입 전에 감속행위가 이루어져야 차선이탈 등의 사고를 예방한다. ㉡ 시야가 제한되어 있다면 주간에는 경음기, 야간에는 전조등을 사용하여 내 차의 존재를 반대 차로 운전자에게 알린다. ㉢ 겨울철 커브 길은 노면이 얼어있는 경우가 많으므로 사전에 감속하여 안전사고가 발생하지 않도록 주의한다.

154 내리막길에서의 방어운전에 대한 설명이다. 옳지 않은 것은?

① 비교적 경사가 가파르지 않은 긴 내리막길을 내려갈 때 운전자의 시선은 먼 곳을 바라보고, 무심코 가속페달을 밟아 순간 속도를 높일 수 있으므로 주의해야 한다.
② 엔진 브레이크를 사용하면 페이드 현상 및 베이퍼 록 현상을 예방하여 운행 안전도 효과는 미미하다.
③ 내리막길에서는 반드시 변속기를 저속기어로, 자동 변속기는 수동 모드의 저속 기어 상태로 두고, 엔진 브레이크를 사용하여 감속 운전한다.
④ 내리막길을 내려갈 때는 엔진 브레이크로 속도 조절하는 것이 바람직하다.

해설 ②의 문항 중 "예방하여 운행 안전도 효과는 미미하다"는 틀리며, "예방하여 운행 안전도를 높일 수 있다"가 옳은 문항이다. 외에 ㉠ 도로의 내리막이 시작되는 시점에서 브레이크를 힘껏 밟아 브레이크를 점검한다. ㉡ 경사길 주행 중간에 불필요하게 속도를 줄이거나 급제동하는 것은 주의해야 한다.

155 오르막길에서의 방어운전에 대한 설명이다. 옳지 않은 것은?

① 정차할 때는 앞차가 뒤로 밀려 충돌할 가능성이 있으므로 충분한 차간거리를 유지한다.
② 오르막길의 정상 부근은 시야가 제한되는 사각 지대로 반대 차로의 차량이 앞에 다가올 때까지는 보이지 않을 수 있으므로 서행하며 위험에 대비한다.
③ 오르막길에서 부득이하게 앞지르기 할 때는 힘과 가속이 좋은 저단기어를 사용하지 않는 것이 안전하다.
④ 언덕길에서 올라가는 차량과 내려오는 차량이 교차할 때는 내려오는 차량에게 통행 우선권이 있으므로 올라가는 차량이 양보해야 한다.

해설 ③의 문항 중 "사용하지 않는 것이 안전하다"는 틀리며, "사용하는 것이 안전하다"가 맞는 문항이다. 이 외에 ㉠ 정차해 있을 때에는 가급적 풋 브레이크와 핸드 브레이크를 동시에 사용한다. ㉡ 뒤로 미끄러지는 것을 방지하기 위해 정지했다가 출발할 때는 핸드 브레이크를 사용하면 도움이 된다. 가 있다.

156 철길 건널목 통과 시 방어운전의 요령으로 옳지 않은 것은?

① 건널목 건너편 여유 공간을 확인한 후에 통과한다.
② 일시정지 후에는 철도 좌·우의 안전을 확인한다.
③ 철길 건널목에 접근할 때는 속도를 높여 신속히 통과한다.
④ 건널목을 통과할 때는 기어변속을 하지 않는다.

해설 ③의 철길 건널목에 접근할 때는 속도를 줄여 접근한다.

157 철길건널목 통과 중 시동이 꺼졌을 때의 조치방법이다. 아닌 것은?

① 즉시 동승자를 대피시키고, 차를 건널목 밖으로 이동시키기 위해 노력한다.
② 철도공무원, 건널목 관리원이나 경찰에게 알리고 지시에 따른다.
③ 건널목 내에서 차가 움직일 수 없을 때는 그 현장 부근의 가장 가까운 열차 역(驛)에 알린다.
④ 건널목 내에서 움직일 수 없을 때에는 열차가 오고 있는 방향으로 뛰어가면서 옷을 벗어 흔드는 등 기관사에게 위급함을 알려 열차가 정지할 수 있도록 조치를 취한다.

해설 ③의 문항은 틀린 내용의 문항이다.

158 고속도로 진입부에서의 안전운전에 대한 설명이다. 옳지 않은 것은?

① 본선 진입의도를 다른 차량에게 방향지시등으로 알린다.
② 본선 진입 전 충분히 가속하여 본선 차량의 교통흐름을 방해하지 않도록 한다.
③ 진입을 위한 가속차로에서 감속하지 않도록 주의한다.
④ 고속도로 본선을 저속으로 진입하거나 진입 시기를 잘못 맞추면 추돌사고 등 교통사고가 발생할 수 있다.

해설 ③의 문항 중 "가속차로에서 감속하지 않도록"은 틀린 문항이고, "가속차로 끝부분에서 감속하지 않도록"이 맞는 문항임.
*진출부에서의 안전운전은 다음과 같다.
㉠ 본선 진출 의도를 다른 차량에게 알린다.
㉡ 진출부에 진입 전에 본선 차량에 영향을 주지 않도록 주의한다.
㉢ 본선 차로에서 천천히 진출부로 진입하여 출구로 이동한다.

159 고속도로 안전운전 방법에 대한 설명이다. 옳지 않는 것은?

① 전방 주시 : 앞차의 뒷부분만 봐서는 안되며, 앞차의 전방까지 시야를 두면서 운전한다.
② 진입은 안전하게 천천히, 진입 후 가속은 빠르게 : 방향지시등으로 진입의사 표시 후 진입하고, 진입 후에는 빠른 속도로 가속해서 교통흐름에 방해가 되지 않도록 한다.
③ 주변 교통 흐름에 따라 적정 속도 유지 : 주변 차량들과 함께 교통흐름에 따라 운전하는 것이 중요하다.
④ 추행 차로로 주행 : 앞차를 추월할 경우 앞지르기 차로를 이용하며, 추월이 끝나도 추월차로로 계속 주행한다.

정답 152 ② 153 ④ 154 ② 155 ③ 156 ③ 157 ③ 158 ③ 159 ④

○해설 ④의 문항 중 "추월이 끝나도 추월차로로 계속 주행한다"는 틀리고, "추월이 끝나면 주행차로로 복귀한다"가 옳은 문항이다. 이 외에 ㉠ 적절한 휴식 : 장시간 계속 운행 금지, 2시간에 1회는 휴식, 2시간 이상, 200km 이상 운전을 자제 및 15분 휴식, 4시간 이상 운전 시 30분 간 휴식한다. ㉡ 전 좌석 안전띠 착용을 한다. 가 있다.

160 고속도로 교통사고 2차 사고 예방 안전행동요령이다. 옳지 않은 것은?

① 신속히 비상등을 켜고 다른 차의 소통에 방해가 되지 않도록 갓길로 차량만을 이동시킨다.(트렁크를 열어 위험을 알리는 것도 좋음)
② 후방에서 접근하는 차량의 운전자가 쉽게 확인할 수 있도록 고장 자동차의 표지(안전 삼각대)를 한다.
③ 야간에는 적색 섬광신호·전기제등 또는 불꽃신호를 추가로 설치한다.(시인성 안전조끼 착용 권장)
④ 운전자와 탑승자가 차량 내 또는 주변에 있는 것은 매우 위험하므로 가드레일(방호 벽) 밖 안전한 장소로 대피시킨다.

○해설 ①의 문항 중 "차량만을 이동시킨다"는 틀리고, "차량 이동이 어려운 경우 탑승자들은 안전조치 후 신속하고 안전하게 가드레일 바깥 등의 안전한 장소로 대피시킨다"가 옳은 문항이다.

161 교통사고 현장에서 부상자 구호에 대한 설명이다. 잘못된 것은?

① 사고현장에서 의사, 구급차 등이 도착할 때까지 부상자에게는 가제나 깨끗한 손수건으로 지혈하는 등 응급조치를 한다.
② 함부로 부상자를 움직여서는 안 되며, 특히 두부에 상처를 입었을 때는 움직이지 말아야 한다.(단 2차 사고의 우려가 있을 경우에는 안전한 장소로 이동시킨다)
③ 사고를 낸 운전자는 사고 발생 장소, 사상자 수, 부상 정도, 그 밖의 조치상황을 경찰공무원이 현장에 있을 때는 경찰공무원에게, 경찰공무원이 현장에 없을 때에는 가장 가까운 경찰관서에 신고하여야 한다.
④ 사고 발생 신고 후 사고 차량의 운전자는 경찰공무원이 말하는 부상자 구호와 교통안전상 필요한 사항을 지킬 의무는 없다.

○해설 ④의 문항 끝에 "필요한 사항을 지킬 의무는 없다"는 틀리며, "필요한 사항을 지켜야 한다"가 옳은 문항이다.

162 고속도로 2504 긴급견인 무료 서비스(1588-2504) 대상 차에 대한 설명이다. 대상차량이 아닌 차는?

① 승용자동차   ② 16인 이하 승합자동차
③ 1.4톤 이하 화물자동차 ④ 16인 이상 승합자동차

○해설 ④의 "16인 이상 승합자동차"는 무료견인 서비스 대상 자동차에 해당되지 않는다.

163 야간 운전의 위험성으로 옳지 않은 것은?

① 야간에는 시야가 제한됨에 따라 노면과 앞차의 후미등 전방만을 보게 되므로 가시거리가 100m 이내인 경우에는 최고 속도를 20% 정도 감속하여 운행한다.
② 술 취한 사람이 갑자기 도로에 뛰어들거나 도로에 누워있는 경우가 발생하므로 주의해야 한다.
③ 밤에는 낮보다 장애물이 잘 보이지 않거나, 발견이 늦어 조치시간이 지연될 수 있다.
④ 원근감과 속도감이 저하되어 과속으로 운행하는 경향이 발생할 수 있다.

○해설 ①의 문항 중 "최고 속도를 20% 정도 감속하여 운행한다"는 틀리고, "최고속도를 50% 정도 감속운행한다"가 맞는 문항이다. 이 외에 ㉠ 커브길이나 길모퉁이에서는 전조등 불빛이 회전하는 방향을 제대로 비추지 못하는 경향이 있으므로 속도를 줄여 주행한다. ㉡ 야간에는 운전자의 좁은 시야로 인해 안구 동작이 활발하지 못해 자극에 대한 반응이 둔해지고, 그로 인해 졸음 운전을 하게 되므로 더욱 주의가 필요하다.

164 야간 운행 중 마주 오는 대향차의 전조등 불빛으로 인해 도로 보행자의 모습을 볼 수 없게 되는 현상으로 옳은 것은?

① 착시 현상   ② 현혹 현상
③ 증발 현상   ④ 광막 현상

○해설 ③의 증발 현상이다.

165 야간 운행 중 마주 오는 대향차의 전조등 불빛으로 인해 운전자의 눈 기능이 순간적으로 저하되는 현상으로 옳은 것은?

① 광막 현상   ② 현혹 현상
③ 착시 현상   ④ 수막 현상

○해설 ②의 현혹 현상이다.

166 야간 운전 시 안전 운전 방법으로 옳지 않은 것은?

① 대향차의 전조등을 직접 바라보지 않는다.
② 전조등 불빛의 방향을 정면으로 향하여 자신의 위치를 알린다.
③ 주간 속도보다 20% 속도를 줄여 운행한다.
④ 보행자 확인에 더욱 세심한 주의를 기울인다.

○해설 ②의 전조등 불빛의 방향을 아래로 향해야 한다. 외에 전조등이 비추는 범위의 앞쪽까지 살핀다.

167 야간에는 주간에 비해 시야가 전조등의 범위로 한정되는 경향이 있다. 그러므로 주간보다 야간에는 속도를 감속해야 하는데 그 속도로 옳은 것은?

① 주간 속도보다 약 50% 감속
② 주간 속도보다 약 40% 감속
③ 주간 속도보다 약 30% 감속
④ 주간 속도보다 약 20% 감속

○해설 ④의 문항이 맞다

168 야간 운전 시 안전운전의 요령으로 옳지 않은 것은?

① 선글라스를 착용하여 대향차의 전조등에 대비한다.
② 대향차의 전조등을 직접 바라보지 않는다.
③ 해가 지기 시작하면 곧바로 전조등을 켜 다른 운전자들에게 자신을 알린다.
④ 커브길에서는 상향등과 하향등을 적절히 사용하여 자신이 접근하고 있음을 알린다.

○해설 ①의 선글라스를 착용하고 운전하지 않는다. 외에 ㉠ 전조등 불빛의 방향을 아래로 향하게 한다. ㉡ 장거리를 운행할 때에는 운행계획에 휴식시간을 포함시켜 세운다. ㉢ 불가피한 경우가 아니면 도로 위에 주·정차하지 않는다. ㉣ 앞차의 미등만 보고 주행하지 않는다.

169 야간에 보행자가 사고 방지를 위해 입으면 좋은 옷 색깔로 가장 적절한 것은?

① 흑색　　　　② 적색
③ 회색　　　　④ 백색

해설 ②의 야간에 식별하기 용이한 색은 적색, 백색 순이며 흑색이 가장 어려운 색이다.

170 안개길 안전운전 시 주의 사항으로 옳지 않은 것은?

① 전조등, 안개등 및 비상점멸표시등을 켜고 운행한다.
② 앞을 분간하지 못할 정도의 짙은 안개로 운행이 어려울 시 차를 안전한 곳에 세우고 잠시 기다린다.
③ 안개가 짙으면 앞차가 보이지 않으므로 최대한 붙어서 간다.
④ 가시거리가 100m이내인 경우에는 최고속도를 50% 정도 감속하여 운행한다.

해설 ③의 문항은 "앞차와의 차간거리를 충분히 확보하고, 앞차의 제동이나 방향지시등의 신호를 예의주시하여 운행한다"가 맞다. ②의 경우, 이 때에는 미등, 비상점멸표시등(비상등)을 켜서 지나가는 차에게 내 차량의 위치를 알리고 충돌 등이 발생하지 않도록 조치한다.

171 빗길 안전운전 시 안전운전 방법으로 옳지 않은 것은?

① 폭우로 가시거리가 100m 이내인 경우에는 최고 속도의 30%를 줄인 속도로 운행한다.
② 보행자 옆을 통과할 때에는 속도를 줄여 흙탕물이 튀지 않도록 주의한다.
③ 비가 내려 노면이 젖어있는 경우에는 최고 속도의 20%를 줄인 속도로 운행한다.
④ 물이 고인 길을 통과할 때에는 속도를 줄여 저속으로 통과한다.

해설 ①의 문항 중 "최고 속도의 30%를 줄인 속도로"는 틀리고, "최고 속도의 50%를 줄인 속도로"가 옳은 문항이다. 이 외에 ⊙ 공사 현장의 철판 등을 통과하여야 하며, 급브레이크를 밟지 않는다. ⓒ 급출발, 급핸들, 급브레이크 조작은 미끄러짐이나 전복사고의 원인이 되므로 엔진브레이크를 적절히 사용하고, 브레이크를 밟을 때에는 페달을 여러 번 나누어 밟는다. 가 있다.

172 경제운전의 개념과 효과(에코드라이빙)에 대한 설명이다. 맞지 아니한 것은?

① 경제운전은 연료 소모율을 낮추고, 공해 배출을 최소화한다.
② 도로환경변화에 즉시 대처할 수 있는 급가속, 급제동, 급감속 등 위험운전을 하지 않음으로 안전 운전의 효과를 가져오고자 하는 운전방식이다.
③ 버스 업체에서는 에코드라이빙 기법의 적용 방법을 운전기사들에게 교육시킴으로써 연료 절감 효과를 얻을 수 있는 것으로 나타났다.
④ 교육 내용을 다소 일반적이지만 제동을 적게 하기, 공회전 줄이기 등 몇 가지만 지켜도 매년 20% 이상의 연료절감효과를 얻을 수 있는 것으로 나타났다.

해설 ④의 문항 중 "매년 20% 이상의"는 틀리고, "매년 18% 이상의"가 옳은 문항이다.

173 경제운전의 기본적인 방법에 대한 설명이다. 다른 것은?

① 급가속(가속 페달은 부드럽게)을 피한다.
② 급제동을 피하고, 급한 운전은 피한다.
③ 불필요한 공회전을 피하고, 일정한 차량속도(정속주행)를 유지한다.
④ 공해배출 등 환경문제의 감소효과가 있다.

해설 ④의 문항은 "경제운전의 효과"의 하나로 다른 것이다.

174 경제운전의 효과에 대한 설명이다. 다른 것은?

① 연비의 고효율(경제운전)이 발생한다.
② 차량 구조장치 내구성 증가(차량관리비, 고장수리비, 타이어 교체비 등의 감소)
③ 운전자 및 승객의 스트레스 증가
④ 고장수리 작업 및 유지관리 작업 등의 시간 손실 감소 효과

해설 ③의 문항 중 "스트레스 증가"는 틀리고, "스트레스 감소 효과"가 옳은 문항이다. 외에 ⊙ 공해 배출 등 환경 문제의 감소 효과 ⓒ 방어운전 효과 가 있다.

175 경제운전의 용어 중 연료가 차단된다는 의미로, 관성을 이용한 운전에 속하는 용어는 무엇인가?

① 토-인　　　　② 슬로우-인, 패스트-아웃
③ 퓨얼-컷　　　④ 아웃-인-아웃

해설 ③의 퓨얼-컷(Fuel-cut)이란 운전자가 주행하다가 가속페달을 밟고 있던 발을 떼었을 때, 자동차의 모든 제어 및 명령을 담당하는 컴퓨터인 ECU가 가속페달의 신호에 따라 스스로 연료를 차단시키는 작업을 말한다. 자동차가 달리고 있던 관성(가속력)에 의해 축적된 운동에너지의 힘으로 계속 달려가게 되는 경제 운전 방법 중 하나이다. ①의 앞바퀴를 위에서 내려다봤을 때 양쪽 바퀴의 중심선 사이 거리가 뒤쪽보다 앞쪽이 약간 작게 돼 있는 것을 지칭하는 용어이다. ②, ④는 커브길 주행 시 사용되는 운전방법을 지칭하는 용어이다.

176 경제운전에 영향을 미치는 요인에 대한 설명이다. 옳지 않은 것은?

① 도심 교통상황에 따른 요인　② 운전자의 감정
③ 도로 조건　　　　　　　　　④ 기상 조건

해설 ②의 "운전자의 감정"은 안전운전에 관련된 사항이며, ①은 도심은 고밀도 인구에 도로가 복잡하고 교통체증도 심각한 환경이다. 그래서 운전자들이 바쁘고 가·감속 및 잦은 브레이크에 자동차 연비도 증가한다. ③은 도로의 젖은 노면은 구름 저항을 증가시키며, 경사도는 구배 저항에 영향을 미침으로서 연료소모를 증가시킨다. ④는 맞바람은 공기저항을 증가시키며,연료소모율을 높인다.

177 도로조건이 경제운전에 미치는 영향이다. 틀린 것은?

① 도로의 젖은 노면은 구름 저항을 증가시킨다.
② 경사도는 구배저항에 영향을 미쳐 연료소모를 증가시킨다.
③ 맞바람은 공기저항을 증가시켜 연료 소모율을 높인다.
④ 고속도로나 시내의 외곽도로 전용도로 등에서 시속 100km라면 그 속도를 유지하면서 가장 하향으로 안정된 엔진 RPM을 유지하는 것이 연비 좋은 정속주행이다.

해설 ③의 문항은 기상조건의 영향에 해당되어 틀린다.

178 경제운전 실천요령에 대한 설명이다. 틀린 것은?

① 시동 직후 급가속이나 급출발(급제동)을 삼가고, 교차로 선행 신호등 주지.
② 경제속도로 정속주행하며, 적절한 시기에 변속한다.
③ 올바른 운전습관을 가져야 하고, 정기적으로 엔진을 점검하며, 타이어 공기압을 적절히 유지한다.
④ 시동을 걸 때나 시동 직후에 습관적으로 가속페달을 밟는 것은 잘못된 습관이 아니다.

해설 ④의 문항 끝에 "잘못된 습관이 아니다"는 틀리고, "잘못된 습관이다"가 옳은 문항이다. 외에 ⊙ 시동을 걸 때 클러치를 밟지 않는다. ⓒ 경제적인 주행코스(네비게이션)정보를 선택한다.

정답 169 ②　170 ③　171 ①　172 ④　173 ④　174 ③　175 ③　176 ②　177 ③　178 ④

179 경제운전에서는 가·감속이 없는 정속주행을 해야 한다. 이러한 속도의 명칭은 무엇인가?

① 최고 속도 ② 일정 속도
③ 최저 속도 ④ 제한 속도

해설 ② "일정 속도"이며, 경제속도는 80km이다.

180 주행방법에 따른 경제운전에 대한 설명이다. 틀린 것은?

① 속도 ; 가능한 한 일정속도로 주행하는 것이 매우 중요하다.
② 기어변속 : 기어변속은 엔진회전속도가 2500~3000 RPM 상태에서 고단 기어 변속이 바람직하다.
③ 제동과 관성 주행 : 교차로에 접근하는가 할 때 가속페달에서 발을 떼고 관성으로 차를 움직이게 할 수 있을 때에는 제동을 피하는 것이 좋다.
④ 교통류에의 합류와 분류 : 차가 지선에서 차량속도가 높은 본선으로 합류할 때는 강한 가속이 필수적이다. 이 경우는 경제운전보다 안전이 더 중요하기 때문이다.

해설 ②의 문항에서 "2500~3000 RPM"은 틀리고, "2000~3000 RPM"이 옳은 문항이며, 외에 ㉠ 위험예측운전(자신의 운전 행동을 도로 및 교통조건에 맞추어 나가는 것)과 경제운전과 방어운전(다른 도로 이용자의 행동과 도로, 교통조건 등에 예측, 판단해서 그 조건에 맞는 운전을 실행하는 것으로, 사고를 회피하는 뿐 아니라 연료소비 감소까지 가져오는 효과가 있기 때문에 본질적으로는 방어운전이지만 경제운전이 될 수도 있다.)

181 출발하고자 할 때의 기본 운행 수칙이다. 맞는 것은?

① 매일 운행을 시작할 때에는 후사경이 제대로 조정되어 있는지 확인한다.
② 주차브레이크가 채워진 상태에서 출발한다.
③ 운행을 시작하기 전에 제동등이 점등되는지 확인한다.
④ 출발 후 진로변경이 끝난 후에도 신호를 계속 하고 있지 않는다.

해설 ②의 문항 중에 "출발한다"는 틀리고, "출발하지 않는다"가 옳은 문항이며, 외에 ㉠ 운전석은 운전자의 체형에 맞게 조절하여 운전자세가 자연스럽도록 한다. ㉡ 주차 상태에서 출발할 때에는 차량의 사각지점을 고려하여 버스의 전·후, 좌·우의 안전을 직접 확인한다. ㉢ 출발 후 진로변경이 끝나기 전에 신호를 중지하지 않는다. 등이 있다.

182 정지할 때의 기본 운행 수칙으로 맞지 아니한 것은?

① 정지를 위한 감속 시, 엔진브레이크와 고단 기어를 활용한다.
② 정지를 할 때에는 미리 감속하여 급정지로 인한 타이어의 흔적이 발생하지 않도록 한다.
③ 정지할 때까지 여유가 있는 경우에는 브레이크 페달을 가볍게 2~3회 나누어 밟는 '단속조작'을 통해 정지한다.
④ 미끄러운 노면에서는 제동으로 인해 차량이 회전하지 않도록 주의한다.

해설 ①의 문항 중 "엔진브레이크와 고단 기어를 활용한다"는 맞지 않으며, "엔진브레이크와 저단 기어를 활용한다"가 옳은 문항이다.

183 주차할 때의 기본 운행 수칙으로 맞지 아니한 것은?

① 주차가 허용된 지역이나 갓길에 주차한다.
② 주행차로로 주차된 차량의 일부분이 돌출되지 않도록 주의한다.
③ 경사가 있는 도로에 주차할 때에는 밀리는 현상을 방지하기 위해 바퀴에 고임목 등을 설치하여 안전 여부를 확인한다.
④ 도로에서 차가 고장이 일어난 경우에는 안전한 장소로 이동한 후 고장자동차의 표지(비상삼각대)를 설치한다.

해설 ①의 맞는 문항은 "주차가 허용된 지역이나 안전한 지역에 주차한다. 갓길 주차는 매우 위험하므로 피한다"가 옳은 문항이다.

184 주행하고 있을 때 기본운행 수칙으로 옳지 않은 것은?

① 교통량이 많은 곳에서는 급제동 또는 후미추돌 등을 방지하기 위해 감속하여 주행한다.
② 앞뒤로 간격을 유지하되, 좌·우측 차량과는 밀접한 거리를 유지한다.
③ 노면상태가 불량한 도로에서는 감속하여 주행한다.
④ 전방의 시야가 충분히 확보되지 않는 기상상태나 도로조건 등에서는 감속하여 주행한다.

해설 ②의 문항 중 "좌·우측 차량과는 밀접한 거리를 유지한다"는 틀리고, "좌·우측 차량과는 일정 거리를 유지한다"가 옳은 문항이다. 외에 ㉠ 주택가나 이면도로 등은 돌발상황에 대비하여 과속이나 난폭운전을 하지 않는다. ㉡ 주행하는 차들과 제한속도를 넘지 않는 범위 내에서 속도를 맞추어 주행한다.

185 기본운행 수칙으로 "주행하고 있을 때"의 방법이 아닌 것은?

① 핸들을 조작할 때마다 상체가 한쪽으로 쏠리지 않도록 왼발은 발판에 놓아 상체 이동을 최소화시킨다.
② 신호대기 등으로 잠시 정지하고 있을 때에는 주차 브레이크를 당기거나, 브레이크 페달을 밟아 차량이 미끄러지지 않도록 한다.
③ 통행우선권이 없는 다른 차가 진입할 때에도 양보한다.
④ 급격한 핸들조작으로 타이어가 옆으로 밀리는 경우, 핸들복원이 늦어 차로를 이탈하는 경우 운전조작 실수로 차체가 균형을 잃는 경우 등이 발생하지 않도록 한다.

해설 ③의 문항은 틀리고 "통행우선권이 있는 다른 차가 진입할 때에는 양보한다"가 옳은 문항이다. 외에 ㉠ 직진도로를 통행하거나 구부러진 도로를 돌 때 다른 차로를 침범하거나, 2개 차로에 걸쳐 주행하지 않는다. ㉡ 주행하는 차들과 제한 속도를 넘지 않는 범위 내에서 속도를 맞추어 주행한다.

186 앞 차를 뒤따라가고 있을 때 다른 차량과의 차간거리 유지의 방법이다. 틀린 것은?

① 앞차가 급제동할 때 앞차를 추돌하지 않도록 안전거리를 유지한다.
② 적재 상태가 불량하거나 적재물이 떨어질 위험이 있는 자동차에 근접하여 주행하지 않는다.
③ 앞 차량에 근접하여 주행하지 않으며 앞 차량이 급제동할 경우 안전거리 미확보로인해 앞차의 후미를 추돌하게 된다.
④ 다른 차량이 차로를 변경하는 경우에는 양보하여 안전하게 진입할 수 있도록 한다.

해설 ①의 문항 중 "앞차를 추돌하지 않도록"은 틀리고 "후미를 추돌하지 않도록"이 맞는 문항이다. 외에 ㉠ 좌·우측 차량과 일정거리를 유지한다. 가 있다.

187 기본운행 수칙에서 진로변경 및 주행차로를 선택할 때 방법에 대한 설명이다. 옳지 않는 것은?

① 도로별 차로에 따른 통행차의 기준을 준수하여 주행차로를 선택한다.
② 일반도로에서 차로를 변경하는 경우에는 그 행위를 하려는 지점에 도착하기 전 30m(고속도로에서는 100m) 이상의 지점에 이르렀을 때 방향지시등을 작동시킨다.
③ 터널 안, 교차로 직전 정지선, 가파른 비탈길 등 백색 점선이 설치된 곳에서는 진로를 변경하지 않는다.
④ 다른 차량 등에 대한 배려나 양보 없이 본인 위주의 진로변경을 하지 않는다.

●해설 ③의 문항 중 "백색 점선이"는 틀리고, "백색 실선이" 옳은 문항이다. 외에 ㉠ 급차로를 변경하지 않는다. ㉡ 도로 노면에 표시된 백색 점선에서 진로를 변경한다. ㉢ 진로를 변경할 때까지 신호를 계속 유지하고, 진로변경이 끝난 후에는 신호를 중지한다.

188 기본운행 수칙에서 진로변경 위반에 해당되는 사항이다. 아닌 것은?

① 한 개 차로씩 단계적으로 진로변경 하는 경우
② 두 개의 차로에 걸쳐 운행하는 경우
③ 한 차로로 운행하지 않고 두 개 이상의 차로를 지그재그로 운행하는 경우
④ 갑자기 차로를 바꾸어 옆 차로로 끼어드는 행위

●해설 ①의 문항이 정상적인 진로변경 방법이다. 외에 ㉠ 여러 차로를 연속적으로 가로지르는 행위. ㉡ 진로변경이 금지된 곳에서 진로를 변경하는 행위. 가 있다.

189 편도 1차로 도로 등에서 앞지르기하고자 할 때의 방법에 대한 설명이다. 틀린 것은?

① 앞지르기 할 때에는 언제나 방향지시등을 작동시킨다.
② 앞 차량의 우측 차로를 통해 앞지르기를 한다.
③ 앞 차의 좌측에 다른 차가 나란히 가고 있을 경우에는 앞지르기를 시도하지 않는다.
④ 앞 차가 다른 자동차를 앞지르고자 할 때에는 앞지르기를 시도하지 않는다.

●해설 ②의 문항 중 "우측 차로를 통해"는 틀리고, "좌측 차로를 통해"가 옳은 문항이다. 외에 ㉠ 앞지르기가 허용된 구간에서만 시행한다. ㉡ 앞지르기를 할 때에는 반드시 반대방향 차량, 추월차로에 있는 차량, 뒤쪽 및 앞 차량과의 안전여부를 확인한 후 시행한다. ㉢ 앞지르기한 후 차로로 진입할 때에는 뒤차와의 안전을 고려하여 진입한다. ㉣ 제한속도를 넘지 않는 범위 내에서 시행한다. 가 있다.

190 교차로 통행(좌·우로 회전) 기본운행 수칙으로 옳지 않은 것은?

① 회전이 허용된 차로에서만 회전하고, 회전하고자 하는 지점에 이르기 전 30m(고속도로에서는 100m) 이상의 지점에 이르렀을 때 방향지시등을 작동시킨다.
② 좌회전 차로가 2개 설치된 교차로에서 좌회전할 때에는 1차로(중·소형 승합자동차), 2차로(대형 승합자동차) 통행기준을 준수한다.
③ 대향차가 교차를 통과하고 있을 때에는 완전히 통과시킨 후 좌회전한다.
④ 우회전할 때에는 외륜차 현상으로 인해 보도를 침범하지 않도록 주의한다.

●해설 ④의 문항 중 "외륜차 현상"은 틀리고, "내륜차 현상"이 옳은 문항이다. 외에 ㉠ 우회전하기 직전에는 직접 눈으로 또는 후사경으로 오른쪽 옆의 안전을 확인하여 충돌이 발생하지 않도록 주의한다. ㉡ 회전할 때에는 원심력이 발생하여 차량이 이탈하지 않도록 감속하여 진입한다. ㉢ 진행방향과 다른 방향의 지시등을 작동시키지 않는다. ㉣ 정당한 사유 없이 반복적이거나 연속적으로 경음기를 울리지 않는다. 가 있다.

191 1년 4계적의 특성에 대한 설명이다. 봄의 계절 특성은?

① 날씨가 온화해짐에 따라 사람들의 활동이 활발해지는 계절이다.
② 저녁 늦게까지 무더운 현상이 지속되는 열대야현상이 나타나기도 한다.
③ 맑은 날씨가 계속되고 기온도 적당하여 행락객 등에 의한 교통수요와 명절 귀성객에 의한 통행량이 많이 늘어난다.
④ 교통의 3대 요소인 사람, 자동차, 도로환경 등 모든 조건이 다른 계절에 비하여 열악한 계절이다.

●해설 ①은 봄철, ②는 여름철, ③은 가을철, ④는 겨울철 특성에 해당된다.

192 봄철 기상 특성에 대한 설명이다. 틀린 것은?

① 발달된 양쯔 강 기단이 동서방향으로 위치하여 이동성 고기압으로 한반도를 통과하면 장기간 맑은 날씨가 지속된다.
② 봄 가뭄이 발생하지 않는다.
③ 시베리아 기단이 한반도에 겨울철 기압 배치를 이루면 꽃샘추위가 발생한다.
④ 낮과 밤의 일교차가 커지는 일기 변화로 인해 환절기 환자가 급증하는 시기로 건강에 유의해야 한다.

●해설 ②의 문항은 틀리고 "봄 가뭄이 발생한다."가 맞는 문항이다.

193 봄철 교통사고의 위험요인이다. 다른 것은?

① 도로조건 : 날씨가 풀리면서 겨우내 얼어 있던 땅이 녹아 지반 붕괴로 인한 도로의 균열이나 낙석위험이 크다.
② 운전자 : 기온이 상승하고, 긴장이 풀리고 몸도 나른해짐으로써 춘곤증에 의한 전방 주시태만 및 졸음 운전은 사고로 이어질 수 있다.
③ 보행자 : 교통상황에 대한 판단능력이 떨어지는 어린이와 신체능력이 약화된 노약자들의 보행이나 교통수단이용이 증가한다.
④ 계절특성 : 날씨가 온화해짐에 따라 사람들의 활동이 활발해지는 계절이다.

●해설 ④의 문항은 봄철의 계절 특성에 해당되어 위험요인이 아니다.

194 봄철 차량 안전운행 및 교통사고 예방방법으로 맞지 않는 것은?

① 교통 환경 변화 : 춘곤증이 발생하는 봄철 안전운전을 위해서 과로한 운전을 하지 않도록 건강관리에 유의한다.
② 주변 환경 변화 : 포근하고 화창한 기후조건은 보행자나 운전자의 집중력을 향상시킨다.
③ 주변 환경에 대한 대응 : 충분한 휴식을 통해 과로하지 않도록 주의하며, 운행 시에 주변 환경 변화를 인지하여 위험이 발생하지 않도록 방어운전을 한다.
④ 춘곤증 : 춘곤증이 의심되는 현상은 나른한 피로감, 졸음, 집중력 저하, 권태감, 식욕 부진, 소화불량, 현기증, 손·발의 저림, 두통, 눈의 피로, 불면증 등이 있다.

●해설 ②의 문항 중 "집중력을 향상시킨다"는 틀리며, "집중력을 떨어뜨린다"가 옳은 문항이다. 외에 ㉠ 포장도로 곳곳에 파인 노면은 차량 주행 시 사고를 유발시킬 수 있으므로 운전자는 운행하는 도로 정보를 사전에 파악하도록 노력한다. ㉡ 본격적인 행락철을 맞이하여 교통수요가 많아지고 통행량이 증가한다.

195 봄철 자동차관리 방법으로 옳지 않은 것은?

① 세차(염화칼슘 제거, 찌든 먼지와 이물질 제거 등)
② 월동장비 관리(스노타이어 체인 등의 물기 제거)
③ 배터리(증류수 보충과 본체 청소 등) 및 엔진오일 상태 점검
④ 냉각장치 점검(냉각수 양, 누수, 팬벨트 장력 적정 여부)

●해설 ④의 "냉각장치 점검"은 여름철 자동차 관리요령이다.

196 여름철 계절 및 기상특성에 대한 설명이다. 틀린 것은?

① 6월 말부터 7월 중순까지 장마전선의 북상으로 비가 많이 내리고 장마 이후에는 무더운 날씨가 지속된다.
② 아침부터 저녁 늦게까지 무더운 현상이 지속되는 열대야 현상이 나타나기도 한다.
③ 한대전선대가 한반도에 위치할 경우 많은 강수가 연속적으로 내리는 장마가 발생한다.
④ 연안이나 해상에서 주로 이류안개가 빈번히 발생하고, 저위도에서 형성된 열대저기압이 태풍으로 발달하여 한반도까지 접근한다.

⊙해설 ②의 문항 중 "아침부터"는 해당 없는 문항이다.

197 여름철 교통사고의 위험요소이다. 다른 것은?

① 도로조건 : 갑작스런 악천후 및 무더위 등으로 운전자의 시각적 변화와 긴장·흥분·피로감이 복합적 요인으로 작용하여 교통사고를 일으킬 수 있으므로 기상 변화에 잘 대비하여야 한다.
② 운전자 : 대기의 온도와 습도의 상승으로 불쾌지수가 높아져 적절히 대응하지 못하면 주행 중에 변화하는 교통 상황의 인지가 늦어지고, 판단이 부정확해질 수 있다.
③ 보행자 : 불쾌지수가 높아지면 위험한 상황에 대한 인식이 둔해지고, 교통법규를 무시하려는 경향이 강하게 나타날 수 있다.
④ 기상특성 : 한반도는 북서풍이 탁월하고 강하여, 습도가 낮고 공기가 매우 건조하다.

⊙해설 ④의 문항은 겨울철의 기상 특성에 해당되어 위험요인이 아니라 기상특성에 해당된다.

198 여름철 불쾌지수가 높으면 나타날 수 있는 현상이다. 틀린 것은?

① 차량조작이 민첩하지 못하고, 난폭운전을 하기 쉽다.
② 사소한 일에도 언성을 높이고, 잘못을 전가하려는 신경질적인 반응을 보이기 쉽다.
③ 불필요한 경음기 사용, 감정에 치우친 운전으로 사고 위험이 증가한다.
④ 스트레스가 가중되어 운전이 손에 잡히고, 두통, 소화불량 등 신체 이상이 나타날 수 있다.

⊙해설 ④의 문항 중 "운전이 손에 잡히고"는 틀리고, "운전이 손에 잡히지 않고"가 옳은 문항이다.

199 여름철 차량 안전운행 및 교통사고 예방방법으로 맞지 않는 것은?

① 뜨거운 태양 아래 장시간 주차하는 경우 : 기온이 상승하면 차량의 실내온도는 뜨거운 양철 지붕 속과 같이 뜨거우므로 출발하기 전에 창문을 열어 실내의 더운 공기를 환기시킨 다음 운행하는 것이 좋다.
② 주행 중에 갑자기 시동이 꺼졌을 경우 : 기온이 높은 날에 연료계통(파이프 내)에 엔진의 고온으로 끌어서 증기가 발생해 파이프 내에 기포가 발생하여 연료공급이 단절되면 운행 도중 엔진이 저절로 꺼지는 현상이 발생할 수 있다.
③ 이 때에는 자동차를 길 가장자리 통풍이 잘 되는 그늘진 곳으로 옮긴 다음 열을 식힌 후 재 시동을 건다.
④ 비가 내리고 있을 때 주행하는 경우 : 건조한 도로에 비해 노면과의 마찰력이 떨어져 미끄럼에 의한 사고가 발생할 수 있으므로 신속히 가속을 하여 피한다.

⊙해설 ④의 문항 끝에 "신속히 가속을 하여 피한다"는 틀리고, "충분한 감속 운행을 한다"가 맞는 문항이다.

200 여름철 자동차관리 방법으로 옳지 않은 것은?

① 냉각 장치 점검 : 냉각수의 양과 누수 및 팬벨트 장력 적정.
② 와이퍼의 작동상태 점검 : 정상적으로 작동되는지, 유리면과 접촉하는 와이퍼 블레이드가 닳지 않았는지, 노즐의 분출구가 막히지 않았는지, 노즐의 분사 각도는 양호한 지 그리고 워셔액은 충분한지 등을 점검한다.
③ 에어컨 관리 : 차가운 바람이 적게 나오거나 나오지 않을 때에는 엔진룸 내의 팬모터가 작동되는 지 확인 한다.
④ 타이어 마모상태 점검 : 홈 깊이가 1.7mm 이상 되는지 확인.

⊙해설 ④의 문항 중 "홈 깊이가 1.7mm 이상"은 틀리고 "홈 깊이가 1.6mm 이상"이 맞는 문항이다. 외에 ㉠ 브레이크 패드와 라이닝, 브레이크 액 등을 점검, ㉡ 전기 배선의 피복이 벗겨져 있는 지 점검을 한다.

201 가을철 계절 및 기상 특성에 대한 설명이다. 틀린 것은?

① 천고마비의 계절인 가을은 아침저녁으로 신선한 바람이 불어 즐거운 느낌을 주기도 하지만, 심한 일교차로 건강을 해칠 수도 있다.
② 맑은 날씨가 계속되고 기온도 적당하여 행락객 등에 의한 교통수와 명절 귀성객에 의한 통행량이 많이 발생한다.
③ 큰 일교차로 지표면에 접한 공기가 냉각되어 육지의 새벽이나 늦은 밤에 안개(복사안개)가 발생하여 아침에 해가 뜨면 사라진다.
④ 습윤한 공기는 해안으로 이동하여 야간에 냉각되면서 생기는 이류안개가 빈번히 형성되며 특히 하천이나 강을 끼고 있는 곳에서는 짙은 안개가 자주 발생한다.

⊙해설 ④의 문항 중 "해안으로 이동하여"는 틀리고, "육지로 이동하여"가 옳은 문항이다.

202 가을철 교통사고의 위험요인이다. 다른 것은?

① 도로조건 : 추석 귀성객 등으로 교통량이 증가하지만 다른 계절에 비해 도로조건은 비교적 양호한 편이다.
② 운전자 : 추수철 국도 주변에는 저속으로 운행하는 경운기·트랙터 등의 통행이 늘고, 단풍 등 주변 환경에 관심을 가지게 되면 집중력이 떨어져 교통사고 발생 가능성이 존재한다.
③ 보행자 : 맑은 날씨, 곱게 물든 단풍, 풍성한 수확 등 계절적 요인으로 인해 교통신호 등에 대한 주의집중력이 분산될 수 있다.
④ 보행자 : 날씨가 추워지면 안전한 보행을 위해 보행자가 확인하고 통행하여야 할 사항을 소홀히 하거나 생략하여 사고에 직면하기 쉽다.

⊙해설 ④의 보행자는 "겨울철 교통사고 위험요인"에 해당되어 다른 문항이다.

정답 196 ② 197 ④ 198 ④ 199 ④ 200 ④ 201 ④ 202 ④

203 가을철 안전운행 및 교통사고 예방으로 옳지 않은 것은?

① 이상기후 대처 : 안개 속을 주행할 때 갑자기 감속하면 뒤차에 의한 추돌이 우려되므로 안개지역을 통과할 때에는 처음부터 감속운행을 한다.
② 보행자에 주의하여 운행 : 보행자의 통행이 많은 곳을 운행할 때에는 보행자의 움직임에 주의한다.
③ 행락철 주의 : 계절 특성으로 각급 학교의 소풍, 회사나 가족단위의 단풍놀이 등 단체 여행의 증가로 주차장 등이 혼잡하고, 운전자의 기분이 좋아지므로 주의해야 한다.
④ 농기계 주의 : 추수기를 맞아 농기계(경운기 포함)의 빈번한 도로 운행은 교통사고의 원인이 되고, 경운기는 고령의 운전자가 다수이므로 주의하여야 한다.

해설 ③의 문항 중 "운전자의 기분이 좋아지므로"는 틀리고, "운전자의 주의력이 산만해질 수 있으므로"가 옳은 문항이다.

204 가을철 자동차 관리에 대한 설명이다. 틀린 것은?

① 세차 및 곰팡이 제거 : 바닷가 등을 운행한 차량은 바닷가의 염분이 차체를 부식시키므로 깨끗이 씻어내야 한다.
② 히터 및 서리제거 장치점검 : 여름 내 사용하지 않았던 히터는 작동시켜 정상적으로 작동되는지 확인한다.
③ 장거리 운행 전 점검 : 타이어 공기압은 적절한지, 냉각수, 브레이크액의 양, 엔진오일의 양 및 상태 등을 점검하고, 팬벨트의 장력은 적정한 지 점검을 한다.
④ 각종 램프의 작동여부 : 전조등 및 방향지시등을 점검하고, 운행 중에 발생하는 고장이나 점검에 필요한 휴대용 작업 등 예비부품 등은 준비하지 않아도 무방하다.

해설 ④의 문항 중에 "준비하지 않아도 무방하다"는 틀리며, "준비하여야 한다"가 맞는 문항이다.

205 겨울철 계절 및 기상 특성에 대한 설명이다. 틀린 것은?

① 차가운 대륙성 고기압의 영향으로 북서 계절풍이 불어 날씨는 춥고, 눈이 많이 내리고, 교통의 3대 요소인 사람, 자동차, 도로환경 등 모든 조건이 다른 계절에 비해 열악한 계절이다.
② 한반도는 북서풍이 탁월하고 강하여, 온도가 낮고 공기가 매우 건조하다.
③ 겨울철 안개는 서해안에 가까운 내륙지역과 찬 공기가 쌓이는 분지지역에서 주로 발생하며, 빈도는 적으나 지속시간이 긴 편이다.
④ 기온이 급강하고 한파를 동반한 눈이 자주 내리며, 눈길, 빙판길, 바람과 추위는 운전에 악영향을 미치는 기상특성을 보인다.

해설 ②의 문항 중 "온도가 낮고"는 틀리고, "습도는 낮고"가 옳은 문항이다.

206 겨울철 교통사고의 위험요인에 대한 설명이다. 맞지 않는 것은?

① 도로조건 : 내린 눈이 잘 녹지 않고 쌓이며, 적은 양의 눈이 내려도 바로 빙판길이 될 수 있기 때문에 자동차간의 충돌·추돌 또는 도로이탈 등의 사고가 발생할 수 있다.
② 도로조건 : 햇볕을 받는 북쪽의 도로보다 햇볕을 받지 않는 남쪽 도로가 교통사고 위험이 더 많이 있다.
③ 운전자 : 각종 모임 등에서 마신 술이 깨지 않은 상태에서 운전할 가능성과 두꺼운 옷을 착용하고 운전하는 경우 둔해져 민첩한 대처 능력이 떨어지기 쉽다.
④ 보행자 : 보행자는 추위와 바람을 피하고자 두꺼운 외투, 방한복 등을 착용하고 앞만 보면서 목적지까지 최단거리로 이동하려는 경향이 있다.

해설 ②의 도로조건 문항 반대로 되어 있어 틀리고, "햇볕을 받는 남쪽도로는 햇볕을 받지 않는 북쪽 도로보다 사고위험이 적다"가 옳은 문항이다.

207 겨울철 안전운행 및 교통사고 예방에 대한 설명이다. 틀린 것은?

① 출발할 때 : 도로가 미끄러울 때에는 급출발하거나, 갑작스런 동작을 하지 않고, 부드럽게 천천히 출발하며, 미끄러운 길에서는 기어를 2단에 넣고 앞바퀴를 직진상태로 변경한 후 출발한다.
② 주행할 때 : 주행 중에 차체가 미끄러질 때에는 핸들을 미끄러지는 방향으로 틀어주면 스핀(Spin)을 방지할 수 있다.
③ 주행할 때 : 눈이 내린 후 타이어자국이 나있을 때에는 앞 차량의 타이어자국 위를 달리면 미끄럼을 예방할 수 있으며, 기어는 1단 혹은 2단으로 고정하여 구동력을 바꾸지 않은 상태에서 주행하면 미끄럼을 방지할 수 있다.
④ 장거리 운행 시 : 장거리를 운행할 때에는 목적지까지의 운행계획을 평소보다 여유있게 세워야하며, 도착지·행선지·도착시간 등을 승객에게 고지하여 기상악화나 불의의 사태에 신속히 대처할 수 있도록 하며 월동 비상장구는 항상 차량에 싣고 운행한다.

해설 ③의 문항 중 "기어는 1단 혹은 2단으로 고정하여"는 틀리고, "기어는 2단 혹은 3단으로 고정하여"가 맞는 문항이다.

208 겨울철 자동차 관리에 대한 설명이다. 틀린 것은?

① 월동장비 점검 : 유리에 끼인 성에를 제거하는 "스크래치"를 준비하고, 스노타이어 또는 체인을 구비하여 절단이나 마모부분은 없는 지 점검을 한다.
② 냉각장치 점검 : 부동액의 양 및 점도를 점검 한다(냉각수가 얼어붙으면 엔진과 라디에이터에 치명적인 손상을 초래한다).
③ 냉각수 점검 : 자동차 운행 후 냉각수 점검을 바로 해도 된다.
④ 정온기(온도조절기, themostat) 상태점검 : 정온기가 고장으로 열려 있다면 엔진의 온도가 적정 수준까지 올라가는데 많은 시간이 필요함에 따라 엔진의 워밍업 시간이 길어지고, 히터의 기능이 떨어지게 된다.

해설 ③의 문항은 손에 화장을 입을 수 있어 안전하지 못하고, 냉각수 점검은 뜨거운 냉각수에 손을 데일 수 있으므로 냉각될 때까지 기다렸다가 냉각장치 뚜껑을 열어 점검을 한다.

정답 203 ③ 204 ④ 205 ② 206 ② 207 ③ 208 ③

03 운송서비스 요점정리

제1장 여객운수종사자의 기본자세

제1절 서비스의 개념과 특징

01. 서비스의 개념

1) 서비스의 정의는 한 당사자가 다른 당사자에게 소유권의 변동 없이 제공해 줄 수 있는 무형의 행위 또는 활동을 말한다.
2) 서비스란 긍정적인 마음을 적절하게 표현하여 승객을 편안하고 안전하게 목적지까지 이동시키는 것을 말한다.
3) 봉사하는 마음 기반으로 친절, 적극적인 태도, 신뢰를 통해 승객을 만족시켜 주고 고객의 만족으로 보람, 성취감을 느끼는 것으로 이론이 아닌 감정과 행동이 수반되는 응대이다.
① 서비스란 승객의 편익을 도모하기 위해 행동하는 정신적·육체적 노동을 말한다.
② 서비스도 하나의 상품으로 서비스 품질에 대한 승객만족을 위해 계속적으로 승객에게 제공하는 모든 활동을 의미한다.
③ 여객운송서비스는 택시를 이용하여 승객을 출발지에서 최종목적지까지 이동시키는 상업적 행위를 말하며, 택시를 이용하여 승객이 원하는 구간으로 이동시키는 서비스를 제공하는 행위 그 자체를 말한다.

02. 올바른 서비스 제공을 위한 5요소

① 단정한 용모 및 복장
② 밝은 표정
③ 공손한 인사
④ 친근한 말
⑤ 따뜻한 응대

03. 서비스의 특징

① 무형성 : 보이지 않는다.
  1) 서비스는 형태가 없는 무형의 상품으로서 제품과 같이 누구나 볼 수 있는 형태로 제시되지 않는다.
  2) 서비스는 측정하기는 어렵지만 누구나 느낄 수는 있다.
  3) 서비스 수준은 택시의 요금, 운행시간, 차종, 목적지 도착시간 등에 영향을 받을 수 있다.
② 동시성 : 생산과 소비가 동시에 발생하므로 재고가 발생하지 않는다.
  1) 서비스는 공급자에 의해 제공됨과 동시에 승객에 의해 소비되는 성질을 가지고 있다.
  2) 서비스는 재고가 없고, 불량서비스가 나와도 다른 제품처럼 반품할 수도 없으며, 고치거나 수리할 수도 없다.
  3) 불량서비스를 한번 하게 되면 불량제품을 판매하는 경우보다 훨씬 나쁜 결과가 나온다.
  4) 나쁜 결과가 다른 고객에게 전파되어 다른 운전자에게도 부정적인 영향을 줄 수 있다.
③ 인적 의존성 : 사람에 의존한다.
  1) 서비스는 사람에 따라 품질의 차이가 발생하기 쉽다.
  2) 서비스는 운전자에 의해 생산되기 때문에 인적 의존성이 높다.
  3) 운전자가 제공하는 서비스인 안전운행 및 승객 응대 태도는 운전자마다 차이가 난다.
  4) 승객과 대면하는 운전자의 태도, 복장, 말씨 등은 운송서비스에 있어 중요한 영향을 미친다.
④ 소멸성 : 즉시 사라진다.
  1) 서비스는 오래 남아 있는 것이 아니라, 제공이 끝나면 즉시 사라져 남지 않는다.
  2) 서비스의 무형성, 동시성 등으로 제공된 서비스에 대한 품질 수준을 측정하기 어렵다.
⑤ 무소유권 : 가질 수 없다.
  1) 서비스는 누릴 수는 있으나 소유할 수는 없다.
  2) 서비스는 승객이 제공받을 수는 있으나, 유형재처럼 소유권을 이전받을 수는 없다.
⑥ 변동성 : 운송서비스의 소비활동은 택시 실내의 공간적 제약요인으로 인해 상황의 발생 정도에 따라 시간, 요일 및 계절별로 변동성을 가질 수 있다.
⑦ 다양성 : 승객 요구의 다양함과 감정의 변화, 서비스 제공자에 따라 상대적이며, 승객의 평가 역시 주관적이어서 일관되고 표준화된 서비스 질을 유지하기 어렵다.

제2절 승객 만족

01. 승객만족의 개념 및 중요성

1) 승객이 무엇을 원하고 무엇이 불만인지 니즈를 파악하여 승객의 기대에 맞춰가는 서비스를 제공함으로써 승객으로 하여금 만족감을 느끼게 하는 것이다.
2) 승객을 만족시키기 위한 **추진력과 분위기 조성은 경영자의 몫**이라 할 수 있으나, (실제로 승객을 상대)하고 실제로 승객을 만족시켜야 할 사람은 승객과 **직접 접촉**하는 고객접점의 운전자이다.
3) 100명의 운수종사자 중 99명의 운수종사자가 바람직한 서비스를 제공한다 하더라도 "승객"이 접해본 단 한 명이 불만족스러웠다면 승객은 그 한 명을 통하여 회사전체를 평가하게 된다.
4) 한 업체에 대해 **고객이 거래를 중단하는 이유는 종사자의 불친절 (68%), 제품에 대한 불만(14%), 경쟁사의 회유(9%), 가격이나 기타(9%)**로 조사되어 고객이 **거래를 중단하는 가장 큰 이유**는 고객 접점 종사자의 불친절이다.

02. 일반적인 승객의 욕구
① 환영받고 싶어 한다.
② 편안해지고 싶어 한다.
③ 중요한 사람으로 인식되고 싶어 한다.
④ 존경받고 싶어 한다.
⑤ 기대와 욕구를 수용하고 인정받고 싶어 한다.

03. 승객만족을 위한 기본예절
1) 승객을 환영한다.
   ㉠ 승객을 환영한다는 것은 인간관계의 기본이다.
   ㉡ 승객을 기쁜 마음으로 환대해야 서비스가 시작된다.
   ㉢ 승객에 대한 관심을 표현함으로써 승객과의 관계는 더욱 가까워진다.
2) 자신의 입장에서만 생각하는 것은 승객만족의 저해 요소이다.
3) 약간의 어려움을 감수하는 것은 승객과 좋은 관계로 지속적인 고객을 투자하는 것이다.
4) 예의란 인간관계에서 지켜야할 도리이다.
5) 연장자는 사회의 선배로서 존중하고, 공·사를 구분하여 예우한다.
6) 상대가 불쾌하거나 불편해하는 말은 하지 않는다.
7) 승객에게 관심을 갖는 것은 승객으로 하여금 좋은 이미지를 갖게 한다.
8) 관심을 가짐으로써 승객과의 관계는 친숙해 질 수 있다.
9) 승객의 입장을 이해하고 존중한다.
10) 승객의 여건, 능력, 개인차를 수용하고 배려한다.
11) 승객을 존중하는 것은 돈 한 푼 들이지 않고 승객을 접대하는 효과가 있다.
12) 모든 인간관계는 성실을 바탕으로 한다.
13) 한결같은 마음으로 진정성 있게 승객을 대한다.

제3절 승객을 위한 행동예절

01. 이미지(Image) 관리

❶ 인사의 개념
① 이미지란 보여지는 모습인 외모와 마음가짐이 드러나는 태도 등에 대해 상대방이 받아들이는 느낌을 말한다.
② 개인의 이미지는 본인에 의해 결정되는 것이 아니라 상대방이 보고 느낀 것에 의해 결정된다.
③ 긍정적인 이미지를 만들기 위한 5요소.
   ㉠ 시선처리(눈빛). ㉡ 음성관리(목소리). ㉢ 표정관리(미소). ㉣ 용모복장(단정한 용모). ㉤ 제스처(비언어적인 요소인 손짓, 자세).

02. 인사의 개념
① 인사는 서비스의 첫 동작이자 마지막 동작이다.
② 인사는 서로 만나거나 헤어질 때 말·태도 등으로 존경, 사랑, 우정을 표현하는 행동 양식이다.
③ 상대의 인격을 존중하고 배려하기 위한 수단으로 마음, 행동, 말씨가 일치되어 승객에게 환대, 환송의 뜻을 전달하는 방법이다.
④ 상사에게는 존경심을, 동료에게는 우애와 친밀감을 표현할 수 있는 수단이다.

03. 인사의 중요성
① 인사는 평범하고도 대단히 쉬운 행동이지만 생활화되지 않으면 실천에 옮기기 어렵다.
② 인사는 애사심, 존경심, 우애, 자신의 교양 및 인격의 표현이다.
③ 인사는 서비스의 주요 기법 중 하나이다.
④ 인사는 승객과 만나는 첫걸음이다.
⑤ 인사는 승객에 대한 마음가짐의 표현이다.
⑥ 인사는 승객에 대한 서비스 진정성을 위한 표시이다.

04. 인사

❶ 올바른 인사
① 표정 : 밝고 부드러운 미소를 짓는다.
② 고개 : 고개는 반듯하게 들되, 턱을 내밀지 않고 자연스럽게 당긴다.
③ 시선 : 인사 전·후에 상대방의 눈을 정면으로 바라보며, 진심으로 존중하는 마음을 눈빛에 담는다.
④ 머리와 상체 : 일직선이 된 상태로 천천히 숙인다.

구분	인사 각도	인사 의미	인사말
가벼운 인사 (목례)	15°	• 기본적인 예의 표현	• 안녕하십니까. • 네, 알겠습니다.
보통 인사 (보통례)	30°	• 승객 앞에 섰을 때	• 처음 뵙습니다. • 감사합니다.
정중한 인사 (정중례)	45°	• 정중한 인사 표현	• 죄송합니다. • 미안합니다.

⑤ 입 : 미소를 짓는다.
⑥ 손 : 남자는 가볍게 쥔 주먹을 바지 재봉 선에 자연스럽게 붙이고, 주머니에 손을 넣는 일이 없도록 한다.
⑦ 발 : 뒤꿈치를 붙이되, 양발의 각도는 여자 15°, 남자 30° 정도 유지 (발)
⑧ 음성 : 적당한 크기와 속도로 자연스럽고 부드럽게 말한다.
⑨ 인사 : 먼저 본 사람이 하는 것이 좋으며, 상대방이 먼저 인사한 경우에는 "네, 안녕하십니까."로 응대한다.

❷ 잘못된 인사
① 턱을 쳐들거나 눈을 치켜뜨고 하는 인사
② 할까 말까 망설이다가 하는 인사
③ 성의 없이 말로만 하는 인사
④ 무표정한 인사
⑤ 경황없이 급히 하는 인사
⑥ 뒷짐을 지거나 호주머니에 손을 넣은 채 하는 인사
⑦ 상대방의 눈을 보지 않고 하는 인사
⑧ 자세가 흐트러진 인사
⑨ 머리만 까딱거리는 인사
⑩ 고개를 옆으로 돌리고 하는 인사

05. 호감 받는 표정 관리

❶ 표정
마음속의 감정이나 정서 따위의 심리 상태가 나타난 모습을 말하며, 다분히 주관적이며 순간마다 변할 수 있고 다양하게 표현된다.

❷ 표정의 중요성
① 밝고 환한 표정은 첫인상을 좋게 한다.
② 첫인상은 대면 직후 결정되는 경우가 많다.
③ 좋은 첫인상은 긍정적인 호감도로 이어진다.
④ 상대방과의 원활하고 친근한 관계를 만들어 준다.

⑤ 업무효과를 높일 수 있다.
⑥ 밝은 표정은 호감 가는 이미지를 형성하여 사회생활에 도움을 준다.
⑦ 밝은 표정과 미소는 신체와 정신건강을 향상시킨다.

3 밝은 표정의 효과
① 자신의 건강증진에 도움이 된다.
② 상대방과의 긍정적인 친밀감을 만드는데 도움이 된다.
③ 밝은 표정은 전이효과가 있어 상대에게 전달되며 상대방에게도 밝은 표정으로 연결된다. 따라서 좋은 분위기에서 업무를 볼 수 있다.
④ 업무능률 향상에 도움이 된다.

4 시선 처리
① 자연스럽고 부드러운 시선으로 상대를 본다.
② 눈동자는 항상 중앙에 위치하도록 한다.
③ 가급적 승객의 눈높이와 맞춘다.

> **승객이 싫어하는 시선**
> ㉠ 위로 치켜뜨는 눈
> ㉡ 곁눈질
> ㉢ 한 곳만 응시하는 눈
> ㉣ 위·아래로 훑어보는 눈

5 좋은 표정 만들기
① 밝고 상쾌한 표정을 만든다.
② 얼굴 전체가 웃는 표정을 만든다.
③ 돌아서면서 굳어지지 않도록 한다.
④ 입은 가볍게 다문다.
⑤ 입의 양 꼬리가 올라가게 한다.

6 잘못된 표정
① 상대의 눈을 보지 않는 표정
② 무관심하고 의욕 없는 표정
③ 입을 일자로 굳게 다물거나 입 꼬리가 쳐져 있는 표정
④ 갑자기 표정이 자주 변하는 얼굴
⑤ 눈썹 사이에 세로 주름이 지는 찡그리는 표정
⑥ 코웃음을 치는 것 같은 표정

7 승객 응대 마음가짐 10가지
① 사명감 가지기
② 승객의 입장에서 생각한다.
③ 편안하게 대한다.
④ 항상 긍정적으로 생각한다.
⑤ 승객이 호감을 갖도록 한다.
⑥ 공사를 구분하고 공평하게 대한다.
⑦ 승객의 니즈를 파악하려고 노력한다.
⑧ 예의를 지켜 겸손하게 대한다.
⑨ 자신감을 갖고 행동한다.
⑩ 개선할 사항은 변명보다 수용의 자세를 통해 개선한다.

06. 용모 및 복장

1 좋은 옷차림을 한다는 것은 단순히 좋은 옷을 멋지게 입는다는 뜻이 아니다. 때와 장소는 물론, 자신의 생활에 맞추어 옷을 "올바르게"입는다는 뜻이다.

2 단정한 용모와 복장의 중요성.
① 승객이 받는 첫인상을 결정한다.
② 회사의 이미지를 좌우하는 요인을 제공한다.
③ 하는 일의 성과에 영향을 미친다.
④ 활기찬 직장 분위기 조성에 영향을 준다.

3 근무복에 대한 공·사적인 입장
① 공적인 입장(운수회사 입장)
  ㉠ 시각적인 안정감과 편안함을 승객에게 전달할 수 있다.
  ㉡ 종사자의 소속감 및 애사심 등 심리적인 효과를 유발시킬 수 있다.
  ㉢ 효율적이고 능동적인 업무처리에 도움을 줄 수 있다.
② 사적인 입장(종사자 입장)
  ㉠ 사복에 대한 경제적 부담이 완화될 수 있다.
  ㉡ 승객에 대한 신뢰감을 줄 수 있다.

4 복장의 기본 원칙
① 깨끗하게
② 단정하게
③ 품위 있게
④ 규정에 맞게
⑤ 통일감 있게
⑥ 계절에 맞게
⑦ 편한 신발을 신되 샌들이나 슬리퍼는 삼가야 한다.

5 승객에게 불쾌감을 주는 몸가짐
① 충혈된 눈
② 잠잔 흔적이 남아 있는 머릿결
③ 정리되지 않은 덥수룩한 수염
④ 길게 자란 코털
⑤ 지저분한 손톱
⑥ 무표정한 얼굴

07. 언어 예절

1 대화의 4원칙
1) 밝고 적극적으로 말한다 : 밝고 따뜻한 말투로 승객과 즐거운 마음으로 대화를 이어 가며 적절한 유머 등을 활용하면 좋다.
2) 공손하게 말한다 : 승객에 대한 친밀감과 존중의 마음을 존경어, 겸양어, 정중한 어휘의 선택으로 공손하게 말한다.
3) 명료하게 말한다 : 정확한 발음과 적절한 속도로 전달하고자 하는 내용을 알기 쉽게 말한다.
4) 품위 있게 말한다 : 승객의 입장을 고려한 어휘의 선택과 호칭을 사용하는 배려를 아끼지 않아야 한다.
5) 상대방의 입장을 고려해 말한다 : 승객이 대화하기를 불편해 하면 운행 서비스에 꼭 필요한 내용만으로 응대한다.

2 승객에 대한 호칭과 지칭
① 누군가를 부르는 말은 그 사람에 대한 예의를 반영하므로 매우 조심스럽게 써야 한다.
② '고객'보다는 "차를 타는 손님"이라는 뜻이 담긴 '승객'이나 '손님'이란 단어를 사용하는 것이 좋다.
③ 할아버지, 할머니 등 나이가 드신 분들은 '어르신' 또는 '선생님'으로 호칭하거나 지칭한다.
④ '아줌마', '아저씨', '아가씨'는 상대방을 높이는 느낌이 들지 않으므로 사용하지 않는다.
⑤ 초등학생과 미취학 어린이는 호칭 끝에 'OOO 어린이', '학생' 등의 호칭이나 지칭을 사용한다.
⑥ 중·고등학생은 호칭 끝에 'OOO 승객'이나 '손님'으로 성인에 준하는 호칭이나 지칭을 사용한다.

3 대화를 나눌 때의 언어예절

구분	의미	사용방법
존경어	• 사람이나 사물을 높여 말해 직접적으로 상대에 대해 경의를 나타내는 말이다.	• 직접 승객이나 상사에게 말을 걸 때 • 승객이나 상사의 일을 이야기 할 때
겸양어	• 자신의 동작이나 자신과 관련된 것을 낮추어 말해 간접적으로 상대를 높이는 말이다.	• 자신의 일을 승객에게 말할 때 • 자신의 일을 상사에게 말할 때 • 회사의 일을 승객에게 말할 때
정중어	• 자신이나 상대와 관계없이 말하고자 하는 것을 정중히 말해 상대에 대해 경의를 나타내는 말이다.	• 승객이나 상사에게 직접 말을 걸 때 • 손아래나 동료라도 말끝을 정중히 할 때

4 대화를 나눌 때의 표정 및 예절

구분	듣는 입장	말하는 입장
눈	• 상대방을 정면으로 바라보며 경청한다. • 시선을 자주 마주친다.	• 듣는 사람을 정면으로 바라보고 말한다. • 상대방 눈을 부드럽게 주시한다.
몸	• 정면을 향해 조금 앞으로 내미는듯한 자세를 취한다. • 손이나 다리를 꼬지 않는다. • 끄덕끄덕하거나 메모하는 태도를 유지한다.	• 표정을 밝게 한다. • 등을 펴고 똑바른 자세를 취한다. • 자연스런 몸짓이나 손짓을 사용한다. • 웃음이나 손짓이 지나치지 않도록 주의한다.
입	• 맞장구를 치며 경청한다. • 모르면 질문하며 물어본다. • 대화의 핵심사항을 재확인하며 말한다.	• 입은 똑바로, 정확한 발음으로, 자연스럽고 상냥하게 말한다. • 쉬운 용어를 사용하고, 경어를 사용하며, 말끝을 흐리지 않는다. • 적당한 속도와 맑은 목소리를 사용한다.
마음	• 흥미와 성의를 가지고 경청한다. • 말하는 사람의 입장에서 생각하는 마음을 가진다(역지사지의 마음).	• 성의를 가지고 말한다. • 최선을 다하는 마음으로 말한다.

5 대화할 때의 주의사항

1) 듣는 입장에서의 주의사항
   가) 침묵으로 일관하는 등 무관심한 태도를 취하지 않는다.
   나) 불가피한 경우를 제외하고 가급적 논쟁은 피한다.
   다) 상대방의 말을 중간에 끊거나 말참견을 하지 않는다.
   라) 다른 곳을 바라보면서 말을 듣거나 말하지 않는다.
   마) 팔짱을 끼고 손장난을 치지 않는다.

2) 말하는 입장에서의 주의사항.
   가) 불평불만을 함부로 말하지 않는다.
   나) 전문적인 용어나 외래어를 남용하지 않는다.
   다) 욕설, 독설, 험담, 과장된 몸짓은 하지 않는다.
   라) 남을 중상모략하는 언동은 조심한다.
   마) 쉽게 흥분하거나 감정에 치우치지 않는다.
   바) 손아랫사람이라 할지라도 농담은 조심스럽게 한다.
   사) 함부로 단정하고 말하지 않는다.
   아) 상대방의 약점을 잡아 말하는 것은 피한다.
   자) 일부를 보고, 전체를 속단하여 말하지 않는다.
   차) 도전적으로 말하는 태도나 버릇은 조심한다.
   카) 자기 이야기만 일방적으로 말하는 행위는 조심한다.

6 상황에 따라 호감을 주는 화법

구분	사용방법
긍정할 때	• 네, 잘 알겠습니다. • 네, 그렇죠, 맞습니다.
맞장구를 칠 때	• 네, 그렇군요. • 정말 그렇습니다. • 참 잘 되었네요.
부탁할 때	• 양해해 주셨으면 고맙겠습니다. • 그렇게 해 주시면 정말 고맙겠습니다.
겸손한 태도를 나타낼 때	• 천만의 말씀입니다. • 제가 도울 수 있어서 다행입니다. • 오히려 제가 더 감사합니다.
부정할 때	• 그럴 리가 없다고 생각되는데요. • 확인해 보겠습니다.
거부할 때	• 어렵겠습니다만, • 정말 죄송합니다만, • 유감스럽습니다만,
사과할 때	• 폐를 끼쳐 드려서 정말 죄송합니다. • 무어라 사과의 말씀을 드려야 할지 모르겠습니다.
분명하지 않을 때	• 어떻게 하면 좋을까요? • 아직은 ~입니다만, • 저는 그렇게 알고 있습니다만

08. 직업관

1 직업의 개념과 의미

1) 직업이란 경제적 소득을 얻거나 사회적 가치를 이루기 위해 참여하는 계속적인 활동으로 삶의 한 과정이다.

2) 직업의 특징
   가) 우리는 평생 어떤 형태로든지 직업과 관련된 삶을 살아가도록 되어 있으며, 직업을 통해 생계를 유지할 뿐만 아니라 사회적 역할을 수행하고, 자아실현을 이루어간다.
   나) 어떤 사람들은 일을 통해 보람과 긍지를 맛보며 만족스런 삶을 살아가지만, 어떤 사람들은 그렇지 못하다.

3) 직업의 의미
   가) 경제적 의미
      (1) 직업을 통해 안정된 삶을 영위해 나갈 수 있어 중요한 의미를 가진다.
      (2) 직업은 인간 개개인에게 일할 기회를 제공한다.
      (3) 일의 대가로 임금을 받아 본인과 가족의 경제생활을 영위한다.
      (4) 인간이 직업을 구하려는 동기 중의 하나는 바로 노동의 대가, 즉 임금을 얻는 소득 측면이 있다.
   나) 사회적 의미
      (1) 직업을 통해 원만한 사회생활, 인간관계 및 봉사를 하게 되며, 자신이 맡은 역할을 수행하여 능력을 인정받는 것이다.
      (2) 직업을 갖는다는 것은 현대사회의 조직적이고 유기적인 분업 관계 속에서 분담된 기능의 어느 하나를 맡아 사회적 분업 단위의 지분을 수행하는 것이다.
      (3) 사람은 누구나 직업을 통해 타인의 삶에 도움을 주기도 하고, 사회에 공헌하며 사회발전에 기여하게 된다.
      (4) 직업은 사회적으로 유용한 것이어야 하며, 사회발전 및 유지에 도움이 되어야 한다.

다) 심리적 의미
    (1) 삶의 보람과 자기실현에 중요한 역할을 하는 것으로 사명감과 소명의식을 갖고 정성과 정열을 쏟을 수 있는 것이다.
    (2) 인간은 직업을 통해 자신의 이상을 실현한다.
    (3) 인간의 잠재적 능력, 타고난 소질과 적성 등이 직업을 통해 개발되고 발전된다.
    (4) 직업은 인간 개개인의 자아실현의 매개인 동시에 장이 되는 것이다.
    (5) 자신이 갖고 있는 제반 욕구를 충족하고 자신의 이상이나 자아를 직업을 통해 실현함으로써 인격의 완성을 기하는 것이다.

2 직업관에 대한 이해

(1) 직업관이란 특정한 개인이나 사회의 구성원들이 직업에 대해 갖고 있는 태도나 가치관을 말한다.

(2) 생계유지의 수단, 개성발휘의 장, 사회적 역할의 실현 등 서로 상응관계에 있는 3가지 측면에서 직업을 인식할 수 있으나, 어느 측면을 보다 강조하느냐에 따라서 각기 특유의 직업관이 성립된다.

(3) 바람직한 직업관
  가) 소명의식을 지닌 직업관 : 항상 소명의식을 가지고 일하며, 자신의 직업을 천직으로 생각한다.
  나) 사회구성원으로서의 역할 지향적 직업관 : 사회구성원으로서의 직분을 다하는 일이자 봉사하는 일이라 생각한다.
  다) 미래 지향적 전문능력 중심의 직업관 : 자기 분야의 최고 전문가가 되겠다는 생각으로 최선을 다해 노력한다.

(4) 잘못된 직업관
  가) 생계유지 수단적 직업관 : 직업을 생계를 유지하기 위한 수단으로 본다.
  나) 지위 지향적 직업관 : 직업생활의 최고 목표는 높은 지위에 올라가는 것이라고 생각한다.
  다) 귀속적 직업관 : 능력으로 인정받으려 하지 않고 학연과 지연에 의지한다.
  라) 차별적 직업관 : 육체노동을 천시한다.
  마) 폐쇄적 직업관 : 신분이나 성별 등에 따라 개인의 능력을 발휘할 기회를 차단한다.

3 올바른 직업윤리

1) 소명의식 : 직업에 종사하는 사람이 어떠한 일을 하든지 자신이 하는 일에 전력을 다 하는 것이 하늘의 뜻에 따르는 것이라고 생각하는 것이다.
2) 천직의식 : 자신이 하는 일보다 다른 사람의 직업이 수입도 많고 지위가 높더라도 자신의 직업에 긍지를 느끼며, 그 일에 열성을 가지고 성실히 임하는 직업의식을 말한다.
3) 직분의식 : 사람은 각자의 직업을 통해서 사회의 각종 기능을 수행하고, 직접 또는 간접으로 사회구성원으로서 마땅히 해야 할 본분을 다해야 한다.
4) 봉사정신 : 현대 산업사회에서 직업 환경의 변화와 직업의식의 강화는 자신의 직무 수행과정에서 협동정신 등이 필요로 하게 되었다.
5) 전문의식 : 직업인은 자신의 직무를 수행하는데 필요한 전문적 지식과 기술을 갖추어야 한다.
6) 책임의식 : 직업에 대한 사회적 역할과 직무를 충실히 수행하고, 맡은 바 임무나 의무를 다해야 한다.

4 직업의 가치

1) 내재적 가치
  가) 자신에게 있어서 직업 그 자체에 가치를 둔다.
  나) 자신의 능력을 최대한 발휘하길 원하며, 그로 인한 사회적인 헌신과 인간관계를 중시한다.
  다) 자기표현이 충분히 되어야 하고, 자신의 이상을 실현하는데 그 목적과 의미를 두는 것에 초점을 맞추려는 경향을 갖는다.

2) 외재적 가치
  가) 자신에게 있어서 직업을 도구적인 면에 가치를 둔다.
  나) 삶을 유지하기 위한 경제적인 도구나 권력을 추구하고자 하는 수단을 중시하는데 의미를 두고 있다.
  다) 직업이 주는 사회 인식에 초점을 맞추려는 경향을 갖는다.

제2장 운송사업자 및 운수종사자 준수 사항

제1절 운송사업자 준수 사항

01. 일반적인 준수사항

① 운송사업자는 노약자·장애인 등에 대해서는 특별한 편의를 제공해야 한다.

② 운송사업자는 여객에 대한 서비스의 향상 등을 위하여 관할 관청이 필요하다고 인정하는 경우에는 운수종사자로 하여금 단정한 복장 및 모자를 착용하게 해야 한다.

③ 운송사업자는 자동차를 항상 깨끗하게 유지하여야 하며, 관할 관청이 단독으로 실시하거나 관할관청과 조합이 합동으로 실시하는 청결 상태 등의 검사에 대한 확인을 받아야 한다.

④ 운송사업자[대형(승합자동차를 사용하는 경우로 한정한다) 및 고급형 택시운송사업자는 제외한다]는 다음의 사항을 승객이 자동차 안에서 쉽게 볼 수 있는 위치에 게시해야 한다. 이 경우 택시운송사업자는 앞좌석의 승객과 뒷좌석의 승객이 각각 볼 수 있도록 2곳 이상에 게시하여야 한다.

  ㉠ 회사명(개인 택시운송사업자의 경우는 게시하지 아니한다), 자동차번호, 운전자 성명, 불편사항 연락처 및 차고지 등을 적은 표지판을 성실하게 지키도록 하고, 이를 항시 지도 감독해야 한다.
  ㉡ 정류소 또는 택시 승차대에서 주차 또는 정차할 때에는 질서를 문란하게 하는 일이 없도록 할 것
  ㉢ 정비가 불량한 사업용자동차를 운행하지 않도록 할 것
  ㉣ 위험 방지를 위한 운송사업자·경찰 공무원 또는 도로 관리청 등의 조치에 응하도록 할 것
  ㉤ 교통사고를 일으켰을 때에는 긴급조치 및 신고의 의무를 충실하게 이행하도록 할 것
  ㉥ 자동차의 차체가 헐었거나 망가진 상태로 운행하지 않도록 할 것

⑤ 운송업자는 운송종사자로 하여금 여객을 운송할 때 다음의 사항을 성실하게 지키도록 하고, 이를 항시 지도·감독해야 한다.

  ㉠ 정류소 또는 택시 승차대에서 주차 또는 정차할 때에는 질서를 문란하게 하는 일이 없도록 할 것
  ㉡ 정비가 불량한 사업용자동차를 운행하지 않도록 할 것
  ㉢ 위험 방지를 위한 운송사업자·경찰공무원 또는 도로 관리청 등의 조치에 응하도록 할 것

ⓔ 교통사고를 일으켰을 대에는 긴급조치 및 신고의 의무를 충실하게 이행하도록 할 것
　　ⓜ 자동차의 차체가 헐었거나 망가진 상태로 운행하지 않도록 할 것
⑥ 운송사업자는 속도 제한 장치 또는 운행 기록계가 장착된 운송사업용 자동차를 해당 장치 또는 기기가 정상적으로 작동되는 상태에서 운행되도록 해야 한다.
⑦ 택시운송사업자[대형(승합자동차를 사용하는 경우로 한정) 및 고급형 택시운송사업자는 제외]는 차량의 입·출고 내역, 영업 거리 및 시간 등 택시 미터기에서 생성되는 택시운송사업용 자동차의 운행 정보를 1년 이상 보존해야 한다.
⑧ 일반택시운송사업자는 소속 운수종사자가 아닌 자 (형식상의 근로계약에도 불구하고 실질적으로는 소속 운수종사자가 아닌 자를 포함)에게 관계 법령상 허용되는 경우를 제외하고는 운송사업용 자동차를 제공해서는 안 된다.
⑨ 운송사업자 (개인택시운송사업자 및 특수여객자동차운송사업자는 제외)는 차량 운행 전에 운수종사자의 건강 상태, 음주 여부 및 운행 경로 숙지 여부 등을 확인해야 하고, 확인 결과 운수종사자가 질병·피로·음주 또는 그 밖의 사유로 안전한 운전을 할 수 없다고 판단되는 경우에는 해당 운수종사자가 차량을 운행하도록 해서는 안 된다.
⑩ 수요응답형 여객자동차운송사업자는 여객의 운행 요청이 있는 경우 이를 거부해서는 안 된다.
⑪ 운송사업자 (개인택시운송사업자 및 특수여객자동차운송사업자는 제외)는 운수종사자를 위한 휴게실 또는 대기실에 난방 장치, 냉방 장치 및 음수대 등 편의 시설을 설치해야 한다.

02. 자동차의 장치 및 설비 등에 관한 준수 사항

1 택시운송사업용 자동차 및 수요응답형 여객자동차(승용 자동차만 해당)
① 택시운송사업용 자동차 [대형(승합자동차를 사용하는 경우로 한정) 및 고급형 택시운송사업용 자동차는 제외]의 안에는 여객이 쉽게 볼 수 있는 위치에 요금미터기를 설치해야 한다.
② 대형(승합자동차를 사용하는 경우는 제외) 및 모범형 택시운송사업용 자동차에는 요금영수증 발급과 신용카드 결제가 가능하도록 관련기기를 설치해야 한다.
③ 택시운송사업용 자동차 및 수요응답형 여객자동차 안에는 난방 장치 및 냉방 장치를 설치해야 한다.
④ 택시운송사업용 자동차 [대형(승합자동차를 사용하는 경우로 한정) 및 고급형 택시운송사업용 자동차는 제외] 윗부분에는 택시운송사업용 자동차임을 표시하는 설비를 설치하고, 빈차로 운행 중일 때에는 외부에서 빈차임을 알 수 있도록 하는 조명 장치가 자동으로 작동되는 설비를 갖춰야 한다.
⑤ 대형(승합자동차를 사용하는 경우는 제외) 및 모범형 택시운송사업용 자동차에는 호출 설비를 갖춰야 한다.
⑥ 택시운송사업자 [대형(승합자동차를 사용하는 경우로 한정) 및 고급형 택시운송사업자는 제외]는 택시 미터기에서 생성되는 택시운송사업용 자동차 운행 정보의 수집·저장 장치 및 정보의 조작을 막을 수 있는 장치를 갖춰야 한다.
⑦ 수요응답형 여객자동차에는 시·도지사가 정하는 수요응답 시스템을 갖춰야 한다.
⑧ 그 밖에 국토교통부장관이나 시·도지사가 지시하는 설비를 갖춰야 한다.

제2절　운수종사자 준수 사항

01. 준수 사항
① 여객의 안전과 사고 예방을 위하여 운행 전 사업용 자동차의 안전 설비 및 등화 장치 등의 이상 유무를 확인해야 한다.
② 질병·피로·음주나 그 밖의 사유로 안전한 운전을 할 수 없을 때에는 그 사정을 해당 운송사업자에게 알려야 한다.
③ 자동차의 운행 중 중대한 고장을 발견하거나 사고가 발생할 우려가 있다고 인정될 때는 즉시 운행을 중지하고 적절한 조치를 해야 한다.
④ 운전 업무 중 해당 도로에 이상이 있었던 경우에는 운전 업무를 마치고 교대할 때에 다음 운전자에게 알려야 한다
⑤ 여객이 다음 행위를 할 때에는 안전운행과 다른 여객의 편의를 위하여 이를 제지하고 필요한 사항을 안내해야 한다.
　ⓐ 다른 여객에게 위해(危害)를 끼칠 우려가 있는 폭발성 물질, 인화성 물질 등의 위험물을 자동차 안으로 가지고 들어오는 행위.
　ⓑ 다른 여객에게 위해를 끼치거나 불쾌감을 줄 우려가 있는 동물(장애인 보조견 및 전용 운반상자에 넣은 애완동물은 제외 한다)을 자동차 안으로 데리고 들어오는 행위.
　ⓒ 자동차의 출입구 또는 통로를 막을 우려가 있는 물품을 자동차 안으로 가지고 들어오는 행위.
⑥ 관계 공무원으로부터 운전면허증, 신분증 또는 자격증의 제시 요구를 받으면 즉시 이에 따라야 한다.
⑦ 여객자동차운송사업에 사용되는 자동차 안에서 담배를 피워서는 안 된다.
⑧ 사고로 인하여 사상자가 발생하거나 사업용 자동차의 운행을 중단할 때에는 사고의 상황에 따라 다음의 적절한 조치를 하여야 한다.
　ⓐ 신속한 응급수송수단의 마련.
　ⓑ 가족이나 그 밖의 연고자에 대한 신속한 통지.
　ⓒ 대체운송수단의 확보와 여객에 대한 편의제공.
　ⓓ 그 밖에 사상자의 보호 등 필요한 조치.
⑨ 영수증 발급기 및 신용카드 결제기를 설치해야 하는 택시의 경우 승객이 요구하면 영수증의 발급 또는 신용카드 결제에 응해야 한다.
⑩ 관할 관청이 필요하다고 인정하여 복장 및 모자를 지정할 경우에는 그 지정된 복장과 모자를 착용하고, 용모를 항상 단정하게 해야 한다.
⑪ 택시운송사업의 운수종사자는 승객이 탑승하고 있는 동안에는 미터기를 사용하여 운행해야 한다. 다만 다음의 경우에는 그렇지 않다.
　ⓐ 구간운임제 시행지역 및 시간운임제 시행지역의 운수종사자.
　ⓑ 대형(승합자동차를 사용하는 경우로 한정) 및 고급형 택시운송사업의 운수종사자.
　ⓒ 운송가맹점의 운수종사자(가맹사업자가 확보한 운송플랫폼을 통해서 사전에 요금을 확정하여 여객과 운송 계약을 체결한 경우에만 해당한다).
⑫ 운송사업자의 운수종사자는 운송 수입금의 전액에 대하여 다음 각 호의 사항을 준수해야 한다.
　ⓐ 1일 근무 시간 동안 택시요금미터에 기록된 운송 수입금의 전액을 운수종사자의 근무 종료 당일 운송사업자에게 납부할 것
　ⓑ 일정 금액의 운송 수입금 기준액을 정하여 납부하지 않을 것
⑬ 운수종사자는 차량의 출발 전에 여객이 좌석 안전띠를 착용하도록 안내해야 한다. 이때 안내의 방법, 시기, 그 밖에 필요한 사항은 국토교통부령으로 정한다.
⑭ 그 밖에 이 규칙에 따라 운송사업자가 지시하는 사항을 이행해야 한다.

02. 금지 사항
① 문을 완전히 닫지 않은 상태에서 자동차를 출발시키거나 운행하는 행위
② 택시요금미터를 임의로 조작 또는 훼손하는 행위

제3장 운수종사자의 기본 소양

제1절 운전예절

1 교통질서의 중요성
① 제한된 도로 공간에서 많은 운전자가 안전운전을 하기 위해서는 운전자의 질서의식이 제고되어야 한다
② 타인도 쾌적하고 자신도 쾌적한 운전을 하기 위해서는 모든 운전자가 교통질서를 준수해야 한다.
③ 교통사고로부터 국민의 생명 및 재산을 보호하고, 원활한 교통흐름을 유지하기 위해서는 운전자가 스스로 교통질서를 준수해야 한다.

2 사업용 운전자의 사명과 자세
① 운전자의 사명
  ㉮ 타인의 생명도 내 생명처럼 존중 : 사람의 생명은 이 세상 다른 무엇보다도 존귀하고 소중하며, 안전운전을 통해 인명손실을 예방할 수 있다.
  ㉯ 사업용 운전자는 '공인'이라는 사명감이 필요 : 승객의 소중한 생명을 보호할 의무가 있는 공인이라는 사명감이 수반되어야 한다.
② 운전자가 가져야할 자세
  ㉮ 교통법규이해와 준수 : ㉠ 교통법규나 규칙은 단지 아는 것으로 끝나는 것이 아니라 실천하는 것이 중요하다. ㉡ 운전자는 수시로 변하는 교통상황에 맞게 차를 운전하면서 그 상황에 맞는 적절한 판단으로 교통법규를 준수해야한다.
  ㉯ 여유 있는 양보운전 : ㉠ 교통사고 원인에는 운전자의 조급성과 자기중심적인 사고가 깔려 있다. ㉡ 항상 마음의 여유를 가지고, 서로 양보하는 마음의 자세로 운전을 한다.
  ㉰ 주의력 집중 : ㉠ 운전은 한 순간의 방심도 허용되지 않는 복잡한 과정이다. ㉡ 운전 중에는 방심하지 않고, 운전에만 집중해야 돌발 상황을 빨리 발견하여 적절한 조치를 취할 수 있다. ㉢ 전방주시 태만, 과속, 운전부주의 등 운전 중 부적절한 행동은 대형사고의 원인이 될 수 있다.
  ㉱ 심신상태 안정 : ㉠ 운전자의 몸과 마음이 안정되어 있어야 운전도 안전하게 할 수 있다. ㉡ 운전자는 운행 전에 심신 상태를 차분하게 진정시켜, 냉정하고 침착한 자세로 운전하여야 한다.
  ㉲ 추측운전 금지 : ㉠ 운전자는 운행 중에 발생하는 각종 상황에 대해 자신에게만 유리한 판단이나 행동은 조심해야 한다. ㉡ 조그만 교통상황 변화에도 반드시 안전을 확인한 후 자동차를 조작하여야 한다.
  ㉳ 운전기술 과신은 금물 : ㉠ 운전이란 혼자 하는 것이 아니라 도로이용자인 다른 운전자, 보행자 등과 도로에서 상충될 수 있다. ㉡ 아무리 유능하고 자신 있는 운전자라 하더라도 자신의 판단 착오 등으로 사고가 발생할 수 있다.
  ㉴ 배출가스로 인한 대기 오염 및 소음 공해 최소화 노력 등.

3 올바른 운전예절
1) 인성과 습관의 중요성.
① 운전자는 일반적으로 각 개인이 가지는 사고, 태도 및 행동특성인 인성의 영향을 받게 된다.
② 운전자의 운전형태를 보면 어떤 행위를 오랫동안 되풀이하는 과정에서 저절로 익혀진 운전 습관이 나타나는 것을 살펴볼 수 있다.
  ㉠ 습관은 후천적으로 형성되는 조건반사 현상으로 무의식중에 어떤 것을 반복적으로 행할 때 자신도 모르게 생활화된 행동으로 나타나게 된다.
  ㉡ 습관은 본능에 가까운 강력한 힘을 발휘하게 되어 나쁜 운전습관이 몸에 배면 나중에 고치기 어려우며 잘못된 습관은 교통사고로 이어진다.
③ 올바른 운전 습관은 다른 사람들에게 자신의 인격을 표현하는 방법 중의 하나이다.
2) 운전예절의 중요성.
① 사람은 일상생활의 대인관계에서 예의범절을 중시하고 있다.
② 사람의 됨됨이는 그 사람이 얼마나 예의 바른가에 따라 가늠하기도 한다.
③ 예의바른 운전습관은 명랑한 교통질서를 유지하고, 교통사고를 예방할 뿐만 아니라 교통문화 선진화의 지름길이 될 수 있다.

4 운전자가 지켜야 하는 행동
① 횡단보도에서의 올바른 행동
  ㉠ 신호등이 없는 횡단보도에서 보행자가 통행 중이라면 일시 정지하여 보행자를 보호한다.
  ㉡ 보행자가 통행하고 있는 횡단보도 안으로 차가 넘어가지 않도록 정지선을 지킨다.
② 전조등의 올바른 사용
  ㉠ 야간 운행 중 반대 방향에서 오는 차가 있으면 전조등을 하향등으로 조정해 상대 운전자의 눈부심 현상을 방지한다.
  ㉡ 야간에 커브 길을 진입하기 전, 상향등을 깜박여 반대 방향에서 주행 중인 차에게 자신의 진입을 알린다.
③ 차로 변경에서 올바른 행동
  방향 지시등을 작동시켜 차로 변경을 시도하는 차가 있는 경우, 속도를 줄여 원활하게 진입할 수 있도록 도와준다.
④ 교차로를 통과할 때 올바른 행동
  ㉠ 교차로 전방의 정체 현상으로 인해 통과하지 못할 때는 교차로에 진입하지 않고 대기한다.
  ㉡ 앞 신호에 따라 진행 중인 차가 있는 경우, 안전하게 통과하는 것을 확인한 후 출발한다.

5 운전자가 삼가야 하는 행동
① 다른 운전자를 불안하게 만드는 행동을 하지 않는다.
② 과속 주행을 하며 급브레이크를 밟는 행위를 하지 않는다.
③ 운행 중 갑자기 끼어들거나 다른 운전자에게 욕설을 하지 않는다.
④ 도로상에서 사고가 발생 시, 시비·다툼 등의 행위로 다른 차량의 통행을 방해하지 않는다.
⑤ 운행 중 갑자기 오디오 볼륨을 올려 승객을 놀라게 하거나, 경음기를 눌러 다른 운전자를 놀라게 하지 않는다.
⑥ 신호등이 바뀌기 전, 빨리 출발하라고 전조등을 깜빡이거나 경음기를 누르는 등의 행위를 하지 않는다.
⑦ 교통 경찰관의 단속에 불응·항의하는 행위를 하지 않는다.
⑧ 갓길 통행을 하지 않는다.

제2절 운전자 상식

01. 교통관련 용어 정의

1 교통사고 조사규칙(경찰청 훈령)에 따른 대형 사고
① 3명 이상이 사망 (교통사고 발생일로부터 30일 이내에 사망)
② 20명 이상의 사상자가 발생

2 중대한 교통사고 (여객자동차 운수사업법)
① 전복 사고
② 화재가 발생한 사고
③ 사망자 2명 이상이 발생한 사고
④ 사망자 1명과 중상자 3명 이상이 발생한 사고
⑤ 중상자 6명 이상이 발생한 사고

02. 교통사고조사규칙에 따른 교통사고 용어

① 충돌 사고 : 차가 반대 방향 또는 측방에서 진입하여 그 차의 정면으로 다른 차의 정면 또는 측면을 충격한 것
② 추돌 사고 : 2대 이상의 차가 동일 방향으로 주행 중 뒤차가 앞차의 후면을 충격한 것
③ 접촉 사고 : 차가 추월, 교행 등을 하려다가 차의 좌우측면을 서로 스친 것
④ 전도 사고 : 차가 주행 중 도로 또는 도로 이외의 장소에 차체의 측면이 지면에 접하고 있는 상태

> **전도 사고**
> 좌측면이 지면에 접해 있으면 좌전도 사고, 우측면이 지면에 접해 있으면 우전도 사고

⑤ 전복 사고 : 차가 주행 중 도로 또는 도로 이외의 장소에 뒤집혀 넘어진 것
⑥ 추락 사고 : 자동차가 도로의 절벽 등 높은 곳에서 떨어진 사고

03. 자동차와 관련된 용어(자동차 및 자동차부품의 성능과 기준에 관한 규칙)

① 공차 상태 : 자동차에 사람이 승차하지 않고 물품(예비 부분품 및 공구 기타 휴대 물품을 포함)을 적재하지 않은 상태로서, 연료·냉각수 및 윤활유를 만재하고 예비 타이어 (예비 타이어를 장착한 자동차만 해당)를 설치하여 운행할 수 있는 상태
② 차량 중량 : 공차 상태의 자동차 중량
③ 적차 상태 : 공차 상태의 자동차에 승차 정원의 인원이 승차하고 최대 적재량의 물품이 적재된 상태

> **적재 시, 다음과 같이 적재시킨 상태여야 한다.**
> ① 승차 정원 1인의 중량은 65kg으로 계산 (13세 미만의 자는 1.5인이 승차 정원 1인)
> ② 좌석 정원의 인원은 정위치에, 입석 정원의 인원은 입석에 균등하게 승차
> ③ 물품은 물품 적재 장치에 균등하게 적재시킨 상태

④ 차량 총중량 : 적차 상태의 자동차의 중량
⑤ 승차 정원 : 자동차에 승차할 수 있도록 허용된 최대 인원 (운전자 포함)

04. 교통사고 현장에서의 원인조사

1 노면에 나타난 흔적조사
스키드마크, 요마크, 프린트자국 등 타이어자국의 위치 및 방향. 충돌에 의한 차량파손품의 위치 및 방향. 충돌 후에 떨어진 액체 잔존물 위치 및 방향. 차량 적재물의 낙하위치 및 방향. 도로구조물의 및 안전시설물의 파손 위치 및 방향.

2 사고차량 및 피해자 조사
사고차량의 손상부위 정도 및 손상방향. 사고차량에 묻은 흔적, 마찰, 찰과흔(擦過痕). 사고차량 및 피해자의 위치 및 방향. 피해자의 상처 및 정도.

3 사고 당사자 및 목격자 조사
운전자, 탑승자, 목격자에 대한 사고 상황조사.

4 사고현장 시설물조사
사고 지점 부근의 가로등, 가로수, 전신주(電信柱) 등의 시설물 위치. 신호등(신호기) 및 신호 체계. 차로, 중앙선, 중앙분리대, 갓길 등 도로 횡단구성요소. 방호울타리, 충격 흡수시설, 안전표지 등 안전 시설 요소. 노면의 파손, 결빙, 배수불량 등 노면상태요소.

5 사고현장 측정 및 사진촬영
사고 지점 부근의 도로 선형(평면 및 교차로 등). 사고지점의 위치. 차량 및 노면에 나타난 물리적 흔적 및 시설물 등의 위치. 사고현장에 대한 가로 방향 및 세로 방향의 길이. 곡선구간의 곡선반경, 노면의 경사도(종단 구배 및 횡단 구배). 도로의 시거 및 시설물의 위치 등. 사고현장, 사고차량, 물리적 흔적 등에 대한 사진촬영.

제3절 응급 처치 방법

01. 부상자 의식 상태 확인

① 말을 걸거나 팔을 꼬집어 눈동자를 확인 후 의식이 있으면 말로 안심시킨다.
② 의식이 없다면 기도를 확보한다. 머리를 뒤로 충분히 젖힌 뒤, 입안에 있는 피나 토한 음식물 등을 긁어내 막힌 기도를 확보한다.
③ 의식이 없거나 구토할 때는 질식하지 않도록 옆으로 눕힌다.
④ 목뼈 손상의 가능성이 있는 경우 목 뒤쪽을 한 손으로 받쳐준다.
⑤ 환자의 몸을 심하게 흔드는 것은 금지한다.

02. 심폐소생술

1 의식·호흡 확인 및 주변에 도움 요청
① 성인·소아 : 환자를 바로 눕히고 양쪽 어깨를 가볍게 두드리며 의식 확인. 정상적인 호흡이 이뤄지는 지 확인 후, 주변 사람들에게 119 신고 및 자동 제세동기를 가져오도록 요청
② 영아 : 한쪽 발바닥을 가볍게 두드리며 의식이 있는지 확인. 정상적인 호흡이 이뤄지는지 확인 후 주변 사람들에게 119 신고 및 자동 제세동기를 가져오도록 요청

2 가슴 압박 30회
① 성인, 소아 : 가슴 압박 30회 (분당 100~120회 / 약 5cm 이상의 깊이)
② 영아 : 가슴압박 30회 (분당 100~120회 / 약 4cm 이상의 깊이)

3 기도 개방 및 인공호흡 2회
성인, 소아, 영아 - 가슴이 충분히 올라올 정도로 2회 실시(1회당 1초간)

4 가슴 압박 및 인공호흡 무한 반복 시행
30회 가슴 압박과 2회 인공호흡 반복 (30:2)

> **심폐소생술**

(1) 가슴 압박 방법

1) 성인
① 가슴의 중앙인 흉골의 아래쪽 절반 부위에 손바닥을 위치시킨다.
② 양손을 깍지 낀 상태로 손바닥의 아래 부위만을 환자의 흉골 부위에 접촉
③ 시술자의 어깨는 환자의 흉골이 맞닿는 부위와 수직이 되게 위치시킨다.
④ 양어깨의 힘을 이용해 분당 100~120회 속도, 5cm 이상 깊이로 강하고 빠르게 30회 눌러 준다.

2) 소아
① 압박할 위치는 양쪽 젖꼭지 부위를 잇는 선 정중앙의 바로 아랫부분이다.
② 한 손으로 손바닥의 아래 부위만을 환자의 흉골 부위에 접촉 시킨다.
③ 시술자의 어깨는 환자의 흉골이 맞닿는 부위와 수직이 되게 위치시킨다.
④ 한 손으로 분당 100~120회 정도의 속도, 5cm 이상 깊이로 강하고 빠르게 30회 눌러준다.

3) 영아
① 압박할 위치는 양쪽 첫지 부위를 잇는 선 정중앙의 바로 아랫부분이다.
② 검지·중지 또는 중지·약지 손가락을 모아 첫마디 부위를 환자의 흉골 부위에 접촉시킨다.
③ 시술자의 손가락은 환자의 흉골이 맞닿는 부위와 수직이 되게 위치한다.
④ 분당 100~120회의 속도, 4cm 이상의 깊이로 강하고 빠르게 30회 눌러준다.

(2) 기도 개방 및 인공호흡 방법

1) 성인
① 한 손으로 턱을 들어 올리고, 다른 손으로 머리를 뒤로 젖혀 기도를 개방시킨다.
② 머리를 젖힌 손의 검지와 엄지로 코를 막는다.
③ 가슴 상승이 눈으로 확인될 정도로 1초 동안 인공호흡을 2회 실시한다.

2) 소아
① 한 손으로 턱을 들어 올리고, 다른 손으로 머리를 뒤로 젖혀 기도를 개방시킨다
② 머리를 젖힌 손의 검지와 엄지로 코를 막는다
③ 가슴 상승이 눈으로 확인될 정도로 1초 동안 인공호흡을 2회 실시한다.

3) 영아
① 한 손으로 귀와 바닥이 평행하도록 턱을 들어 올리고, 다른 손으로 머리를 뒤로 젖혀 기도를 개방한다.
② 환자의 입과 코에 동시에 숨을 불어넣을 준비를 한다.
③ 가슴 상승이 눈으로 확인될 정도로 1초 동안 인공호흡을 2회 실시 한다.

03. 출혈 또는 골절

1 출혈
① 출혈이 심할 시 출혈 부위보다 심장에 가까운 부위를 헝겊 또는 손수건 등으로 지혈될 때까지 꽉 잡아맨다.
② 출혈이 적을 때에는 거즈나 깨끗한 손수건으로 상처를 꽉 누른다.

2 내출혈
① 가슴이나 배를 강하게 부딪쳐 내출혈이 발생하였을 때에는, 얼굴에 핏기가 없어지고 창백해지며 식은 땀을 흘리고 호흡이 얕고 빨라지는 쇼크 증상이 발생한다.
② 부상자가 입고 있는 옷의 단추를 푸는 등 옷을 헐렁하게 하고 하반신을 높게 한다.
③ 부상자가 춥지 않도록 모포 등을 덮어주지만, 햇볕은 직접 쬐지 않도록 조치한다.

3 골절
① 골절 부상자는 잘못 다루면 오히려 위험해질 수 있으므로 가급적 구급차가 올 때까지 기다리는 것이 바람직하다.
② 지혈이 필요하다면 골절 부분은 건드리지 않도록 주의하며 지혈한다.
③ 팔이 골절되었다면 헝겊으로 띠를 만들어 팔을 매달도록 한다.

04. 차멀미
① 차멀미는 차를 타면 어지럽고, 속이 메스꺼우며, 토하는 증상이다.
② 환자의 경우 통풍이 잘되고 비교적 흔들림이 적은 앞쪽으로 앉도록 조치한다.
③ 심한 경우 휴게소 내지는 안전하게 정차할 수 있는 곳에 정차 후 차에서 내려 시원한 공기를 마시도록 조치한다.
④ 토할 경우를 대비해 위생 봉지를 준비한다.
⑤ 토한 경우에는 주변 승객이 불쾌하지 않도록 신속히 처리한다.

05. 교통사고 발생 시 조치 사항
피해 최소화와 제2차사고 방지를 위한 조치를 우선적으로 취해야 한다.

1 탈출
우선 엔진을 멈추게 하고 연료가 인화되지 않도록 조치하고, 안전하고 신속하게 사고차량에서 탈출해야 하며, 반드시 침착해야 한다.

2 인명구조
① 적절한 유도로 승객의 혼란 방지에 노력해야 한다.
② 부상자, 노인, 여자, 어린이 등 노약자를 우선적으로 구조한다.
③ 정차 위치가 차도나 노면 등과 같이 위험한 장소일 때는 신속히 도로 밖의 안전 장소로 유도한다.
④ 부상자가 있을 때는 우선 응급조치를 시행한다.
⑤ 야간에는 특히 주변 안전에 주의하며 냉정하고 기민하게 구출 유도를 해야 한다.

3 후방방호
고장 발생 시와 마찬가지로, 특히 경향이 없는 중에 통과차량에 알리기 위해 차도로 뛰어나와 손을 흔드는 등의 위험한 행동은 삼가야 한다.

4 연락
보험 회사나 경찰 등에 다음 사항을 연락한다.
① 사고 발생 지점 및 상태
② 부상 정도 및 부상자 수
③ 회사명
④ 운전자 성명
⑤ 우편물, 신문, 여객의 휴대 화물 상태
⑥ 연료 유출 여부

5 대기
고장 차량의 경우와 같이 하되 다만, 부상자가 있는 경우 응급처치 등 부상자 구호에 필요한 조치를 먼저 하고, 후속 차량에 구급 후송을 요청할 것. 이때 부상자는 위급한 환자부터 먼저 후송하도록 조치해야 한다.

06. 차량 고장 시 조치 사항
① 정차 차량의 결함을 발견할 시 비상등을 점멸시키면서 갓길에 바짝 차를 대어 정차한다.
② 차에서 내릴 때에는, 옆 차로의 차량 주행 상황을 살핀 후 내린다.
③ 야간에는 밝은 색 옷이나 야광이 되는 옷을 착용하는 것이 좋다.
④ 비상 전화를 하기 전에 차의 후방에 경고 반사판을 설치해야 하며, 야간에는 주의를 기울인다.
⑤ 비상 주차대에 정차할 때는 다른 차량의 주행에 지장이 없도록 정차해야 한다.
⑥ 후방에 대한 안전 조치를 취해야 한다.

⑦ 고장자동차의 표지는 후방에서 접근하는 자동차의 운전자가 확인 할 수 있는 위치에 설치하여야 한다. 밤에는 고장자동차의 표지와 함께 사방 500미터 지점에서 식별할 수 있는 적색의 섬광신호, 전기제등 또는 불꽃신호를 추가로 설치하여야 한다.

07. 재난 발생 시 조치 사항

① 신속하게 차량을 안전지대로 이동시킨 후 즉각 회사 및 유관 기관에 보고한다.
② 장시간 고립 시 유류, 비상식량, 구급 환자 발생 등을 현재 상황을 즉시 신고한 뒤, 한국도로공사 및 인근 유관 기관 등에 협조를 요청한다.
③ 승객의 안전 조치를 가장 우선적으로 취한다.
　㉠ 폭설 및 폭우 시, 응급환자 및 노인, 어린이를 우선적으로 안전지대에 대피시킨 후, 유관 기관에 협조 요청 한다.
　㉡ 차내에 유류 확인 및 업체에 현재 위치를 알리고, 도착 전까지 차내에서 안전하게 승객을 보호한다.
　㉢ 차량 내부의 이상 여부를 확인 및 신속하게 안전지대로 차량을 이동한다.

03 운송서비스 출제예상문제

01 다음 중 여객운송사업의 서비스 개념으로 틀린 것은?
① 한 당사자가 다른 당사지자에게 소유권의 변동 없이 제공해 줄 수 있는 유형의 행위 또는 활동을 말한다.
② 서비스란 긍정적인 마음을 적절하게 표현하여 승객을 편안하고 안전하게 목적지까지 이동시키는 것을 말한다.
③ 봉사하는 마음을 기반으로 친절, 적극적인 태도, 신뢰를 통해 승객을 만족시켜 주는 것이다.
④ 고객의 만족으로 보람, 성취감을 느끼는 것으로 말과 이론이 아닌 감정과 행동이 수반되는 응대이다.
◎해설 유형의 행위 또는 활동이 아닌, 무형의 행위 또는 활동이 옳은 문항이다.

02 다음 중 여객운송서비스에 대한 설명으로 옳지 않는 것은?
① 서비스란 승객의 편익을 도모하기 위해 행동하는 정신적·육체적 노동을 말한다.
② 서비스도 하나의 상품으로 서비스 품질에 대한 승객만족을 위해 일시적으로 승객에게 제공하는 모든 활동을 말한다.
③ 여객운송서비스는 택시를 이용하여 승객을 출발지에서 최종목적지까지 이동시키는 상업적 행위를 말한다.
④ 여객 운송서비스는 택시를 이용하여 승객이 원하는 구간으로 이동시키는 서비스를 제공하는 행위 그 자체를 말한다.
◎해설 ②의 문항 중 "일시적으로"가 아닌, "계속적으로"가 맞는 문항이다.

03 여객운송업의 올바른 서비스 제공을 위한 요소가 아닌 것은?
① 단정한 용모 및 복장
② 공손한 인사와 밝은 표정
③ 따뜻한 응대와 친근한 말
④ 머리만 까딱거리는 인사
◎해설 ④의 문항은 잘못된 인사법의 하나이다.

04 여객운송서비스의 특징에 대한 설명이다. 틀린 것은?
① 무형성 : 보이지 않는다.
② 인적 의존성 : 사람에 의존한다.
③ 소멸성 : 즉시 사라진다.
④ 동시성 : 생산과 소비가 동시 발생하므로 재고가 발생한다.
◎해설 ④의 문항 중 "재고가 발생한다."가 아닌, "재고가 발생하지 않는다."가 옳은 문항이다.

05 여객운송서비스의 특징에 대한 설명이다. 옳지 못한 것은?
① 서비스는 형태가 없는 무형의 상품으로서 제품과 같이 누구나 볼 수 있는 형태로 제시되지 않으며, 서비스를 측정하기는 어렵지만 누구나 느낄 수는 있다.
② 서비스는 공급자에 의해 제공됨과 동시에 승객에 의해 소비되는 성질을 가지고 있다.
③ 운송서비스는 운전자에 의해 생산되기 때문에 인적 의존성이 높다.
④ 서비스는 승객이 제공 받을 수는 있으나, 유형재처럼 소유권을 이전받을 수 있다.
◎해설 ④의 문항 끝에 "이전받을 수 있다."가 아닌, "이전받을 수는 없다."가 옳은 문항이다.

06 서비스는 형태가 없는 무형의 상품으로서 제품과 같이 누구나 볼 수 있는 형태로 제시되지 않으며, 서비스를 측정하기는 어렵지만 누구나 느낄 수는 있다. 는 어떤 서비스 특징에 대한 설명인가?
① 무형성
② 동시성
③ 인적 의존성
④ 소멸성
◎해설 서비스의 특징 중 무형성에 해당된다.

07 한 업체에 대해 고객이 거래를 중단하는 이유로 맞는 것은?
① 종사자의 불친절
② 제품에 대한 불만
③ 경쟁사의 회유
④ 가격이나 기타
◎해설 ①의 "종사자의 불친절"이 68%로 제일 많다. 기타 사유 : 제품에 대한 불만(14%), 경쟁사의 회유(9%), 가격이나 기타(9%)

08 일반적인 승객의 욕구에 대한 설명으로 맞지 않는 것은?
① 환영받고 싶어 한다.
② 중요한 사람으로 인식되고 싶어 한다.
③ 편안해지고 싶어 한다.
④ 친절해지고 싶어 한다.
◎해설 ④의 문항 중 "친절해지고"가 아닌, "존중받고"가 맞는 문항이며, 그 외에 "기대와 욕구를 수용하고 인정받고 싶어 한다."가 있다.

09 승객만족을 위한 기본예절 중 틀린 문항은?
① 승객을 환영한다는 것은 인간관계의 기본조건이다.
② 승객에게 관심을 갖지 않고 안전운전에만 전념한다.
③ 승객을 존중하는 것은 돈 한 푼 들이지 않고 승객을 접대하는 효과가 있다.
④ 연장자는 사회의 선배로서 존중하고 공·사를 구분하여 예우한다.
◎해설 ②의 문항이 아닌 "승객에 대한 관심을 표현함으로써 승객과의 관계는 더욱 가까워지고 친숙해 질 수 있다."이다.

정답 01 ① 02 ② 03 ④ 04 ④ 05 ④ 06 ① 07 ① 08 ④ 09 ②

10 승객을 위한 행동예절에서 긍정적인 이미지(Image)를 만들기 위한 요소로 해당되지 않는 것은?

① 시선처리(눈빛)
② 음성관리(목소리)
③ 표정관리(미소)
④ 용모복장 관리(외형)

해설 ④의 문항 "용모복장 관리(외형)"가 아닌 용모복장(단정한 용모), 제스쳐(비언어적요소인 손짓, 자세)가 있다.

11 다음 중 인사의 개념에 대한 설명으로 틀린 문항은?

① 인사는 서비스의 첫 동작이자 마지막 동작이다.
② 인사는 서로 만나거나 헤어질 때 말·태도 등으로 존경, 사랑, 우정을 표현하는 행동양식이다.
③ 상대의 인격을 존중하고 배려하기 위한 수단으로 마음, 행동, 말씨가 일치되어 승객에게 환대, 환송의 뜻을 전달하는 방법이다.
④ 상사에게는 우애와 동료에게는 존경심과 친밀감을 표현할 수 있는 수단이다.

해설 ④의 문항 중 "상사에게는 우애와 동료에게는 존경심과"가 아닌, "상사에게는 존경심을 동료에게는 우애와"가 맞는 문항이다.

12 다음 중 인사의 중요성에 대한 설명으로 맞지 않는 문항은?

① 인사는 평범하고도 대단히 쉬운 생활화되지 않아도 실천에 옮기기 쉽다.
② 인사는 애사심, 존경심, 우애, 자신의 교양 및 인격의 표현이다.
③ 인사는 서비스의 주요 기법이다.
④ 인사는 승객과 만나는 첫걸음이다.

해설 ①의 문항은 "인사는 평범하고도 대단히 쉬운 행동이지만 생활화되지 않으면 실천에 옮기기 어렵다"가 맞는 문항이다.

13 다음 중 올바른 인사방법에 대한 설명으로 맞지 않는 것은?

① 표정 : 밝고 부드러운 미소를 짓는다.
② 고개 : 반듯하게 들되, 턱을 내밀지 아니하고 자연스럽게 당긴다.
③ 음성 : 적당한 크기와 속도로 자연스럽고 부드럽게 말한다.
④ 입 : 입은 일자로 굳게 다문 표정을 짓는다.

해설 ④의 문항 "입 : 미소를 짓는다."가 옳은 문항이다.

14 다음 중 올바른 인사법에서 정중한 인사(정중례)의 각도로 옳은 것은?

① 인사 각도 15°
② 인사 각도 20°
③ 인사 각도 30°
④ 인사 각도 45°

해설 ①은 가벼운 인사(목례), ②는 해당 없음, ③은 보통 인사(보통례) 방법이다.

15 다음은 잘못된 인사방법에 대한 설명이다. 옳은 인사 방법은?

① 턱을 쳐들거나 눈을 치켜뜨고 하는 인사
② 먼저 본 사람이 하는 것이 좋으며, 상대방이 먼저 인사한 경우에는 "네, 안녕하십니까."로 응대한다.
③ 뒷짐을 지거나 호주머니에 손을 넣은 채 하는 인사
④ 상대방의 눈을 보지 않고 하는 인사

해설 ②의 문항이 올바른 인사방법이며, ①, ③, ④ 외에 할까말까 망설이다하는 인사와 성의 없이 말로만 하는 인사, 무표정한인사

16 다음 중 표정의 중요성에 대한 설명으로 옳지 않는 문항은?

① 밝고 환한 표정은 첫인상을 좋게 만든다.
② 첫 인상은 대면 직후 결정되는 경우가 적다.
③ 좋은 인상은 긍정적인 호감도로 이어진다.
④ 밝은 표정과 미소는 신체와 정신 건강을 향상시킨다.

해설 ②의 문항 끝에 "적다"가 아닌, "많다"가 옳은 문항이다.

17 다음은 밝은 표정의 효과에 대한 설명이다. 틀린 문항은?

① 타인의 건강증진에 도움이 된다.
② 상대방과의 긍정적인 친밀감을 만드는데 도움이 된다.
③ 밝은 표정은 전이효과가 있어 상대에게 전달되며, 상대방에게도 밝은 표정으로 연결되며, 좋은 분위기에서 업무를 볼 수 있다.
④ 업무능률 향상에 도움이 된다.

해설 ①의 문항 중 "타인의"가 아닌, "자신의"가 맞는 문항이다.

18 다음 표정관리 중 승객이 싫어하는 시선은?

① 자연스럽고 부드러운 시선으로 상대를 본다.
② 위로 치켜뜨는 눈, 한곳만 응시하는 눈
③ 눈동자는 항상 중앙에 위치하도록 한다.
④ 가급적 승객의 눈높이와 맞춘다.

해설 ②의 문항은 승객이 싫어하는 시선이며, 외에 곁눈질, 위·아래로 훑어보는 눈이 있다.

19 호감 받는 표정관리로 좋은 표정 만들기에 맞지 않는 것은?

① 밝고 상쾌한 표정을 만든다.
② 얼굴 전체가 웃는 표정을 만든다.
③ 상대 얼굴을 보면서 표정이 굳어지지 않도록 한다.
④ 입은 가볍게 다문다.

해설 ③문항 "상대 얼굴을 보면서"가 아닌, "돌아서면서"가 옳은 문항이며. 외에 입은 가볍게 다문다. 입의 양꼬리가 올라가게 한다. 가 있다.

20 다음 중 잘못된 표정에 대한 설명이 아닌 문항은?

① 돌아서면서 표정이 굳어지지 않아야 한다.
② 상대의 눈을 보지 않는 표정.
③ 무관심하고 의욕이 없는 무표정.
④ 입을 일자로 굳게 다물거나 입꼬리가 처져 있는 표정.

해설 ①의 문항은 "좋은 표정 만들기"의 문항에 해당된다.

21 다음 중 승객응대 마음가짐에 대한 설명으로 잘못된 것은?

① 사명감을 가지고, 승객의 입장에서 생각한다.
② 승객을 편안하게 대하고, 항상 부정적으로 생각한다.
③ 승객이 호감을 갖도록 공평하게 대하며, 자신감을 갖고 행동한다.
④ 승객의 니즈를 파악하려고 노력한다.

해설 ②의 문항 중 "부정적으로 생각 한다"가 아닌, "긍정적으로 생각 한다"가 옳은 문항이다.

정답 10 ④ 11 ④ 12 ① 13 ④ 14 ④ 15 ② 16 ② 17 ① 18 ② 19 ③ 20 ① 21 ②

22 다음 중 단정한 용모와 복장의 중요성의 설명으로 맞지 않는 것은?

① 운수회사가 받는 첫인상을 결정한다.
② 회사의 이미지를 좌우하는 요인을 제공한다.
③ 하는 일의 성과에 영향을 미친다.
④ 활기찬 직장 분위기 조성에 영향을 준다.

◉해설 ①의 문항 중 "운수회사가 받는"이 아닌, "승객이 받는"이 맞는 문항이다.

23 근무복에 대한 공적인(운수회사) 입장이 아닌 것은?

① 시각적인 안정감과 편안함을 승객에게 전달할 수 있다.
② 승객에게 신뢰감을 줄 수 있다.
③ 종사자의 소속감 및 애사심 등 심리적인 효과를 유발시킬 수 있다.
④ 효율적이고 능동적인 업무처리에 도움을 줄 수 있다.

◉해설 ②의 문항은 "사적인(종사자) 입장"에 해당된다.

24 복장의 기본 원칙에 대한 설명으로 맞지 않는 것은?

① 깨끗하고, 단정하게
② 품위 있고, 규정에 맞게
③ 통일감 있고, 계절에 맞게
④ 편한 신발을 신되 샌들이나 슬리퍼를 신어도 된다.

◉해설 ④의 문항 중 "슬리퍼를 신어도 된다."가 아닌, "슬리퍼는 삼가야 한다."가 옳은 문항이다.

25 다음 중 승객에게 불쾌감을 주는 몸가짐의 설명이 아닌 것은?

① 밝은 표정의 얼굴
② 잠잔 흔적이 남아 있는 머릿결
③ 정리되지 않은 덥수룩한 수염
④ 무표정한 얼굴과 지저분한 수염

◉해설 ①의 문항은 "좋은 표정"의 하나이다.

26 대화의 4원칙에 대한 설명으로 잘못된 문항은?

① 밝고 적극적으로 말한다.
② 공손하고, 명료하게 말한다.
③ 확실하게 말한다.
④ 상대방의 입장을 고려해 말한다.

◉해설 ③의 문항 중 "확실하게 말한다."가 아닌, "품위있게 말한다."가 옳은 문항이다.

27 대화에 대한 설명으로 맞지 않는 문항은?

① 밝고 적극적으로 말한다 : 밝고 따뜻한 말투로 즐거운 마음으로 대화를 이어가며, 적절한 유머를 활용하면 좋다.
② 공손하고 명료하게 말한다 : 친밀감과 존중의 마음(존경어, 겸양어, 정중한 어휘)으로 정확한 발음과 적절한 속도로 알기쉽게 말한다.
③ 확실하게 말한다 : 승객의 입장을 고려한 어휘의 선택과 호칭을 사용하는 배려를 아끼지 않아야 한다.
④ 상대방의 입장을 고려해 말한다 : 승객이 대화하기를 불편해하면 운행 서비스에 꼭 필요한 내용만으로 응대한다.

◉해설 ③의 문항 "확실하게"가 아닌, "품위 있게"가 옳은 문항이다.

28 승객에 대한 호칭과 지칭으로 적당하지 않은 것은?

① 고객 : 승객이나 손님
② 할아버지, 할머니 : 어르신 또는 선생님
③ 아줌마, 아저씨, 아가씨 : 상대방을 높이는 느낌이 있으므로 이대로 사용한다.
④ 초등학생과 미취학 어린이 : ○○○ 어린이/학생의 호칭이나 지칭을 사용하고, 중·고등학생은 ○○○승객이나 손님으로 성인에 준하여 호칭이나 지칭한다.

◉해설 ③의 문항은 상대방을 높이는 느낌이 들지 않으므로 호칭이나 지칭으로 사용하지 않는다.

29 다음 중 대화를 나눌 때 언어예절 의미가 아닌 문항은?

① 존경어 : 사람이나 사물을 높여 말해 직접적으로 상대에 대해 경의를 나타내는 말이다.
② 존경어 : 회사의 일을 승객에게 말할 때.
③ 겸양어 : 자신의 동작이나 자신과 관련된 것을 낮추어 말해 간접적으로 상대를 높이는 말이다.
④ 정중어 : 자신이나 상대와 관계없이 말하고자 하는 것을 정중히 말해 상대에 대해 경의를 나타내는 말이다.

◉해설 ②의 존경어 문항은 언어예절의 사용방법에 해당하는 문항이다.

30 대화를 나눌 때(듣는 입장)의 표정 및 예절이다. 다른 것은?

① 눈 : 듣는 사람을 정면으로 바라보고 말하며, 상대방 눈을 부드럽게 주시한다.
② 몸 : 정면을 향해 조금 앞으로 내미는듯한 자세를 취하고, 끄덕끄덕하거나 메모하는 태도를 유지한다.
③ 입 : 맞장구를 치며 경청하고, 모르면 질문하여 물어보며, 대화의 핵심사항을 재확인하며 말한다.
④ 마음 : 흥미와 성의를 가지고 경청하고, 말하는 사람의 입장에서 생각하는 마음을 가진다(역지사지의 마음).

◉해설 ①의 설명은 "말하는 입장"에서의 표정 및 예절로 다른문항이며, "듣는 입장"의 설명은 상대방을 정면으로 바라보며 경청하고, 시선을 자주 마주 친다.가 옳은 문항이다.

31 다음은 대화를 나눌 때(말하는 입장)의 표정 및 예절이다. 다른 것은?

① 눈 : 듣는 사람을 정면으로 바라보고 말하며, 상대방 눈을 부드럽게 주시한다.
② 몸 : 표정을 밝게 하고, 등을 펴고 똑바른 자세를 취하며, 자연스런 몸짓이나 손짓을 사용한다.
③ 입 : 고상한 용어를 사용하고, 경어를 사용하며, 말끝을 흐리지 않는다.
④ 마음 : 성의를 가지고 말하며, 최선을 다하는 마음으로 말한다.

◉해설 ③의 문항 중 "고상한 용어"가 아닌, "쉬운 용어"가 맞는 문항이다.

정답 22 ① 23 ② 24 ④ 25 ① 26 ③ 27 ③ 28 ③ 29 ② 30 ① 31 ③

32 다음 중 대화할 때(듣는 입장)의 주의사항으로 잘못된 문항은?

① 침묵으로 일관하는 등 무관심한 태도를 취하지 않는다.
② 불가피한 경우를 제외하고 가급적 논쟁을 피한다.
③ 상대방의 말을 처음부터 끊거나 말참견을 하지 않는다.
④ 다른 곳을 바라보면서 말을 듣거나 말하지 않으며, 팔짱을 끼고 손장난을 치지 않는다.

해설 ③의 문항 중 "처음부터"가 아닌, "중간에"가 옳은 문항이다.

33 다음 중 대화를 할 때(말하는 입장)의 주의사항으로 잘못된 문항은?

① 어르신이라 할지라도 농담은 조심스럽게 한다.
② 전문적인 용어나 외래어를 사용하여 말한다.
③ 남을 중상 모략하는 언동은 조심한다.
④ 쉽게 흥분하거나 감정에 치우치지 않는다.

해설 ①의 문항 중 "어르신"이 아닌, "손 아랫사람"이다.

34 직업의 의미에 대한 구성요소로 해당되지 않는 것은?

① 경제적 의미　　② 사회적 의미
③ 인간적 의미　　④ 심리적 의미

해설 ③의 "인간적 의미"는 해당 없는 문항이다.

35 다음은 직업의 의미와 특징에 대한 설명이다. 해당되지 않는 문항은?

① 직업이란 경제적 소득을 얻거나 사회적 가치를 이루기 위해 참여하는 계속적인 활동으로 삶의 고정이다.
② 직업을 통해 생계를 유지할 뿐만 아니라 사회적 역할을 수행하고, 자아실현을 이루어 간다.
③ 어떤 사람들은 일을 통해 보람과 긍지를 맛보며 만족스런 삶을 살아가지만, 어떤 사람들은 그렇지 못하다.
④ 직업은 사회적으로 유용한 것이어야 하며, 사회발전 및 유지에 도움이 되어야 한다.

해설 ④의 문항은 직업의 의미에서 "사회적 의미"에 해당되는 문항이다.

36 다음은 직업의 경제적 의미에 대한 설명이다. 다른 문항은?

① 직업을 통해 안정된 삶을 영위해 나갈 수 있어 중요한 의미를 가진다.
② 직업은 인간 개개인에게 일할 기회를 제공한다.
③ 일의 대가로 임금을 받아 본인과 가족의 경제생활을 영위한다.
④ 인간은 직업을 통해 자신의 이상을 실현한다.

해설 ④의 문항은 "심리적 의미"의 하나로 다른 문항이다.

37 다음은 직업의 사회적 의미에 대한 설명이다. 다른 문항은?

① 직업을 통해 원만한 사회생활, 인간관계 및 봉사를 하게 되며, 자신이 맡은 역할을 수행하여 능력을 인정받는 것이다.
② 직업을 갖는다는 것은 현대사회의 조직적이고 유기적인 분업 관계 속에서 분담된 기능의 어느 하나를 맡아 사회적 분업 단위의 지분을 수행하는 것이다.
③ 직업은 경제적으로 유용한 것이어야 하며, 사회생활 및 유지에 도움이 되어야 한다.
④ 사람은 누구나 직업을 통해 타인의 삶에 도움을 주기도 하고, 사회에 공헌하며 사회발전에 기여하게 된다.

해설 ③의 문항 중 "경제적으로"가 아닌, "사회적으로"가 옳은 문항이다.

38 다음은 직업의 심리적 의미에 대한 설명이다. 다른 문항은?

① 인간은 직업을 통해 경제적 이득을 실현한다.
② 인간의 잠재적 능력, 타고난 소질과 적성 등이 직업을 통해 개발되고 발전한다.
③ 직업은 인간 개개인의 자아실현의 매개인 동시에 장이 되는 것이다.
④ 자신이 갖고 있는 제반 욕구를 충족하고, 자신의 이상이나 자아를 직업을 통해 실현함으로써 인격의 완성을 기하는 것이다.

해설 ①의 문항 중에 "경제적 이득"이 아닌, "자신의 이상"이 맞는 문항이다.

39 다음 중 직업관의 상응관계 3가지 측면이 아닌 것은?

① 생계유지 수단　　② 개성발휘의 장
③ 사회적 역할의 실현　　④ 전문 의식

해설 ④의 문항은 "올바른 직업윤리"의 하나이다.

40 바람직한 직업관에 대한 설명이다. 아닌 것은?

① 소명의식을 지닌 직업관 : 항상 소명 의식을 가지고 일하며, 자신의 직업을 천직으로 생각한다.
② 사회구성원으로서의 역할 지향적 직업관 : 직분을 다하는 일이자 봉사하는 일이라 생각 한다.
③ 내재적 가치 : 자신의 능력을 최대한 발휘하길 원하며, 그로 인한 사회적인 헌신과 인간관계를 중시 한다.
④ 미래 지향적 전문능력 중심의 직업관 : 자기 분야의 최고 전문가가 되겠다는 생각으로 최선을 다해 노력한다.

해설 ③의 문항은 직업의 가치 중 "내재적 가치"이다.

41 다음은 직업관에 대한 설명이다. 맞지 않는 것은?

① 생계유지 수단적 직업관 : 직업을 출세하기 위한 수단으로 본다.
② 지위 지향적 직업관 : 직업생활의 최고 목표는 높은 지위에 올라가는 것이라고 생각 한다.
③ 귀속적 직업관 : 능력으로 인정받으려 하지 않고, 학연과 지연에 의지한다.
④ 폐쇄적 직업관 : 신분이나 성별 등에 따라 개인의 능력을 발휘할 기회를 차단 한다.

해설 ①의 문항 중에 "출세하기 위한 수단"이 아닌, "생계를 유지하기 위한 수단"이 옳은 문항이다.

정답　32 ③　33 ①　34 ③　35 ④　36 ④　37 ③　38 ①　39 ④　40 ③　41 ①

42 다음 중 올바른 직업윤리에 대한 설명이 아닌 것은?

① 소명의식 : 자신이 하는 일에 전력을 다하는 것이 하늘의 뜻에 따르는 것이라고 생각한다.
② 천직의식 : 자신의 직업에 긍지를 느끼며, 그 일에 열성을 가지고 성실히 임하는 직업의식을 말한다.
③ 직분의식 : 각자의 직업을 통해서 직접 또는 간접으로 사회 구성원으로서 본분을 다해야 한다.
④ 전문의식 : 직업인은 자신의 직무를 수행하는데 필요한 일반적 지식과 기술을 갖추어야 한다.

해설 ④의 문항 중 "일반적 지식과"가 아닌, "전문적 지식과"가 옳은 문항이며, 외에 ⑤ 봉사정신 : 자신의 직무수행과정에서 협동정신 등이 필요로 하게 된다. ⑥ 책임의식 : 사회적 역할과 직무를 충실히 수행하고, 맡은 바 임무나 의무를 다해야 한다. 가 있다.

43 다음 중 직업의 내재적 가치에 대한 설명이 아닌 것은?

① 자신에게 있어서 직업 그 자체에 가치를 둔다.
② 자신에게 있어서 직업을 도구적인 면에 가치를 둔다.
③ 자신의 능력을 최대한 발휘하길 원하며, 그로 인한 사회적인 헌신과 인간관계를 중시한다.
④ 자기표현이 충분히 되어야 하고, 자신의 이상을 실현하는데 그 목적과 의미를 두는 것에 초점을 맞추려는 경향을 갖는다.

해설 ②의 문항은 "직업의 외재적 가치"의 하나이다.

44 운송사업자의 일반적인 준수사항이 잘못되어 있는 것은?

① 운송사업자는 13세 미만의 어린이에 대해서는 특별한 편의를 제공해야 한다.
② 운송사업자는 관할관청이 필요하다고 인정하는 경우에는 운수 종사자로 하여금 단정한 복장과 모자를 착용하여야 한다.
③ 운송사업자는 자동차를 깨끗하게 유지하여야 하며, 관할관청이 단독으로 실시하거나 관할관청과 조합이 합동으로 실시하는 경우에는 청결상태 등의 검사에 대한 확인을 받아야 한다.
④ 운송사업자는 속도제한장치 또는 운행기록계가 장착된 운송사업용 자동차를 해당 장치 또는 기기가 정상적으로 작동되는 상태에서 운행되도록 해야 한다.

해설 ①의 문항 중 "13세 미만의 어린이"가 아닌, "노약자·장애인 등"이 옳은 문항이다.

45 다음 중 운송사업자의 일반적인 준수사항으로 잘못된 것은?

① 일반 택시운송사업자는 소속 운수종사자가 아닌(실질적으로 소속 운수종사자가 아닌 자를 포함)자에게 관계법령상 허용되는 경우를 제외하고 운송 사업용 자동차를 제공하여서는 아니 된다.
② 운송사업자(개인택시 및 특수여객자동차운송사업자는 제외)는 차량운행 전에 건강상태 음주여부 및 운행경로 숙지여부 등을 확인해야 한다.
③ ②의 확인 결과 질병·피로·음주 또는 그 밖의 사유가 경미하여 안전한 운전을 할 수 있다고 판단되는 경우에는 자동차를 운행해도 된다.
④ 수요응답형 여객자동차운송사업자는 여객의 요청이 있는 경우 이를 거부하여서는 안 된다.

해설 ③의 문항이 잘못된 문항이며, "확인 결과 운수종사자가 질병·피로·음주 또는 그 밖의 사유로 안전한 운전을 할 수 없다고 판단되는 경우에는 해당 운수종사자가 차량을 운행하도록 해서는 안 된다."가 옳은 문항이다.

46 다음 중 운송사업자가 운수종사자로 하여금 여객을 운송할 때 성실하게 지키도록 항상 지도·감독할 사항이 아닌 것은?

① 정류소 또는 택시 승차대에서 주차 또는 정차할 때에는 질서를 문란하게 하는 일이 없도록 할 것
② 정비가 양호한 사업용자동차를 운행할 것
③ 위험방지를 위한 운송사업자·경찰공무원 또는 도로관리청 등의 조치에 응하도록 할 것
④ 자동차의 차체가 헐었거나 망가진 상태로 운행하지 않도록 할 것

해설 ②의 문항은 해당 없다. "정비가 불량한 사업용자동차를 운행하지 않도록 할 것"이 옳은 문항이며, 외에 "교통사고를 일으켰을 때에는 긴급조치 및 신고의무를 충실하게이행하도록 할 것"이 있다.

47 택시운송사업자(대형 또는 고급형은 제외)는 차량의 입·출고 내역, 영업거리 및 시간 등 택시 미터기에서 생성되는 자동차의 운행정보의 보존 기한으로 맞는 것은?

① 1년 이상
② 2년 이상
③ 3년 이상
④ 4년 이상

해설 ①의 1년 이상 보존하여야 한다.

48 자동차의 장치 및 설비 등에 관한 준수사항의 설명으로 옳지 않은 것은?

① 택시운송사업용 자동차(대형 및 고급형은 제외) 안에는 여객이 쉽게 볼 수 있는 위치에 요금미터기를 설치해야 한다.
② 대형 및 모범형 택시 운송사업자동차에는 요금영수증 발급과 신용카드 결제가 가능하도록 관련기기를 설치해야 한다.
③ 택시 운송사업용 자동차 및 수요 응답형 여객자동차 안에는 난방장치 및 냉방장치를 설치해야 한다.
④ 모든 택시운송사업용 자동차에는 호출 설비를 갖춰야 한다.

해설 ④의 문항 중 "모든"이 아닌, "대형 및 모범형"이 맞는 문항이다.

49 자동차의 장치 및 설비 등에 관한 준수사항의 설명으로 맞지 않는 것은?

① 택시운송사업용 자동차(대형승합차로 한정하고, 고급형 택시는 제외) 윗부분에는 택시운송사업용 자동차임을 표시하는 설비를 설치하여야 한다.
② 택시운송사업용 자동차가 빈(공)차로 운행 중일 때에는 외부에서 빈(공)차임을 알 수 있도록 하는 조명 장치가 자동으로 작동되는 설비를 갖춰야 한다.
③ 수요응답형 여객자동차에는 국토교통부장관이 정한 수요응답시스템을 갖추어야 한다.
④ 택시운송사업자(대형 및 고급형 택시는 제외)는 택시 미터기에서 생성되는 택시운송사업용 자동차 운행정보의 수집·저장장치 및 정보의 조작을 막을 수 있는 장치를 갖추어야 한다.

해설 ③의 문항 중 "국토교통부장관"이 아닌, "시·도지사가"가 맞는 문항이다.

정답 42 ④ 43 ② 44 ① 45 ③ 46 ② 47 ① 48 ④ 49 ③

50 다음 중 운수종사자의 준수사항에 대한 설명으로 맞지 않는 것은?

① 여객의 안전과 사고예방을 위하여 운행 전 사업용 자동차의 안전설비 및 등화장치 등의 이상 유무를 확인해야 한다.
② 질병·피로·음주나 그 밖의 사유로 안전한 운전을 할 수 없을 때에는 그 사정을 해당 운송사업자에게 알려야 한다.
③ 자동차의 운행 중 중대한 고장을 발견하거나 사고가 발생할 우려가 있다고 인정될 때에는 즉시 운행을 중지하고 적절한 조치를 해야 한다.
④ 운전업무 중 해당 도로에 이상이 있을 경우에는 즉시 운행을 중지하고 운송사업자에게 알려야 한다.

🔵해설 ④의 문항이 아닌, "운전업무 중 해당 도로에 이상이 있었던 경우에는 운전업무를 마치고 교대할 때에 다음 운전자에게 알려야 한다."가 옳은 문항이다.

51 다음은 운수종사자의 준수사항에 대한 설명이다. 옳지 않는 것은?

① 관계 공무원으로부터 운전면허증, 신분증, 신분증 또는 자격증의 제시 요구를 받으면 이에 따라야 한다.
② 여객자동차 운송사업에 사용되는 자동차 안에서 담배를 피워서는 아니 된다.
③ 관할관청이 필요하다고 인정하여 복장 및 모자를 지정할 경우에는 그 지정된 복장과 모자를 착용하고, 용모를 항상 단정하게 해야 한다.
④ 영수증 발급기 및 신용카드 결제기를 설치해야 하는 택시의 경우 운전자가 요구하면 영수증의 발급 또는 신용카드 결제에 응해야 한다.

🔵해설 ④의 문항 중에 "운전자가 요구하면"이 아닌, "승객이 요구 하면"이 맞는 문항이다.

52 다음 중 운수종사자가 승객의 승차를 제지할 수 대상에서 제외 되는 경우는?

① 장애인 보조견이나 전용 운반상자에 넣은 애완동물과 함께 승차하는 경우
② 다른 여객에게 위해(危害)를 끼칠 우려가 있는 폭발성 물질, 인화성 물질 등의 위험물을 자동차 안으로 가지고 들어 오는 경우
③ 다른 여객에게 위해를 끼치거나 불쾌감을 줄 우려가 있는 동물을 자동차 안으로 데리고 들어오는 경우
④ 자동차 출입구 또는 통로를 막을 우려가 있는 물품을 자동차 안으로 가지고 들어오는 경우

🔵해설 ①의 경우는 승객과 같이 승차할 수 있는 경우에 해당한다.

53 운전자가 사고로 인하여 사상자가 발생하거나 사업용 자동차운행을 중단할 때 사고의 상황에 따라 적절한 조치사항으로 잘못된 것은?

① 가능한 응급수송수단의 마련
② 가족이나 그 밖의 연고자에 대한 신속한 통지
③ 대체운송수단의 확보와 여객에 대한 편의제공
④ 그 밖에 사상자의 보호 등 필요한 조치

🔵해설 ①의 문항 중 "가능한"이 아닌, "신속한"이 옳은 문항이다.

54 다음은 택시운송사업의 운수종사자가 미터기를 사용하지 않고 운행하는 경우이다. 잘못된 것은?

① 구간운임제 시행지역 및 시간운임제 시행지역의 운수종사자
② 대형(승합자동차를 사용하는 경우로 한정) 및 고급형 택시 운송사업의 운수종사자
③ 일반 승객이 탑승하고 운행 중인 경우
④ 운송가맹점의 운수종사자(플랫폼가맹사업자가 확보한 운송 플랫폼을 통해서 사전에 요금을 정하여 여객과 운송계약을 체결한 경우에만 해당)

🔵해설 ③의 일반승객이 탑승하고 운행한 경우는 반드시 미터기를 사용하고 운행해야 한다.

55 다음 중 택시운수종사자의 준수사항으로 잘못된 것은?

① 1일 근무 시간 동안 택시 요금미터에 기록된 운송수입금의 전액을 운수종사자의 근무종료 당일 운송사업자에게 납부할 것
② 운수종사자는 일정금액의 운송수입금 기준액을 정하여 납부하지 않을 것
③ 운수종사자는 차량의 출발 전에 여객이 좌석안전띠를 착용하도록 안내해야한다.
④ 좌석안전띠 착용 안내의 방법, 시기, 그 밖에 필요한 사항은 행정안전부령으로 정한다.

🔵해설 ④의 문항 중 "행정안전부령"이 아닌, "국토교통부령"이 맞는 문항이다.

56 다음 중 택시운수종사자의 금지사항이 아닌 것은?

① 문을 닫지 않은 상태에서 자동차를 출발 시키거나 운행하는 경우
② 자동차 안에서 담배를 피우는 행위
③ 택시요금미터를 임의로 조작 또는 훼손하는 행위
④ 승객을 태우고 운행 중에 중대한 고장을 발견한 뒤, 즉시 운행을 중단하고 조치를 한 경우

🔵해설 ④의 경우는 운수종사자의 준수사항 중의 하나이다.

57 다음 중 교통질서의 중요성에 대한 설명이 아닌 것은?

① 제한된 도로 공간에서 많은 운전자가 안전한 운전을 하기 위해서는 운전자의 질서의식이 제고되어야 한다.
② 타인도 쾌적하고 자신도 쾌적한 운전을 하기 위해서는 모든 운전자가 교통질서를 준수해야 한다.
③ 교통사고로부터 국민의 생명 및 재산을 보호하고, 원활한 교통 흐름을 유지하기 위해서는 운전자 스스로 교통질서를 준수해야 한다.
④ 사람의 됨됨이는 그 사람이 얼마나 예의 바른가에 가늠하기도 한다.

🔵해설 ④의 문항은 운전예절의 중요성의 하나로 다른 문항이다.

정답 50 ④ 51 ④ 52 ① 53 ① 54 ③ 55 ④ 56 ④ 57 ④

58 다음 중 운전자의 인성과 습관의 중요성에 대한 설명으로 잘못된 것은?

① 운전자는 일반적으로 각 개인이 가지는 사고, 태도 및 행동 특성인 인성(人性)의 영향을 받게 된다.
② 습관은 후천적으로 형성되는 조건반사 현상으로 무의식중에 어떤 것을 반복적으로 행할 때 타인도 모르게 생활화된 행동으로 나타나게 된다.
③ 습관은 본능에 가까운 힘을 발휘하게 되어 나쁜 운전습관이 몸에 배면 나중에 고치기 어려우며 잘못된 습관은 교통사고로 이어질 수 있다.
④ 올바른 운전 습관은 다른 사람에게 자신의 인격을 표현하는 방법 중의 하나이다.

⊙해설 ②의 문항 중 "타인도"가 아닌, "자신도"가 옳은 문항이다.

59 다음 중 택시운전자의 운전예절의 중요성에 대한 설명으로 잘못된 것은?

① 사람은 사회생활의 대인관계에서 예의범절을 중시하고 있다.
② 사람의 됨됨이는 그 사람이 얼마나 예의 바른가에 따라 가늠 하기도 한다.
③ 예의바른 운전습관은 명랑한 교통질서를 유지한다.
④ 예의바른 운전습관은 교통사고를 예방할 뿐만 아니라 교통 문화 선진화의 지름길이 될 수 있다.

⊙해설 ①의 문항 중 "사회생활의"가 아닌, "일상생활의"가 옳은 문항이다.

60 다음 중 택시운전자가 지켜야하는 행동에 대한 설명으로 잘못된 문항은?

① 횡단보도에서의 올바른 행동 : 신호등이 없는 횡단보도를 통행하고 있는 보행자가 없어도 일시 정지하여 보행자를 보호한다.
② 전조등의 올바른 사용 : 야간운행 중 반대차로에서 오는 차가 있으면 전조등을 변환빔(하향등)으로 조정하여 상대 운전자의 눈부심 현상을 방지한다.
③ 차로변경에서 올바른 행동 : 방향지시등을 작동시킨 후 차로를 변경하고 있는 경우에는 속도를 줄여 진입이 원활하도록 도와준다.
④ 교차로를 통과할 때의 올바른 행동 : 교차로 전방의 정체 현상으로 통과하지 못할 때에는 교차로에 진입하지 않고 대기한다.

⊙해설 ①의 문항 중 "없어도"가 아닌, "있으면"이 옳은 문항이다.

61 다음 중 운전자가 삼가 하여야하는 행동이 아닌 것은?

① 지그재그 운전으로 다른 운전자를 불안하게 만드는 행동을 하지 않는다.
② 운행 중에 갑자기 끼어들거나 다른 운전자에게 욕설을 하지 않으며, 상황에 따라 갓길 통행 등 유동적인 운전을 한다.
③ 도로상에서 사고가 발생한 경우 차량을 세워 둔 채로 시비, 다툼 등의 행위로 다른 차량의 통행을 방해하지 않는다.
④ 교통 경찰관의 단속에 불응하거나 항의하는 행위를 하지 않는다.

⊙해설 ②의 문항 중 "상황에 따라 갓길 통행 등 유동적인 운전을 한다."가 아닌, "갓길로 통행하지 않는다."가 옳은 문항이다. 이외에 과속운행 또는 급브레이크를 밟는 행위를 하지 않는다. 신호등이 바뀌기 전에 빨리 출발하라고 전조등을 깜빡이거나 경음기로 재촉하는 행위를 하지 않는다. 가 있다.

62 다음 중 교통사고조사규칙에 따른 교통사고의 용어에 대한 설명으로 잘못된 것은?

① 충돌사고 : 차가 반대방향 또는 측방에서 진입하여 그 차의 정면으로 다른 차의 정면을 또는 측면을 충격한 것을 말함.
② 추돌사고 : 2대 이상의 차가 반대 방향으로 주행 중 뒤차가 앞차의 후면을 충격한 것을 말한다.
③ 전도사고 : 차가 주행 중 도로 또는 도로 이외의 장소에 차체의 측면이 지면에 접하고 있는 상태(좌측면이 지면에 접해 있으면 좌전도, 우측면이 지면에 접해 있으면 우전도)를 말한다.
④ 전복사고 : 차가 주행 중 도로 또는 도로 이외의 장소에 뒤집혀 넘어진 것을 말한다.

⊙해설 ②의 문항 중 "반대 방향"이 아닌, "동일 방향"이며, 외에 접촉사고(차가 추월,교행 등을 하려다가 차의 좌우측면을 서로 스친 것), 추락사고(자동차가 도로의 절벽 등 높은 곳에서 떨어진 사고)가 있다.

63 다음 중 자동차와 관련된 용어에 대한 설명으로 틀린 문항은?

① 차량 중량 : 공차 상태의 자동차 중량을 말한다.
② 차량 총중량 : 적차 상태의 자동차의 중량을 말한다.
③ 적차 상태 : 공차상태의 자동차에 승차정원의 인원이 승차하고, 최대의 물품이 적재된 상태를 말한다.
④ 승차 정원 : 자동차에 승차할 수 있도록 허용된 최대인원(운전자를 포함한다)을 말한다.

⊙해설 ③의 문항 중 "최대의 물품"이 아닌, "최대적재량의 물품"이 맞는 문항이며, 외에 공차상태 : 자동차에 사람이 승차하지 아니하고 물품(예비 부품 및 공구 기타 휴대품을 포함)을 적재하지 아니한 상태로서 연료·냉각수 및 윤활유를 만재하고 예비 타이어(예비 타이어를 장착한 자동차만 해당)를 설치하여 운행할 수 있는 상태가 있다.

64 최대적재량의 적재상태를 판단할 때 승차정원 1인 중량 몇 Kg으로 계산하는가. 옳은 것은?

① 75kg ② 65kg ③ 55kg ④ 45kg

⊙해설 ②의 65Kg이 옳은 문항이며, 13세 미만의 자는 1.5인을 승차 정원 1인으로 본다.

65 다음 중 교통사고 현장에서 원인조사를 할 때 조사해야 하는 사항이 아닌 것은?

① 노면에 나타난 흔적조사 : 스키드 마크, 요마크, 타이어 자국, 차량 파손품, 액체 잔존물, 차량적재물의 위치 및 방향 등
② 사고 차량 및 피해자 조사 : 사고 차량의 손상 부위 정도 및 손상 방향, 사고차량에 묻은 흔적, 찰과흔(擦過痕) 등
③ 사고 당사자 및 목격자 조사 : 운전자·탑승자·목격자에대한 사고 상황조사, 사고 운전자의 가정환경 조사
④ 사고현장 측정 및 사진 촬영 : 사고지점 부근의 가로등, 가로수, 전신주(電信柱) 등의 시설물 위치, 신호등(신호기 및 신호체계, 차로, 중앙선, 중앙분리대, 갓길 등 도로 횡단구성 요소, 방호울타리, 충격흡수시설, 안전표지 등 안전시설 요소, 노면의 파손, 결빙, 배수불량 등 노면상태 요소

⊙해설 ③의 문항에서 "사고운전자의 가정환경"은 조사사항이 아니다.

66 다음 중 부상자의 의식상태 확인에 대한 설명으로 잘못된 것은?

① 말을 걸거나 팔을 꼬집어 눈동자를 확인한 후 의식이 없다면 몸을 심하게 흔들어 의식유무를 확인한다.
② 의식이 없거나 구토할 때는 목이 오물로 막혀 질식하지 않도록 옆으로 눕힌다.
③ 목뼈 손상의 가능성이 있는 경우에는 목 뒤쪽을 한 손으로 받쳐 준다.
④ 의식이 없다면 기도를 확보한다. 머리를 뒤로 충분히 젖힌 뒤, 입안에 있는 피나 토한 음식물 등을 긁어 내어 막힌 기도를 확보한다.

해설 ①의 문항 중 "의식이 없다면 몸을 심하게 흔들어 의식유무를 확인한다."가 아닌, "의식이 있으면 말로 안심시킨다."가 맞는 문항이다. 외에 "환자의 몸을 심하게 흔드는 것은 금지한다. 가 있다.

67 다음은 심폐소생술을 하기 위한 성인과 영아의 의식 상태 확인 요령에 대한 설명이다. 다른 문항은?

① 성인 : 환자를 바로 눕힌 후 양쪽 어깨를 가볍게 두드리며 의식이 있는지 반응을 확인한다.
② 성인 : 숨을 정상적으로 쉬는지 확인하고, 자동제세기를 가져올 것을 요청한다.
③ 영아 : 한쪽 발바닥을 가볍게 두드리며 의식이 있는지 확인하고, 숨을 정상적으로 쉬고 있는지 반응을 확인한다.
④ 성인, 소아, 영아는 가슴이 충분히 올라올 정도로 2회(1회당 1초간) 실시한다.

해설 ④의 문항은 "기도개방 및 인공호흡 실시방법"의 하나이다.

68 다음 중 심폐소생술을 시행할 때 성인에 대한 가슴압박의 깊이로 옳은 것은?

① 약 5cm 이상 ② 약 4cm 이상
③ 약 3cm 이상 ④ 약 2cm 이상

해설 ①의 "약 5cm 이상"이 맞는 문항이다. 영아의 경우는 "약 4cm 이상"의 깊이로 압박한다.

69 다음 중 심폐소생술을 시행할 때 가슴압박의 속도와 횟수로 맞는 문항은?

① 20회(분당 100~120회) ② 30회(분당 100~120회)
③ 35회(분당 100~120회) ④ 40회(분당 100~120회)

해설 ②의 가슴압박 "30회(분당 100~120회)"가 맞는 문항이다.

70 다음 중 심폐소생술을 실시할 때 가슴압박 : 인공호흡 횟수로 맞는 것은?

① 20 : 2 ② 25 : 2
③ 30 : 2 ④ 40 : 2

해설 ③의 "30회 가슴압박과 인공호흡 2회 반복실시"가 맞다.

71 다음 중 교통사고 발생 시 가장 먼저 확인해야 할 사항은?

① 부상자의 체온 확인 ② 부상자의 신분 확인
③ 부상자의 출혈 확인 ④ 부상자의 호흡 확인

해설 ④의 부상자의 호흡 상태를 확인하여야 한다.

72 음식물이나 이물질로 인하여 기도가 폐쇄되어 질식할 위험이 있을 때 흉부에 강한 압력을 주어 토해내게 하는 응급처치 방법으로 맞는 것은?

① 인공호흡법 ② 하임리히법
③ 가슴압박법 ④ 심폐소생술

해설 ②의 "하임리히법"이 맞는 문항이다.

73 출혈 또는 내출혈 환자에 대한 응급조치요령으로 잘못된 것은?

① 출혈이 심하다면 출혈부위보다 심장에 가까운 부위를 헝겊 또는 손수건 등으로 지혈될 때까지 꽉 잡아맨다.
② 출혈이 적을 때에는 거즈나 깨끗한 손수건으로 상처를 꽉 누른다.
③ 부상자 옷의 단추를 푸는 등 옷을 헐렁하게 하고, 상반신을 높게 한다.
④ 내출혈이 발생하였을 때에는 부상자가 춥지 않도록 모포 등을 덮어 주지만 햇볕은 직접 쬐지 않도록 한다.

해설 ③의 문항 중 "상반신을 높게 한다."가 아닌 "하반신을 높게 한다."가 맞는 문항이다.

74 다음 중 골절부상자를 위한 응급조치로 잘못된 것은?

① 골절부상자는 가급적 구급차가 올 때까지 기다리는 것이 바람직하다.
② 환자를 움직이지 말고 손으로 머리를 고정하고 환자를 지지한다.
③ 팔이 골절 되었다면 헝겊으로 띠를 만들어 팔을 매달도록 한다.
④ 지혈이 필요하다면 골절부분은 건드리지 않도록 주의하며 지혈을 하고, 다친 부위를 심장보다 낮게 한다.

해설 ④의 문항 중 "심장보다 낮게 한다."가 아닌, "심장보다 높게 한다."가 옳은 문항이다.

75 차멀미를 하는 승객이 있을 때 조치할 수 있는 사항으로 옳지 않는 것은?

① 환자의 경우는 통풍이 잘되고 비교적 흔들림이 적은 앞쪽으로 앉도록 한다.
② 차멀미가 심한 경우에는 휴게소 내지는 안전하게 정차할 수 있는 곳에 정차하여 차에서 내려 시원한 공기를 마시도록 한다.
③ 차멀미가 예상되는 승객은 차 중간의 좌석에 승차하는 것이 안전하다.
④ 차멀미 승객이 토할 경우를 대비해 위생봉지를 준비한다.

해설 ③의 문항은 차멀미 환자의 조치사항을 부적당하고, 외에 "차멀미 승객이 토할 경우에는 주변 승객이 불쾌하지 않도록 신속히 처리한다."가 있다.

76 교통사고 발생 시 운전자의 조치 순서로 옳은 것은?

① 탈출→인명구조→후방방호→신고→대기
② 탈출→신고→인명구조→후방방호→대기
③ 신고→인명구조→탈출→후방방호→대기
④ 인명구조→신고→후방방호→탈출→대기

해설 ①의 문항이 옳은 문항이다.

정답 66 ① 67 ④ 68 ① 69 ② 70 ③ 71 ④ 72 ② 73 ③ 74 ④ 75 ③ 76 ①

77 다음은 교통사고가 발생 시 인명구조를 해야 될 경우 유의해야 할 사항이다. 잘못된 문항은?

① 승객이나 동승자가 있는 경우 적절한 유도로 승객의 혼란방지에 노력해야 한다.
② 인명구출 시 부상자, 노인, 어린아이 및 부녀자 등 노약자를 우선적으로 구조한다.
③ 정차위치가 차도, 노견 등과 같이 위험한 장소일 때에는 신속히 도로 밖의 안전장소로 유도하고, 2차 피해가 일어나지 않도록 한다.
④ 주간에는 주변의 안전에 특히 주의하고 냉정하고 기민하게 구출유도를 해야 한다.

해설 ④의 문항 중 "주간에는"이 아닌, "야간에는"이 옳은 문항이며, 외에 "부상자가 있을 때에는 우선 응급조치를 한다." 가 있다.

78 교통사고 발생 시 보험회사나 경찰 등에 전달할 사항으로 옳지 않은 것은?

① 사고발생 지점 및 상태
② 부상정도 및 부상자 수
③ 사고차 운전자의 주민등록번호
④ 회사명과 운전자 성명

해설 ③의 문항은 해당되지 않는다. 외에 우편물, 신문, 여객의 휴대화물의 상태, 사고 차량의 연료유출 여부 등이 있다.

79 자동차 고장 시 조치해야 하는 사항으로 옳지 않는 것은?

① 정차 차량의 결함이 심할 때는 비상등을 점멸시키면서 길어깨(갓길)에 바짝 차를 대서 정차한다.
② 차에서 내릴 때에는 옆 차로의 차량 주행상황을 살핀 후 내린다.
③ 야간에는 밝은 색 옷이나 야광이 되는 옷을 착용하는 것이 좋다.
④ 도로변에 정차할 때는 타 차량의 주행에 지장이 없도록 정차해야 한다.

해설 ④의 문항 중 "도로변에"가 아닌, "비상주차대에"가 옳은 문항이며, 외에 "비상전화를 하기 전에 차의 후방에 경고반사판을 설치해야 하며, 특히 야간에는 주의를 기울인다.""밤에는 고장자동차의 표지와 함께 사방 500미터 지점에서 식별할 수 있는 적색의 섬광신호·전기제등 또는 불꽃신호를 추가로 설치하여야 한다." 가 있다.

80 다음 중 재난발생 시 운전자의 조치사항에 대한 설명으로 잘못된 것은?

① 운행 중 재난이 발생한 경우에는 신속하게 차량을 안전지대로 이동한 후 즉각 회사 및 유관기관에 보고한다.
② 장시간 고립 시에는 유류, 비상식량, 구급환자발생 등을 즉시 신고, 한국도로공사에만 협조를 요청한다.
③ 폭설 및 폭우로 운행이 불가능하게 된 경우에는 응급환자 및 노인, 어린이 승객을 우선적으로 안전지대로 대피시키고 유관기관에 협조를 요청한다.
④ 재난 시 차내에 유류 확인 및 업체에 현재 위치를 알리고, 도착 전까지 차내에서 안전하게 승객을 보호한다.

해설 ②의 문항 중 "한국도로공사에만 협조를 요청한다."가 아닌, "한국도로공사 및 인근 유관기관 등에 협조를 요청한다."가 맞는 문항이며, 외에 "재난 시 차량 내부의 이상 여부 확인 및 신속하게 안전지대로 차량을 대피한다."가 있다.

정답 77 ④ 78 ③ 79 ④ 80 ②

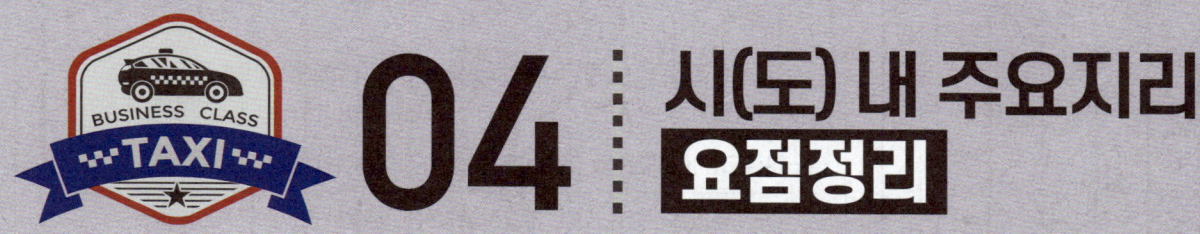

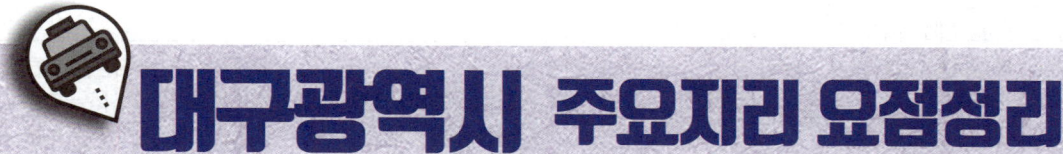

대구광역시 지역 응시자용

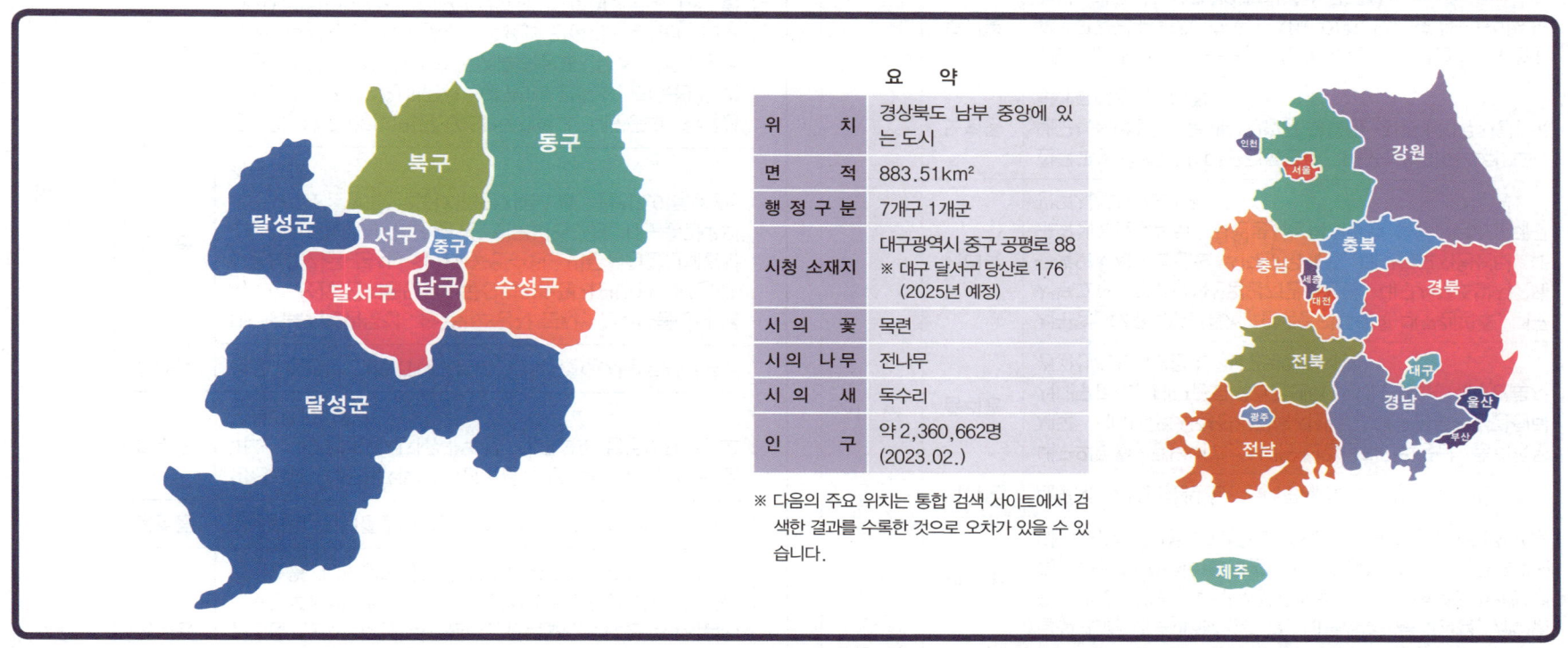

01. 지역별 주요 관공서 및 공공건물 위치

소재지		명칭
남구	대명동	대구남부경찰서, 남대구세무서, 남구보건소, 영남대학교병원, 대구가톨릭대학교병원, TBN대구교통방송, 서부정류장, 한국도로교통공단 대구지부, 영남이공대학교, 계명대학교 대명캠퍼스, 대구교육대학교, 경북예고, 대구고교, 경상공고, 대구시설공단, 대구대학교 대명동캠퍼스, 대구여자상고, 국민건강보험공단 대구남부지사, 대구광역시립남부도서관, 통합의료진흥원, 전인병원, 리더스병원, 문성병원, 카톨릭대학교 루가캠퍼스, 남대구세무서, 대구광역시 CCTV통합관제센터, 대명동우체국, 대구보건학교, 대구광명학교
	봉덕동	남구청, 경일여고, 협성고교, 남구의회, 봉덕동우체국, 한국대구화교 중.고교, 경북여자상고, 힘센병원, 가축위생방역지원본부 경북중부사무소, 한국공항공사항로시설본부 대구항공 무선표지소, 우리절한국불교대학
	이천동	대구상수도사업본부, 뉴질랜드한국불교연수문화원, 나라감정평가법인대구경북지역본부
달서구	대곡동	정부대구지방합동청사(대구지방공정거래사무소, 대구본부, 대구지방국세청, 대구지방환경청, 대구지방보훈청), 대구지방교정청, 지방행정연수원 대구경북본부, 대진고교, 달성군 선거관리위원회, 한국건설품질연구소, 대구광역시 장애인희망드림센터, 서부고용지청, 대구점자도서관, 대구정신병원
	도원동	대구보훈병원, 도원고교, 대곡고교, 달서구립도원도서관, 도원우체국, 달서구 장애인복지센터, 한국토지주택공사 대구경북지역본부

소재지		명칭
달서구	두류동	서대구세무서, 대구보건고교, 대구광역시립두류도서관, 한국산업안전공단 대구서부지사, 와플대학 대구이월드캠퍼스
	본동	대구공업대학교, 대구남부교육지원청, 우리병원, 보광병원, 허병원(장례식장)
	상인동	영남중·고교, 경북기계공고, 대구교통공사 종합관제소, 대구상원고교, 대구하이텍고교, 상인고교, 상인동우체국, 노리실버홈, 대구광역시 교육진흥원
	송현동	대구 청소년 문화센터, 대구광역시 청소년 자원봉사센터, 한국반려식물 문화협회, 송현여자고교, 달서영어도서관, 세강병원, 참조은병원, 삼일병원
	신당동	대구외국어고, 계명대학교 성서캠퍼스, 계명문화대학교, 한국방송통신대학교 대구경북지역대학, 계명대학교 동산병원, 성서병원
	성당동	원화여자고교, 경화여자고교, 상서고교, 대구해올고교, 대구문화예술진흥원(회관), 한국치맥산업협회
	용산동	대구지방검찰청, 서부지청, 대구가정법원, 대구학생문화센터, 대구직업능력개발원, 대구지방법원 서부지원, 대한법률구조공단 대구서부출장소, 경원고교, 성산고교, 성서고교, 대구특수교육원
	월성동	달서구청, 달서경찰서, 달서소방서, 대건고교, 효성여고, 달서구보건소, 달서구의회, 달서우체국
	월암동	대구경북지방중소벤처기업청
	이곡동	대구성서경찰서, 와룡고교, 대구지방조달청, 대구성서우체국, 대구구립성서도서관, 한국국토정보공사 대구경북지역본부, 대구광역시차량등록사업소서부분소
	죽전동	대구소방안전본부, 대구남부교육지원청특수교육지원센터

소재지		명 칭
달성군	구지면	중앙119구조본부, 징리보건진료소, 대구소프트웨어마이스터고교, 대구주행시험장수소추천소, 국립대구청소년디딤센터
	논공읍	달성군청, 달성보통합관리센터, 달성논공우체국, 열린중앙병원, 성요섭요양병원, 한국폴리텍대학 남대구캠퍼스, 환경시설관리공사달성사업소, 한국농어촌공사달성지사, 국민건강보험공단달성고령지사
	다사읍	심인고교, 다사고교, 강서소방서, 달성군립도서관, 다사요양병원, K-Water강정고령보사업소, 한국수자원공사, 낙동강보 관리단
	옥포읍	달성교육지원청, 달성옥포우체국, 달성군농업기술센터
	유가읍	계명대학교 달성캠퍼스, 국립대구과학관, 꿈나무과학관, 대구공고테크노폴리스캠퍼스, 달성유가우체국, 음리보건진료소, 한정보건진료소
	화원읍	달성군선거관리위원회, 달성군시설관리공단, 대구화원우체국, 화원고교, 한국에너지기술산업대구공장연구소, 한국건설물질연구소, 화원연세병원, 대구정신병원, 한남중미용정보고교, 국민연금공단대구달성고령지사
	현풍읍	달성경찰서, 달성우체국, 달성소방서, 대구경북과학기술원, 포산고교, 비슬고교, 현풍고교, 달성군보건소, 우리허브병원, 달성문화원, 대구광역시립달성도서관, 대구공공시설관리공단달성사업소, 남대구세무서달성지서, 달성군체육회, 달성문화원
동 구	각산동	대구동부경찰서, 대구일과학고교, 대구동부고교, 대구연세병원, 한국가스안전공사 대구광역본부, 대구소방학교
	검사동	동구보건소
	동내동	한국교육학술정보원, 대구경북첨단의료복합단지, 대구경북첨단의료산업진흥재단의약생산센터, 대구경북첨단의료산업진흥재단신약개발지원센터, 한국보건의료인국가시험원 대구경북시험센터, 한국메디벤처센터첨단정보통신융합산업기술원, 대구경북첨단의료산업진흥재단케이메디허브
	방촌동	강남병원, 강남종합병원, 대구광역시농업기술센터
	봉무동	영진고교, 대구국제학교, 한국폴리텍대학 영남융합기술캠퍼스, 대구경북경제자유구역청, 대구불로 봉무우체국, 고운실버케어(병원)
	상매동	항공교통본부, 한애T대구본부, 한국공항공사항로시설본부
	신서동	대구경북지방병무청, 한국가스공사 본사, 한국부동산원 본사, 한국산업단지공단, 한국산업기술평가관리원, KODIT 신용보증기금 본사, 중앙교육연수원, 병무청중앙신체검사소, 한국지능정보사회진흥원, 한국뇌연구원, 대구출입국외국인사무소, 한국산업단지공단키콕스홀, 월키즈아동병원, 강동고교
	신암동	동구청, 대구파티마병원, ASP국제학교, 대구공고, 한국장학재단, 한국전기안전공사, 대구보호관찰소, 한국전기 안전공사 대구경북지역본부, 국제특허상표사무소, 신암2동우체국, 다사랑실버타운(병원), 애심노인장기요양기관, 대구광역시립동부도서관, 대구관광고교, 동부여성문화회관, 법무부대구준법지원센터
	신천동	대구동부소방서, 대구상공회의소, 동대구세무서, 청구고교, 영남일보, CMB대구방송, 신천도서관, 신천4동우체국, 바로본병원, 한국노인인력개발원 대구경북지역본부, 경북일보 대구본부
	신평동	조일고교
	입석동	경북지방우정청, 국민연금공단 동대구지사
	지저동	대구국제공항, 국립포항검역소 대구국제공항지소
	진인동	갓바위자생식물원, 팔공산연수원, 여성메디파크병원연수원
	효목동	대구일마이스터코교, 대구지방기상청, 국립대구기상과학관, 대동병원, 동부허병원, 대구지방법원 등기국
북 구	고성동	대구도시개발공사
	구암동	구암고교, 함지고교, 운암고교, 강북경찰서, 강북소방서
	노원동	노원동우체국, 한국로봇산업진흥원, 대구여성회관, 강병원, 한국건강관리협회
	동천동	농산물품질관리원 경북지원, 대구보건대학교병원, 동북지방통계청, 동천동우체국, 로즈마리병원
	매천동	대구북부화물터미널, 꿈담도서관
	복현동	경상고교, 영진고교, 영진전문대학교 복현캠퍼스, 성화여고, 대구이룸고교, 대구시티병원, 뉴라이프병원, 복현성당, 경북대기독센터, 농업생명과학대학4호관, 복현동우체국, 대구안식원, 명진사이버대학교, 대구세계시민센터, 대구글로벌교육센터
	산격동	경북대학교, 대구우편집중국, 대구실내체육관, 경대교, EXCO, 대구광역시청별관, HCN 금호방송·교육방송국, 신세계병원, 대구광역시북구체육회, 대구산격동우체국, 대구평생교육진흥원, 한국화학융합시험연구원 대구·경북센터
	칠성동	대구역, 경명여고, 북부소방서, 칠성고교, 한성병원, 낙동강유역본부
	침산동	북구청, 북부경찰서, CBS대구방송, 북대구세무서, 경상여고, 북구보건소, 대구광역시립북부도서관, 근로복지공단 대구북부지사, 국민건강보험공단 대구북부지사
	태전동	대구운전면허시험장, 대구과학대학교, 대구보건대학교, 매천고교, 강북고교, 영송여고, 영송중앙도서관, 태전동우체국, 대구병원, 태전도서관, 한국가스공사관음관리소
	학정동	칠곡경북대학교병원, 경북대학교 학정동캠퍼스, 경북대학교어린이병원, 칠곡경북대학교병원어린이집, 경상북도동물위생시험소, 대구경북지역암센터, 근로복지공단대구병원, 경상북도농업자원관리원본원
서 구	내당동	달성고교, 대구과학기술고교, 대구서부교육지원청, 제이병원, 곽호순병원, 대구서문우체국, 달구벌여성인력개발센터, 내당4동어린이도서관, 국민건강보험공단 대구고객센터, 대구서부고용복지플러스센터, 대구서부경찰서어린이집
	비산동	대구서구치매안심병원, 서대구제일고교, 비원도서관
	중리동	대구의료원, 경덕여고, 서대구산업단지관리공단, 중리동우체국, 대구광역시정신건강복지센터, 대구근로자건강센터 서대구분소, 대구근로자건강센터 서대구분소, 대구근로자건강센터서대구문소, 서구영어도서관
	평리동	서구청, 대구서부경찰서, 한국폴리텍대학 대구캠퍼스, 대구서부고, 대구염색산업단지관리공단, 대구서부소방서, 대구광역시서구보건소, 서대구우체국, 대구학교지원센터, 대구학생예술창작터, 자원봉사능력개발원 쪽방상담소, 대구광역시립서부도서관
수성구	노변동	한국교통안전공단 대구경북본부, 대구농업마이스터고교, 대구녹색학습원, 국제무인항공 교육원, 자연누리유치원, 국립메르디앙어린이집
	두산동	TBC대구방송, 대구공공시설관리공단동부사업소, 수성고교, 국공립수성레이크 푸르지오 어린이집, 수성못스마트도서관, 대구시각장애인연합회 수성구지회
	만촌동	수성대학교, 대륜고교, 영남공업고교, 오성고교, 대구차량등록사업소, 대구구치소, 동문고교, 올곧은병원, 수성메트로병원, 혜화여자교, 행복한H병원, 더블유여성병원, 바르미호텔인터불고대구, 대구광역시립수성도서관, 국방기술품질원지휘정찰센터, 대구만촌1동우체국, 수성실버복지센터, 대구전파관리소
	범어동	수성구청, 대구지방·고등법원, 대구지방·고등검찰청, KBS대구방송총국, 수성경찰서, 대구여고, 대구고용노동청, 경신고교, 굳센병원, 수성구립범어도서관, 범어2동우체국, 금융감독원 대구경북지원, 정화여고, 여성메디파크병원, nbn뉴스영남취재본부, YTN대구경북취재본부, 법무법인아성, 대구고용복지플러스센터, 한국걸스카우트 대구연맹, 대한사회복지회 늘사랑청소년센터, 대한법률구조공단대구지부

소재지		명칭
수성구	상동	대구테크노파크, 한방뷰티융합센터, 대구상동우체국
	수성동	대구교육청, DGB대구은행 본점, 남산고교, 대구수성우체국, 수성세무서, 수성구립물망이도서관, 수성한미병원
	욱수동	대구MBC, 덕원고교, 불광사 경북불교대학
	지산동	대구경찰청, 대구교통연수원, 능인고교, 보건환경연구원 동물위생시험소, 한국환경공단 대구경북환경본부, 한국산업씨엠기술연구소, 수성구립무학숲도서관, 대구경찰청교통정보센터, 택시운송사업조합(개인), 국공립몬촌어린이집, 국공립색동어린이집, 수월한방병원, 지산동우체국, 도예리아동청소년발달지원센터, 수성구조일골친환경공영도시농업농장, 대구수성소방서심폐소생술체험장, 한국산업경제정책연구원
	황금동	대구어린이회관, 대구과학고교, 경북고교, 한국방송광고진흥공사 대구지사, 대구광역시노인종합복지관, 국립대구과학관, 한국장애인주간보호센터, 수성구청소년수련관, 대구황금동우체국, 청호서원
중구	계산동	매일 신문사
	남산동	경북여고, 경북공고, 대구중부소방서, 대구가톨릭대학교 유스티노캠퍼스, 대구동부교육지원청, 한국장학재단 대구센터, 천주교 대구대교구청, 신학대학원, 라파엘병원, 대구중구 선거관리위원회, 남산병원, 대구명덕우체국
	대봉동	경북사대부고, 대봉동우체국, 중구영어도서관, BBS대구불교방송, 대봉성당, 정기관세계본부, 대구여성인권센터, 중구청라국민체육센터, 공무원연금공단 대구지부
	동산동	계명대학교 대구동산병원, 신명여고
	동인동	중구청, 대구광역시청동인청사, KT대구지사, 대구시립중앙도서관, 대구광역시 의회, 경북대학교 의과대학 동인동캠퍼스, 국채보상우체국, 우리들병원
	봉산동	중구청소년문화의집
	삼덕동	경북대학교병원
	태평로	중구보건소
	포정동	대구우체국, 대구중부경찰서

02. 문화유적·관광지

소재지		명칭
달서구	대곡동	대구수목원, 침엽수원, 종교관련식물원, 엘리시아호텔, 대곡성당, 진남공원, 한실공원, 갈밭공원, 대진어린이공원, 비룡비생태체험공원, 종교관련식물원, 열대과일원, 중방지, 화원식엽온천, 목재문화체험장
	도원동	도원지, 삼필봉, 월광수변공원, 둥지어린이공원, 도원근린공원, 별모람어린이공원, 산새어린이공원, 청룡굴, 월매체육공원, 국민체력100달서체력인증센터, 도원성당, 갈밭성당, 수발꽃농원
	두류동	두류공원, 이월드, 83타워, 2.28자유광장, 코오롱야외음악당, 브라운도트두류점, 크리스탈호텔웨딩홀, 희망어린이공원, 달서어린이공원, 대구달서당당한방병원, 상록어린이공원, 호텔대구
	본동	달서구노인종합복지관, 학산공원, 한마음어린이공원, 넘버25호텔, 본호텔
	상인동	롯데백화점상인점, 낙곡서원, 월역역사공원, 감성테마공원, 민들레어린이공원, 호텔로랑, 채정공원, 월촌공원, 당산어린이공원, 송림어린이공원, 월매공원, 달배어린이공원, 상인성당
	송현동	토끼와거북이공원, 장관어린이공원, 송지어린이공원, 치명어린이공원, 송현공원, 달서별빛캠핑장, 대덕산송현동네체육관, 대덕승마장, 매자골
	성당동	성당못, 대구문화예술회관, 두류수영장야외워터파크, 반달공원, 시월애호텔, 호텔야자대구서부정류장점, 대성사, 대구대표도시숲, 두류종합시장, 성당성당, 웨스턴N호텔
달성군	가창면	녹동서원, 스파밸리, 네이처파크, 가창파크골프장, 냉천컨트리클럽, 가창체육공원, 비슬산군립공원, 달성조길방가옥, 한천서원, 호텔라포레130카라반캠핑장, 가창꿈바우캠핑장, 최정산힐링숲, 가창농원글램핑&오토캠핑장
	구지면	도동서원, 송담서원, 정수암, 이노정, 낙동강레포츠밸리구지오토캠핑장, 곽재우장군묘지, 다올호텔, 스테이연
	논공읍	달성노을공원, 타임캡슐광장, 논공학생야영장, 달성보전망대, 논공달성보파크골프장, 달성군민운동장, 논공중앙종합상가시장, 6.25참전기념비, 논공꽃단지, 카이호텔, 뉴욕비지니스호텔, 달성보민박텃밭바이클, 달성보통합관리센터, 논공성당
	다사읍	강정고령보, 이강서원, 마천산산림욕장, 세천늪근린공원, 첨단산업단지근린공원, 와룡산상리전망대, 죽곡대나무숲, 대구강정유원지, 디아크유람선선착장
	옥포읍	용연사, 송해공원, 옥연지송해공원, 용연사계곡, 옥연지, 이팝나무군락지, 달성용연사금강계단, 오투글램핑카라반, 호텔리움, 옥포생태공원, 용연사벚꽃길, 백암사, 선녀약천, 비슬산참굴숯찜질방
	유가읍	유가사, 비슬산자연휴양림, 국립대구과학관, 유치곤장군호국기념관, 대견사지 삼층석탑, 굿밧골계곡, 비슬산계곡, 비슬자연휴양림·야영장, 비슬산참숯군락지, 테크노폴리스중앙공원, 비슬구천공원, 과학관공원, 호텔아젤리아, 호텔히튼, 초곡산성, 비슬산펜션, 만류인력공원, 상성폭포
	화원읍	사문진나루터, 인흥마을, 달성습지 생태학습관, 화원유지, 화원명곡체육공원, 명곡숲산림욕장, 사문진피크닉장, 화원자연휴양림, 산림문화향산관, 용문폭포, 광법사, 수정사, 용문사, 화원동산전망대, 사문진선착장, 화원체육공원, 화원진천천파크골프장, 화원식엽온천, 성산성당, 유천성당, 블루마술극장, 달성예술극장
	현풍읍	달성군민체육관, 달성현풍석빙고, 현풍읍원오파크골프장, 브라운도트호텔현풍점, 호텔노블, 현풍교통문화파크, 우함복한사랑마을, 암곡서원, 이양서원, 현풍향교, 용흥지, 현풍성당, 노을전망대, 부리어린이공원, 용현저수지, 현풍상리체육공원
	각산동	매여봉, 마곡지, 답곡지, 나불지, 신지돌고래어린이공원, 초례신체육공원, 다람쥐어린이공원, 새론공원
동구	검사동	홈플러스 동촌점, 하운드호텔, 동촌유원지유람선매표소, 동촌희망오리배매표소
	동내동	동곡지, 만록골, 동호유적공원, 동호서당, 동내향수공원
	도동	도동측백나무숲, 용암산성오토캠핑장, 도평파크골프장, 용암산성, 백원서원, 라포레도동웨딩
	도학동	동화사, 방짜유기박물관, 양진암계곡, 팔공컨트리클럽, 팔공산국립공원도학야영장, 동화사국민관광단지, 동화사염불암마애여래좌상및보살좌상, 동화사비로암삼층석탑, 팔공산동화사사적비, 동화사국민관광단지통일대불, 오취선명세불망비, 대구도학당승탑, 연림스테이, 팔공산무인산장, 양진암계곡
	방촌동	방촌시장, 퀸벨호텔
	봉무동	DTC섬유박물관, 봉무공원, 봉무토성, 단산유적공원, 단산저수지, 나비수상레저, 봉무나비생태곤충생태관, 봉무리틀야구장, 봉무파크골프장, 만보산책로, 호텔이시아
	불로동	불로동고분군, 불로시민체육공원, 공항식물원
	상매동	관음사.송호지. 상매지. 송호공원, 상매파크골프장, 골프캡프관광호텔, 브라운도트호텔혁신점, JB관광호텔, 더블유에스호텔, 아우름호텔, 아마레호텔, 앙코르호텔, 호텔이노벨리
	신무동	부인사, 신무동마애불좌상, 구룡사적멸보궁, 대구교육팔공산수련원야영장, 수릉봉산계표석, 수태지오솔길, 수태골

소재지		명칭
동구	신서동	코스트코코리아 대구혁신점, 이마트 반야월점, 신서지, 신서중앙공원, 반달곰어린이공원, 신서근린공원, 강동어린이공원, 신서중앙공원, 새못
	신암동	평화시장, 기상대기념공원, 신암공원, 박정희광장, 국립신암선열공원
	신천동	신세계백화점 대구점, 대구메리어트호텔, 2월호텔동대구점, 이스턴호텔, 호텔플레이스22, 하운드호텔 동대구역점, 호텔 포레스트701, 호텔하루2, 현대아울렛 대구점, 이마트24, 송라시장, 인터호텔, H호텔, 체리쉬호텔
	용수동	팔공산케이블카, 대구시민안전테마파크, 팔공에밀리아호텔, 팔공산온천관광호텔, 애플호텔펜션, 숲속의쉼터, 수태골, 팔공산순환도로가로수길, 농연서당, 팔공산자수박물관, 팔공산분수대광장, 팔공산케이블카전망대정상역
	율하동	롯데마트 대구율하점, 율하체육공원(박주영축구장)
	진인동	팔공산맥섬석유스호스텔, 갓바위자생실물원, 뜰안에솔펜션&오토캠핑장, 이지캠핑카, 팔공산도림사추모공원
	중대동	파계사, 대한수목원, 팔공산국립공원, 넘버25호텔 팔공산점, 달마사지신스님운세상담, 공산예원문화공원
	효목동	망우당공원, 해맞이공원, 동촌유원지, 아양루, 항일독립운동기념탑, 임란호국영남충의단, 망우당기념관, 곽재우 장군동상, SG호텔, 갤러리호텔, 호텔펠리체, 브라운도트호텔동촌유원지점
북구	고성동	대구복합스포츠타운(DGB대구은행파크), 대구시민운동장
	구암동	운암지, 운암지수변공원, 운암지먹거리타운, 구암동고분군, 웃골동산, 함지근린공원, 구암동숲체험공원, 사계절공원, 구암공원, 뜨락공원, 솔밭공원
	노원동	팔달시장, 팔달신시장, 팔달공원, 무궁화공원, 해바라기공원, 침산골목시장
	동천동	홈플러스 칠곡점, 동천근린공원, 오뚜기공원, 아싸A4호텔, 브라운도트대구동천점, 호텔자리, 스위트호텔, 에이치에비뉴대구동천점, 문화예술거리이태원길
	매천동	대구농수산물도매시장, 매천센트럴파크공원, 송천공원
	산격동	호텔인터불고엑스코, 코스트코코리아 대구점, 브라운도트대구엑스코점, 컨밴션 비즈니스호텔, 금호강산격야영장, 금호강생태공원, 연암공원, 구암서원, 대불공원, 연암산
	칠성동	롯데백화점 대구점, 이마트 칠성점, 칠성시장, 대구오페라하우스, 칠성꽃도매시장, 칠성야시장
	침산동	침산공원, 침산, 망배단, 침산공원벚꽃계단
남구	대명동	충훈탑, 낙동강승전기념관, 성당시장, 관문시장, 남부시장, 안지랑곱창골목, 앞산공원, 성명어린이대공원, 대명생태공원, 앞산빨래터공원, 안지랑골 안일 체육공원, 앞산전망대, 고산골공룡공원케이블카하늘길, 2월호텔 앞산점, 앞산비즈니스호텔, 뉴프린스호텔, 브라운도트 성당못점, 대명공원문화거리, 대명성당
	봉덕동	은적사, 봉덕시장, 신번개시장, 고산골공룡공원, 봉덕신시장야외공연장, 봉덕동체육공원, 남구구민체육광장, 남구종합스포츠타운파크골프장, 산성산강당체육공원, 앞산케이블카, 호텔더팔래스대구, 블로바이블로호텔, 브라운도트호텔봉덕점, 봉덕성당, 스위트호텔봉덕
	이천동	극락사 추모공원, 보문사경매장, 대봉수영장, 신천사계절 물놀이장

소재지		명칭
서구	내당동	홈플러스 내당점, 감삼못공원, 황제공원, 경운공원, 삼익공원
	비산동	호텔오늘, 이사벨호텔, 달성토성마을온실, 동아리공원, 비산공원, 방탄소년단뷔벽화거리, 프랜차이즈특화거리
수성구	대흥동	대구스타디움, ACT관광호텔, 호텔피에드수성, 더아르코호텔, 갤러리K대구센터, 내관지
	두산동	수성못, 수성유원지, 호텔수성, 아리아나호텔, 갤러리호텔, 호텔로미오&줄리엣, 수성스테이호텔, 아트피아골프클럽, 두산동고분군, 성암산수성유원지체육공원, 아랫마을어린이공원, 끝동어린이공원, 호텔도도, 피크니크호텔, 거목식물원, 울루루문화광장, 수성못오리배선착장A
	만촌동	모명재, 바르미호텔인터불고대구, 비내리는고모령노래비, 만촌체육공원
	범물동	동아백화점 수성점, 하늘아래수성별사랑캠프, 안산대룡폭포, 진밭골산림공원, 중앙어린이공원, 진밭골야영장. 대덕지, 구곡지, 길상사, 성암관구곡지약수터, 안골, 용지봉
	범어동	대구그랜드호텔, 호텔라온제나, 마이더스호텔, 야시골공원
	삼덕동	대구미술관, 대구간송미술관, 연호지, 대구어린이천문대
	수성동	수성시장, 태백시장, 수성어린이공원
	연호동	삼성라이온즈파크, 연호내지, 연지
	황금동	국립대구박물관, 대구어린이공원, 범어공원, 유적공원, 국공립힐스테이트어린이집, 국공립아이맘어린이집, 2월호텔 황금본점, 보잉호텔수성점, 황금관광호텔, 엘리제호텔, 체리쉬호텔, 브라운도트호텔대구수성점
중구	계산동	주교좌계산대성당, 현대백화점 더현대대구점, 코리아세븐 대구현대점
	공평동	2.28기념중앙공원, 스파크랜드 대관람차, 세컨트호텔
	교동	교동시장, 강산면옥본점, 교동먹거리타운
	남산동	대구향교, 남문시장, 남산어린이공원, 남산제2어린이공원, 남산자이하늘채어린이집, 리틀포레스트어린이집, 남산이편한어린이집, 계산싱싱과일꽃백화점, 애가한옥게스트하우스
	남성로	대구한약재도매시장, 대구약령시장, 염매시장, 대구 약령시 문화거리, 한국생약협회대구중구공판장, 대구 약령시한의학박물관
	달성동	달성공원, 동물원(호랑이사외 6개사), 관풍루
	대봉동	대구백화점프라자점, 김광석다시그리기길, 보이드갤러리, 갤러리에이엔디, 갤러리열음, 건들바위역사공원, 퍼센트한옥게스트하우스, 대봉별채, 한옥스테이너와, 감성숙소 스테이올라, 김광석길콘서트홀, 김광석스토리하우스
	대신동	서문시장, 서문한옥게스트하우스
	덕산동	동아백화점 쇼핑점, 덕산시장
	동산동	청라언덕, 엘디스리젠트호텔, 청라게스트하우스, 고도아트갤러리
	동문동	노블스테이호텔, 리버틴호텔
	동인동	국채보상운동기념공원(도서관), 한옥게스트하우스 안
	태평로	대구콘서트하우스, 유니오관광호텔
	포정동	경상감영공원, 대구근대역사관

03. 주요 도로

1 주요 고속도로

명 칭	구 간
신천대로	남대구IC - 가창우체국앞삼거리
와룡로	학산공원 삼거리 - 서대구역네거리
팔공로	불로삼거리 - 동강교차로
화랑로	동대구세무서삼거리 - 반야월삼거리
국채보상로	새방골지하차도 - 무열대삼거리
노원로	만평네거리 - 침산교교차로
대명로	성당네거리 - 영대병원네거리
동대구로	파티마삼거리 - 두산오거리
북비산로	서대구IC진출입로 - 달성네거리
앞산순환로	달비골삼거리 - 상동고가하단교차로
중앙대로	대명동캠프워커 - 산격청사네거리
침산로	태평네거리 - 신천대로출구
태평로	중구 달성네거리 - 신천교네거리동단
남산로	남산동 계명네거리 - 남산동 신남네거리
달서로	내당동 반고개네거리 - 원대동3가원대오거리
달성로	대신동 신남네거리 - 달성동 달성네거리
월드컵로	대구스타디움서편광장입구 - 월드컵삼거리
현충로	대명동 현충삼거리 - 대명동 계명네거리
당산로	본리동네거리 - 서구 이현동
신천동로	북구 산격동 유통단지 - 파동수성못오거리

2 대구광역시 주요 도로

명 칭	구 간
달구벌대로	성주대교 동단 - 중산삼거리
무열로	만촌네거리 - 효목네거리
신천대로	남대구IC - 가창우체국앞삼거리
와룡로	학산공원 삼거리 - 서대구역 네거리
팔공로	불로삼거리 - 동강교차로
화랑로	동대구세무서삼거리 - 반야월삼거리
국채보상로	새방골지하차도 - 무열대삼거리
노원로	만평네거리 - 침산교교차로
대명로	성당네거리 - 영대병원네거리
동대구로	파티마삼거리 - 두산오거리
북비산로	서대구IC진출로 - 달성동네거리
앞산순환로	달비골삼거리 - 상동고가하단교차로
중앙대로	대명동캠프워커 - 산격청사네거리
침산로	태평네거리 - 신천대로출구
태평로	중구달성네거리 - 신천교네거리동단
남산로	남산동계명네거리 - 남산동신남네거리
달서로	내당동반고개네거리 - 원대동3가원대오거리
달성로	대신동신남네거리 - 달성동달성네거리
월드컵로	대구스타디움서편광장입구 - 월드컵삼거리
현충로	현충삼거리 - 계명네거리
당산로	본리동네거리 - 서구 이현동
신천동로	북구 산격동 유통단지 - 파동수성못오거리

04. 대구광역시 주요 교통시설

1 주요 철도역, 버스터미널 및 터널

소재지		명 칭
남 구	대명동	서부정류장(서부시외버스터미널)
달성군	가창면	앞산터널
	현풍읍	현풍시외버스터미널
동 구	신암동	동대구역
	신천동	동대구역복합환승센터
	용계동	동대구화물터미널
	지묘동	공산터널
	지저동	대구국제공항
북 구	노원동	서대구고속버스터미널
	서변동	국우터널
	칠성동	대구역
서 구	비산동	대구북부시외버스터미널
수성구	지산동	무학터널, 범물터널
	황금동	두리봉터널

2 주요 하천 및 교량

하천 및 도로명	교량명	연결 지점
금호강, 경부고속도로	금호대교	북구(검단동) - 서구(불로동)
금호강, 자동차전용도로	서변대교	북구(서변동) - 북구(침산동)
금호강, 범안로	범안대교	동구(가천동) - 수성구(고모동)

하천 및 도로명	교량명	연결 지점
금호강	아양교	동구(입석동) - 동구(동촌동)
	화랑교	동구(방촌동) - 동구(효목동)
	강창교	달서구(파호동) - 달성군(다사읍)
	와룡대교	북구(사수동) - 달성군(다사읍)
	매천대교	북구(팔달동) - 서구(비산동)
	팔달교	북구(팔달동) - 서구(비산동)
	노곡교	북구(노곡동) - 북구(노원동)
	조야교	북구(조야동) - 북구(노원동)
	산격대교	북구(동호동) - 북구(산격동)
	공항교	동구(불로동) - 북구(복현동)
	안심교	동구(동호동) - 수성구(성동)
낙동강	사문진교	달성군(화원읍) - 고령군(다산면)

하천 및 도로명	교량명	연결 지점
신 천	상동교	수성구(상동) - 남구(봉덕동)
	중동교	수성구(중동) - 남구(봉덕동)
	희망교	수성구(중동) - 남구(이천동)
	대봉교	수성구(수성동) - 남구(이천동)
	수성교	수성구(수성동) - 중구(삼덕동)
	동신교	동구(신천동) - 중구(동인동)
	신천교	동구(신천동) - 중구(동인동)
	신성교	동구(신암동) - 북구(칠성동)
	칠성교	동구(신암동) - 북구(칠성동)
	경대교	북구(대현동) - 북구(침산동)
	도청교	북구(산격동) - 북구(침산동)
	성북교	북구(산격동) - 북구(침산동)
	침산교	북구(산격동) - 북구(침산동)

대구 철도 노선표

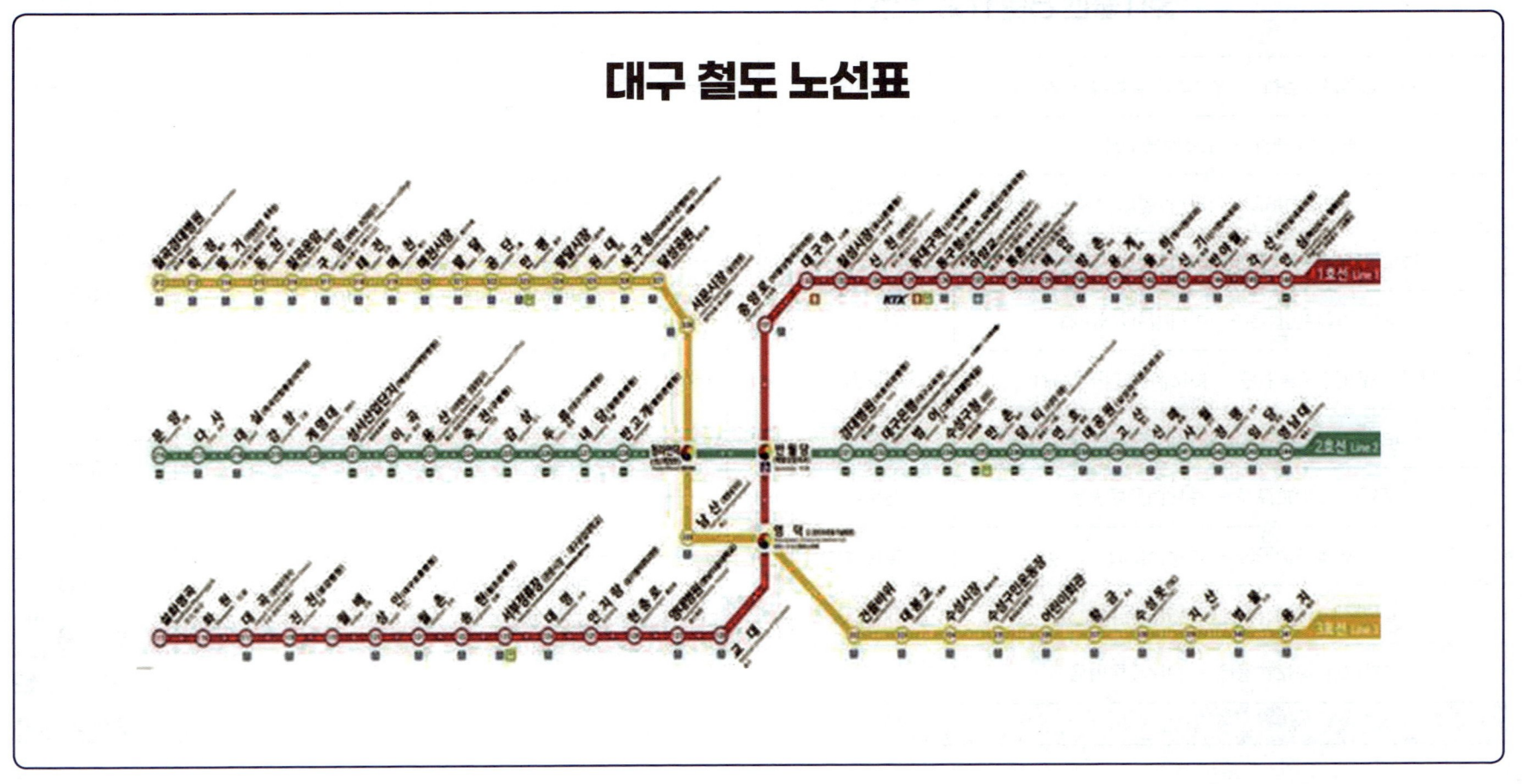

대구광역시 주요지리 출제예상문제

1 다음 중 남구청이 위치하는 지역으로 옳은 것은?
① 봉덕동 ② 이천동
③ 대명3동 ④ 대명1동

2 다음 중 남구 대명동에 소재하는 것으로 옳은 것은?
① 협성고교 ② 대구가톨릭대학교병원
③ 대구상수도사업본부 ④ 경일여고

3 다음 중 대구수목원의 소재지로 옳은 것은?
① 달서구 대곡동 ② 달성군 다사읍
③ 남구 이천동 ④ 수성구 범어동

4 다음 중 달서구 본동에 소재하는 대학으로 옳은 것은?
① 계명대학교 ② 한국방송통신대학교
③ 대구공업대학교 ④ 계명문화대학교

5 다음 지역 중 대구운전면허시험장의 소재지로 옳은 것은?
① 북구 고성동 ② 북구 태전동
③ 북구 복현동 ④ 북구 노원동

6 다음 중 남구 대명동에 위치하는 방송국으로 옳은 것은?
① KBS대구방송총국 ② 대구MBC
③ CBS대구방송 ④ TBN대구교통방송

7 다음 중 한국도로교통공단 대구지부가 위치한 지역으로 옳은 것은?
① 서구 평리동 ② 동구 상매동
③ 남구 대명동 ④ 수성구 범어동

8 다음 중 남구청과 같은 지역에 위치한 시장으로 옳은 것은?
① 남부시장 ② 신번개시장
③ 성당시장 ④ 관문시장

9 다음 중 동구에 소재하는 문화유적지로 옳은 것은?
① 도동서원 ② 파계사
③ 대구향교 ④ 용연사

10 다음 중 달성군에 있는 달성보통합관리센터의 정확한 위치로 옳은 것은?
① 논공읍 ② 다사읍
③ 구지면 ④ 현풍읍

11 다음 중 달서구 상인동에 위치하지 않는 고등학교는?
① 경상공고 ② 경북예고
③ 경북기계공고 ④ 대구고교

12 다음 중 무학터널과 같은 지역에 있는 것으로 옳은 것은?
① 달성고교 ② 대구제일고교
③ 보건환경연구원 ④ 대구의료원

13 다음 중 대구역이 소재하는 지역으로 옳은 것은?
① 달서구 ② 북구
③ 남구 ④ 수성구

14 다음 중 계명네거리-신남네거리로 이어지는 도로는?
① 남산로 ② 동대구로
③ 당산로 ④ 화랑로

15 다음 중 남구 대명동에 위치하는 대학병원으로 옳은 것은?
① 계명대학교 대구동산병원
② 영남대학교병원
③ 경북대학교병원
④ 칠곡경북대학교병원

16 다음 중 월광수변공원 주변에 위치하는 것으로 옳은 것은?
① 방짜유기박물관 ② 팔공에밀리아호텔
③ 도원지 ④ 평화시장

17 다음 중 EXCO의 소재지로 옳은 것은?
① 남구 대명동 ② 동구 신천동
③ 북구 산격동 ④ 수성구 범어동

18 다음 중 달서구청과 동일한 지역에 있지 않은 것은?
① 대구외국어고 ② 달서소방서
③ 대건고교 ④ 달서경찰서

정답 1 ① 2 ② 3 ① 4 ③ 5 ② 6 ④ 7 ② 8 ③ 9 ② 10 ① 11 ③ 12 ① 13 ② 14 ① 15 ② 16 ③ 17 ③ 18 ①

19 다음 중 달성군 화원읍에 위치하는 것은?
① 신세계백화점 대구점 ② DTC섬유박물관
③ 화원유원지 ④ 대구문화예술회관

20 다음 중 달성군에 속한 행정 구역이 아닌 것은?
① 가창면 ② 옥포읍
③ 봉무동 ④ 유가읍

21 다음 중 동구보건소가 소재하는 지역으로 옳은 것은?
① 검사동 ② 진인동
③ 신암동 ④ 효목동

22 다음 중 대구교육대학교가 위치한 곳으로 옳은 것은?
① 남구 대명동 ② 중구 동인동
③ 달서구 신당동 ④ 북구 산격동

23 다음 중 달성군에 소재하는 유원지로 옳지 않은 것은?
① 비슬산 자연휴양림 ② 송해공원
③ 화원유원지 ④ 월광수변공원

24 다음 중 만평네거리 – 침산교교차로로 이어지는 도로는?
① 신천동로 ② 노원로
③ 달성로 ④ 팔공로

25 다음 중 공산터널이 위치한 지역으로 옳은 것은?
① 달성군 ② 달서구
③ 남구 ④ 동구

26 다음 중 달서구 상인동에 소재하지 않는 고등학교는?
① 영남고교 ② 경북기계공고
③ 대구달서공고 ④ 조일고교

27 서구에 위치하는 고등학교가 아닌 것은?
① 대구서부고교 ② 대구제일고교
③ 경덕여고 ④ 대륜고교

28 다음 중 대구국제공항이 위치한 곳은?
① 북구 태전동 ② 중구 봉산동
③ 동구 지저동 ④ 서구 평리동

29 다음 중 대구스타디움이 위치하는 지역으로 옳은 것은?
① 북구 침산동 ② 수성구 대흥동
③ 달서구 성당동 ④ 중구 동인동

30 다음 중 국립대구박물관이 위치하는 지역은?
① 동구 도학동 ② 수성구 황금동
③ 북구 태전동 ④ 중구 동인동

31 다음 지역 중 대구상공회의소가 위치한 곳은?
① 동구 방촌동 ② 북구 노원동
③ 동구 신천동 ④ 북구 칠성동

32 다음 중 대구광역시립중앙도서관이 위치한 곳은?
① 남구 봉덕동 ② 남구 이천동
③ 중구 서문로 ④ 중구 동인동

33 다음 역 중 지하철 1호선에 속한 역이 아닌 것은?
① 담티역 ② 안지랑역
③ 방촌역 ④ 동대구역

34 다음 중 동구에 소재하지 않는 것은?
① 한국가스공사 본사 ② 대구실내체육관
③ 병무청중앙신체검사소 ④ 대구상공회의소

35 다음 중 달성군에 위치하는 관광지로 옳은 것은?
① 국립대구박물관 ② 강정고령보
③ 침산공원 ④ 동화사

36 다음 중 동구 신천동에 소재하는 것으로 옳은 것은?
① 한국부동산원 본사 ② CMB 대구방송
③ 동구청 ④ 경북지방우정청

37 다음 중 동구 효목동에 소재한 병원으로 옳은 것은?
① 대동병원 ② 강남병원
③ 경북대학교병원 ④ 대구보훈병원

38 다음 중 서대구국산업단지관리공단의 위치로 옳은 것은?
① 북구 칠성동 ② 달서구 신당동
③ 동구 진인동 ④ 서구 중리동

39 다음 중 퀸벨호텔이 있는 지역으로 옳은 것은?
① 수성구 두산동 ② 남구 대명동
③ 중구 남산동 ④ 동구 방촌동

40 다음 중 동구에 소재하는 공원으로 옳은 것은?
① 망우당공원 ② 달성공원
③ 경상감영공원 ④ 월광수변공원

정답 19 ③ 20 ③ 21 ① 22 ① 23 ④ 24 ② 25 ④ 26 ④ 27 ④ 28 ③ 29 ② 30 ③ 31 ③ 32 ④ 33 ① 34 ②
35 ② 36 ② 37 ① 38 ④ 39 ④ 40 ①

41 다음 중 팔공산케이블카가 위치한 곳으로 옳은 것은?
① 중구 남산동　② 북구 산격동
③ 달성군 가창면　④ 동구 용수동

42 다음 중 서구 평리동에 위치하지 않는 것은?
① 서구청　② 대구지방국세청
③ 대구서부경찰서　④ 한국폴리텍대학 대구캠퍼스

43 다음 중 평화시장이 위치한 지역으로 옳은 것은?
① 남구 봉덕동　② 중구 하서동
③ 동구 신암동　④ 달서구 본동

44 다음 중 중구에 소재하는 공원으로 옳은 것은?
① 송해공원　② 두류공원
③ 달성공원　④ 앞산공원

45 다음 중 대구한약재도매시장이 위치한 곳은?
① 동구 지저동　② 수성구 두산동
③ 북구 구암동　④ 중구 남성로

46 다음 중 대구국제공항과 같은 지역에 위치하는 교통시설은?
① 대구역　② 동대구역
③ 대구북부시외버스터미널　④ 현풍시외버스터미널

47 다음 중 동구(입석동) – 동구(동촌)를 잇는 교량의 이름은?
① 대봉교　② 아양교
③ 안심교　④ 공항교

48 다음 중 수성구에 위치하는 수성대학교의 행정 구역은?
① 두산동　② 만촌동
③ 범어동　④ 지산동

49 다음 중 대한수목원이 위치한 지역으로 옳은 것은?
① 수성구　② 북구
③ 동구　④ 서구

50 다음 중 구청과 소재지가 잘못 짝지어진 것은?
① 남구청 – 봉덕동　② 동구청 – 방천동
③ 중구청 – 동인동　④ 북구청 – 침산동

51 다음 중 공원과 그 소재지가 잘못 짝지어진 것은?
① 두류공원 – 달서구 도원동
② 달성공원 – 중구 달성동
③ 월광수변공원 – 달서구 도원동
④ 망우당공원 – 동구 효목동

52 다음 중 북구청의 소재지로 옳은 것은?
① 산격동　② 노원동
③ 복현동　④ 침산동

53 다음 중 북구에 속하지 않는 행정 구역은?
① 노원동　② 대명동
③ 침산동　④ 산격동

54 다음 중 북구 산격동에 소재하는 기관으로 옳은 것은?
① 대구광역시청별관　② 한국로봇산업진흥원
③ 북구청　④ 대구도시공사

55 다음 중 수성구에 위치하는 방송국으로 옳지 않은 것은?
① KBS대구방송총국　② 대구MBC
③ TBC대구방송　④ CBS대구방송

56 다음 중 북구청 인근에 소재하는 기관으로 옳은 것은?
① 한국장학재단　② 북대구세무서
③ 대구시립중앙도서관　④ 대구북부시외버스터미널

57 다음 중 북구에 소재하는 대학이 아닌 것은?
① 경북대학교　② 대구과학대학교
③ 대구공업대학교　④ 대구보건대학교

58 다음 중 영진전문대학교 복현캠퍼스가 위치하는 지역으로 옳은 것은?
① 남구 대명동　② 북구 복현동
③ 달서구 상인동　④ 수성구 만촌동

59 다음 중 CBS대구방송이 위치한 지역으로 옳은 것은?
① 수성구 지산동　② 수성구 만촌동
③ 북구 태전동　④ 북구 침산동

60 다음 중 중구에 위치하는 병원이 아닌 것은?
① 현풍제일에스병원
② 경북대학교병원
③ 대구한의대학교부속 대구한방병원
④ 계명대학교 대구동산병원

정답 41 ④　42 ②　43 ③　44 ③　45 ④　46 ②　47 ②　48 ②　49 ③　50 ②　51 ①　52 ④　53 ②　54 ①　55 ④　56 ②
57 ③　58 ②　59 ④　60 ③

경상북도 주요지리 요점정리

경상북도 지역 응시자용

요 약	
위 치	한반도의 동남부에 위치
면 적	19,033.34km²
행정구분	10개시 13개군
도청 소재지	경상북도 안동시 풍천면 도청대로 455
도의 꽃	백일홍
도의 나무	느티나무
도의 새	왜가리
인 구	약 2,594,399명 (2023.02.)

※ 다음의 주요 위치는 통합 검색 사이트에서 검색한 결과를 수록한 것으로 오차가 있을 수 있습니다.

01. 지역별 주요 관공서 및 공공건물 위치

소재지		명칭
경산시	갑제동	경산교육지원청, 경산과학고교, 외국어교육원국제교류원, NIKDM한국한의약진흥원, 한국조폐공사화폐본부, 영남대학교 경산캠퍼스, 법학전문도서관
	백천동	대신대학교, 경산중앙병원, 문명고교, 경산청소년문화연구소, 한국수자원환경연구소, 경산시백천사회복지관, 중소벤처기업진흥공단대구·경북연수원, 경산시장애인종합복지관
	자인면	대경대학교, 대경문화예술고교, 경산제일고교, 경산시 농업기술센터, 농업회사법인마카말라, 경산계림청소년수련원, 경북기계금속고교, 경산자인우체국
	중방동	경산시청, 경산시보건소, 경산상공회의소, 경산시의회, 중방동우체국, 경산시치매안심센터, 경산고용복지플러스별관, 한국국토정보공사경산지사, 세명병원, 맥스체대입시경북경산교육원
	하양읍	경산시립도서관, 경일대학교, 호산대학교, 대구가톨릭대학 융합반도체로봇캠퍼스, 경북테크노파크메디컬융합소재실용화센터, 대구가톨릭대학교 효성캠퍼스, 하양여자고교, 무학고교, 하양우체국
경주시	강동면	위덕대학교, 왕신보건진료소, K-Water안계댐사업소, 다산보건진료소, 운곡서원, 동강서원, 단계서당, 경북대구낙농농협경주경제사업본부, 단구서원
	감포읍	한국국제통상마이스터고교, 감포의용소방대, 경주감포우체국
	성건동	경북남부보훈지청, 경주여고, 경주시치매안심센터, 현대병원, 경주성건동우체국, LG헬로비전신라방송, 경북고려인통합지원센터
	성동동	경주세무서, 맘존여성병원, 큰마디병원, 한국방송통신대학교 경주시학습관, 국민연금공단 경주영천지사
	문무대왕면	한국수력원자력본사, 용동보건진료소, 경주화랑고교, 문무대왕보건소
고령군	대가야읍	고령군청, 경북고령경찰서, 고령우체국, 고령도서관, 고령영생병원, 고령군보건소, 고령교육지원청, 가야대학교 고령캠퍼스, 고령소방서, 고령고교, 대가야고교, 대구지방법원 고령군법원, 고령군농업기술센터, 한국농어촌공사 고령지사, 저전리보건진료소

소재지		명칭
구미시	봉곡동	대구지방법원, 구미시법원, 선주고교, 경구고교, 구미시립봉곡도서관, 동북지방통계청구미사무소
	산동읍	경운대학교, 월덱스캠퍼스2, 구미산동고교
	송정동	구미시청, 구미우체국, 구미교육지원청, 구미시의회
	원평동	한국교통안전공단 구미자동차검사소, 구미보훈관, 경북교육청구미도서관, 강남병원, 바른유병원, 대한적십자사 경북서부봉사관
	형곡동	구미시립중앙도서관, 구미차병원, 형곡고교, 구미여자상고, 구미형곡동 우체국, 한국법무보호복지공단경북서부지소, 구미현대병원
김천시	율곡동	경북김천경찰서, 한국교통안전공단 본사, 한국도로공사 본사, 한국전력기술 김천본사, 농림축산검역본부, 국립농산물품질관리원본원, 김천혁신도시우체국, 율곡고교, 김천시립율곡도서관, 김천중앙고부설방송통신고교, 경북보건대학교GCH혁신캠퍼스, 김천중앙고교
	문경읍	경북조리과학고교, 문경도서관, 서울대인재원, 문경시립노인전문간호센터, 문경문화센터
문경시	모전동	문경시청, 문경경찰서, 문경제일병원, 점촌고교, 문경여고, 대구지방법원상주지원 문경시법원, 문경시관광진흥공단, 문경시립모전도서관, 법률구조공단 문경지소, 국립농산물품질관리원경북지원문경사무소, 문경모전동우체국
	점촌동	문경우체국, 문경시보건소, 문경시립중앙도서관, 한국교통안전공단 문경자동차검사소, 문경중앙병원, 문경공고, 문경시 보훈회관, 문경도시재생지원센터
	호계면	문경대학교, 국군체육부대, 문경교육지원청, 지천보건진료소
봉화군	봉화읍	봉화군청, 경북봉화경찰서, 봉화군보건소, 경북교육청 봉화도서관, 봉화우체국, 봉화교육지원청, 봉화군의회, 봉화소방서, 한국펫고교, 봉화해성병원, 대구지방법원 안동지원 봉화군법원, 봉화고교
상주시	남성동	상주시청, 경북교육청 상주도서관 스마트정보실, 상주적십자병원, 경북교육청 상주도서관, 상주교육지원청발명여애교육지원센터, 동북지방통계청 상주사무소, 상주시청소년상담복지센터, 상주도시재생지원센터, 한국환경협회 상주·문경지회
	서성동	상주상공회의소, 상주시청서성별관
	성하동	상주경찰서, 상주우체국
	청리면	한국교통안전공단 상주교통안전체험교육센터, 청리보건지소, 삼괴보건진료소

소재지		명칭
성주군	성주읍	성주군청, 경북성주경찰서, 경북교육청 성주도서관, 성주우체국, 성주군보건소, 성주교육지원청, 성주소방서, 김천세무서 성주민원실, 대구지방법원 성주군법원, 성주고교, 성주여고, 성주제일병원, 성주무강병원, 성주국민체육센터
안동시	길안면	길안면보건지소, 구수보건진료소, 길안우체국, 영남방송길안지국, 곤충파충류 체험학교
	송천동	안동대학교, 중앙도서관, 빛으로 병원, 길주요양병원, 안동시농업기술센터, 한국농업기술진흥원영남권 종자종합처리센터, 한국로봇융합연구원농업로봇실증센터, 한국미래농업연구원
	수상동	안동병원, 한국교통안전공단 안동자동차검사소, 안동경찰서, 경북교육청연수원, 한국도로교통공단 안동교육장
	율세동	가톨릭상지대학교, 안동시이웃사촌복지센터
	정하동	대구지방법원 안동지원, 대구지방검찰청 안동지청, 성희여고, 예일메디텍고교, 안동강남우체국, 안동시립어린이도서관, 안동시 체육회, 안동산림항공관리소, 한국환경연구원, 대한법률구조공단 안동출장소
	풍산읍	경상북도북부청사, 풍산우체국, 신양보건진료소, 풍산고교, 봉암서원, 만운보건진료소, 국립종자원 경북지원, 국가첨단백신개발센터, 경북보건환경연구원 북부지원, 안동수산물검사소
	풍천면	경상북도청, 경상북도경찰청, 경상북도교육청, 경상북도소방본부, 한국농어촌공사 안동지사 풍천지소가곡보건진료소, TBC경북본부, 대한적십자사 경북지사, 가곡보건진료소
영주시	가흥동	영주세무서, 경북교육청 영주선비도서관, 경북영주경찰서, 제일고교, 영주교육지원청, 대구지방법원 영주시법원, 영주적십자병원, 새희망병원, 영주자인병원, 영주시립도서관
	영주동	영주기독병원, 영주우체국, 성누가병원, 영광여고
	풍기읍	동양대학교 영주캠퍼스, 산림약용자원연구소, 항공고교
영천시	고경면	육군3사관학교, 국립영천호국원, 삼포보건진료소, 파계보건진료소
	문외동	영천시청, 영천시립도서관, 문외동우체국, 영천시보훈회관, 영천시의회, 한국국토정보공사 영천지사
예천군	예천읍	예천군청, 예천경찰서, 예천우체국, 경북교육청 예천도서관, 경북도립대학교, 예천군보건소, 예천소방서, 예천여고, 대창고교, 예천권병원, 대구지방법원 상주지원 예천군법원, 국립경국대학교 예천캠퍼스
	호명읍	경북북부보훈지청, 경북(예천)선거관리위원회, 경북예천교육지원청, 경북일고교, 정부경북지방합동청사, 경북도서관, 경상북도개발공사
울릉군	울릉읍	울릉군청, 경북울릉경찰서, 울릉우체국, 경북교육청 울릉도서관, 울릉교육지원청, 울릉군보건의료원, 울릉군의회, 울릉군선거관리위원회, 포항세무서울릉지서, 대구지방법원 울릉등기소, 울릉고교
울진군	기성면	울진비행훈련원, 구산보건진료소, 다천보건진료소, 명계세원, 사동보건진료소, 기성보건진료소
	후포면	울진해양경찰서, 후포보건진료소, 울진남부도서관, 후포고교, 후포면 보건지소
의성군	봉양면	의성소방서, 의성농업기술센터, 국립농산물품질관리원 의성군사무소
	의성읍	의성군청, 의성경찰서, 의성우체국, 공생병원, 경북교육청 의성도서관, 대구지방법원 의성지원, 의성교육지원청, 의성보건소, 안동세무서의성지서, 의성고교, 의성유니텍고교, 의성여고, 의성기상관측소, 의성군도시재생 지원센터
청송군	진보면	경북북부교도서, 청송진보병원, 진보고교, 진보우체국, 한국방송통신대학교

소재지		명칭
칠곡군	가산면	대구예술대학교, 가산면보건지소, 학하보건진료소, 용수보건진료소
포항시	구룡포읍	포항시립도서관, 나곡서원, 광남서원, 구평보건진료소
	동해면	한국공항공사포함·경주공항, 동해석곡도서관, 포항동성고교, 흥환보건진료소
	대도동	포항시남구청, 포항시립영암도서관, 대도동우체국, 포항세명기독병원, 대한보건환경연구원, 안전보건공단경북동부지사, 포항시 차량등록사업소, 포항시 조종면허시험장
남구	대잠동	포항시청, 포항성모병원, 세명고교, 대이동우체국, 포항시립대잠도서관, 대구한의대학교부속 포항한방병원, 포항MBC, 국제식물검역인증원 포항사무소
	오천읍	포항운전면허시험장, 오천우체국, 용산보건진료소, 오천고교, 포항시남구치매안심센터, 오천삼성병원, 오천보건지소
	이동	에스포항병원, 포항이동고교, 대흥좋은나무도서관
	지곡동	포항공과대학교(포스텍), 포스코기술대학, 포항제철공고, 경북과학고교, 포항효곡동우체국
	항구동	포항지방해양수산청, 포항세관, 해양환경공단 포항지사, 풀빌라영일, 릴리게스트하우스
	홍해읍	한동대학교, 선린대학교, 포항대학교, 포항흥해우체국, 포항예술고교, 포항우목우체국, 우목보건진료소, 경북산림환경연구원, 사방기술교육센터, 대구교육해양수련원, 한국로봇융합연구원, 안전로봇실증센터, 경북동부청사, 포항응해공고, 한국지질연구원 포항지질실증연구센터, 홍해읍내만이작은도서관, 포항북구보건소, 포항시농업기술센터, 포항국토관리사무소

02. 문화유적·관광지

소재지		명칭
경산시	감제동	경산명품대추테마공원, 갑못, 호곡지 상촌지, 일월피닉스파크골프장, 화산서당, 대풍지, 의인정사, 구계서원
	계양동	남매지, 경상남매공원, 계양2공원, 계양6고원, 경산생활체육공원, 열린마당, 계양1공원, 대흥사
	남산면	반곡지, 송내지, 상대온천, 호명지, 삼성현역사문화공원, 경산도농서원, 백양지, 에코토피아근린공원, 어설골, 옛 온천골 전통도자기, 삼막지, 밀못
	남천면	백자산, 금성산, 도성사, 신전임도전망대, 경산산전동분청사기요지, 부엉산성굴사, 경맥백합공원, 고노곡지, 두메낚시터, 하도저수지, 송백지, 신방골, 남천문화마을, 불현사, 이목지, 차곡지, 오동지, 망풍지, 잉어지, 경흥사, 지암지, 대구공원
	백천동	백천1동어린이공원, 백천공원, 경산치유의숲, 매전골, 시립지니어스어린이집
	압량읍	경산병영유적, 부적리고분군, 침범지, 당음지, 마위지, 경산참외단지
	와촌면	팔공산갓바위, 불굴사 홍주암, 관봉석조여래좌상, 삽사리테마파크, 팔공산온천랜드
	자인면	자인향교, 경산자인의계정숲, 용계서원, 동물체험파크, 주을지, 완제지, 동구지, 라퍼승마장, 자인농협농산물직판장, 경산완제지민박펜션, 천마지, 야창지, 주을지
	정평동	정암사, 한국금거래소경산점, 정평종합상가시장
	조영동	경상조영동고분군, 오렌지거리, 독도자연생태온실, 제2어린이공원, Y-STAR경산청년창의창작소

소재지		명칭
경산시	중방동	대한불교서각종해암사, 남천둔치야외공연장, 경산자연마당, 온세미로광장, 은호공원, 옥천사, 옥천서당, 경산향교, 브라운도트호텔경산점, 2월호텔리버사이드점, 인스타호텔, 하루호텔, 니모수족관&조개박물관, 경산시남대공원
	진량읍	정도 꽃 식물원, 도천서원, 신상근공원, 진량어린이공원, 삼성라이온즈경산몰파크, 담양지, 문천지, 신제지, 부제지, 대구CC
	하양읍	환성사, 환성산, 향림식물원, 하양유채꽃단지, 경산환상농원캠핑장, 경산은호리의스트로마톨라이트화석, 무학사, 하양향교, 금호서원, 백곡서원, 익곡저수지, 후곡저수지, 은호대저수지, 하양유원지
경주시	강동면	전곡저수지, 경주귀래정, 무릉수목원, 형산강역사문화관광공원, 왕산저수지, 안계저수지, 강동농협로컬푸드직매장, 경주양동마을
	감포읍	나정고운모래해변, 베스트웨스턴플러스경주, 호텔701경주, 엘로포니시풀빌라호텔, 토모노야로간호텔경주, 감포비치하우스, 경주오류캠핑장, 골드문오토캠핑장, 나정고운모래오토캠핑장, 전촌솔밭, 전촌용굴, 견불사, 대관음사감포도랑, 경주김포관광단지, 골프존카운티감포, 에덴오토캠핑장, 경주오류심원캠핑장, 감포송아캠핑장, 송림오토캠핑장, 사룡굴
	구황동	황룡사지, 분황사석탑, 경주구황동원지유적, 경주구황동지석묘, 미탄사지삼층석탑, 황복사지3층석탑, 자스민꽃농원, 모국사랑무궁화동산, 일천체육공원, 신라왕경숲, 소풍길한옥민박, 분황채, 풍정, 시에나게스트하우스
	내남면	금오산, 경주전민애왕릉, 경주경애왕릉, 옥천서당, 경주용산서원, 경주충의당(충의공원), 관음사, 사곡지, 박달저수지, 서리밭저수지, 둥굴스테이, 오재한옥풀빌라, 서남신한옥스테이, 후연지한옥펜션, 경주오로라키즈풀빌라
	동천동	경주표암, 경주탈해왕릉, 경주현덕왕릉, 굴불사지석조사면불상, 굴불사지
	마동	경주코오롱호텔, 덕봉정사, 코오롱호텔가든골프장, 서라벌토기관광펜션, 신라연가, 한옥스테이갓거랑길게스트하우스, 경주더포레한옥펜션, 뜰가득한펜션&게스트하우스, 경주마동삼층석탑, 용천수캠핑장, 토함지
	문무대왕면	문무대왕릉, 감은사지동서삼층석탑, 토함산자연휴양림, 봉길대왕암해변, 기림사, 골굴사, 관음전, 진남루, 토함산수목관광숲, 우천서당, 도장서당, 권이저수지, 송전지, 기림폭포, 경주민박펜션별빛달빛, 경주단체감성풀빌라, 대성사, 외갓집민박펜션, 경주해와달민박, 용연폭포, 대왕온천
	보덕동	토함산, 경주국립공원, 표충사, 황룡사, 덕동호, 가람폭포, 관광역사공원, 물너울공원, 동궁식물원본관, 경주동궁원, 경주엑스포대공원, 경주세계문화엑스포문화센터, 경주화백컨벤션센터, 한솔호텔, 라궁호텔, 힐튼호텔 경주, 더케이호텔경주, 소노감주, 한화리조트에톤, 일성경주보문콘도&리조트, 라한셀렉트경주, 코모도호텔경주, 더프라미스웨딩컨벤션, 경주화백컨벤션센터, 강동프라이빗콘도, 경주보문관광단지, 경주신라CC, 강동디아너스CC
	배동	경주남산일원, 포석민속전시관, 남산해목령약수터, 경주배리윤을곡마애불좌상, 포석정지, 성불사, 포석정, 경주지마왕릉, 남산성지, 늠비봉5층석탑, 경주배동석조여래삼존입상, 남산농원, 경주삼릉계곡선각육존불, 경주삼릉계석불좌상, 삼릉계곡마애석가여래좌상, 별자리캠핑랜드, 법종사, 경주낭산마애보살 삼존좌상, 사천왕사지, 경주선덕여왕릉, 경주효공왕릉, 경주신문왕릉
	배반동	경주선덕왕릉, 경주효공왕릉, 망덕사지, 경주신문왕릉, 사천왕사지, 능지탑지, 최치원독서당, 성덕사
	복군동	켄싱턴리츠경주, 스위트호텔경주, 한화리조트경주에톤, 경주동궁원, 관광역사공원, 경주CC, 보문GC, 물너울공원, 북군지, 동궁식물원본관, 경주동궁원, 경주세계자동차박물관, 경주버드파크, 경주버드파크야외체험장
	석장동	휴앤락캠핑장, 경주화랑마을오토캠핑장, 수의지폭포, 석정저수지, 은방울 못, 금장대수변공원, 금장대, 암각화
	신평동	보문호, 보문관광단지, 위키드스노우 호텔현대경주점, 라한셀렉트경주, 힐튼호텔경주, 코모도호텔, 경주자라호텔, 더케이호텔경주, 베니키아스위스로젠호텔, 소노벨경주, 일성경주보문콘도&리조트, 콩코드호텔기숙사, 라궁호텔, 물레방아광장, 경주손재림화폐박물관, 한국대중음악박물관, 경주화백컨벤션센터, 신라밀레니엄파크, 보문관광단지, 우양미술관, 대구카톨릭대학교 인성수련원, 경주신라CC, 경주그랜드리조트, 월명루, 에밀레타워, 장보고공연장, 가람폭포, 브라운도트보문점, 한솔호텔, 호텔여기어때 경주보문점, 경주조선온천호텔
	양남면	경주양남주상절리, 관성솔밭해변, 마우나오션리조트, 관음정사, 석탈해왕탄강유허(비), 하서해안공원, 관성해수욕장캠핑장, 솔밭오토캠핑장, 이스트힐컨트리클럽, 마우나오션CC, 우리골프클럽, 경주힐링하우스, 더킹풀빌라경주, 양남해수온천랜드24, 하서리316풀빌라, 원룡사, 관성해수욕장캠핑장, 주상절리조망타운, 마우나오션리조트, 잭스캠프글램핑장, 프룩스플럭스호텔, 비치호텔, 썬호텔, 해담은호텔, 르이데아호텔, 브라운도트경주양남점, 경주숲속펜션
	용강동	승삼어린이공원, 용강3호어린이공원, 어반파크캠핑장, 경주용강동고분, 경주천동마애삼존불상
	인왕동	첨성대, 동궁과월지(안압지), 국립경주박물관, 경주석빙고, 경주인왕리고분군, 성덕대왕신종, 경주남산성, 승소골삼층석탑, 경주인왕동사지, 신라미술관, 고선사지삼층석탑, 경주남산불골마애여래좌상, 경주국립박물관신라천년보고
	진현동	불국사, 석굴암, 석굴암전망대, 불국사다보탑, 석굴암삼층석탑, 불국사석가탑, 경주키즈가족호텔, 불국사관광호텔, 호텔율로, MTM호텔, 브라운도트호텔경주점, 더진현풀빌라, 서울유스호스텔, 토함산유스호스텔, 어썸웨이풀빌라, 계림유스텔, 파랑새유스타운, 에이치에비뉴경주 불국사점, 사조온천리조트, 불국사 한옥팜스테이, 블루엔젤풀빌라, 아이놀자키즈풀빌라펜션
	천군동	경주문화엑스포, 경주월드, 강동워터파크, 강동리조트경주타워, 천군동사지삼층석탑, 경주천군리사지, 경주천군동느티나무보호수, 경주엑스포대공원, 보문카라반파크, 천군카라반파크, 경주솔거미술관, 무궁화동산, 강동디아너스CC, 강동리조트, 강동리조트패밀리콘도, 천군카라반파크, 메타세쿼이아숲, 또봇정크아트뮤지엄, 경주솔거미술관, 경주타워, 경주세계문화엑스포기념관, 경주세계문화엑스포공원 천마의궁전
	충효동	김유신신도비, 김유신장군묘, 용학산사, 흥무공원, 흥무로벚꽃길, 원음못, 아당지, 경주파크골프2구장, 아루미니호텔, 충효어린이공원
	효현동	신라법흥왕릉, 경주효현동삼층석탑, 용주골, 경주신라한옥호텔, 경주시농산물유산지유통센터
	황오동	블루보트호스텔경주, 호텔프프, 미니호텔, 팔우정공원
	황성동	경주예술의전당, 경주시민운동장, 황성공원, 빛누리정원, 한중우호의숲, 타임캡슐공원, 한솔분재농원, 형산강체육공원, 논호림수변공원, 신라시조박혁거세, 충혼탑, 김유신장군동상, 더테라스호텔, 박목월노래비
고령군	대가야읍	대가야박물관, 대가야사테마관광지, 미숭산자연휴양림, 고령향교, 고령지산동고분군, 연조리고분군, 대가야왕릉전시관, 대가야수목원, 가야공원, 고령군생활체육공원, 대가야역사종묘역사공원, 고령상무사기념관, 고령고아동병화고분, 우륵기념탑, 고령장기리암각화, 제1캠핑장대가야카라반, 주산산림욕장, 대가야CC, 유니밸리 컨트리클럽, 신리저수지, 우륵박물관, 시온산수목원, 중화저수지, 중화유원지, 대가야주산성, 주산산림욕장

소재지		명칭
고령군	덕곡면	덕곡저수지, 율리서원, 서우재마을, 딸콤농장, 고령예마을, 고령예마을야외물놀이장, 상비리계곡, 옥계저수지, 옥계청소년야영장(제일야영장), 상비오토캠핑, 다시캠핑장, 예손오토캠핑장, 예마을캠핑장, 코끼리캠핑장, 힐링오름캠핑장, 키즈505풀빌라, 고령스테이포레스트펜션, 미천공원, 더360캠핑장, 빨래터캠핑장, 옥계저수지, 상비리계곡, 고령예마을야외물놀이장
	운수면	매국정, 고령대평리분청사기요지, 초록이야기, 대평리석조여래좌상, 대가야캠프타운, 대평정수지, 범동저수지, 버들소류지, 마스터피스호텔
구미시	남통동	금오산, 금오산케이블카, 금오골프랜드, 호텔금오산, 법정사약사암, 도선굴, 금오산도립공원, 채미정, 금오산야영장, 금오산잔디광장, 유앤아이펜션, 파크비지니스호텔, 호텔금오산, 해운사, 남통공원, 오형돌탑, 금오산오리배, 금오산마애여래입상, 황칠열여래숲, 금오산저수지, 금오산대혜폭포, 벗나무야영장
	선산읍	선상향교, 금오서원, 죽장사, 도선사, 보현선원, 단계하위지선생묘, 내소류지, 구미죽장리오층석탑, 선산뒷골체육공원, 선산힐링캠프, 잿골못, 교리공원
	원평동	구미역후미광장, 원평공원, 구미시장애인파크골프장, 아트호텔, 칼튼호텔, 힐스테이호텔, 호텔제스, 구미로드호텔, 호텔칸, 폭스호텔, 브라운도트호텔, 예스구미타워, 이코노미호텔구미점, 미타스야료칸호텔구미원경by아득, 크리스탈웨딩홀
	옥성면	옥성자연휴양림, 산호야관광농원, 대원수지, 태봉지, 돌무지, 선산농소의 은행나무, 송하루오토캠핑장
	임수동	구미센츄리호텔, 인동향교, 동락서원강당, 갑을구미병원, 구미시낙동강수상레포츠체험센터, 구미센츄리호텔, 호텔더존
	해평면	송산서원, 낙봉서원, 동암정, 대야정, 구미보, 구미산악레포츠공원, 해평금호연지생태공원, 창림저수지, 구미쌍암고택, 구미낙산리고분군, 낙산삼층석탑, 도리사
군위군	군위읍	군위향교, 양천서원, 하고리석조여래입상, 김수환추기경생가, 군위생활체육공원, 사라온이야기마을, 이지스카이CC, 구니컨트리클럽, 지보사삼층석탑, 김수환추기경 사랑과나눔공원
	부계면	행복한밤마을, 군위한밤마을돌담길, 팔공산힐링농장, 팔공산하늘정원, 팔공산국립공원, 동산계곡, 창평지, 사유원, 창평지친환경생태공원, 군위아미타여래삼존석불, 오은사, 주산상지, 1박투데이산장, 80포레스트카라반캠프
김천시	남면	오봉저수지, 금오산도립공원, 오색테마공원, 남북지, 허브하우스금오산힐타운, 김천길항사지석조여래좌상, 김천실내테니스장&김천오토캠핑장
	농소면	백련사, 반야사, 이화만리캠핑장, 정월골프클럽
	대덕면	수도산자연휴양림, 조룡리은행나무, 김천덕유산재근린공원, 김천학생야영장, 캠프1950밀리미터글램핑
	대항면	황악산, 직지사, 성좌각, 사명각, 만덕전, 만세루, 평화의 탑, 사명대사공원, 무궁화공원, 직지문화공원, 김천친환경생태공원, 김천세계도자기박물관, 김천시립박물관, 도천사지삼층석탑, 약사여래좌상, 더캠프렌탈캠프장, 진여지야영장, 덕산저수지, 직지저수지, 사명대사공원건강문화원, 김천파크호텔, 수연사, 만월사
	부항면	부항호, 부항댐출렁다리, 김천맑은계곡오토캠핑장, 은하수관광농원캠핑장, 누리별캠핑장, 김천물소리생태숲, 청정부항레인보우짚와이어, 부항댐생태휴양펜션, 해인산장, 삼도봉해인펜션, 옥당걸숲속펜션, 숲속의하루펜션, 김천물소리캠핑장, 김천부항지서망루
	율곡동	로제니아호텔, 김천호텔이상, 율곡어린이공원, 율곡공원

소재지		명칭
김천시	증산면	수도산, 증산계곡, 청암사, 수도암삼층석탑, 쌍계사지부도, 용소폭포, 장전폭포, 무흘구곡전시관, 증산오토캠핑장, 증산수도계곡캠핑장, 증산수도계곡테마공원, 하늘아래첫동네오토캠핑장, 장전다목적마당, 국립김천치유의숲, 무흘계곡황토민박, 황토민박펜션, 노적산방황토펜션, 청암사장경각, 금곡다목적마당, 황점신앙유적지
	지례면	김천부항댐물문화관(지사), 지례향교, 한마음공원, 신흥사, 율곡저수지, 김천유아숲체험원, 모이디캠핑장, 산내들오토캠핑장, 산내들캠프빌리지김천지례점, 남경오디세이, 산내들패밀리어드벤처파크수영장, 달빛별빛호반길, 진바실저수지, 대표저수지, 등터소류지
문경시	가은읍	문경에코랄라(에코타운), 대야산자연휴양림, 용추폭포, 선유동계곡, 대야산오토캠핑장, 용추계곡오토캠핑장, 녹색오토캠핑장, 가은해솔오토캠핑장, 대야산장해돋무렵펜션, 문경숲속정원펜션, 용추계곡, 영락정, 가은모노레일, 문경석탄박물관, 고운최치원 야유암역사공원, 문경희튼벨리오토캠핑장, 그린스톤오토캠핑장, 또또캠핑장, 녹색오토캠핑장, 수예리오토캠핑장, 잉카마야박물관캠핑장
	농암면	STX리조트, 쌍룡계곡, 용유계곡, 도장산심원폭포, 해바라기펜션캠핑장, 쌍용계곡캠핑장, 숲이조아캠핑장, 거꾸로옛이야기나라숲, J&M풀빌라, 청화산하늘정원펜션, 리우캠핑장, STX오토캠핑장, 발트아인캠핑장, 케빈하우스, 쌍용벨리하우스, 다락산장펜션, 궁터별무리마을펜션
	동로면	경천호, 선녀양봉, 문경황토기와집펜션, 황장산, 천주사, 생달리저수지, 문경여우목밸리펜션캠핑장, 황장산민박, 수리봉외갓집펜션, 문경의비밀정원면휴펜션, 백두대간한옥펜션, 펜션찬물내기관광농원, 송원산장
	마성면	문경오미자테마터널, 고모산성, 진남교반(유원지), 진남소나무숲유원지, 문경오토캠핑장, 미산가족오토캠핑장, 한성연수원오토캠핑장, 산과산사이펜션, 문경가족독채강가포근한집펜션, 문경골프클럽, 세제사슴농장, 마성오프세트장, 한실성지, 광점선원, 용주사, 백운동골, 동막골, 진욱이별장자전거게스트하우스, 문성사계펜션, 문경펜션, 문경황토펜션, 바람꽃펜션, 강변살자펜션, 문경가족독채강가포근한집펜션, 조르바하우스, 그곳만이내세상
	문경읍	문경새재도립공원, 페트로호텔, 문경새재리조트, 문경그랜드리조트, 문경관광호텔, 더베스트호텔, 온천호텔문경, 아리랑호텔, 연풍레포츠공원, 문경생태미로공원, 문경오미자테마공원, 조령산자연휴양림, 문경단산오토캠핑장, 단산숲속캠핑장, 문경보명산출렁다리, 겨울왕국눈썰매장, 문경도자기박물관, 문경새재제3관조령관, 문경새재제2관문조곡관, 관음사, 관음정사, 문경종합온천, 주흘사 조곡폭포, 온천호텔문경, 아리랑호텔, 포암사, 관음정사, 한국불교태고종대덕사, 문경새재 제1관문 주흘관, 문경새재미로공원, 문경오미자테마공원, 문경자연생태박물관, 야외공연장, 여궁폭포, 문경수지, 국민여가캠핑장, 문새재오토캠핑장, 문경관음리석불입상, 관음리석불가반자사유상, 문경망댕이사기요
	불정동	불정자연휴양림, 산과강펜션, 레일로드펜션, 불정산, 운암사, 유유펜션, 담소원펜션, 황토펜션, 굴모리펜션, 문경여놀자펜션, 문경관광사격장, 경북문경세계군인체육대회기념탑
	산북면	근암서원, 운달계곡, 문경대하리소나무, 새재수목원주암정, 사불산대승사, 김용사대웅전, 새재수목원, 김용사명부전 목조지장삼존상, 문경대승자노주석, 문경돌리네습지전망대, 아람펜션, 문경하늘펜션, 봉덕사, 회룡지

소재지		명칭
봉화군	명호면	청량사, 청량산도립공원, 청량폭포, 관창폭포, 청량산, 예딘길선유교, 봉화청량산캠핑장, 청량산오토캠핑장, 청량산나무네숲캠핑장, 영남래프팅, 명호이나리출렁다리, 낙동강시발점테마공원, 매호유원지, 범바위전망대, 운산정, 밀성대, 이나리강변유원지, 청량산성, 만리전망대, 범바위전망대, 삼동재호랑이상경관쉼터, 봉화군신비의도로, 이나리강변유원지, 중앙래프팅, 청량산래프팅, 강나루래프팅, 청량산만래프팅, 낙동강래프팅, 대구래프팅봉화점, 영남래프팅, 삼성래프팅, 청량산박물관, 얼음달폭포, 항적사, 별빛뜰애캠핑장, 봉화청량산캠핑장, 청량산오토캠핑장, 청량산나무네캠핑장, 청량산황토펜션, 여울목펜션, 호수민박가든, 유정민박, 일이삼민박, 명호민박, 하늘정원펜션, 청량산작은펜션민박, 별빛뜰애 · 별빛뜰애캠핑장
	법전면	사미정계곡, 정토사, 사미정, 법전면생활체육공원, 봉화정토수련원, 휴휴무주사, 봉화창랑정사, 사미정계곡펜션, 봉화곤충호텔
	봉화읍	석천계곡, 봉화군체육공원, 구만서원, 동암서당, 봉화삼계서원, 석천장사, 도암정, 녹동리사, 빈동재사, 거촌리쌍벽당, 경암천고택, 해저김건영가옥, 남호구택, 청암정, 구양서원, 개암고택, 해와고택, 거촌리쌍벽당, 충재박물관, 석련사, 몽화각, 봉화유아숲체험원, 내성유곡권충재관계유적, 봉화은어송이테마공원, 봉사사동추원재, 도천고택, 봉화삼계쉼터
	소천면	고선계곡, 구마계곡, 청옥산명품숲, 봉화금강소나무림, 봉화별캠핑장, 마방캠핑장, 또바기캠핑장, 농어촌민박
	춘양면	각화사, 국립백두대간수목원(호랑이숲), 우구치계곡, 불심원, 덩굴정원, 무지개정원, 춘양생활공원, 각화산힐링숲캠프, 만산고택, 봉화한수정, 봉화의양리석조여래입상, 대각사, 금룡사, 구점골계곡, 태백산사고지, 성문오토캠핑장, 춘양목군락지, 송이숲펜션, 홍제원펜션, 솔바람펜션, 수목원펜션, 무지개펜션, 꽃뱅이정원펜션
상주시	남장동	남장사, 남장사석장승, 관음선원, 남장지, 남장사3층석탑
	도남동	도남서원, 상주아람실공원, 낙동강변다목적광장, 경천섬공원다목적광장, 상주보, 상주보오토캠핑장, 상주보수상레저센터, 상주자전거박물관, 상주보캠프존휴, 휴하우스, 낙동강생물자원관, 야외공연장, 상주오토캠핑장, 상주보캠프존휴, 상주보수상레저센터
	은척면	성주봉자연휴양림, 폭포수야영장, 숲속야영장, 삼거리야영장, 성주봉생태숲, 사계절테마숲죽림서당, 두곡리은행나무, 은자골체험휴향마을, 황토펜션성주봉산방, 성주봉은자골펜션, 남곡지, 무릉소류지, 폭포수야영장, 성주봉자연휴양림들머리야영장
성주군	금수강산면	성주호(성주댐), 성주호둘레길, 독용산성자연휴양림, 적산사, 도고사, 약산사, 선바위캠핑장, 무흘구곡사인암, 무흘구곡선바위, 금수문화공원, 별고을오토캠핑장, 무지개캠핑장, 용화사, 영천리테마공원, 코너벨리, 코너벨리펜션, 산그늘펜션, 금수펜션, 성주로50캠프앤펜션, 성주계곡펜션, 무흘구곡펜션야영장, 무흘가인펜션, 성주새들펜션, 별앤별펜션, 씨스타펜션, H1001펜션
	선남면	장학전통체험휴양마을, 선남면생활체육공원, 낙강이야기공원, 메밀꽃밭, 선남파크골프장, 도산서당, 위드카라반, 송포지, 사곡지, 성주하구산농원파크골프장, 은점썰매장, 대주참숯찜질방, 명포양어낚시, 가래골저수지, 송포지
	성주읍	성밖숲, 성주별고을체육공원, 성주별고을온천, 성주공적충혼비, 명륜당, 충혼탑, 동방사지칠층석탑, 성산동고분군(고분군전시관), 성주역사테마공원, 성주피닉스파크골프장, 성주향교대성전, 성주문화예술회관, 성주놀벤져스, 성주참외체험형테마공원, 성주성산동고분군전시관, 보광사
	수륜면	대가천계곡, 화연서원, 성주법수사지삼층석탑, 법수사지당간지주, 가야산성, 가야산생태탐방원, 가야산야생화물원, 가야산역사신화공원, 가야산국립공원백운동야영장, 성불사, 심원사, 백운호텔, 가야호텔, 판도라의상자, 가야산백운오토캠핑장&펜션, 나포리모텔&펜션, 가야호텔, 다향펜션, 오아시스펜션, 이비하풀빌라, 다누리펜션, 자작나무펜션, 생활불교송강사, 심원사
	월항면	한개마을, 성주세종대왕자태실, 한주정사, 덕암서원, 성주백인당, 돈재이공신도비, 대산동북비고택, 성주대산리진사댁, 생명문화공원, 선석사, 감응사, 묵산지, 지방저수지, 인촌지
안동시	길안면	안동계명산자연휴양림, 길안천지생태공원, 천지갑산, 용담사, 묵계서원, 안동세덕사, 용담사계곡, 안동용계리은행나무, 계명산동굴, 길안천돌집땅, 천지고성시장, 달빛정원길안다슬기캠핑장, 길안면마을공동체정원, 야영장송사동소태나무
	도산면	도산서원, 예인향교, 안동수은정, 퇴계태실, 퇴계이황선생묘소, 계상서당, 월천서당, 퇴계종택, 안동호반자연휴양림, 한국문화테마파크, 안동국제컨벤션센터&세계유교문화박물관, 분강서원, 호계서원, 태자사지귀부및이수, 안동레저캠핑장, 유교문화박물관, 안동토계동계남고택, 고산정캠핑장, 퇴계기념공원, 호반힐링타운, 산수미펜션, 안동옛길펜션, 오렌지향기는바람에날리고고가송점
	동부동	종각, 평화의소녀상, 웅부공원, 문화공원, 전통문화콘텐츠박물관, 경북문화유산보존회, 문화호텔, 호텔얌안동문화의거리점, 시민의종
	성곡동	안동리첼호텔, 안동그랜드호텔, 남반고택, 선성현객사, 관음사, 시립민속박물관, 안동민속촌, 안동석빙고, 월영대, 안동민속촌한자마을, 안동문화관광단지, 안동레이크골프클럽, 안동시립박물관, 안동댐파크골프장, 전통리조트 구름에, 소천권태호음악관, 행복전통마을
	서후면	안동학가산온천, 천등산천동굴, 광흥사, 봉정사극락전, 봉림사지 삼층석탑, 명옥대, 학가산마당바위, 함벽당, 광풍정, 송강미술관, 학봉역사문화공원, 경광서원, 스튜디오131호텔, 안동펜션가을신선, 봉정사삼층석탑
	송천동	안동향교, 개운사, 천룡사, 은곡서당, 역동서원, 무협산, 안동송천동의모감주나무, 동인문
	예안면	안동호, 쌍암사, 한천정사, 박시골, 도목선착장, 계상고택, 호반힐링센터, 한국문화테크, 안동호반펜션
	풍산읍	학가산약사사, 풍산대고정, 체화정, 청성서원, 안동하리동삼층석탑, 안동죽전동삼층석탑, 안동김씨역사문화공원, 김정현생가, 안동한지전시체험관, 신양저수지, 만운지, 소산지, 안교어린이공원, 로열웨이테마공원, 브라운도트풍산점, 봉암서원, 오미동도림강당, 안동학암고택, 서애류성룡묘, 안동삼벽당, 풍산장터, 풍산공원, 채화정, 풍산체육공원, 오미광복운동기념공원, 안동농수산물도매시장, 안동막곡동삼층석탑
	풍천면	안동하회마을, 안동씨엠파크호텔, 스텐포드호텔, 법류사부용대, 병산서원, 석포정, 안동장사문화공원, 하회세계탈박물관, 옥면정사, 하회경암정사, 드리미오토캠핑장, 안동하회마을만송정숲, 락고재하회한옥호텔기와본관(초가별관), 토끼와거북이놀이터, 호민지, 천년숲, 안동장사문화공원, 화천서원, 항일구국열사권오설선생묘, 항일구국열사권오설선생기적비

소재지		명칭
영덕군	남정면	장사해수욕장야영장, 힐링턴리조트, 동해비치관광호텔, 인투호텔, 대게공원, 장사상륙작전전승기념공원, 부흥리해수욕장, 남호해수욕장, 법수사, 부경온천, 영남대학교 영덕수련원
	달산면	팔각산, 옥계계곡, 옥계유원지, 옥계숲속야영장, 옥계리신촌생태마을산림문화휴양관, 산성계곡생태공원, 용암사, 가빠골, 침수정, 용전저수지, 봉산저수지, 신성계곡, 신성계곡생태공원어드벤처, 옥계리산촌생태마을 산림문화휴양관
	병곡면	칠보산자연휴양림캠핑장, 고래불해수욕장, 덕천해수욕장, 영리해수욕장, 유금사, 월갑사, 신덕수영세물망비, 용머리공원, 칠보산온천리조트, 메리센트리조트, 경북동해안지질공원철암산화석단지, 영덕송림숲길, 고래불봉송정, 고래불국민야영장, 고래불음악분수, 고래불병곡(영리)지구야영장, 고래불음악분수, 백석해수욕장, 영덕심층수온천
	영덕읍	숭덕사, 덕흥사, 영덕향교, 영덕수정재, 삼계저수지, 영덕해맞이공원, 삼각주공원, 신태용축구공원, 영덕군산림생태체험공원, 영덕화강석록암해안, 청포말등대, 화천저수지, 영덕조각공원, 영덕군해맞이캠핑장, 더클래식펜션앤리조트, 러브포레스트풀빌라, 영덕황토펜션, 영덕대게로펜션, 영덕아라펜션, 디아로풀빌라
	영해면	대진해수욕장, 호텔더블루, 영해향교, 괴시리전통마을, 별영리메타세콰이어숲, 영해생활체육공원, 고래해상전망대, 전통생활정신문화체험지구, 요곡저수지, 영덕초수재사
영양군	수비면	국립검마산자연휴양림(제1.제2야영장), 영양국제밤하늘보호공원, 금강소나무생태경영림, 반딧불이생태숲, 영양반딧불이천문대, 영양별생태체험관, 송하계곡, 오기저수지, 송하자연미륵불, 약천정옥녀당, 송사사, 영양자작나무숲, 졸참나무와 당숲, 영양두메송하마을
	일월면	일월산, 조지훈생가(문학관), 대명사, 불광총림정불사, 월록서당, 침천정, 만곡정사, 도곡저수지, 용화리삼층석탑, 용화동일수목원, 영양에코둥지휴림산자연휴양림, 흥림산자연휴양림무장애나눔길, 일월산자생화공원, 봄꽃주제원, 여름꽃주제원, 가을꽃주제원, 일월산자생화공원전망테크, 일월산자생화공원잔디마당
	청기면	벽산생가, 회곡고택, 검산성, 죽곡저수지, 천화사계곡, 청기저수지
영주시	가흥동	영주온천관광호텔, 소백산관광호텔예식장, 영주시파크제2골프장, 영주시가흥동마애여래삼존상 및 여래좌상, 도원정사, 시민체육공원, 가흥알뜰공원, 영주파크골프장, 가흥동성당, 제이에스호텔
	문수면	무섬마을, 무섬외나무다리, 웹툰방탈출테마파크, 천지인전통시장체험관, 김뢰진가옥, 섬계고택, 만죽재고택, 하늘꽃스테이, 배때기네하우스, 김류가옥, 김진호가옥, 무섬마을마당 넓은집, 연화산응적사
	봉현면	소백산국립공원삼가야영장, 국립산림치유원(수치유센터), 솔향기마을, 국사암, 백운정사, 영주네별장, 노계서원
	순흥면	죽계계곡, 성혈사, 사현정, 소수서원, 순흥읍내리벽화고분, 초암사, 소백산국립공원, 순흥향교, 월전계곡, 죽계구곡, 석륜암계곡, 석철폭포길, 영주청구리입석, 영주금성대군신단, 식암황섬신도비, 영주석교리석불상
	풍기읍	희방사, 희방계곡, 소백산풍기온천리조트, 소백산호스텔, 비로오토파크캠핑&펜션, 묘솔캠핑장, 금선계곡, 금계바위골, 희방폭포, 풍기금강사, 동양대학교 영주캠퍼스

소재지		명칭
영천시	북안면	돌할매공원, 돌할배, 도계서원, 고지리자석묘군, 돌할매
	임고면	임고서원, 환구서원, 자양서당, 쌍석불사, 포은정몽주생가, 임고강변공원, 야영장, 운주산승마자연휴양림, 영천댐공원오토캠핑장, 오션힐스영천CC, 영천수변테마파크, 글램코티지, 나인틴스호텔, 현모사, 도래사
	청통면	은해사, 풍락제, 은해사공원, 은해사캠핑장, 송곡서원거조사, 신원휴양림, 갓바위수목원, 시엘골프클럽, 골프존카운터청통, 영천치일리인종태실, 은해사중앙삼층석탑
	화북면	보현산천문대, 보현산, 보현사, 보현산댐 출렁다리, 보현산댐 전망대, 보현산댐공원, 보현산자연휴양림, 별빛테마마을야영장, 별밤캠프, 영천자천리의 오리장림, 봉림사, 보현산오토캠핑장, 횡계저수지
예천군	예천읍	한천체육공원, 남산체육공원, 예천남산공원, 예천파크골프장, 동악루, 개시사자오층석탑, 예천동본리삼층석탑, 예천향교, 예쁜천사, 파라다이스호텔, 비앤비호텔, 예천상설시장
울릉군	서면	대풍감, 태하향목관광모노레일, 울릉도향토구미, 남서모노레일, 남서일몰전망대, 성인봉가재굴, 성인봉원시림, 성인봉두리봉, 울릉하늘섬공원, 학포야영장, 학포해안, 통구미몽돌해수욕장, 대풍감향나무자생지, 만물상전망대, 학포다이브리조트, 태하향목전망대, 태하리솔송섬잣너도밤나무군락지, 울릉다이버리조트, 울릉남서동고분군, 거북바위, 태하항, 학포항, 미륵산, 태하해안산책로 및 대풍감, 삼도사
	북면	나리분지, 죽암몽돌해변, 추산몽돌해변, 케렌시아풀빌라리조트, 관음굴, 관음도, 천부해중전망대, 울릉예림원, 석포일출전망대, 성인봉염소골폭포, 독도의영수비대기념관야영장, 울릉현포동고분군, 울릉국화와 섬백리향군란, 울릉도나리동너와집(투막집), 성불사, 나리동전망대, 코스모스울릉도
	울릉읍	독도, 독도전망대케이블카, 내수전몽돌해변, 비치온관광호텔, 마리나관광호텔, 이사부관광호텔, 패밀리호텔, 에이스호텔, 울릉호텔, 한일호텔, 우창호텔, 울릉도선창호텔, 바다섬호텔, 호텔섬앤썸, 성인봉, 봉래폭포(전망대), 독도전망대, 망향봉전망대, 사동근린공원, 울릉자생식물원, 다온프라임호텔, 아라호텔, 호텔울릉드림, 리조트라페루즈, 내수전일출전망대, 내수전몽돌해변, 울릉아쿠아캠프, 독도품은울릉도흑염소목장364
울진군	근남면	성류굴, 망양정, 구산리청암정, 망양정해수욕장, 울진왕피천케이블카, 울진왕피천공원, 망양정해맞이공원, 왕피천숲속캠핑장, 산포야영장
	금강송면	불영사계곡, 불영사, 통고산자연휴양림, 소광리계곡, 왕피천계곡, 구룡폭포, 울진금강소나무숲, 산내들캐러반캠핑장, 금강송오토캠핑장(체험야영장)
	온정면	백암온천관광특구, 백암온천, 백암산, 백문사, 백암폭포, 광품폭포, 선시골계곡, 온정면체육공원, 백암고려온천호텔, 백암태백호텔, 백암스프링스호텔
	울진읍	연호공원, 연호체육공원, 울진향교, 불영사계곡전망대, 선유정, 불영계곡캠핑장, 고래꿈호텔, 호텔동네여관223, 페리아펜션&카라반
의성군	금성면	경덕왕릉의성조문국사적지, 의성금성산고분군, 의성조문국박물관, 의성제오라의공룡발자국화석, 의성소우당, 학록정사, 오계서당, 산운생태공원, 탑리오층석탑
	안계면	개천저수지, 비안향교, 용기공원, 신재지낚시터, 안정지
	옥산면	금봉자연휴양림, 천룡약사여래불, 자생식물원, 수자연수목원, 황학산, 의성옥산시장, 신세계저수지, 도곡지, 금봉저수지, 제동지
	점곡면	의성사촌리가로숲, 법련사, 점곡계곡, 병암서당, 영귀정, 관음사, 학림사, 구룡사, 의성만취당, 의성이계당, 소계당, 황룡저수지, 송곡지, 신현2저수지, 곡각저수지, 점곡저수지, 내대산지

소재지		명칭
의성군	춘산면	빙계계곡, 빙계군립공원, 빙계서원, 덕양서원, 빙혈윤은보상덕비각, 빙산사지오층석탑, 빙계계곡오토캠핑장, 순교자엄주선강도사순교지
청도군	금천면	대비사, 선암서원, 만화정, 신지생태공원, 금천체육공원, 금천레저, 레고레오캠핑장, 펜타뷰골프클럽, 사곡지, 유정지, 길부지, 녹방지, 대비저수지, 소풉놀이글램핑&캠프닉, 청도운림고택, 명중고택, 운강고택, 임호서원, 동곡시장, 은광미디캠핑, 청도박곡리석조여래좌상
청도군	운문면	운문사, 운문호, 운문산자연휴양림, 문복산, 운문댐망향정, 학심이계곡, 가지산폭포, 삼계리계곡, 운문산국립공원 소머리야영장, 운문사계절캠핑펜션, 참나무숲글램핑펜션캠핑장, 청도물레방아집오토캠핑장, 풍년빌펜션오토캠핑장, 청도감이야기오토캠핑장, 참나무숲글램핑펜션캠핑장, 수리덤계곡, 금빛계곡, 계살피계곡, 살골, 문복산폭포, 상운산나선폭포, 상운산용미폭포, 운문댐하류보유원지, 청도신화랑풍마을, 오진리산촌생태마을, 방음동 새마을동산, 청도베이스볼파크, 수암사, 천문사, 보갑사, 공암풍벽, 삼계산장, 운문산장, 캠프1530, 청도감이야기오토캠핑장, 청도수리덤오토캠핑장, 신화랑풍마을오토캠핑장, 청도더파크캠핑장, 별빛마을캠핑장, 청도사계절캠핑장, 자연속캠핑장, 조은자리캠핑장, 해밀캠핑장, 솔바람캠핑장, 별찌펜션캠핑장, 약초농원캠핑장, 배너미오토캠핑장, 구름아래오토캠핑장
청도군	화양읍	청도읍성, 청도프로방스글램핑, 용암온천, 대적사극락전, 남산계곡, 약수폭포, 낙대폭포, 청도글램핑, 덕절산자연생태공원, 청도국민체육센터야외공연장, 청도소싸움경기장, 청도프로방스카라반캠핑카펜션, 베니키아호텔청도용암온천, 호텔엑스 1~2, 청도범곡리지석묘군, 오토캠핑장
청송군	주왕산면	주왕산, 주산저수지, 주왕산국립공원, 소노벨청송, 청송얼음골, 주왕산자생식물원, 상의야영장, 주방계곡, 절곡계곡, 절구폭포, 용연폭포, 주왕산폭포, 용추폭포, 대전사, 청송주왕산관광지, 청송얼음골인공폭포, 청송백자전수관
칠곡군	가산면	칠곡가산산성, 가산수피아, 용운사, 국립칠곡숲체원, 에코캠핑카, 팔공산금화자연휴양림(야영장), 가산산성휴양마을캠핑장, 별빛아래관광원야영장, 마이다스구미골프아카데미, 조일유스호스텔, 동재가산수피아
칠곡군	왜관읍	매원저수지, 직오산한미우정의공원, 왜관3일반산업단지공원, 금무봉나무고사리화석지, 꿈애오토캠핑장, 힐포레글램핑장, 일랑일랑애견캠핑앤카라반, 낙동강7경호국경호국공원, 왜관소공원, 교육문화회관대공연장, 파미힐스CC동클럽하우스, 세븐벨리CC, 아이리스골프클럽, M7호텔, 칠곡평화분수, 칠곡야외공연장
칠곡군	지천면	이화야영장, 감동스테이캠프, 황확산장, 핀스파크, 산림휴양관 목관, 칠곡황학산휴양림, 황확산비채숲, 행화촌자연테마파크, 청정캠프, 해뜨고달프고캠핑장, 조양공원, 달서지, 창평지, 지천지, 현곡지, 낙산낚시터, 황학사, 삼보사, 극락사, 송향사, 각황사
포항시	남구	구룡포읍	구룡포해수욕장, 구룡포항, 삼정해수욕장, 관음사, 구룡포일본가옥거리, 호미곶온천랜드, 장달리복합낚시공원, 유니의바다구룡포점, 포에스카라반파크, 웨이브글램핑, 땅끝황토펜션야영장, 땅끝오토캠핑장, 호미곶꽃나무, 구룡포청소년수련원, 사계오토캠핑장, 이스트모스트카라반캠핑장, 석병관광원야영장, 대한민국동쪽땅끝상징공원, 참아름어린이공원, 구룡포당사포어린이공원, 구룡포솔머리어린이공원, 웨이브글램핑, 포유카라반파크, 청룡사, 천풍사, 삼정지, 눌태지, 후동지, 강사저수지, 포항포인트오션·풀빌라펜션, 포항화이트70애견풀빌라, 버블버블다이브리조트, 구룡포스쿠버리조트, 일출로하우스, 호텔223
포항시	남구	대잠동	포항상생근린공원, 논실왕버들, 대잠포스코어린이공원, 대화장목어린이공원, 센텀호텔, 좋은사람호텔, 노블리온호텔, 맨션6호텔, 호텔얌터미널점, 호텔야호, 호텔봄, 호텔후, 리치호텔, 라테라스호텔, 호텔발라스, 넘버25호텔포항대잠점, 호텔투겐하트, A비지니스호텔, 호텔리제나, 더반호텔, 호텔라인, 욜로호텔, 뉴욕뉴욕호텔, 철길숲, 불의정원, 대잠센트럴어린이공원, 대잠소망어린이공원, 대잠잠목어린이공원, 영일호수와산책로
포항시	남구	동해면	도구해수욕장, 연오랑세오녀테마공원, 씨클리프리조트, 흥환간이해수욕장, 용광로황토불가마, 청룡회관, 석재테마공원, 모감나무와병아리꽃나무군락지, 블루벨리체육공원(소공원.어린이공원), 블루벨리1호근린공원(3호근린공원), 진불사, 성용사, 법륜사
포항시	남구	송도동	포항운하, 아쿠아베이, 송도워터폴리, 송도솔밭도시숲, 포항캐릭터해상공원, 송도바닷바람어린이공원, 운하조각공원, 포항송도해수욕장, 경북포항카이드서핑센터, 송도송림테마거리, 송도솔밭유아숲체험관, 송도국민체육센터, 송도솔바람어린이공원, 송도강바람어린이공원, 코모도호텔포항, 스윗데이즈펜션, 포항관광비치호텔예식장
포항시	남구	오천읍	영일일월지, 오천서원, 일월문화공원, 오천냉천수변공원, 오어지, 진전저수지, 이엔에이호텔, 호텔암포항문덕점, 솔나루호텔, 호텔여기어때문덕점, 호텔XYM포항문덕점, 넘버25문덕점, 솔루나호텔, 근로복지공단어린이집, 어메이징캠프포항점, 문덕근린공원, 문덕온천하와이, 오천읍민운동장, 원동역사공원, 오천일월어린이공원, 오천냉천어린이공원, 오천천마어린이공원, 오천천마수변공원, 오천포은어린이공원, 오천해병어린이공원, 가목지
포항시	남구	해도동	포항스테이호텔, 에코호텔, 블랙호텔, 다온호텔, 월드하우스호텔, 에이원호텔해도점, 베니키아호텔포항, 달빛운하문보트, 플라워트리광장, 해도운하소공원, 해도근린공원, 하루호텔, 비즈니스호텔히든, 해도장수1어린이공원, 해도장수2어린이공원, 해도무지개어린이공원, 와룡산백천사남포항분원, 화엄사, 도안사
포항시	남구	호미곶면	호미곶해맞이광장, 상생의손, 호미곶, 유채꽃대평원, 포항글램핑앤카라반, 고래마을카라반, 유니의바다카라반호미곶점, 썬빌리지펜션오토캠핑장, 유니의바다풀빌라, 포항라메르펜션리조트, 카렌시아풀빌라, 아이세상풀빌라, 비치드웨일풀빌라(B), 보이스피싱호선착장, 제주인포항풀빌라, 발리오레패밀리, 호미곶펜션별장, 하루풀빌라펜션, 인더블루펜션, 바다라펜션, 바다향펜션, 해오름펜션, 올웨이즈, 우리들펜션, 스타스케이프풀빌라, 딥스온풀빌라, 어촌일기호미곶독채펜션민박, 오늘여기카라반, 고래마을카라반, 팻글램핑&풀글램핑, 태양&바다카라반
포항시	남구	항구동	항구영일대공원, 에이치에이뉴호텔, 포항브라운도트테라스호텔포항여객선터미널점, 호텔야하포항여객선터미널점, 항구동우체국, 포항항교통관제센터
포항시	북구	흥해읍	흥해향교, 칠포해수욕장, 파인비치호텔, 오도리간이해수욕장, 용안1리해수욕장, 해오름전망대, 오숲도숲, 포항시산림조합야영장, 석곡어린이공원, 성곡어린이공원, 흥해새마을어린이공원, 흥해심곡어린이공원, 흥해목장어린이공원, 현대제철체육공원, 초곡근린공원, 경일만일반산업단지근린공원, 북송공원, 흥해이팝나무군락, 도음산유아숲체험원, 도음산산림문화수련장, 매산저수지, 이인저수지, 초곡저수지, 천마저수지, 법주사, 백련서원, 성곡온천, 무드호텔, 포항KTX호텔, 곡강파크골프장, 이명박대통령생가(기념전시관), 양덕광천수온천, 칠포해수욕장, 죽천해수욕장, 죽전해양스포츠클럽, 박정희대통령순시조형물, 사방기념공원, 문화유적전시장, 금강원사찰, 칠포대원사, 예펜션, 오토펜션찜질·솔향, 오션나비트풀빌라, 이스트케이프풀빌라, 씨모어씨풀빌라, 플레이비치풀빌라펜션, 칠포캠핑, 숲속의드림캠프, 칠포오토캠핑장, 울릉크루즈승선장

03. 주요 도로

1 주요 고속도로

명 칭	구 간
경부고속도로	경주 – 영천 – 경산 – 대구 – 칠곡(왜관) – 낙동강대교 – 구미 – 김천
중앙고속도로	대구 – 칠곡 – 군위 – 의성 – 안동 – 예천 – 영주
광주대구고속도로	고령 – 대구(달성)
중부내륙고속도로	고령 – 성주 – 김천 – 구미(선산) – 상주 – 문경
대구포항고속도로	대구 – 경산 – 영천 – 포항
상주영천고속도로	상주 – 구미 – 군위 – 영천
청주영덕고속도로	상주 – 의성 – 안동 – 청송 – 영덕
대구부산고속도로	청도 – 대구

2 경상북도 주요 간선도로

명 칭	구 간
3번국도	김천시 – 상주시 – 문경시
4번국도	김천시 – 칠곡군 – 대구광역시 – 경산시 – 영천시 – 경주시
5번국도	칠곡군 – 군위군 – 의성군 – 안동시 – 영주시
7번국도	경주시 – 포항시 – 영덕군 – 울진군
20번국도	청도군 – 경주시
25번국도	청도군 – 경산시 – 대구광역시 – 칠곡군 – 구미시 – 상주시
28번국도	영주시 – 예천군 – 의성군 – 군위군 – 영천시 – 경주시 – 포항시
34번국도	문경시 – 예천군 – 안동시 – 청송군 – 영덕군
35번국도	경주시 – 영천시 – 청송군 – 안동시 – 봉화군
36번국도	영주시 – 봉화군 – 울진군

04. 경상북도 주요 교통시설

1 주요 철도역, 버스터미널 및 여객선터미널

소재지		명 칭
경산시	사정동	경산역
	중방동	경산시외버스정류장
	하양읍	하양역
경주시	건천읍	경주역, 서경주역
	노서동	경주고속버스터미널, 경주시외버스터미널
	성동동	경주역
고령군	대가야읍	고령시외버스정류장
구미시	선산읍	선산시외버스터미널
	원평동	구미역, 구미종합터미널
군위군	군위읍	군위시외버스공용터미널
	산성면	화본역
김천시	남 면	김천(구미)역
	성내동	김천시외버스정류장
	평화동	김천역
문경시	모전동	점촌시외고속버스터미널
	문경읍	문경버스터미널
봉화군	봉화읍	봉화역, 봉화공용버스정류장
상주시	무양동	상주 종합버스 터미널
	성동동	상주역
성주군	성주읍	성주버스정류장
안동시	송현동	안동역, 안동터미널
영덕군	강구면	강구역
	남정면	장사역
	영덕읍	영덕역, 영덕터미널
영양군	영양읍	영양버스정류장
영주시	가흥동	영주종합터미널
	휴천동	영주역
영천시	금노동	영천버스터미널
	완산동	영천역
예천군	예천읍	예천역, 예천시외버스터미널
울릉군	울릉읍	울릉여객선터미널, 저동항여객선터미널, 울릉(사동)항여객선터미널
울진군	울진읍	울진종합버스터미널
	후포면	후포항여객선터미널
의성군	의성읍	의성역, 의성시외버스터미널
청도군	청도읍	청도역, 청도공용버스정류장
청송군	진보면	진보버스터미널
	청송읍	청송버스터미널
칠곡군	왜관읍	왜관역, 왜관남부버스정류장
포항시	남구	동해면	포항경주공항
		상도동	포항시외버스터미널
		해도동	포항고속버스터미널
	북구	청하면	월포역
		항구동	포항여객선터미널
		흥해읍	포항역

경상북도 주요지리 출제예상문제

1 다음 중 경산시청이 위치한 지역으로 옳은 것은?
① 계양동   ② 중방동
③ 백천동   ④ 자인면

2 다음 중 경산시에 속하지 않는 행정 구역은?
① 남천면   ② 황성동
③ 유곡동   ④ 진량읍

3 다음 중 경산시 중방동에 위치하는 것으로 옳은 것은?
① 경산교육지원청   ② 경산시보건소
③ 대신대학교   ④ 경산우체국

4 다음 중 자인향교가 위치해 있는 지역은?
① 김천시 대항면   ② 경산시 자인면
③ 영천시 청통면   ④ 칠곡군 지천면

5 다음 중 경산시를 지나는 국도로 옳은 것은?
① 3번국도   ② 36번국도
③ 25번국도   ④ 20번국도

6 다음 중 가야대학교가 위치한 지역으로 옳은 것은?
① 경산시   ② 고령군
③ 김천시   ④ 청도군

7 다음 중 대구 – 경산 – 영천 – 포항으로 이어지는 고속도로의 명칭은?
① 경부고속도로   ② 광주대구고속도로
③ 청주영덕고속도로   ④ 대구포항고속도로

8 다음 중 김천시 – 상주시 – 문경시로 이어지는 국도는?
① 4번국도   ② 3번국도
③ 25번국도   ④ 36번국도

9 다음 중 청도 – 대구로 이어지는 고속도로의 이름으로 옳은 것은?
① 대구부산고속도로   ② 중앙고속도로
③ 대구포항고속도로   ④ 광주대구고속도로

10 다음 중 독도의 소재지로 옳은 것은?
① 칠곡군 석적읍   ② 안동시 예안면
③ 울릉군 울릉읍   ④ 청도군 금천면

11 다음 중 경상북도의 관광지와 소재지가 잘못 짝지어진 것은?
① 불국사 – 경주시   ② 희방사 – 영주시
③ 돌할매공원 – 영양군   ④ 대가야박물관 – 고령군

12 다음의 서원 중 그 소재지가 잘못 짝지어진 것은?
① 도산서원 – 안동시   ② 소수서원 – 영주시
③ 송산서원 – 구미시   ④ 근암서원 – 포항시

13 다음 지역 중 안동하회마을의 소재지로 옳은 것은?
① 풍천면   ② 성곡동
③ 예안면   ④ 도산면

14 다음 중 경주시청이 위치한 지역으로 옳은 것은?
① 노서동   ② 석장동
③ 황오동   ④ 동천동

15 다음 중 경주시 동부동에 위치하는 기관으로 옳은 것은?
① 경주시립도서관   ② 경북경주경찰서
③ 경주소방서   ④ 경주세무서

16 다음 중 경주시 신평동에 소재하지 않는 호텔은?
① 호텔현대경주점
② 힐튼호텔경주
③ 베스트웨스턴플러스경주
④ 더케이호텔경주

17 다음 중 경주시에 위치한 관광 명소가 아닌 것은?
① 불국사   ② 첨성대
③ 옥성자연휴양림   ④ 동궁과월지(안압지)

18 다음 중 경주월드의 소재지로 옳은 것은?
① 구황동   ② 문무대왕면
③ 신평동   ④ 천군동

정답 1② 2② 3② 4② 5③ 6② 7④ 8② 9① 10③ 11③ 12④ 13① 14④ 15② 16③ 17③ 18④

19 다음 중 경주시 석장동에 위치해 있는 대학교로 옳은 것은?
① 경주대학교   ② 동국대학교
③ 위덕대학교   ④ 서라벌대학교

20 다음 중 김천시 율곡동에 소재한 것으로 옳은 것은?
① 김천세무서   ② 경북김천경찰서
③ 김천보건소   ④ 김천우체국

21 다음 중 영주시 – 봉화군 – 울진군으로 이어지는 국도의 이름은?
① 3번국도   ② 36번국도
③ 20번국도   ④ 34번국도

22 다음 중 경주시에 있는 해수욕장이 아닌 것은?
① 봉길대왕암해변   ② 나정고운모래해변
③ 고래불해수욕장   ④ 관성솔밭해변

23 다음 중 고령군에 속하는 행정 구역으로 옳은 것은?
① 외서면   ② 산북면
③ 해평면   ④ 개진면

24 다음 중 좌학근린공원의 소재지로 옳은 것은?
① 울릉군 울릉읍   ② 성주군 월항면
③ 고령군 다산면   ④ 경주시 외동읍

25 다음 중 구미시에 소재하지 않는 행정 구역은?
① 원평동   ② 산동읍
③ 모암동   ④ 형곡동

26 다음 중 구미시에 위치하는 대학이 아닌 것은?
① 금오공과대학교   ② 경북보건대학교
③ 구미대학교   ④ 경운대학교

27 다음 중 청량사가 위치한 지역으로 옳은 것은?
① 봉화군   ② 청송군
③ 고령군   ④ 울진군

28 다음 중 경산시에 소재한 대학교가 아닌 것은?
① 대구가톨릭대학교   ② 영남대학교
③ 대구한의대학교   ④ 가톨릭상지대학교

29 다음 중 구미종합터미널의 소재지로 옳은 것은?
① 남통동   ② 임수동
③ 원평동   ④ 옥성면

30 다음 중 영덕군에 소재한 해수욕장이 아닌 것은?
① 고래불해수욕장   ② 장사해수욕장
③ 죽암몽돌해변   ④ 대진해수욕장

31 다음 중 경상북도에 있는 저수지와 그 소재지가 잘못 짝지어진 것은?
① 성주호 – 성주군   ② 보문호 – 경주시
③ 동궁과월지 – 경산시   ④ 영일일월지 – 포항시

32 다음 중 군위군을 통과하는 국도로 옳은 것은?
① 3번국도   ② 28번국도
③ 34번국도   ④ 36번국도

33 다음 중 김천시청의 소재지로 옳은 것은?
① 신음동   ② 평화동
③ 삼락동   ④ 남면

34 다음 중 김천시에 소재하지 않는 행정 구역으로 옳은 것은?
① 성내동   ② 신음동
③ 모암동   ④ 수상동

35 다음 중 경주시청과 동일한 지역에 위치하는 것은?
① 경주시외버스터미널   ② 경주교육지원청
③ 경주세무서   ④ 경주소방서

36 다음 중 김천시 삼락동에 위치하지 않는 것은?
① 대구지방검찰청 김천지청
② 경북보건대학교
③ 김천대학교
④ 김천교육지원청

37 다음 중 김천시에 소재하는 사찰이 아닌 것은?
① 부석사   ② 백련사
③ 직지사   ④ 청암사

38 다음 중 영양군 수비면에 소재한 휴양림으로 옳은 것은?
① 칠보산자연휴양림   ② 국립검마산자연휴양림
③ 통고산자연휴양림   ④ 금봉자연휴양림

39 다음 중 문경시 동로면에 위치한 것으로 옳은 것은?
① STX리조트   ② 문경새재리조트
③ 경천호   ④ 운달계곡

정답 19 ② 20 ② 21 ② 22 ③ 23 ④ 24 ③ 25 ③ 26 ② 27 ① 28 ④ 29 ③ 30 ③ 31 ③ 32 ② 33 ①
34 ④ 35 ② 36 ④ 37 ① 38 ② 39 ③

40 다음 중 경산시에 위치한 천연림군락인 계정숲이 있는 곳은?
① 자인면　　　② 평산동
③ 정평동　　　④ 남산면

41 다음 중 영천시 완산동에 소재하는 것으로 옳은 것은?
① 영천우체국　　　② 영천시보건소
③ 영천시외버스터미널　　　④ 영천경찰서

42 다음 중 문경시에 있는 문경에코랄라의 소재지로 옳은 것은?
① 마성면　　　② 가은읍
③ 동로면　　　④ 문경읍

43 다음 중 문경오미자테마터널의 위치로 옳은 것은?
① 불정동　　　② 농암면
③ 문경읍　　　④ 마성면

44 다음 중 문경운전면허시험장의 위치로 옳은 것은?
① 점촌동　　　② 모전동
③ 신기동　　　④ 호계면

45 다음 중 봉화군청이 위치한 곳으로 옳은 것은?
① 춘양면　　　② 석포면
③ 명호면　　　④ 봉화읍

46 다음 중 봉화군 봉화읍에 소재하지 않는 것은?
① 경북봉화경찰서　　　② 반야계곡
③ 봉화우체국　　　④ 석천계곡

47 다음 중 경주시 진현동에 있는 관광 명소로 옳은 것은?
① 문무대왕릉　　　② 불국사
③ 첨성대　　　④ 대릉원

48 다음 중 국립청옥산자연휴양림이 위치한 지역으로 옳은 것은?
① 봉화군 명호면　　　② 봉화군 석포면
③ 청송군 부남면　　　④ 청송군 주왕산면

49 다음 중 구미시 임수동에 소재한 호텔로 옳은 것은?
① 오션비치골프앤리조트　　　② 호텔금오산
③ 구미센츄리호텔　　　④ 로제니아호텔

50 다음 중 청도군 – 경주시로 이어지는 국도의 이름은?
① 5번국도　　　② 20번국도
③ 25번국도　　　④ 28번국도

51 다음 중 상주시청이 위치한 지역으로 옳은 것은?
① 남성동　　　② 만산동
③ 가장동　　　④ 냉림동

52 다음 중 상주시에 위치하지 않는 행정 구역은?
① 성하동　　　② 도남동
③ 정하동　　　④ 서성동

53 다음 중 고령군에 있는 율리서원의 소재지로 옳은 것은?
① 덕곡면　　　② 성산면
③ 다산면　　　④ 운수면

54 다음 중 군위군에 위치한 관광지가 아닌 것은?
① 국립백두대간수목원　　　② 위천수변테마파크
③ 행복한밤마을　　　④ 의흥향교

55 다음 중 화본역의 소재지로 옳은 것은?
① 군위군 산성면　　　② 경주시 성동동
③ 영덕군 남정면　　　④ 예천군 예천읍

56 다음 중 상주종합버스터미널의 소재지로 옳은 것은?
① 외서면　　　② 모동면
③ 무양동　　　④ 성동동

57 다음 중 병암고택의 소재지로 옳은 것은?
① 안동시 성곡동　　　② 김천시 대덕면
③ 상주시 외서면　　　④ 성주군 월항면

58 다음 중 성주군청의 소재지로 옳은 것은?
① 금수면　　　② 월항면
③ 성주읍　　　④ 수륜면

59 다음 중 성주군에 위치한 행정구역으로 옳지 않은 것은?
① 금수면　　　② 월항면
③ 성주읍　　　④ 수륜면

60 다음 중 성주군 수륜면에 있는 계곡으로 옳은 것은?
① 대가천계곡　　　② 운달계곡
③ 옥계계곡　　　④ 불영사계곡

정답
40 ①　41 ①　42 ②　43 ④　44 ③　45 ④　46 ②　47 ②　48 ②　49 ③　50 ②　51 ①　52 ③　53 ①　54 ①
55 ①　56 ③　57 ③　58 ③　59 ②　60 ①

강원도 지역 응시자용

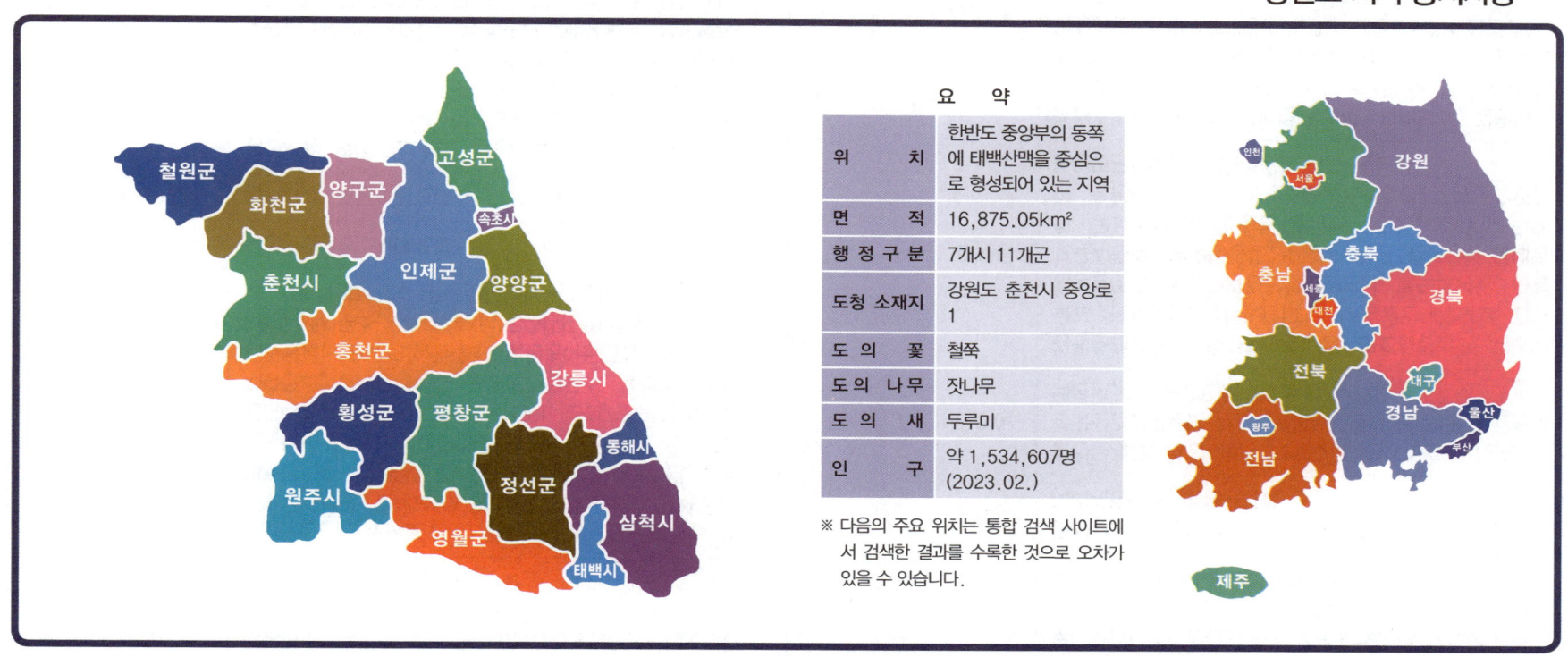

요 약	
위 치	한반도 중앙부의 동쪽에 태백산맥을 중심으로 형성되어 있는 지역
면 적	16,875.05km²
행정구분	7개시 11개군
도청 소재지	강원도 춘천시 중앙로 1
도 의 꽃	철쭉
도 의 나무	잣나무
도 의 새	두루미
인 구	약 1,534,607명 (2023.02.)

※ 다음의 주요 위치는 통합 검색 사이트에서 검색한 결과를 수록한 것으로 오차가 있을 수 있습니다.

01. 지역별 주요 관공서 및 공공건물 위치

소재지		명칭
강릉시	교동	강릉세무서, 강릉교동우체국, 강일여자고교, 강릉명륜고교, 강릉제일고교, GI방송영동지사, CBS강원영동방송, 동부지방산림청, 강릉시립미술관솔올, 대한적십자사 영동적십자봉사관
	난곡동	춘천지방검찰청 강릉지점, 춘천지방법원강릉지원, 강릉율곡병원, 대한법률구조공단 강릉출장소
	남항진동	환동해특수대응단, 강릉산림항공관리소
	내곡동	강릉시보건소, 가톨릭관동대학교 강릉캠퍼스
	사천면	강릉아산병원, 강릉시농업기술센터, 강릉농업기술원감자연구소, 강릉원주대학교해양과학원, 한국산업인력공단강원동부국가지역시험장, 강원지방기상청, 한국도로교통공단 강릉운전면허시험장, 가축위생방역본부 강원동부사무소
	주문진읍	강원도립대학교, 강원도청제2글로벌관, 강릉정보공업고교
	지변동	강릉원주대학교 강릉캠퍼스, 문성고교, 한국식품안전관리인증원 강릉출장소
	포남동	강릉경찰서, 강릉동인병원, 강릉시립중앙도서관, 경포고교, MBC강원영동강릉방송국, LG헬로비전영동방송, 강릉우체국, 강릉해양경찰서
고성군	간성읍	고성군청, 강원고성경찰서, 고성군보건소, 고성군립간성도서관, 고성소방서, 춘천지방법원속초지원고성군법원, 고성고교, 흘리보건진료소, 어천보건진료소, 간성우체국, 향로봉산림생태관리센터
	죽왕면	가진항, 공현진항, 오호항, 문암항, 선박해양플랜트연구소 해수에너지연구센터
	토성면	경동대학교 글로벌캠퍼스, 국회고성연수원, 동광산업과학고교, 속초기상대, 토성공공도서관
	현내면	대진항, 대진고교, 속초세관고성지원센터, 춘천출입국외국인사무소 고성출장소, 산학보건진료소, 현내보건지소, 명파보건진료소

소재지		명칭
동해시	천곡동	동해시청, 강원도 동해경찰서, 동해시보건소, 동해소방서, 동해세관, 동해시의회, 동해교육지원청, 북평여고, 강원경제자유구역청, 동해지방해양안전심판원, 동해시체육회, 춘천출입국외국인사무소 동해출장소, 국제식물검역인증원 동해사무소, 강원경제자유구역청, 동해시시설관리공단
삼척시	교동	삼척시청, 삼척세무서, 강원대학교 삼척캠퍼스, 춘천지방법원 강릉지원 삼척시법원, 삼척소방방재산업지원센터, 강원특별자치도 삼척교육지원청
	정상동	강원삼척경찰서, 선한이웃병원
속초시	교동	속초시보건소, 속초세무서, 속초교육도서관, 속초보광병원, 속초교동우체국, 속초세관, 강원특별자치도교육청 진로교육원, 강원특별자치도 속초·양양교육지원청
	노학동	속초소방서, 속초경찰서, 속초여고, 국립등산학교, 속초시시설관리공단, 한국토지주택공사 속초연수원, 서울시속초연수원
	동명동	속초해양경찰서, 춘천지방검찰청 속초지청, 춘천지방법원 속초지원, 속초시청별관(신관), 속초해양경찰서 경비함정 전용부두
	영랑동	강원속초의료원, 속초시공공산후조리원, 동해지방해양항만청 속초항로표지관리소
양구군	양구읍	양구군청, 강원양구경찰서, 양구소방서, 양구군보건소, 양구교육도서관, 양구군교육지원청, 양구군의회, 양구군선거관리위원회, 양구군우체국, 춘천지방법원 양구군법원, 양구우리병원, 양구성심병원, 양구고교, 양구여고, 강원외국어고등학교, 백두병원
영월군	영월읍	영월군청, 영월경찰서, 영월세무서, 영월교육도서관, 강원도영월의료원, 세경대학교, 영월우체국, 영월군보건소, 춘천지방검찰청 영월지청, 춘천지방법원 영월지원, 영월교육지원청, 영월소방서, 영서방송여월테크센터, 영월고교, 석정여고, 한국소방마이더스고교, 덕포보건지소, 별마로천문대
원주시	개운동	원주의료원, 프라임병원, 내안에병원, 원주고교, 상지여고, 농민일보농민TV강원지역본부
	단계동	원주세무서, 원주문화원, 원주봉화산우체국, 21세기병원, 정병원, YMCA원주고교, 북원여자고교, 센트럴병원

소재지		명칭
원주시	단구동	강원지방우정청, 원주시립중앙도서관, 원주우체국, 북부지방산림청 산불대응센터
	무실동	원주시청, 춘천지방검찰청 원주지청, 대성고교, 삼육고교, 춘천지방법원 원주지원, 국민연금공단원주지사, 원주시 차량등록사업소
	명륜동	원주교육지원청, 원주국민체육센터, 원주시그림책도서관, 리스펙원주교육원, 원주시시설관리공단, 국립공원연구원 본원, 원주시보훈회관, 원주전통문화연구원
	문막읍	경동대학교 메디컬캠퍼스, 원주의료고교, 연세메디하임병원, 문막고교, 원주문막교육도서관, 영서방송문막지사, 한국농어촌공사 원주지사, 새마음병원, 비두보건진료소
	반곡동	원주소방서, 건강보험심사평가원, 건강보험심사평가원2사옥, 국립과학수사연구원 본원, 원주지방환경청, 원주지방국토관리청, 원주혁신도시우편취급국, 나라키움원주통합청사, 국립농산물품질관리원 원주사무소, 대한석탄공사, 원주북부지방산림청, 원주농업기술센터 동부지소, 강원도동물위생시험호 남부지소, 동해세관 원주지원센터, 강원지방통계청원주사무소, 원주청도로이용불편신고센터, 도로교통공단본부, 국립공원공단본사, 한국지방행정연구원, 국민건강보험공단본부, TBN강원교통방송, 영서고교, 원주여자고교, 원주반곡동우체국, 동물위생시험소 남부지소, LG헬로비전 영서방송, 한국보훈복지의료공단, 삼산병원
	봉산동	강원원주경찰서, 봉산동도시재생현장지원센터, 한국복지정보통신협의회 강원지부원주지회
	우산동	상지대학교, 한국폴리텍대학원주캠퍼스, 진광고교, 우산동우체국, 현대중앙병원, 상지대학교 부속한방병원, 원주시상하수도사업소, 도로관리사업소, 강원테크노파크 반도체육성센터
	일산동	원주시보건소, 원주세브란스기독병원, 원주간호대학교, 연세대학교 원주의과대학, 원주방송, 원주MBC
	지정면	원주기업도시, 샘마루도서관, 섬광고교, 산림항공본부, 농업회사법인거승
	호저면	원주운전면허시험장, 강원경찰청치약수사센터, 산림항공모의비행훈련센터, 품질안전기술연구원 본원, 고산보건진료소, 호저면보건지소
	흥업면	강릉원주대학교 원주캠퍼스, 한라대학교, 연세대학교 미래캠퍼스, 육민관고교, 원주시농업기술센터, 사제보건진료소, 한국산업단지공단 강원지역본부, 케이티에스씨 강원사업소, 원주복지원
인제군	인제읍	인제군청, 강원인제경찰서, 인제소방서, 인제군보건소, 인제교육도서관, 인제교육지원청, 인제고려병원, 인제고교, 인제군의회, 인제우체국, 춘천지방법원 인제군법원, 인제군 상하수도사업소, 대한법률구조공단 인제지소, 인제국유림관리소, 인제CCTV통합관리센터, 춘천고용복지센터 인제출장소, 인제군체육회, 귀둔보건진료소, 홍천세무서 인제민원실, 인제군기상관측소, 국립농산물품질관리원 강원지원인제사무소, 강원특별자치도 지적장애인협회 인제군지회, 강원특별자치도 지적발달장애인복지협회 인제군지부
정선군	사북읍	정선군립병원, 사북고교
	신동읍	함백고교, 조동보건진료소, 고성보건진료소
	정선읍	정선군청, 정선군보건소, 정선교육도서관, 근로복지공단 정선병원, 정선경찰서, 정선소방서 조양119안전센터, 정선우체국, 정선교육지원청, 정선방송국, 정선정보공업고교, 정선고교, 춘천지방법원 영월지원정선군법원, 한국환경공단 정선수도사업소, 정선군국민체육센터, 정선군립도서관, 정선군시설관리공단, 한국국토정보공사 정선지사

소재지		명칭
철원군	갈말읍	철원군청, 강원철원경찰서, 철원우체국, 철원군보건소, 철원소방서, 철원교육지원청, 의정부지방법원 철원군법원, 신철원고교, 철원병원, 지경보건진료소, 내대보건진료소, 철원군 보훈회관, 철원군 도시재생지원센터
	동송읍	철원여자고교, 동송우체국, 양지보건진료소, 철원군농업기술센터, 한국농어촌공사 철원지사
	철원읍	철원교육도서관, 철원고교, 철원동송통합보건지소, 구철원우체국, 관전도서관, 철원남북산림협력센터, 어린이급식관리지원센터 철원센터
춘천시	교동	춘천시청별관, 교동행정복지센터, 춘천성심병원, 유봉여고, 한림대학교 일송기념도서관, 강원일보중부지사
	근화동	강원도보훈회관, 국민건강보험공단 철원·화천·춘천지사
	남산면	송곡대학교, 광판보건진료소, 춘천시립남산도서관, 서천보건진료소, 남산면보건지소
	동면	한림성심대학교, 강원도공무원교육원, 동면보건지소, G1방송춘천본사, 춘천여고, 강원고교, 춘천시노인전문병원, K-water 강원수열사업단
	동내면	강원경찰청, 춘천시청소년상담복지센터, 춘천출입국외국인사무소, 한국산업인력공단 강원지사, 한국국토정보공사 춘천지사, 여성긴급전화 1366강원센터, LG헬로비전강원방송고객센터
	봉의동	강원도청, 강원도의회, 강원도소방본부, 강원특별자치도 자치경찰위원회, 강원특별자치도 행정심판위원회, 강원특별자치도 학교안전공제회
	사농동	강원도교육청, 강원도청소년수련원, 생명과학고교, 강원조정면허시험장, 강원산림과학연구원, 국립산림품종관리센터 춘천지소, 한국법무보호복지공단 강원지부
	삼천동	MBC춘천문화방송, 한국기후변화연구원, 강원권통일플러스센터, 연합뉴스 강원취재본부
	석사동	춘천교육대학교, 춘천시립도서관, 춘천치매안심센터, 석사동우체국, 근로복지공단 춘천지사, 춘천시립복지원, 서울의과학연구소 춘천지사, 강원특별자치도 여성가족연구원
	신북읍	춘천운전면허시험장, 춘천기상대, 춘성교육도서관, 춘천신북우체국, 춘천한샘고교, 춘천시농업기술센터, 강원도농업기술원, 국립춘천숲체원(어울림관, 소담관), 강원산림과학연구원 특용자원시험림, 한국수력원자력 한강수력본부, 강원도보건환경연구원, 강원도동물위생시험소, 강원도농업기술원 농식품연구소, 오동보건진료소, 춘천국유림관리소, 미래농업교육원, K워터소양강댐지사
	옥천동	춘천시청, 한림대학교, 강원도교육청교육연구원, 춘천일자리지원센터, 춘천시의회
	온의동	춘천우체국, 춘천시립청소년도서관, KBS춘천방송총국, 한국산업인력공단 강원지역본부, 한국에너지공단 강원지역본부, 한국노인인력개발원 강원지역본부
	효자동	강원춘천경찰서, 춘천지방검찰청, 춘천지방법원, 강원대학교 춘천캠퍼스, 강원대학교병원, 강원인재개발원, 강원지방병무청, 춘천지방검찰청인권센터, 베드로병원, 춘천교육지원청, 한국방송통신대학교 강원지역대학, 봄내병원, 국토안전관리원 강원지역본부, 강원농업마이스터대학, 춘천시가족센터, 대한법률구조공단 춘천지부, 친환경농업연구센터, 강원농촌융합산업지원센터
	후평동	춘천소방서, 정부춘천지방합동청사, 봉의고교, 강원대사대부설고교, 춘천기계공고, YTN춘천지국, 소양도서관, 춘천바이오산업진흥원, 강원창조경제혁신센터, 강원디자인진흥원, 강원국제개발협력센터, 춘천B&I지식산업센터

소재지		명칭
태백시	소도동	태백선수촌, 태백우체국소도동출장소
	장성동	강원태백경찰서, 태백시립도서관, 근로복지공단태백병원, 태백장성우체국, 구문소동우체국, 태백교육지원청, 강원소방학교, 한국항공고교, 대한석탄공사 장성사업소, 강원도태백교육지원청(Wee센터), 태백보훈회관
	황지동	태백시청, 태백시보건소, 태백교육도서관, 태백소방서, 태백우체국, 삼척세무서 태백지서, 춘천지방법원영월지원 태백시 법원, 태백산국립공원사무소, 황지고교, 정보산업고교, 태백기상관측소, 태백농업기술센터, 중소벤처기업진흥공단 강원연수원, K-water 태백권지사
평창군	대관령면	상지대관령고교, 강원특별자치도감자종사진흥원, 국립축산과학원 축산자원개발부가금연구센터, 국산축산과학원 한우연구소
	진부면	진부고교, 진부도서관, 진부우체국, 농촌진흥청작물시험장진부출장소, 두일보건진료소, 수항보건진료소, 거문보건진료소
	평창읍	평창군청, 강원평창경찰서, 평창군보건의료원, 평창교육도서관, 평창소방서, 평창우체국, 평창교육지원청, 평창군의회, 평창고교, 춘천지방법원 영월지원 평창군법원, 농업회사법인에스티케이, 다수보건진료소, 평창군 농업기술센터, 국토정보공사 평창지사, 강원동물위생시험소중부지소, 국립농산물품질관리원평창사무소, 평창국민체육센터
화천군	상서면	칠성전망대, 화천군농업기술센터, 상서면보건지소
	하남면	화천소방서, 화천고교
	화천읍	화천군청, 강원도화천경찰서, 화천우체국, 화천군보건의료원, 화천교육도서관, 화천군법원, 정보산업고교, 춘천세무서 화천민원실, 화천교육지원청(임시청사)
횡성군	둔내면	둔내고교, 현천고교, 화동보건진료소, 강원특별자치도 축산기술연구소
	서원면	풍수원성당, 매봉서원
	횡성읍	횡성군청, 횡성경찰서, 횡성군보건소, 횡성군립도서관, 횡성소방서, 횡성교육지원청, 횡성우체국, 춘천지방법원 원주지원 횡성군법원, 예임양계병원, 횡성대성병원, 횡성여고, 송호대학교, 횡성고교, 원주공항

02. 문화유적·관광지

소재지		명칭
강릉시	교동	부띠끄호텔봄봄, 강릉씨티호텔, W호텔, 홍씨호텔강릉, 호텔파인힐, 무주하우스, 강릉쉼터독채펜션, 강릉역블루핀오피스텔, 솔올공연장, 야외공연장, 대공연장사임당홀, 강릉향교, 향현사, 계련당, 화부산, 원대재산림욕장, 강릉아트센터, 교동2공원, 튤립공원
	강동면	정동진, 동명해변, 정동심곡바다부채길, 하슬라이트월드, 썬크루즈호텔&리조트, 드라마[모래시계]촬영지, 고성목해수욕장, 염전해변, 정동진해변, 임해자연휴양림, 하슬라이트월드, 정감이수공원, 강릉통일공원, 동명사지오층석탑, 등명락가사, 송담서원, 뮤지엄호텔, 호텔벗, 화이트캐슬리조트, 호텔탑스빌, 정동진호텔, 다우리조텔, 비치쿠르즈, 항일기념공원, 하동시고분군, 메이플비치골프장, 메이플비치골프&리조트, 오룡사, 백송사, 안인진항, 임해자연휴양림, 강릉바다내음캠핑장, 강릉승마장, 동명사지오층석탑, 피노키오박물관, 단경골계곡, 단경골야영장, 정동진해돋이공원
	강문동	경포해변, 커피커퍼박물관, 경포도립공원, 씨마크호텔, 스카이베이호텔경포, 세인트존스호텔, 경포비치호텔, 경포마레호텔, 호텔여기어때강릉경포점, 경포에메랄드호텔, 새마을호텔, 델타호텔, 호텔스완, 경포해수욕장, 강문해변, 경포수호텔, 브라운도트호텔강릉경포점, 강릉경포대별장, 머슬비치, 강문솟대다리
	견소동	강릉카페거리, 안목해변, 파인아트라벨호텔, 환희컵박물관, 강릉항요트마리나, 안목해변빨간등대, 솔향강릉카라반캠핑장, 안목커피거리카라반, 호텔헤렌하우스, 강릉안목항해맞이공원, 강릉남대천
	사천면	순포해변, 사천해변, 용연계곡야영장, 해살이마을캠핑장, 베이스캠프글램핑, 강릉씨클라우드카라반, 대관령아이동물농장, 용연사본원, 강일여고야영장, 사천체육공원, 사천진공원, 사천진해변, 사기막저수지, 동해전망대, 베이스캠프카라반, 강릉경포카라반파크펜션
	성산면	대관령전망대졸음쉼터, 대관령자연휴양림(야영장), 가족관광농원, 대관령솔내음오토캠핑장, 국립대관령치유의숲, 보현사낭원대사오진탑, 대관령박물관, 대관령전망대, 명주군왕릉, 보광촌촌체험휴양마을캠핑장, 강릉대공산성, 보광리분청자요지, 대관령하늘목장전망대, 강릉둥지별창, 대굴령마을자동차펜션, 더하우스풀빌라펜션, 칠봉산보림사, 한국불교태고종 대원암, 보현사, 보광사, 법륜사, 승천사, 심불사, 금산사
	송정동	강릉송정해수욕장, 바람개비다육식물원, 하운드호텔
	운정동	경포호, 습지광장, 경포가시연습지, 경포아쿠아리움, 강릉해운정, 강릉선교장, 황산사, 창덕사
	안현동	사근진해변, 강릉포시즌호텔&펜션, 더호텔비즈니스, MGM호텔, 경포에이제이호텔, Y&G비즈니스호텔&펜션, 경포인공폭포, 순굿해변, 사근진해중공원 전망대, 순개울해변, 사근진해변, 호텔쏠님키, 더호텔이코노미, 포시즌호텔&펜션, 경포산장콘도, 투데이경포오션뷰펜션
	연곡면	소금강계곡, 연곡해변, 영진해변, 부연동계곡, 수청동계곡, 낙영폭포, 세심폭포, 구룡폭포, 중무폭포, 오대산국립공원, 연진리고분군, 청학동계곡, 용수폭포, 연곡해변, 연곡고분, 스카이캐빈, 송향기캠핑장, 부연동캠핑장, 20영장, 소금강산야영장, 소금강약용식물원, 문흥사, 백운사, 구월사, 강강사, 현덕사
	옥계면	옥계해변, 금진해변, 옥계향, 석화동굴, 탑스텐호텔, 금진온천, 강릉쌍둥이동물원, 옥계해수욕장 캠핑장, 강릉금진리321카라반, 금진항, 도직항, 기마봉테크전망대, 둔치공원, 강릉산계리석탑, 석병산회양목군락지, 산계리금옥계방역사적비 및 종선비
	저동	경포대, 강릉방현정, 강릉3.1독립만세운동기념탑, 손성목영화박물관, 샌드파인CC, 경포대참소리박물관, 인월사
	주문진읍	주문진해수욕장, 향호해변, 주문진해변, 소돌해변, 향호해변, 향호소공원, 아들바위공원, 소돌아들바위, 정원펜션캠핑, 주문진글램핑오토캠핑장, SL호텔 강릉, 주문진호텔, 베니키아호텔산과바다주문진리조트, 위너스호텔, 향호, 향호지, 장덕리은행나무, 주문진해수욕장 일반야영장
	죽헌동	오죽헌, 오죽헌시립박물관, 신사임당초서병풍, 경포생태저류지, 위촌저류지, 율곡기념관, 강릉선정비군, 경포저수지, 죽림사, 문성사, 사모정시비공원, 강릉시립박물관, 강릉화폐전시관, 오죽헌한옥마을
고성군	간성읍	고성종합운동장, 진부령유지, 장산유지, 진부리마을관리휴양지, 진부령관광농원, 고성탑글램농원, 진부령백두대간종주기념공원, 광민이네오토캠핑장, 진부리계곡, 장신리계곡, 칠수폭포, 간성향교, 달홀공원, 소천사, 꽃내라팜, 고성라벤더카라반, 소똥령계곡, 소똥령마을 농촌체험휴양마을, 백두대간진부쉼터
	거진읍	건봉사, 거진해맞이산림욕장, 화진포소나무숲산림욕장, 거진11리해변야영장, 화진포콘도, 화진포해변, 동화사, 무량사, 금강삼사, 반암항, 반암해변, 백섬해상전망대, 거진항해수욕장, 고성보훈공원, 거진등대체육공원, 프렌즈반암리조트, 거진에코다이빙리조트, 화진포통나무집콘도형민박

소재지		명칭
고성군	죽왕면	송지호, 가진해수욕장, 송지호해수욕장, 삼포해수욕장, 자작도해수욕장, 송지호오토캠핑장, 오션투유리조트호텔앤콘도, 설악썬밸리CC, 설악썬밸리골프리조트, 송지호관망타워, 백도오토캠핑장, 옵바위호텔, 파랑뷰호텔, 오션투유리조트 호텔앤콘도, 아라엔마루펜션, 라헨느풀빌라H, 네추럴하우스, 르네블루바이워커힐, 원더캠프, 삼포해변야영장, 봉수대해변, 삼척2리해변야영장, 자작도캠핑장, 백도해수욕장오토캠핑장, 봉수대오토캠핑장, 티피캠핑장, 능파대
	토성면	청간정, 청학정, 아야진해수욕장, 소노캄델피노, 소노캄델피노 west동, 캔싱턴리조트설악밸리몽트뢰, 아이파크콘도, 파인리즈리조트, 캠핑누루, 설악산울산바위, 금강산화암사, 소노펠리체CC델피노, 소노펠리체델피노, 소노펠리체빌리지델피노, 파인리즈리조트스톤빌리지, 파인리즈리조트, 파인리즈CC, 포유리조트설악, 봉포레이크타운캠핑&글램핑, 호텔파티오, 캔싱턴리조트설악비치, 일성설악온천콘도&리조트, 고라니캠핑장, 말보로맨오토캠핑장, 봉포레이크타운캠핑&글램핑, 캠핑앤비치, 청간정콘도, 카라반캠핑장, 도원유원지, 도원저수지, 월암저수지
	현내면	화진포해수욕장, 명파해수욕장, 통일전망대, 금강산콘도이승만대통령별장, DMZ박물관, 화진포광장, 대진해수공원, 화진포해수욕장캠핑장, 화진포해양박물관, 화진포솔밭야영장, 화진포서프스토리, 통일안보공원, 대진항수산시장, 고성금강산콘도, 통일전망대일관, 통일전망대휴게소, 6·25전쟁전시관, 명파해변비치하우스, 아트호텔리메이커, 명파해변힐링체험휴양지, 산학저수지, 죽정습지, 현지사고성분원
동해시	망상동	망상해수욕장, 망상오토캠핑리조트 든바다, 기곡해수욕장, 망상제2오토캠핑장, 노봉해수욕장오토캠핑장, 망상오토캠핑리조트, 자동차캠프장, 동해망상해변한옥촌, 동해보양온천컨벤션호텔, 망상해오름가족호텔, 동해아쿠아마린펜션, 바다담스파해빌라, 망상카라반파크, 봉봉카라반, 대진해변
	묵호진동	묵호등대, 도깨비골해랑전망대, 논골담길, 묵호항수변공원, 도깨비골스카이밸리, 솟대동산, 길상사, 동해비치호텔, 동해월드펜션, 호텔궁전해수사우나, 어달4호공원, 묵호등대해양문화공원
	추암동	추암해수욕장, 추암촛대바위출렁다리, 추암촛대바위, 추암조각공원, 추암촛대바위인증센터, 능파대, 동해해암정, 추암오토캠핑장, 동해글램핑장, 추암스쿠버리조트, 동해해암정
	삼화동	삼화사, 무릉계곡용추폭포, 관음폭포, 무릉계곡관광지, 무릉별유원지, 동해무릉건강숲, 두타산무릉계곡야영장, 무릉계곡힐링캠프장, 무릉계곡갤러리하우스, 박달폭포, 그림폭포, 무릉계곡, 두타산성, 두미르전망대, 금호, 동해무릉오녀탕, 동해시무릉파크골프장, 거인의휴식&무릉정령
	어달동	어달해수욕장, 어달항아침햇살정원, 호텔바다, 선창호스텔
	천곡동	천곡황금박쥐동굴, 뉴동해관광호텔, 천지노블관광호텔, 글로리아관광호텔, 동해현진관광호텔, 동해호텔미, 엘리시안호텔, 피카소호텔, 코스모스호텔, 동해오션시티레지던스호텔, 한섬해변, 동해생활체육공원 초록봉문화공원, 리사호텔, 가세해수욕장, 고불개해변, 천곡항, 천곡황금박쥐동굴
삼척시	교동	삼척해수욕장, 작은후진해변, 후진항, 광진항, 새천년 해안유원지, 삼척복합체육공원, 비치조각공원, 마로니에공원, 삼척향교, 인의예지림
	근덕면	공양왕릉, 초곡용굴촛대바위길, 덕산해수욕장, 용화해수욕장, 상맹방해수욕장, 삼척해상케이블카용화역, 황영조기념공원, 장호항전망대, 초곡용굴촛대바위출렁바위, 맹방해변산림욕장, 건강테마공원, 팔이구기념공원, 초곡해수욕장, 하맹방해수욕장, 맹방비치캠핑장, 장호비치캠핑장, 바다정원덕산캠핑장, 맹방골프장, 파인밸리CC, 힐스노클비치호텔, 용화호텔, 씨스포텔, 맹방해변산림욕장, 봉황산산림욕장, 원평해변, 궁촌해변, 한재밀해변, 내평계곡, 소한계곡, 부남해변, 한재소공원, 삼척맹방유채꽃밭, 원각사, 초곡항, 대진항, 궁촌항, 여유캠핑장, 내편계곡캠핑장, 동막골캠핑장, 삼척멜림캠핑장, 맹방비치캠핑장
삼척시	도계읍	육백산, 미인폭포, 너와정보화마을, 삼척신리너와마을, 너와마을생활박물관, 하이원추추파크, 통리협곡, 이끼계곡, 낙엽송군락, 도계시민휴식공원, 삼척신리소재너와집과민속유물, 브랙밸리CC, 삼척도계리긴앗느티나무, 삼척늑구리은행나무, 무건리이끼폭포, 도계시민휴식공간, 시금산무명폭포, 삼척흥전리삼층석탑재, 도계유리나라, 하이원추추파크 자동차야영장
	미로면	천은사, 미로나라정원글램핑장, 삼척활기치유의숲, 삼척활기자연휴양림, 삼척구룡포폭포
	신기면	관음굴, 환선굴, 대금굴, 강원종합박물관, 대이동굴, 대이리군립공원, 덕항산
속초시	금호동	신세계센트럴시티영랑호리조트, 빌라콘도, 썬라이즈호텔, 영랑호CC, 범바위, 연풍사, 관광수산시장
	노학동	척산온천휴양촌, 설악산자생식물원, 설악파인리조트, 금호설악리조트, 호텔아마란스, 사조리조트설악, 연호리조트, 이목리수목원, 월해사, 국립산악박물관, 속초시립박물관, 노학동삼층석탑, 척산목욕촌, 자비사, 현대수리조트, 속초시종합경기장, 속초시실내체육관, 속초파크골프장
	대포동	외옹치해수욕장, 마레몬스호텔, 롯데리조트속초, 라마다호텔속초, 베니키아호텔산과바다속초, 베니키아호텔산과바다대포항, 뉴호카라반, 외옹치바다향기로, 대포항전망대, 대포소류지, 덕산봉수, 대포성터
	동명동	영금정, 보광사, 보광미니골프장(18홀), 호텔리츠, E호텔, 메모리즈호텔, 트레블호텔, 속초아이파크스위트호텔앤레지던스, 동명항, 속초항, 속초항북방파제등대, 보광사, 속초항여객선터미널, 극락관, 소호259하우스, 가족독채펜션편한대로, 더하우스호스텔
	설악동	비룡폭포, 천불동계곡, 금강굴, 신흥사, 설악케이블카, 켄싱턴호텔설악, 현대설악빌리지, HK리조트, 설악온천맘모스리조텔, 블루오션설악밸리, 설악산국립공원 설악동야영장, 설악동소나무, 설악산소공원, 권금성, 죽음의계곡, 형제폭포, 허공다리폭포, 토왕성폭포전망대, 염주폭포, 천망폭포, 오련폭포, 비선대, 천화대, 설악골, 소왕토골, 향성사지삼층석탑, 설악케이블카권금성탑승장, 설악동국립공원사무소, 설악오토캠핑장, 설악산유스호스텔, 스마일리조트, 백두에덴힐링센터, 설악한강리조트, 설악산파크리조트, 곰스테이리조트, 설악산과동해바다그리고온천, 뉴스타트설악리조트, 설악아이파크스위트, 설악산유황온천족욕탕
	영랑동	속초등대, 속초등대전망대, 등대해수욕장, 등대비치레지던스호텔, 오션뷰호텔, 설악비치리조텔, 영랑호수공원, 신흥사불교대학원각사, 어반스테이속초등대해변, 속초포장마차거리, 영금정낚시터, W스파풀빌라, 속초828스파펜션
	중앙동	이스턴관광호텔, 관광수산시장, 설악로데오거리
	장사동	영랑호, 한화리조트설악워터피아, 한화리조트설악쏘라노, 영랑호 화랑도체험관광단지(체험장), 속초밤하늘글램핑, 장사항바다숲공원, 플라자CC설악, 영랑호습지생태공원
	조양동	속초조양동선사유적, 속초해수욕장, 더클래스300, 포레호텔, 팜파스호텔&리조트 속초, 더블루테라호텔, 준96호텔, 넘버25호텔청초호점, 어반스테이속초해변C, 속초해변국민여가캠핑장, 시민식수공원, 청초호유원지, 동광사, 죽림정사, 호텔오아시스, 홈마리나속초호텔, 덴마크레지던스호텔, 미르관광호텔, 모엔호텔속초, 브루클린호텔, 더호텔속초바이베스트웨스턴시그니처컬렉션
양구군	방산면	두타연, 천미계곡, 세계평화의종공원, 방산수변공원, 뱅이골공원, 찬희네콘도민박, 양구백자박물관, 오미정보마을캠핑장
	해안면	을지전망대, 제4땅굴(휴업중), 해안면체육공원, DMZ펀치볼둘레길, DMZ조이나믹체험장(휴업중), 도솔산전망대, 펀치볼, 해안야생화공원, 국립DMZ자생식물원
	동면	약수골캠프촌숲속캠핑장, 디엠지예스파, 양구수목원, 동면체육공원, 도솔산지구전투위령비, 피의능선전투전적비, 월운저수지, 팔랑폭포

소재지		명칭
양구군	양구읍	양구군민공원, 양구공원, 한반도섬공원, 고인돌공원, 양구레포츠공원, 양구독수리체육공원, 박수근공원, 파로호꽃섬, 파로호, 박수근미술관, 양구선사박물관, 인문학마을캠핑장, 민트초코캠핑장, 상무룡출렁다리, 소양강꼬부랑길 전망대쉼터, 검무정약수포, 상무룡낚시터, 양구선착장, 소양강뱃길나루터, 월명낚시터캠핑장, 검무정골, 봉선사, 흥덕사, 상운사, 선정사, 금강사, 세종호텔, 벤호텔, 베키니아KCP호텔, 양구개논삼자생지, 파로호뱃길나루터, 양구공수리지석묘군, 고대리지석묘군
양양군	강현면	낙산사, 낙산사의상대, 낙산해수욕장, 설악해수욕장, 물치해안공원, 황금연어공원, 강현면생활체육공원, 설악해수욕장야영장, 양양한스오토캠핑장, 낙산솔밭오토캠핑장, 벙커캠핑, 해돋이호텔, 이엘호텔, 투와이호텔, 낙산비치호텔, 더 낙산호텔, 다이아메르호텔양양바이아늑스테이, 넘버25양양물치해변점, 베니키아호텔산과바다양양, 7호넷비치콘도텔, 단독펜션독채펜션설악스테이, 물치해변, 물치항방파제등대, 설악해변, 정암해변, 코레일낙산연수원야영장, 정암해수욕장야영장, 전진항낚시터, 몽돌소리길전망대, 양양한스오토캠핑장, 적은리캠핑장, 낙산사해수관음공중사리탑, 단아캠프, 벙커캠핑
	서면	주전골, 주전골계곡, 오색약수터, 오색약수산채음식촌, 미천골자연휴양림, 오색탄산온천(오색그린야드호텔), 골짜구니캠핑장&펜션, 설악폭포, 옥녀폭포, 용소폭포, 사림사지석탑, 구룡령계곡, 하늘빛계곡, 사계절야영장, 솔밭야영장, 물레방아산장텐트촌, 비발디캠핑파크설악오색점, 양양오색휴랜드캠핑장, 와바캠프캠핑장, 갈천오토캠핑장, 송천떡마을야영장, 치래마을야영장, 연내골야영장, 양양고인돌캠핑장, 오색허브농원캠핑장, 국립미천골자연휴양림, 남설악, 설악산샘터, 가라피계곡, 양양오색리삼층석탑, 수봉야영장, 설악온천장, 오색온천장, 오색장군바위캠핑장, 장군바위오토캠핑장, 윈드밸리글램핑, 독주폭포, 자연폭포, 십이폭포, 등선폭포, 여심폭포
	손양면	설해원, 동호해변, 양양송이밸리자연휴양림, 쏠비치양양, 송전해수욕장, 수산항, 낙산도립공원, 오산리선사유적박물관, 양양솔바다캠핑장, 솔밭가족캠프촌, 바다캠핑장, 쏠비치양양오션플레이, 양양국제공항, 양양캠프장, 동해사, 캠핑가자젤코버글램핑, 넘버원서프, 덥서프, 오산다이브리드, 컨벤션센터, 오산해변, 수산항낚시터, 녹색생태공원, 설해원온천수영장, 동호리해수욕장캠핑장, 수산항마리나
	양양읍	동명서원, 남대천, 낙산해변야영장, 조산도시숲, 양양남대천체육공원, 남대천연어생태공원, 양양송이조각공원, 남대천수상레포츠센터, 송이밸리자연휴양림, 양양남대천습지, 양양송이조각공원파크골장, 비치빌콘도텔, 오션벨리리조트, 양양비치콘도, 센텀마크호텔양양, 무브먼트스테이양양, 현산공원, 영혈사, 문수사
	현북면	하조대, 하조대해수욕장, 하조대전망대, 법수치계곡, 중광정리해수욕장야영장, 면옥치학생야영장, 중광정해수욕장, 하조대캠핑카, 하조대카라반, 기사문등대, 무궁화동산, 우리들캠핑장, 양양포레스트캠핑장, 279캠핑장, 우니메이카캠핑장양양점, 풀앤밸리글램핑&캠핑장, 풀라운지펜션&글램핑, 엘마콘도텔
	현남면	죽도해수욕장, 지경리해수욕장, 원포해변, 죽도해변, 양양남애일출, 남애항스카이워크전망대, 북분솔밭캠핑장, 남해해수욕장야영장, 더앤리조트, 코랄로호텔, 마할로호텔, 브리드호텔양양, 지경공원, 현남생활체육공원, 포매호, 포매저수지, 달래저수지, 인구저수지, 죽도정, 동산항, 동산해변, 동산리전망대, 남애항스카이워크전망대, 인구해변, 나루해변, 광진해변, 갯마을해변, 원포해변, 동산포해변, 북문리해수욕장, 큰바다해수욕장, 동산해수욕장야영장, 남해1리해수욕장야영장, 인구해수욕장야영장, 갯마을해변야영장, 지경국민여가캠핑장, 원포솔밭야영장, 남해해수욕장캠핑장, 북문솔밭캠핑장, 죽도야영장, 장애인해변캠프, 행복나드리글램핑&카라반, 동산항남방파제등대, 카리브리조트, 노라조다이브리조트
영월군	김삿갓면	고씨동굴, 김삿갓계곡, 영월대야동굴, 김삿갓유원지, 조선민화박물관, 내리계곡, 구름품은캠핑장, 에이미캠핑장, 와룡캠핑장, 명월느티나무캠핑장, 휴가를부탁해캠핑장, 내리계곡솔밭캠핑장, 영월아트앤캠핑장, 히어리캠핑장, 사랑나무캠핑장, 망경사, 운탄고도마을호텔, 비브릿지풀빌라리조트, 더블리스위케이션호텔, 에이미캠핑장, 운교산캠핑장, 강별캠핑장, 필리가캠핑, 쉼지오캠프, 김삿갓삿갓쉼터, 음향역사박물관, 호안다구박물관, 늘푸른펜션캠핑장, 명월느티나무캠핑장, 망경상사, 삼불사, 현불사
	남면	청령포, 단종대왕유배지, 문개실강변유원지, 들꽃민속촌, 영월동서강정원다원, 펫힐링달빛동물원, 캠프에이프릴, 와룡천캠핑장, 펫힐링달빛동물원캠핑장, 더한옥헤리티지하우스, 영월관음송, 망향탑창령사지, 와룡천캠핑장, 금강사, 칠보사
	상동읍	매봉산, 장산, 망경사, 이끼계곡, 칠랑이계곡, 장산콘도, 상동램프고원, 섬지골오토캠핑장, 고두암, 해선사, 유정사, 망경사, 선바위골캠핑장, 통나무집캠핑장
	영월읍	영월장릉, 별마로천문대, 영월왕검성, 영월정양산성, 금강공원에코스튜디오, 영월강변저류지수변공원, 동강둔치공원, 동강카누캠프, 휴가든카라반, 영월동강아리랑래프팅, 청령포전망대, 영월정송대암태실 및 태실비, 단종역사관, 엄홍도기념관, 덕포도시그린공원, 덕포어린이공원, 인수뫼공원, 별바라기어린이공원, 영월동강생태공원, 봉래산산림욕장, 동강둔치공원, 노루조각공원, 동강사진박물관, 동강시스타CC, 영월동강온천관광지, 휴가든카라반, 탑스텐리조트동강시스타, 능말도시숲, 동강오토캠핑장, 동강산수캠핑장, 동강래프팅한마음래프팅, 동강카누캠프, 동강놀러와래프팅, 동강연대천래프팅, 동강흥국래프팅, 동강어린이래프팅, 동강래프팅, 태극동강래프팅, 동강빌리지야영장, 청령포전망대, 연하계곡, 용소폭포, 연하폭포, 천신사, 보덕사, 운중사, 부령사, 청학사, 문수사, 21세기동강래프팅, 동강포도원래프팅, 동강드림래프팅
원주시	단구동	박경리문학공원, 단구근린공원열린광장, 여성가족공원, 천매봉, 옥녀봉브라운도트호텔원주단구점, 스테이휴호텔, 호텔델루나, 원주시니어탁구클럽, 구곡배수지족구장, 임윤지당선양관, 시그널&피옴스튜디오, 빨강어린이공원, 단구어린이공원, 노랑어린이공원, 하늘어린이공원, 단구근린공원
	단계동	비들재, 비득재, 원주시농산물공영도매시장, 봉화산산림욕장, 바우골어린이공원, 초롱어린이공원, 햇빛어린이공원, 한빛어린이공원, 백간어린이공원, 평원어린이공원, 소망어린이공원, 전망공원, 청곡공원, 장미공원, 백간공원, 이화공원, 단계공원, 호텔이쁘다, 코코호텔, 봄봄호텔, 더호텔, 오키드호텔, 호텔라움, 펜더호텔, 호텔하루원주단계점, 호텔브이, 메리제인호텔, 고릴라호텔, 이틀호텔, 마리호텔, 원주스테이호텔, 메이호텔, 호텔벨리노
	명륜동	댄싱공연장(구 따뚜), 원주향교역사공원, 원주항교, 남산공원, 치악종각, 아르코공연연습센터원주, 민긍호의병장기념상, 원주걷기여행길안내센터, 원주그림책도서관, 용화산, 중앙공원, 갈색어린이공원, 명륜어린이공원, 새마을어린이공원, 중앙근린공원 커뮤니티광장
	문막읍	문막체육공원, 연화소공원, 동화마을수목원, 반계리은행나무, 반계저수지, 충효사, 문막센트럴호텔, 센추리21 CC레이크텔, 센추리21 C밸리텔A동, 센추리21 제2클럽하우스, 센추리21CC, 힐링코리아강원점, 동화사, 비담사, 호암산장, 구룡산장, 건등저수지, 취병저수지, 탑전낚시터, 진밭골향기캠핑장, 오랜미래신화미술관, 동화산단공원, 문막12호어린이공원, 동화산단어린이공원, 상류공원
	소초면	치악산, 구룡사, 황골계곡, 치악산한다리골캠핑장, 치올라캠핑장, 학곡리황장금표, 세렴폭포, 치악산계곡텐트촌, 구룡자동차야영장, 구룡레저타운, 치악산호텔, 파크벨리골프클럽(파크벨리GC1번홀), 대곡야영장, 구룡사계곡, 원적사, 수암사, 입석사, 학곡저수지, 선녀골저수지, 이무기낚시터, 도곡낚시터, 덕고산신망, 천궁사, 원주카라반리조트, 힐링&버블버블, 원주부흥사지석탑재, 라하글램핑, 라온빌리지원주치악산카라반

소재지		명칭
원주시	반곡동	보스코아호텔, 혁신시티호텔, 삼복골소류지, 정주사, 호텔인터불고원주골프클럽, 가래실사, 보름달어린이공원, 황새쟁이소공원, 임춘내수변공원, 두물수변공원
	지정면	간현관광지포레스트캠핑장, 원주소금산출렁다리, 오크밸리리조트, 별무인호텔, 브라운도트호텔원주기업비즈니스점, 동서울레스피아골프&리조트, 오크밸리사우스콘도, 오크밸리스키장, 오크밸리리조트눈썰매장, A&J오토캠핑장, 간현생태공원, 오크밸리CC, 월송리CC, 오크힐스CC, 성문안CC, 소금산출렁다리, 소금산스카이타워, 간현관광지포레스트캠핑장, 원주곤충마을박물관, 두몽폭포, 오크밸리콘도, 오크밸리조각공원, 오크밸리드라이빙레인지, 오크밸리콘도B, 오크밸리콘도C, 샘마루도서관, 한솔종이박물관, 피톤치드글램핑장, 이라희의라일락콘서트홀, 장터추어탕캠핑장, 생각속의집펜션&글램핑, 원주시티호텔기업도시점
	호저면	용화사, 법성사, 석현사, 도연사, 회채골망, 원주양잠테마단지, 동막저수지, 고산저수지, 광격저수지, 장포소류지, 고산낚시터, 호저낚시터, 천지야생화관광농원, 칠봉계곡, 칠봉유원지, 옥산유원지, 사니다정원, 열녀암, 원주축협가축경매장, 용운사지삼층석탑, 물가애캠핑장, 봉바위돌집캠핑장, 용곡리얼음썰매장, 칠봉유원지야영장, 칠봉두루몽캠핑장, 칠봉체육공원, 그린애캠핑장
	흥업면	숙휘숙정공주태실, 다리골소류지, 돼니저수지, 가리골저수지, 이안의숲원주캠퍼스, 대안저수지, 흥업저수지, 무궁화공원, 매화공원, 흥대어린이공원, 울업어린이공원, 흥업쉼터, 원성대안리느티나무, 보호수소나무, 라온풀빌라, 행복&피크닉, 극락사, 바우하우스인원주
인제군	기린면	진동계곡, 아침가리계곡, 방동약수, 궁동유원지, 기린솔섬유원지, 국립방태산자연휴양림(제20야영장), MTB산장, 인제스피디움호텔, 인제스피디움콘도, 진동계곡산장, 맑음물리조트, 애향원, 임마누엘집, 진동호, 독차지캠핑, 인제면가리오토캠핑장, 아리캠핑장, 아침가리솔밭캠핑장, 아침가리계곡캠핑장, 방태산솔마루펜션&오토캠핑장
	북면	설악산, 봉정암, 미시령, 한계령, 백담계곡, 백사사, 국립용대자연휴양림, 매바위인공폭포, 원통생활체육공원, 미시령계곡(캠핑장), 백담설화캠핑장, 설악카라반파크오토캠핑장, 백담계곡오토캠핑장, 십이선녀탕캠핑장, 구만동펜션오토캠핑장, 내설악미리내캠프, 돌배1·20야영장, 플로팅웨일설악도적폭포스테이, 국립용대자연휴양림, 설악산국립공원, 수렴동계곡, 원통생활체육공원, 한계령솔밭야영장, 소승폭포, 쌍용폭포, 쉰길폭포, 오승폭포, 대승폭포, 두문폭포, 응봉폭포, 도적폭포, 보현사, 석황사, 호텔코지
	서화면	서화생활체육공원, 대암산용늪, 고원통계곡, 대심적계곡, 천도리인북천양지쉼터, 인북천물빛테마공원, DMZ마을극장
	인제읍	하추자연휴양림, 갯골자연휴양림(야영장), 인제교육청야영장, 내린천수변공원, 원대리자작나무숲, 내린천계곡, 내린천래프팅레저, 인제산촌민속박물관, 필레게르마늄온천, 필레야수호텔인제스테이, 인제캠핑타운, 인제호텔, 호텔여행, 호텔스테이, 호텔스카이락, 인제석장골여행펜션, 곰배령귀둔빌리지, 갯골유아숲체험원, 내린천수변공원, 고사리수변공원, 합강정공원, 내린천캠프, 잼보리캠프, 인제아리캠핑장, 내린천번지점프장, 인제나르샤파크캠핑장, 인제나르샤스카이짚프, 인제나르샤파크물놀이장, 인제하늘내린센터대공연장(다목적공연장), 인제쌈지공원, 상동리삼층석탑 및 석불좌상, 피아시계곡, 강원특별자치도오토캠핑장, 필례산장, 주홍산장, 청솔산장, 산장가이리, 노루목산장, 인제산촌민속박물관, 필례산장, 인제향교, 백련정사, 칠보사
정선군	고한읍	정암사, 하이리조트, 메이힐스리조트, 휴관광호텔, 마이애미정선호텔, 에이스가족호텔, 하이랜드호텔, 하이리조트마운틴콘도C동, 하이원리조트밸리콘도, 하이원리조트스키장, 하이원운탄고도케이블카, 하이원CC, 고한읍민체육공원, 함백산소공원, 만항소공원, 적암사적멸보궁, 하이원리조트, 마운틴콘도체크인센터, 힐콘도(B동,E동,F동), 마을호텔18번가, 하이원리조트, 구름아래동물농장

소재지		명칭
정선군	사북읍	강원랜드, 하이원워터월드, 사북생활체육공원, 도사곡휴양림, 엘스관광호텔, 그랜드인투라온호텔, 제이호텔, 엘까사호텔, 스카이호텔, 하이원그랜드호텔, 컨벤션타워, 하이캐슬리조트, 호텔세븐, 랜드호텔, 하이캐슬리조트, 정선아리아리호텔, 스타호텔, 제이호텔, 정선곤드레생산자단체, 대야외공연장, 하이원광장
	신동읍	추억의박물관, 정선얼음굴, 미륵고개전망대, 타임캡슐공원, 나리소전망대, 동강전망자연휴양림, 에콜리안CC정선, 동강할미꽃서식지, 노을공원, 캐슬가든, 고성산성
	여량면	아우라지, 아우라지관광지, 아우라지구절초공원, 아우라지출렁다리, 아우라지선착장, 흥터마을휴양지캠핑장, 현수네오토캠핑장, 아우라지제1야영장, 흥터유원지, 아빠의정글
	정선읍	가리왕산자연휴양림, 병방산군립공원, 아라리공원, 정선아라리촌, 덕산기계곡, 동강, 정선향교, 회동마을관리휴양지, 가리왕산장, 로하스농촌관광타운, 정선국민여가캠핑장, 회동솔향캠핑장, 회동계곡, 정선석공예단지, 박달재, 가리왕산산림휴양관, 가리왕산제1·20야영장, 가리왕산자연휴양림캠핑장
	화암면	화암동굴, 화암약수, 화암약수야영장, 화암국민관광단지, 정선소금강계곡, 소금강전망대, 문치재전망대, 용마소둔치공원, 정선향토박물관, 라만차의돈키호테캠핑장, 용마소둔치공원, 정선미술관
철원군	갈말읍	한탄강, 삼부연폭포, 철원지석묘군, 주상절리길, 순담계곡, 두루웰자연휴양림, 철원가산농원캠핑장, 한탄강래프팅(투어), 철원래프팅리조트, 고다리리조트, 한탄강CC, 철원에코팜, 지석묘2기, 한탕강물윗길, 한탄강횃불전망대, 승일공원, 명성어린이공원, 신철원공원(현충탑), 육군대장박정희기념비(군탄공원), 서바이벌래프팅세상, 순담레저, 한레저, 한솔레포츠, 한여울레저, 신철원시장, 레저개발칸, 안터저수지, 연화사
	근남면	국립복주산자연휴양림, 복계산, 매월대폭포, 근남면생활체육공원, 밤개울캠핑장, 노블레스글램핑카라반, 매월대폭포캠핑장, 잠곡리매일민박캠핑장, 여울에꽃물들인, 매월대잠곡저수지, 대성사, 구은사
	동송읍	직탕폭포, 고석정, 제2땅굴, 한탄리버스파호텔, 명가호텔팰리스, 삼원사, 도피안사, 동송저수지, 도교저수지, 학저수지, 금연저수지, 철원평화전망대, DMZ두루미평화타운, 한강DMZ평화누리길, 양지리공원, 사문안천수변공원, 철원상노리지경다지기, 고석정꽃밭, 고석정국민관광단지, 경희레저, 청룡레저, 철원학마을캠프, 파라다이스스포츠, 어메이징래프팅, 한탄강짱래프팅, 담터계곡오토캠핑장, 담터오지글램핑, 한탄강매교천현무암협곡, 도피안사철조비로자나불좌상, 동송읍마애불상
	철원읍	노동당사, 백마고지전적비, 철원향교, 철원역사문화공원, 표충사, 금용정사, 산명호저수지, 소이산전망대, DMZ캠핑장, 월정리전망대, 소이산모노레일철원역, 철원향교지, 철원작은영화관뚜루
춘천시	교동	춘천향교(교육관), 금강산산신도사, 교동녹색쌈지숲
	근화동	공지천유원지, 소양강스카이워크, 소양강처녀상, 춘천대첩기념평화공원, 공지천조각공원, 더 잭슨 나이스 호텔, 공지천유원지, 리츠호텔, 춘천루체호텔, 소양강호텔, 상중도배터, 중도주민선착장, 문화광장숲, 공기천유원지보트장, JK이글스워터스키스쿨, 춘천꿈사랑어린이공원, 앞두루공원, 춘천평화생태공원

소재지		명칭
춘천시	남산면	남이섬, 강촌, 제이드가든수목원, 강촌레일파크, 경강레일바이크, 엘리시안강촌, 강촌관광농원, 강촌유원지, 강아지숲, 구곡폭포, 황금박쥐캠핑장춘천점, 오너스GC, 제이드팰리스GC, 엘리시안강촌CC, 휘슬링락CC, 호텔정관루, 콘도별장, 소라리조트, 남이섬설리조트, 호텔루나, 에스엠루빌리조트, 문배골펜션&캠핑장, PAXX캠핑장, 강촌글램핑&오토캠핑장, 구곡폭포국민여가캠핑장, 춘천더숲캠핑장, 강촌하늘아래오토캠핑장, 홍천강소수리마을휴양지캠핑장, 벨라지오펜션오토캠핑장, 콘서트캠핑리조트, 숲이야기, 강촌유원지, 강촌출렁다리공원, 강촌만남의쉼터, 강선봉산림욕장, 창촌리삼층석탑, 미라토스칼라캠프, 강촌밸리글램핑, 제이드가든수목원, 제이드별빛카라반, 마리나카라반, 춘천래프팅, 친절한수상레저, MC레저, 나인클럽수상레저, 가평빠지더케이수상레저, 텐클럽수상레저, 탄부저수지, 북한강포시즌수상레저, 오양사, 대각사, 봉녕사, 신불사, 강선사, 용담사
	동면	소양강 댐 팔각정전망대, 구봉산전망대카페거리, 느릿재전망대쉼터, 사가록캠핑장, 구봉산, 캠프파지립, 춘천대룡산페러글라이더1이륙장, 소양강파크골프장, 호산사, 소양호오지캠핑장, 늘솔길캠핑장, 스프링베일GC, 적골저수지, 너울숲공원, 손흥민체육공원, 푸른숲공원, 철새도래지공원, 노루목저수지
	동내면	춘천금병산캠핑장, 춘천별빛캠핑장, 향군마을소류지, 대룡산샘터, 방아재골, 대룡산패러글라이딩제2이륙장, 춘천커피테마파크, 춘천이팝리조트펜션A동, 이팝리조트, 스테이266, 똥새스테이, 도토리힐스테이, 스테이루비
	사능동	육림랜드, 청소년수련원별관측소, 숲속쉼터, 사계절식물원, 오감체험원, 산림박물관, 멸종위기식물자원보존숲, 춘천인형극장, 고구마산야구장, 해오름공원, 지피식물원, 철쭉원, 어린이정원, 수생식물원, 화목정, 오감체험원, 암석원, 강원특별자치도립화목원, 기후변화취약식물보존원, 맨발로걷는길, 벚나무길, 육림수영장, 춘천농수산물도매시장관리사업소, 강원수상레저
	봉의동	춘천세종호텔, 강원특별자치도어린이집, 위봉문, 조양루
	사북면	춘천호, 지암계곡, 집다리골자연휴양림, 영산불교현지사춘천본사, 지암사, 명광사, 알프스밸리사계절썰매장, 원평리낚시터, 말고개낚시터, 춘천호반펜션, 집다리골운봉산장, 송정원캠핑시대, 꿈을드림캠핑장, 프라임캠핑장, 봄봄캠핑, 지암캠핑장, 레스트글램핑
	삼천동	춘천중도물레길, 평화의소녀상, 의암공원, 삼천동생태체험공원, 강원국악예술관, 춘천야외공연장, KT&G상상마당춘천, 춘천스테이호텔, 호텔공지천, ORA춘천베어스호텔, 호텔봄내A, 호텔앤, 호텔공지천2호점, 라팔리즈호텔씨에스엠, 춘천삼악산호수케이블카, 의암호, 플레인호텔, 계림산장, 춘천지구전적기념관, 삼청유아숲체험원, 조범근수상스키아카데미, 성문드론아카데미야외비행훈련장, 의암근린공원, 춘천수변공원, 삼천지구소공원, 춘천사, 정법사
	서면	고슴도치섬, 의암호, 애니메이션박물관, 위도유원지, 춘천박사마을어린이글램핑장, 버즈글램핑, 덕구글램핑, 춘천캠핑월드, 춘천워터랜드, 별 헤는 마을 카라반캠핑장, 지암리캠핑장, 툇골캠핑장, 춘천하늘캠핑장, 삼악산, 등선폭포, 춘천신매리석실고분, 방동리고구려고분, 거북이낚시터, 춘천파크골프장, 크라크라낚시터, 하늘낚시공원, 강원숲체험장, 오월리산림휴양장, 월송리캠프, 월송리삼층석탑, 서상리삼층석탑, 춘천문학공원, 삼악산성지, 의암호반길, 에이원수상레저, 춘천워터랜드, 춘천가평빌라오아펜션, 한마음리조트, 비선폭포, 삼악산폭포, 신매(툇골)저수지, 반송저수지, 방동저수지, 툇골캠핑장, 춘천북배산양산박캠핑장, 성법사, 흥국사, 상원사, 봉덕사
	석사동	국립춘천박물관, 춘천로데오거리, 애막골새벽시장, 춘천전통얼음썰매장, 영사사, 청룡사, 애막골골프공원, 우석새싹공원, 석사양지공원, 스무숲햇살공원, 어울림공원
춘천시	신북읍	강원경찰박물관, K-water소양감댐물문화관, 삼한골계곡, 소양댐 시민의숲, 샘밭장터체육공원, 월드온천, 두드림유아숲체험원, 봄내생태숲, 한국수력원자력전시장, 원정사, 심우정사, 소양강다목적댐준공기념탑, 소양강시민의숲, 유포리낚시터, 조연저수지, 지내리저수지
	옥천동	봉의산순의비, 춘천미술관, 봄내극장, 춘천강원도지사구관사, 춘천시청광장, 호텔야자춘천시청점
	신동면	의암댐, 강촌레일파크, 김유정레일바이크, 남춘천CC, 라데나GC, 베어크리크GC춘천, 의암유원지, 김유정문학촌, 책과인쇄박물관, 중리고분군, 춘천시환경공원, 은행나무낚시터, 팔미리낚시터, 보광사, 춘천약수사
	조양동	명동닭갈비골목, 우미닭갈비본점, 호텔뷰, 명동호텔, 메이트호텔
	효자동	춘천문화예술회관, 약사천수변공원, 고요정원, 호텔121, 호텔벤틀리, 몽호텔, 호텔아이, 명작호텔, 1962비즈니스호텔, 에스파스호스텔, 넘버25남춘천점, Q호텔, 캣츠호텔, S쁘띠호텔, 호텔퍼펙트, 손흥민벽화, 소극장연극바보들, 흥천사
태백시	소도동	태백석탄박물관, 태백산국립공원, 태백체험공원, 단군성전, 태백소원지오토캠핑장, 태백눈꽃야영장, 당골계곡, 당골광장, 하늘전망대, 태백호텔, 라마다강원태백호텔, 태백선수촌, 태백눈꽃야영장, 태백소원지오토캠핑장, 태백산국립공원소도야영장, 당골광장, 천제단, 청원사, 태산사, 천지정사
	창죽동	바람의 언덕, 대덕산금대봉생태탐방로천상의화원, 금대봉야생화군락지
	철암동	철암탄광역사촌, 태백고원자연휴양림(야영장), 철암단풍군락지, 흥복사, 철암역두선탄시설, 철암탄광역사촌, 삼방동전망대
	화전동	용연동굴, 싸리재, 태백도깨비도로, 너덜샘야영장, 설화국가족호텔, 태백관광호텔쏘라노, 힐링호텔
	황지동	황지연못, 카스텔로리젠시태백관광호텔, 동아호텔, 오투리조트타워콘도, 오투리조트빌라콘도, 문화예술회관공원, 태백공원, 황부자며느리공원, 태백상장동벽화마을, 삼수령목장테마공원, 고원자생식물원, 본적사지역사공원, 산타파크캠핑장, 유스호스텔, 오투리조트스키장, 오투리조트오투CC, 태박서광사
	혈동	태백산, 혈암사, 백단사, 태백사
평창군	평창읍	뇌운계곡(캠핑장), 남산산림욕장, 연화사, 평창바위공원(캠핑장), 평창어린이공원, 평창향교, 유동둔치, 원당계곡, 하일계곡, 천동낚시터, 블루스밸리카라반리조트
	대관령면	삼양대관령목장동해전망대, 대관령양떼목장, 애니포레, 용평산림욕장, 겨울나라썰매장, 도암호전망대, 모나파크용평리조트렌탈샵알프스, 평창동계올림픽(패럴림픽)기념관, 국립한국자생식물원, 풍림아이원리조트, 올림피아드평창호텔, 호텔더마루, 대관령호텔, 그린엘블루호텔, 알펜시아홀리데이인리조트호텔, 현대엘리엇호텔&리조트, 인터콘티넨탈호텔, 알펜시아평창리조트, 라마다호텔&스위트평창, 알펜시아홀리데이인&스위트콘도, 모나용평비치힐콘도, 모나용평베르데힐콘도, 모나용평아폴리스콘도, 용평리조트그린피아콘도, 용평리조트타워콘도, 모나용평용평콘도, 풍림아이원리조트, 알펜시아리조트, 오션700, 알펜시아스키점프센터전망대, 리조트그랑팰리즈, 알펜시아700GC, 알펜시아CC, 비치힐CC, 용평CC, 올림픽빌리지그린공원, 발왕산관광케이블카, 발왕산기스카이워크, 모나용평스키장, 대관령눈꽃마을눈썰매장, 대관령사슴목장, 대관령양떼목장, 도암호(전망대), 묘덕사, 관용사

소재지		명칭
평창군	봉평면	이효석문학관, 휴닉스평창, 평창자연휴양림, 휴닉스스노우파크, 솔섬오토캠핑장, 리버파크캠핑장, 한화리조트평창, 휴닉스평창대기산CC, 휴닉스평창휴닉스CC, 봉평생활체육공원, 평창자연휴양림, 베리온리조트, 더화이트호텔앤리조트, 오리엔트리조트 평창본점, 금당계곡래프팅, 평창자연속쉼표캠핑장, 에버힐캠핑장, 쿵쿵소캠핑장, 해마루캠핑장, 흥정계곡오토캠핌장, 흥정계곡캠핑700, 삼남메와뭉치네캠핑장, 쪽빛하늘캠핑장, 봉평마가리캠핑장, 아트인아일랜드텐트촌, 평창현대스위트빌리지, 마루지캠프, 북극곰야영장, 허브나라농원, 흥정계곡
	용평면	이승복기념관, 계방산오토캠핑장, 릴라이프자연치유센터, 휘게포레스트, 용골송와캠핑, 신약수산장, 용평체육공원, 전강원관광농원, 스탈릿캠핑펜션, 평창그린힐리조트, HAPPY700평창시네마, 굴암사, 본심사
	진부면	월정사, 상원사, 오대산월정사전나무숲길, 진부면민체육공원, 평창오대산중대적멸보궁, 국립두타산자연휴양림(야영장), 오대천 휴 캠핑클럽, 장전계곡, 캔싱턴호텔평창, 오대산(산장), 월정사정보박물관, 국립조선왕조실록박물관, 탑동삼층석탑, 오대산천휴캠핑클럽, 래프팅700클럽, 평창래프팅클럽, 탑동마을눈썰매장, 오대산월정사자연명상마을, 수항계곡마을캠핑장(수항계곡), 진부관광호텔, 새벽교회조양스페이스영성캠프
화천군	간동면	파로호전망대, 파로호국민관광지, 화천딴산유원지, 88공원, 숲으로 다리, 살랑골, 국립화천숲속야영장, 돌집야영장, 파로호유원지선착장, 낭만캠프
	하남면	거례리수목공원, 아르테마수목고원, 화천생활체육공원주경기장, 거례리사랑나무, 화천박물관근린공원, 화천생활체육공원, 거례북한강레포츠타운, 생태영상센터물주제공원, 연꽃단지(전망대), 아쿠아틱리조트, 화천산천어파크골프장, 원천낚시터
	화천읍	붕어섬, 평화의댐물문화관, 해산전망대, 비수구미계곡, 낭천산림욕장, 물레방아공원, 딴산인공폭포, 화천휴캠핑장, 화천호조정경기장, 화천호조정카누경기장, 백암산케이블카, 화천마리나수상스키, 딴산공원, 백암산케이블카전망대, 평화의댐오토캠핑장, 산천어축제투어낚시터, 실내얼음조각광장화천향교, 세계평화의종공원
홍천군	내면	오대산, 삼봉자연휴양림제1·2야영장, 홍천은행나무숲, 엘림리조트, 오대산별장, 내면고원체육공원, 달둔산장, 살둔산장, 삼봉통나무산장, 모래소계곡, 명개리계곡(열목어 서식지), 꽃샘달캠핑장, 살둔마을생둔분교캠핑장, 영재캠핑장, 을수골별빛캠핑장, 물가솔캠핑장, 내린천정정원힐링캠핑, 여차울캠핑장, J캠핑장, 을수계곡민박야영장, 홍천교육지원청학생야영장, 내편고원은행나무산림욕장, 칙소폭포, 구룡령
	내촌면	용소계곡, 가령폭포, 척야산문화수목원, 청벽산물골안유원지, 내촌면체육공원, 기미만세공원, 소구니캠핑장, 알지캠프266, 드루왈캠핑장, 홍천해솔캠핑장, 오페라캠핑장, 홍천와캠핑, 화상대강변오토캠핑장, 하늘바라기글램핑, 트리하우스계곡야영장, 인덕사
	두촌면	가리산자연휴양림, 용소계곡, 용소폭포, 세이지우드CC홍천, 용소관광농원캠핑장, 생활체육공원, 쥴루루이공원, 장남리삼층석탑, 세이지우드산양목장, 늘편한캠핑장, 용소계곡펜션&캠핑장, 용소관광농원캠핑장
	북방면	강재구공원, 무궁화테마파크, 홍천온천원탕, 무궁화수목원, 굴지유원지, 홍천강 오토캠핑장, 강원도자연환경연구공원, 카스카디아GC, 고길동캠핑장, 머무름오토캠핑장, 홍천에코벨리수목원캠핑장, 노일강캠핑장, 비발디캠핑파크노일점, 뉴스킨희망의숲, 홍천국가항체클리스터강원테크노파크, 오토캠핑사이트, 바누글램핑, 대룡저수지, 쁘띠칠링카라반, 연화사, 자명사
홍천군	서면	소노벨비발디파크, 대명비발디파크, 반곡밤벌유원지, 마곡유원지, 모곡밤벌유원지, 개야강변유원지, 팔봉산관광지, 비발디캠핑파크, 도담캠핑장, 코코비발디글램핑카라반오토캠핑장, 샤인데일골프&리조트, 클럽모우CC, 소노펠리체par3, 소노펠리체CC비발디파크EAST, 소노펠리체CC비발디파크마운틴, 소노펠리체비발디파크WEST, 소노펠리체비발디파크스키&보드, 소노펠리체빌리지비발디파크, 비발디파크스노우랜드, 비발디캠핑파크, 오션월드, 오도치캠핑장, 홍천물소리캠핑장, 팔봉산참살이마을오토캠핑장, 자라바위오토캠핑장, 밤벌오토캠핑장, 새소리캠핑장, 홍천뜨란캠핑장, 마곡유원지캠핑장, 산으로캠핑장, 캐나디언카누클럽캠핌장, 루트66클럽카라반, 서면생활체육공원, 모곡무궁화공원, 루피수상레저, 아쿠아베이, 몬테리오레저, 홍천강래프팅, 블리스캠핑엔글램핑, 캐나디언카누캠프, 글램핑파크, 팔봉산장, 토리아이스파펜션, &글램핑, 개야강변유원지, 반곡휴양지(유원지), 수산유원지, 가온휴양빌리지, 불현사, 금련사
	영귀미면	수타사계곡, 수타사, 공작산자연휴양림, 수타사농촌테마공원, 홍천허니글램핑, 공작산생태숲, 캠프인디오, 동면생활체육공원, 수생식물원, 수타사힐링캠프, 수타사삼층석탑, 남산힐링필드전망대, 속초저수지, 공작산저수지, 개운저수지, 동봉사, 무봉사
	화촌면	알파카월드, 구성포계곡, 숲에서놀자, 산촌캠핑장, 긴들마당캠핑장, 홍천반딧불캠핑장, 알프스밸리캠핑장, 용가리쌤캠핑장, 홍천불멍글램핑캠핑장, 공작산계곡오토캠핑장, 홍천어울림글램핑펜션, 대진교강변유원지, 군업강변유원지, 굴운저수지, 금학사, 가상사, 건봉사
	홍천읍	토리숲도시산림공원, 잿골생활체육공원, 홍천읍생활체육공원, 남산산림욕장, 비발디캠핑파크미루나무정, 화양강호텔, 비콘힐스골프클럽, 동양호텔, 엘케이호텔, 홍천문화예술회관, 홍천시네마, 무궁화공원, 상오안수지, 큰샘터골, 캠핑고래홍천점, 홍천높은터캠핑장, 백담사, 팔봉사, 대광사, 석암사, 강룡사
횡성군	둔내면	둔내자연휴양림공원, 주천강자연휴양림캠핑장, 국립청태산자연휴양림, 웰리힐리파크(스노우파크), 태기산전망대, 국립횡성숲체험, 둔내철기시대주거지유적, 둔내종합체육공원, 둔내호텔, 둔내자연휴양림숲치유체험장, 국립청태산자연휴양림캠핑장, 둔내자연휴양림전망대, 웰리힐리파크오토캠핑장, 숲체원야영장, 보리캠핑장, 둔내캠프, 웰리힐리CC, 현병태경낚시터, 자포저수지, 화동사, 각현사, 삼소사
	서원면	경진목장, 매봉서원, 대산계곡, 취석정유원지, 용소폭포, 횡성초보캠핑장, 라라솔캠핑장&펜션, 벨라45컨트리클럽, 옥수필드CC, 벨라스톤CC, 동원썬밸리CC, 압곡리야생화학습공원, 슬로우팜캠핑장, 돌꽃캠핑장, 살구나무글램핑, 푸른새벽휴양1캠프, 횡성드림마운틴관광단지, 캠핑산야영장, 서원청소년야영장
	안흥면	도깨비도로, 단지골야영장, 삼형제바위, 안흥낚시공원, 낙엽송소나무명품숲, 동그라미캠핑장, 관말공원
	횡성읍	횡성향교, 섬강유원지, 횡성레포츠공원, 청룡낚시터, 횡성문화체육공원, 그레이스리버하우스, 테라스하우스, 횡성저문강황토펜션, 사월애호텔, 횡성파크골프장, 횡성명품파크골프장, 횡성밤두둑마을수변생태공원, 반곡저수지, 마옥저수지, 불토사

03. 주요 도로

1 강원도 경유 고속도로

명 칭	구 간
영동고속도로	문막IC − 강릉JC (문막IC − 만종JC − 원주JC − 원주IC − 새말IC − 둔내IC − 면온IC − 평창IC − 속사IC − 진부IC − 대관령IC − 강릉JC)
제2영동고속도로 (광주원주고속도로)	서원주IC − 원주JC (서원주IC − 신평JC − 원주JC)
중앙고속도로	춘천IC − 남원주IC (춘천IC − 춘천JC − 홍천IC − 횡성IC − 북원주IC − 만종JC − 남원주IC)
서울양양고속도로	강촌IC − 양양IC (강촌IC − 남춘천IC − 조양IC − 춘천JC − 동홍천IC − 내촌IC − 인제IC − 서양양IC − 양양JC − 양양IC)
동해고속도로	근덕IC − 속초IC (근덕IC − 삼척IC − 동해IC − 망상IC − 옥계IC − 남강릉IC − 강릉IC − 강릉JC − 북강릉IC − 남양양IC − 하조대IC − 양양JC − 북양양IC − 속초IC)

2 강원도 주요 간선도로(국도, 지방도로)

명 칭	구 간
국도5호선	마산 − 달성 − 칠곡 − 안동 − 단양 − 원주 − 횡성 − 홍천 − 춘천 − 화천(상서면) − 중강진
국도6호선	인천 − 구리 − 횡성 − 평창(오대산국립공원) − 강릉
국도7호선	부산 − 경주 − 영덕 − 울진 − 삼척 − 강릉 − 속초 − 고성
국도19호선	남해 − 하동 − 남원 − 무주 − 옥천 − 괴산 − 충주 − 홍천
국도35호선	부산 − 울산 − 영천 − 안동 − 봉화 − 태백 − 정선 − 강릉
국도38호선	서산 − 평택 − 이천 − 제천 − 정선 − 삼척 − 동해
국도42호선	인천 − 용인 − 여주 − 원주 − 횡성 − 평창 − 정선 − 강릉 − 동해
국도43호선	연기 − 화성 − 광주(경기) − 남양주 − 포천 − 철원(갈말읍) − 고성
국도44호선	양평 − 홍성 − 인제 − 양양
국도46호선	인천 − 남양주 − 춘천 − 양구 − 인제 − 고성
국도56호선	철원 − 춘천 − 홍천 − 양양
국도59호선	광양 − 거창 − 성주 − 구미 − 의성 − 영월 − 평창 − 양양
국도87호선	포천 − 철원

3 주요 터널

명 칭	위 치
인제양양터널	• 서울양양고속도로 내 터널
둔내터널	• 영동고속도로 내 터널 • 횡성군 둔내면 − 평창군 봉평면을 잇는 터널
미시령터널	• 강원도 속초시 − 고성군을 잇는 터널
현남터널	• 동해고속도로 내 터널 • 양양군 현남면 위치

4 고개(령)

명 칭	위 치
한계령	양양군 강현면, 인제군 북면 사이에 있는 고개
진부령	인제군 북면과 고성군 간성읍 사이에 있는 고개
대관령	강릉시 성산면과 평창군 대관령면 사이에 있는 고개
미시령	인제군과 고성군 사이에 있는 고개

04. 강원도 주요 교통시설

1 주요 철도역, 공항, 교량, 버스터미널, 항구 등 교통시설

소재지		명 칭
강릉시	강동면	정동진역, 심곡항
	견소동	강릉항여객터미널, 공항대교, 강릉항
	교 동	강릉역
	내곡동	강릉대교
	사천면	사천진항
	연곡면	영진항
	옥계면	금진항
	주문진읍	주문진시외버스종합터미널, 주문진항
	포남동	포남대교
	홍제동	강릉고속버스터미널, 강릉시외버스터미널
고성군	간성읍	간성터미널
	거진읍	거진항, 거진시외버스터미널
	죽왕면	가진항
	토성면	아야진항구
	현내면	대진항, 대진시외버스터미널
동해시	묵호진동	묵호항
	발한동	묵호역
	송정동	동해역
	어달동	어달항
	평릉동	동해시종합버스터미널
삼척시	교 동	후진항
	근덕면	장호항, 덕산항
	남양동	삼척종합버스정류장, 삼척고속버스터미널
	도계읍	도원대교, 태백교
	원덕읍	임원항, 갈남항, 신남항
	정하동	삼척항

소재지		명칭
속초시	대포동	대포항, 외옹치항
	동명동	속초시외버스터미널, 속초항국제여객터미널, 동명항, 속초항
	장사동	장사항
	청호동	금강대교, 설악대교
양구군	국토정중앙면	양구정중앙터미널
	해안면	해안정류소
양양군	강현면	물치항, 낙산버스터미널
	서 면	오색버스터미널, 한계령정류소
	손양면	양양국제공항
	양양읍	양양종합여객터미널
	현남면	남애항
영월군	영월읍	영월버스터미널
	주천면	주천정류장
원주시	단계동	원주시외버스터미널, 원주고속버스터미널
	무실동	원주역
	문막읍	문막교
	봉산동	개봉교
	소초면	신양대교
	지정면	지정대교
	판부면	원주대교
	호저면	만종역, 호저대교
정선군	정선읍	정선공영버스터미널
춘천시	근화동	춘천대교, 춘천역
	남산면	춘성대교, 강촌대교
	서 면	신매대교, 서상대교
	석사동	태백교
	온의동	춘천시외버스터미널, 춘천고속터미널
	퇴계동	남춘천역, 공지교, 효자교
태백시	황지동	태백버스터미널
평창군	용평면	평창역
	진부면	진부(오대산)역
	평창읍	평창버스터미널
홍천군	홍천읍	홍천종합버스터미널

소재지		명칭
횡성군	둔내면	둔내역
	횡성읍	원주공항, 횡성역

2 철도역 노선

명칭	구간
KTX 강릉선	강릉역 – 진부역 – 평창역 – 둔내역 – 횡성역 – 만종역
KTX 동해선	동해역 – 묵호역 – 정동진역 – 진부역 – 평창역 – 횡성역 – 만종역
중앙선	반곡역 – 원주역 – 만종역 – 동화역

강원도 주요지리 출제예상문제

1 다음 중 강릉시청이 위치하는 지역으로 옳은 것은?
① 포남동 ② 홍제동
③ 교동 ④ 죽헌동

2 다음 중 강릉시에 속하지 않는 행정 구역은?
① 망상동 ② 강문동
③ 지변동 ④ 내곡동

3 다음 중 강릉시 홍제동에 소재하지 않는 것은?
① 강릉소방서 ② 강릉시외버스터미널
③ 강릉영동대학교 ④ 강릉운전면허시험장

4 다음 중 강릉경찰서가 위치해 있는 곳은?
① 지변동 ② 저동
③ 포남동 ④ 내곡동

5 다음 중 고성군 간성읍에 소재하는 것으로 옳은 것은?
① 소노감델피노 ② 진부령유원지
③ 통일전망대 ④ 명파해수욕장

6 다음 중 강릉시 남문동에 소재하는 의료 기관으로 옳은 것은?
① 강릉동인병원 ② 강릉아산병원
③ 강릉시보건소 ④ 강원도강릉의료원

7 다음 중 강릉시에 소재하는 호텔로 옳은 것은?
① 일성설악콘도&리조트 ② 세인트존스호텔
③ 금강산콘도 ④ 뉴동해관광호텔

8 다음 중 동해시 천곡동에 소재하지 않는 기관은?
① 강원동해경찰서 ② 동해세관
③ 동해소방서 ④ 동해지방해양경찰청

9 다음 중 경포호의 소재지로 옳은 것은?
① 속초시 동명동 ② 속초시 설악동
③ 강릉시 운정동 ④ 강릉시 옥계면

10 다음 중 율곡 이이가 태어난 '오죽헌'의 소재지로 옳은 것은?
① 강릉시 죽헌동 ② 강릉시 옥천동
③ 삼척시 성내동 ④ 삼척시 정상동

11 다음 중 강릉운전면허시험장이 위치한 지역으로 옳은 것은?
① 강릉시 지변동 ② 강릉시 사천면
③ 속초시 노학동 ④ 속초시 영랑동

12 다음 중 별마로천문대가 위치한 소재지로 옳은 것은?
① 영월읍 ② 정선군
③ 평창군 ④ 태백시

13 다음 중 양평 – 홍성 – 인제 – 양양으로 이어지는 도로로 옳은 것은?
① 국도56호선 ② 국도35호선
③ 국도44호선 ④ 국도87호선

14 다음 중 고대리지석묘군의 소재지로 옳은 것은?
① 횡성군 둔내면 ② 양구군 양구읍
③ 홍천군 내촌면 ④ 인제군 기린면

15 다음 중 초곡용굴촛대바위길의 위치로 옳은 것은?
① 강릉시 사천면 ② 태백시 화전동
③ 속초시 대포동 ④ 삼척시 근덕면

16 다음 중 강원도청이 위치한 곳은?
① 강릉시 남문동 ② 강릉시 홍제동
③ 춘천시 효자동 ④ 춘천시 봉의동

17 다음 중 강원경찰청의 소재지로 옳은 것은?
① 춘천시 동내면 ② 춘천시 옥천동
③ 원주시 단계동 ④ 원주시 일산동

18 다음 중 강원도에 소재한 행정 구역이 아닌 것은?
① 속초시 ② 영주시
③ 태백시 ④ 동해시

정답 1 ② 2 ① 3 ④ 4 ③ 5 ② 6 ④ 7 ② 8 ④ 9 ③ 10 ① 11 ② 12 ① 13 ③ 14 ② 15 ④ 16 ④ 17 ① 18 ②

19 다음 중 강원도 양양군에 소재하지 않는 것은?
① 동호해변　　② 죽도해수욕장
③ 외옹치해수욕장　　④ 하조대해수욕장

20 다음 중 국립춘천박물관의 소재지로 옳은 것은?
① 사농동　　② 근화동
③ 석사동　　④ 조양동

21 다음 중 정부춘천지방합동청사의 소재지로 옳은 것은?
① 의암댐　　② 후평동
③ 동내면　　④ 교동

22 다음 중 홍천군 내촌면에 위치한 계곡으로 옳은 것은?
① 천불동계곡　　② 백담계곡
③ 진동계곡　　④ 용소계곡

23 다음 중 강원도 정선군에 위치한 휴양림으로 옳은 것은?
① 가리왕산자연휴양림　　② 국립청태산자연휴양림
③ 가리산자연휴양림　　④ 주천강자연휴양림

24 다음 중 삼척시 도계읍에 위치하는 산으로 옳은 것은?
① 오대산　　② 육백산
③ 치악산　　④ 태백산

25 다음 중 춘천호의 소재지로 옳은 것은?
① 사북면　　② 근화동
③ 석사동　　④ 신북읍

26 다음 중 정동진역의 소재지로 옳은 것은?
① 춘천시　　② 강릉시
③ 양양군　　④ 고성군

27 다음 중 포천-철원으로 이어지는 도로로 옳은 것은?
① 국도46호선　　② 국도7호선
③ 국도38호선　　④ 국도87호선

28 다음 중 고성군청이 위치한 지역으로 옳은 것은?
① 간성읍　　② 거진읍
③ 죽왕면　　④ 토성면

29 다음 중 홍천군 북방면에 위치한 공원으로 옳은 것은?
① 강재구공원　　② 오대산국립공원
③ 박경리문화공원　　④ 황영조기념공원

30 다음 중 양양국제공항이 위치하는 곳은?
① 강현면　　② 손양면
③ 양양읍　　④ 현남면

31 다음 중 천곡황금박쥐동굴의 소재지로 옳은 것은?
① 동해시　　② 양양군
③ 영월군　　④ 정선군

32 다음 중 대한석탄공사의 소재지로 옳은 것은?
① 평창군 대화면　　② 원주시 반곡동
③ 영월군 주천면　　④ 인제군 인제읍

33 다음 중 동해시에 소재한 관광 명소가 아닌 것은?
① 어달해수욕장　　② 묵호등대
③ 천은사　　④ 논골담길

34 다음 중 태백선수촌의 소재지로 옳은 것은?
① 소도동　　② 장성동
③ 화전동　　④ 황지동

35 다음 중 삼척시청이 위치한 지역으로 옳은 것은?
① 교동　　② 도계읍
③ 근덕면　　④ 남양동

36 다음 중 삼척시에 속하지 않는 지역은?
① 신기면　　② 강현면
③ 미로면　　④ 갈천동

37 다음 중 삼척시 남양동에 위치하지 않는 기관은?
① 삼척종합버스정류장　　② 삼척시보건소
③ 삼척세무서　　④ 삼척소방서

38 다음 중 강원삼척경찰서가 위치해 있는 지역은?
① 교동　　② 도계읍
③ 성내동　　④ 정상동

39 다음 중 화천군 화천읍에 소재한 것으로 옳은 것은?
① 가문비치유숲　　② 카스텔로호텔
③ 평화의댐물문화관　　④ 수타사

40 다음 중 삼척시에 위치한 것이 아닌 것은?
① 삼척해수욕장　　② 맹방해수욕장
③ 덕산해수욕장　　④ 등대해수욕장

정답
19 ③　20 ③　21 ②　22 ④　23 ①　24 ②　25 ①　26 ②　27 ④　28 ①　29 ①　30 ②　31 ①　32 ②　33 ③
34 ①　35 ①　36 ②　37 ③　38 ④　39 ③　40 ④

41 다음 중 삼척시에 소재한 동굴이 아닌 것은?
① 대금굴   ② 환선굴
③ 관음굴   ④ 금강굴

42 다음 중 고성군에 소재한 명소가 아닌 것은?
① 송지호   ② 아야진해수욕장
③ 소금강계곡 ④ 천학정

43 다음 중 속초시청이 위치한 동은?
① 교동   ② 중앙동
③ 설악동   ④ 동명동

44 다음 중 속초시에 속하지 않는 지역으로 옳은 것은?
① 노학동   ② 장사동
③ 조양동   ④ 추암동

45 다음 중 속초시 교동에 소재하지 않는 것은?
① 속초시청 ② 속초교육도서관
③ 속초세무서 ④ 속초시보건소

46 다음 중 철원군에 소재하지 않는 명소는?
① 삼부연폭포 ② 고석정
③ 한탄강   ④ 공지천유원지

47 다음 중 속초시에 있는 설악케이블카 인근에 소재하는 사찰은?
① 정암사   ② 신흥사
③ 낙산사   ④ 상원사

48 다음 중 남이섬이 위치하는 곳으로 옳은 것은?
① 양양군 현남면 ② 춘천시 남산면
③ 원주시 지정면 ④ 홍천군 둔내면

49 다음 중 속초해양경찰서가 소재한 지역으로 옳은 것은?
① 동명동   ② 노학동
③ 교동   ④ 조양동

50 다음 중 홍천군 내면에 있는 산으로 옳은 것은?
① 태백산   ② 설악산
③ 오대산   ④ 치악산

51 다음 중 양양군에 속한 지역이 아닌 것은?
① 강현면   ② 손양면
③ 현북면   ④ 신기면

52 다음 중 양양군 양양읍에 소재하지 않은 것은?
① 양양국제공항 ② 양양군보건소
③ 양양교육도서관 ④ 양양소방서

53 다음 중 동해시에 위치하지 않는 해수욕장은?
① 망상해수욕장 ② 하조대해수욕장
③ 추암해수욕장 ④ 어달해수욕장

54 다음 중 낙산사의 소재지로 옳은 것은?
① 속초시   ② 양양군
③ 고성군   ④ 강릉시

55 다음 중 영월군 영월읍에 소재하지 않은 것은?
① 영월경찰서 ② 세경대학교
③ 영월교육도서관 ④ 송곡대학교

56 횡성군에 위치하지 않는 자연휴양림은?
① 둔내자연휴양림 ② 국립청태산자연휴양림
③ 주천강자연휴양림 ④ 삼봉자연휴양림

57 다음 중 영월군에 소재한 관광 명소가 아닌 것은?
① 고씨동굴 ② 별마로천문대
③ 김삿갓계곡 ④ 진동계곡

58 다음 중 강릉원주대학교 원주캠퍼스가 위치한 곳은?
① 우산동   ② 단구동
③ 흥업면   ④ 귀래면

59 다음 중 원주운전면허시험장이 위치한 지역으로 옳은 것은?
① 일산동   ② 호저면
③ 봉산동   ④ 지정면

60 다음 중 원주세브란스기독병원이 위치한 지역으로 옳은 것은?
① 일산동   ② 개운동
③ 무실동   ④ 흥업면

정답
41 ④ 42 ③ 43 ② 44 ④ 45 ① 46 ④ 47 ② 48 ② 49 ① 50 ③ 51 ④ 52 ① 53 ② 54 ② 55 ④
56 ④ 57 ④ 58 ③ 59 ② 60 ①

MEMO

크라운출판사 도서 안내

운전면허 필기시험문제

정가 13,000원

운전면허 필기시험문제 한번에 합격하기(46판)

정가 12,000원

운전면허시험 제1,2종 보통면허 합격출제문제

정가 12,000원

기능검정원 기능 학과강사 필기시험 출제예상문제

정가 36,000원

※ 가격은 변경될 수 있으며, 크라운출판사 홈페이지를 참고하시기 바랍니다.

  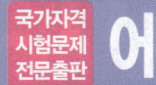

크라운출판사 도서 안내

한권으로 합격하는 화물운송종사 자격시험문제

정가 15,000원

완전합격 화물운송종사 자격시험 총정리문제

정가 16,000원

1일이면 끝내주는 버스운전 자격시험출제문제

정가 15,000원

완전합격 버스운전 자격시험문제

정가 13,000원

※ 가격은 변경될 수 있으며, 크라운출판사 홈페이지를 참고하시기 바랍니다.